"十三五"国家重点出版物出版规划项目
面向可持续发展的土建类工程教育丛书

建筑结构抗震设计

主编　张耀庭（华中科技大学）
　　　潘　鹏（清华大学）
参编　黄　斌（武汉理工大学）
　　　苏　原（华中科技大学）
　　　樊　剑（华中科技大学）
主审　钱稼茹（清华大学）

机械工业出版社

本书按《建筑抗震设计规范》（GB 50011—2010）编写，以地震学的基础知识、结构抗震设计的基本理论与方法、工程结构的抗震三部分内容为主线，对结构抗震设防的基本知识、地震作用及危害、结构抗震设计的基本原理与方法等进行了全面的介绍。全书共 10 章，主要内容包括建筑抗震设计概论、地基与基础抗震设计、地震作用与结构抗震验算、钢筋混凝土结构的抗震性能与设计、砌体结构房屋抗震设计、单层厂房抗震设计、多层和高层钢结构房屋抗震设计、隔震与消能减震设计、结构弹塑性地震反应分析、基于性能的抗震设计方法简介。为便于学习，每章给出了习题及思考题。

本书可作为高等院校土建类专业相关课程的教材，也可作为从事工程结构设计与施工的技术人员的参考书。

图书在版编目（CIP）数据

建筑结构抗震设计/张耀庭，潘鹏主编. —北京：机械工业出版社，2018.7（2023.12 重印）

（面向可持续发展的土建类工程教育丛书）

"十三五"国家重点出版物出版规划项目

ISBN 978-7-111-59900-5

Ⅰ.①建… Ⅱ.①张… ②潘… Ⅲ.①建筑结构-防震设计-高等学校-教材 Ⅳ.①TU352.104

中国版本图书馆 CIP 数据核字（2018）第 094064 号

机械工业出版社（北京市百万庄大街 22 号 邮政编码 100037）
策划编辑：林 辉 责任编辑：林 辉 臧程程 高凤春 马军平
责任校对：王 延 封面设计：张 静
责任印制：常天培
北京中科印刷有限公司印刷
2023 年 12 月第 1 版第 7 次印刷
184mm×260mm·23 印张·563 千字
标准书号：ISBN 978-7-111-59900-5
定价：55.00 元

电话服务 网络服务
客服电话：010-88361066 机 工 官 网：www.cmpbook.com
010-88379833 机 工 官 博：weibo.com/cmp1952
010-68326294 金 书 网：www.golden-book.com
封底无防伪标均为盗版 机工教育服务网：www.cmpedu.com

前　言

地震工程学发展至今已有一百余年的历史，"建筑抗震设计"是我国高校土木工程专业的核心专业课程之一。《建筑抗震设计规范》（GB 50011—2010）的实施，体现了国家在新时期有关土木工程结构抗震设计的基本原则和方法。《建筑工程抗震设防分类标准》（GB 50223—2008）、《中国地震动参数区划图》（GB 18306— 2015）等相关规范的实施，体现了地震工程的最新研究成果。

当前，有关建筑抗震设计方面的教材，大多以抗震规范为蓝本，基于对规范条文的介绍和解释而编写，较严重地受到了规范章节及条文内容的束缚与限制；从学生学习的角度上看，内容多而庞杂。因此，编写一本系统介绍建筑抗震设计基础理论、方法、应用及发展趋势，适应不同层次教学与科研人员需求，具有鲜明特点的建筑抗震设计教科书，正是本书的主要编写宗旨之一。

本书共 10 章，以地震学的基础知识、结构抗震设计的基本理论与方法、工程结构的抗震三部分内容为主线，对结构抗震设防的基本知识、地震作用及危害、结构抗震设计的基本原理与方法等进行了全面的介绍。在有关结构非线性地震响应分析的问题上，对其力学分析基础、数值建模时材料的本构关系与各种单元类型、地震动的选择与调整方法等关键技术问题进行了较全面的分析与介绍。另外，书中吸收了一些近年来在工程抗震领域的最新研究成果，包括基于性能的抗震设计、消能减震与隔震结构的设计等内容。本书第 1 章由张耀庭、潘鹏、苏原执笔，第 2、6 章由张耀庭执笔，第 3、4 章由张耀庭、苏原执笔，第 5、7 章由黄斌执笔，第 8 章由潘鹏执笔，第 9、10 章由樊剑执笔，全书由张耀庭负责统稿，由钱稼茹教授主审。

限于编者水平，书中难免存在不当之处，敬请读者批评指正。

编　者

目 录

上篇

基础篇

第1章

建筑抗震设计概论

地震是危及人民生命财产的突发式自然灾害，地震活动是地球形成以后持续发生的自然现象。地球上每天都在发生地震，一年约有 500 万次，其中约 5 万次人们可以感觉到；能造成破坏的约有 1000 次；7 级以上的大地震平均一年有十几次。据史料记载，我国历史上最早关于地震的记载约为公元前 23 世纪，发生在今山西永济蒲州，迄今已有四千多年的历史。然而，现代地震工程学发展至今仅有一百多年的历史，工程界在有关地震动及结构抗震的问题上进行了大量的研究，基本上掌握了结构抗震设计的一般原理与方法。大量的震害表明，对土木工程结构进行必要的抗震设计，是消除或减轻地震灾害的有效措施。但是，很多结构在不断出现的地震中的表现，往往并非人们所预期的结果，因地震动而导致的结构物破坏，依然是地震引起的主要灾害。这促使土木工程师们更深入地研究和掌握地震作用的基本规律，以便更加合理地进行结构的抗震设计。工程抗震设计的主要目的是增强建筑结构抵抗地震作用的能力，了解和掌握地震学的基本概念。因此，本章将主要介绍有关地震学及工程抗震的一些基本概念和知识。

■ 1.1 地震及地震波

1.1.1 地震

地震是地壳快速释放能量过程中产生的地面运动，或者说地震主要是指因地球内部缓慢积累的能量突然释放而引起的地球表层的振动。图 1-1 为有关地震概念的示意图。

震源是地壳深处岩石发生断裂、错动的地方，即地震时应变能释放区。

震中是震源在地表的投影点。震中距是指从震中到地面上任何一点的距离。

能量中心是指地震能量释放的中心，一般是断层破裂面的几何中心。图 1-2a 显示了世界上最大的陆地断裂带——东非大裂谷，其绵延 6000km，最深处达 2km。对于较小的地震，能量中心一般和震源重合；对于较大的地震，能量中心则多和震源不重合。

描述地震的三要素为时间、空间和强度。描述一个地震的时候，应该说明地震发生的时间，震源的经纬度、深度及本次地震的强度。在地震预报中预报一次地震也需要确定这三个要素。对已发生的地震，实际的震中、震源位置的确定通常会有几千米到几十千米的误差，极个别的可能存在上百千米的误差。地震预报很难，几乎不可能给出准确预报，世界上最成功的典范是 1975 年我国地震工程学者对辽宁海城地震做出的预报。

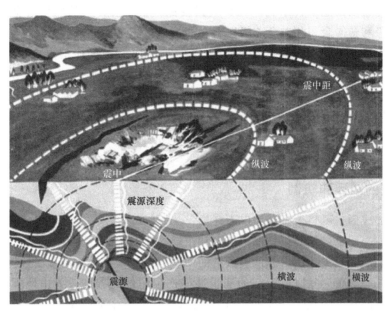

图 1-1　有关地震概念的示意图

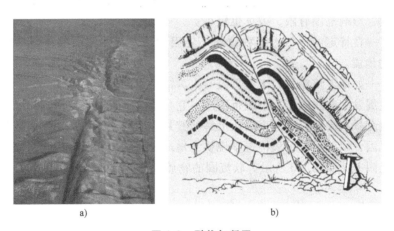

图 1-2　裂谷与断层

a）东非大裂谷　b）断层示意图

根据震源位置的深浅，地震可分为浅源地震、中源地震和深源地震。对于浅源地震来说，其震源深度一般不超过 70km，唐山地震及 El-Centro 地震均为浅源地震，浅源地震约占总地震的 72.5%。当震源深度在 70~300km 时，该地震称为中源地震，中源地震约占总地震的 23.5%，在南美、日本海、印尼及中国北部地区较为常见。深源地震的震源深度超过 300km，约占总地震的 4%，深源地震的峰值加速度小，卓越频率在 0.2~3Hz，由于岩石和土壤的作用，当深源地震传递至地面时，高频部分一般已被过滤掉。

大地震前后，在震源附近总有一系列小震发生，按发震时间排列起来（包括本次大地震）称为地震序列。某一序列地震中最强烈的一次地震称为主震，主震前的地震称为前震，一般主震之后还伴随有数次余震。根据地震序列的特征不同，地震也可分为以下几种类型。

单发型：有突出的主震，余震次数少、强度低；主震所释放的能量占全序列的 99.9% 以上；主震震级和最大余震相差 2.4 级以上。

主震型：主震非常突出，余震十分丰富；最大地震所释放的能量占全序列的 80% 以上；主震震级和最大余震相差 0.7~2.4 级。海城地震和唐山地震均属于此类型。

群震型：有两个以上大小相近的主震，余震十分丰富；主要能量通过多次震级相近的地震释放，最大地震所释放的能量占全序列的 80% 以下；主震震级和最大余震相差 0.7 级以下。较为典型的群震型地震发生在 1960 年智利，从 5 月 21 日到 6 月 22 日发生三次超过 8 级的地震。

1.1.2 地震的成因和机制

根据地震的成因，可将地震分为以下几类：

构造地震——由于岩层断裂，发生变形和错动，在地质构造上发生巨大变化而产生的地震，也叫断裂地震。此类地震占总地震数量的 90% 以上，破坏性地震多属于构造地震。

火山地震——火山爆发时所引起的能量冲击产生的地壳振动。火山地震有时也相当强烈，但这种地震所波及的地区通常只限于火山附近几十千米的范围内，而且发生次数也较少，只占地震次数的 7% 左右，所造成的危害较轻。

陷落地震——地层陷落引起的地震。这种地震发生的次数更少，只占地震总次数的 3% 左右，震级不大，影响范围有限，破坏也较小。

诱发地震——在特定的地区因某种地壳外界因素诱发（如陨石坠落、水库蓄水、深井注水）而引起的地震。

人工地震——如地下核爆炸、工业爆破等人为活动引起的地面振动。

由于构造地震发生的次数多，影响范围广，它是地震工程的主要研究对象。对于构造地震，可以从宏观背景和局部机制两个层次上解释其具体成因。板块运动目前被公认为诱发构造地震的宏观原因，即外因。板块构造学说认为地球表面的岩石圈分为几个大板块，均漂浮在其下面的软流圈上，如图 1-3 所示。软流圈的物质较轻、较软，为板块运动提供了条件。

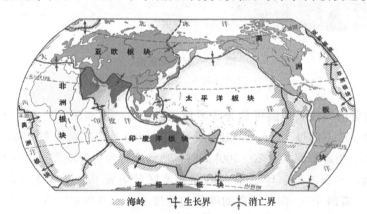

图 1-3 地球表面 6 大板块

板块构造理论将地球分为 6 大板块，分别为亚欧板块、非洲板块、美洲板块、印度板块（或称印度洋板块、澳大利亚板块）、南极洲板块和太平洋板块，板块厚 80~200km。有人将美洲板块分为北美板块和南美板块，则全球有 7 大板块。根据地震带的分布及其他标志，人们进一步划出纳斯卡板块、科科斯板块、加勒比板块、菲律宾海板块等次一级不定型板块。板块的划分并不遵循海陆界线，也不一定与大陆地壳、大洋地壳之间的分界有关。大多数板块包括大陆和洋底两部分。太平洋板块是唯一基本上由洋底岩石圈构成的大板块。

板块边缘则是指一个板块的边缘，板块边界是地质活动带。根据板块的相对运动状态，边界可分为四类：①分离型板块边界；②汇聚型板块边界；③转换型板块边界；④不定型。震源机制表明，前三类边界的主导应力状态分别是引张、挤压和剪切。板块间相对运动会导致能量在板块边界累积。板块运动引起岩层变形积累，达到一定程度突然破裂，释放的巨大能量以波的形式向外传播，引起地面运动，迫使结构振动，产生破坏。在大板块边缘地震最多，这些地震称为板缘地震，一般属于浅源地震。

图 1-4 为全球地震带分布图，图上可以看到两条大地震带：环太平洋地震带，该地区地震占世界地震总数 75% 以上；亚欧地震带，至印度与环太平洋地震带相遇，其上发生的地震占地震总数 22%。这两个地震带属于板缘地震带，大小板块边缘都是地震集中处。有些地震不发生在板块边缘，而是在板块内，称为板内地震，约占 15%。板块内部地震分布零散，危害性大，机制复杂，如唐山地震。中国位于亚欧板块东南端，东为太平洋板块，南为印度洋板块，亚欧板块向东、太平洋板块向西、印度洋板块向北挤压中国大陆，因此，中国是地震多发国家。

图 1-4　全球地震带分布图

目前最流行且最有说服力的解释构造地震成因的局部机制理论是弹性回跳理论，即内因。这一理论是由里德（H. F. Reid）在 1911 年根据 1906 年旧金山 8.3 级大地震前后的观测结果提出的，如图 1-5 所示。其主要论点如下：

1）地壳是由弹性的有断层的岩石组成的。

2）地壳运动产生的能量以弹性应变能的形式在断层及其附近的岩层中长期积累。

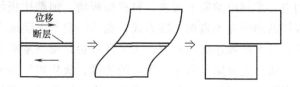

3）当弹性应变能积累及岩层变形达到一定程度时，断层上某点（应力超过强度极限）两侧的岩体向相反

图 1-5   弹性回跳理论示意图

方向突然滑动，地震因之产生，断层上长期积累的弹性应变能突然释放。

弹性回跳理论没有讲地壳如何运动、弹性能量怎样积累，而板块构造运动弥补了弹性回跳理论的不足，即构造地震是由断层运动引起的。

断层是地震学中的一个重点研究对象。根据断层两侧岩体滑动的形式，可分为倾滑断层和走滑断层两种，如图 1-6 所示。倾滑断层可以分为正断层和逆断层，所产生的地震较小。走滑断层分为左旋断层和右旋断层，可产生较大的地震。实际地震可能出现两种变形模式均存在的情况。如 1995 年日本阪神地震是右旋错动，震中地表错动达 1m，地震机制与唐山地震基本一致。

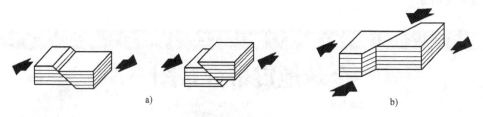

a)   b)

图 1-6   断层变形机制

a）倾滑断层   b）走滑断层

1.1.3   地震波的基本概念

1. 地震波特性

地震发生时，震源释放的能量以波的形式从震源向周围地球介质传播，这种波称为地震波。地震波所引起的强烈地面运动，会导致建筑结构的破坏。地震波是地震产生的结果，也是导致结构物发生破坏的直接原因。地震波是研究震源和地球构造的基础，是地震工程学的重要理论基础。

对地震波特征的了解是正确估计结构地震反应的基础。在大型复杂结构抗震问题的研究中，常常需要进行结构多点输入和多维输入的地震反应分析，当计算分析方法合理可靠时，地震动空间分布场特性的确定是否正确，决定了分析结果是否可靠。关于地震波的特性，首先需要强调几个特点：

1）波动是能量的传播，而不是介质物质的传播。

2）固体介质中的波可以是弹性波、非线性波、弹塑性波。

3）在震源处，介质的变形是非线性的，而离开震源一定距离后，岩石的变形表现为线弹性。在线弹性介质中传播的波称为弹性波，地震波理论一般都是弹性波理论。

在弹性波理论中，最简单的是一维波动理论。在结构地震反应分析中，常采用一维介质模型考虑土层场地的影响，对于构造规则的多层结构也有研究人员采用一维剪切型结构进行研究。图1-7为一维剪切直杆的波动示意图，假定 G 为杆的剪切模量，ρ 为杆的质量密度，A 为杆的横截面面积。剪切杆的运动状态可由杆轴线的横向位移 $u(x, t)$ 表示。

图 1-7 一维剪切直杆及其变形

由达朗贝尔原理很容易推出杆的一维弹性波动方程，即式（1-1），其中 $c = \sqrt{G/\rho}$ 表示应力波速，是描述波动运动的重要参数。

$$\frac{\partial^2 u(t, x)}{\partial t^2} = c^2 \frac{\partial^2 u(t, x)}{\partial x^2} \tag{1-1}$$

式中，$u(t, x)$ 为横向位移；x 为空间坐标；t 为时间坐标。

对于波动方程，可以直接求解偏微分方程，该方法称为时域解法；也可以将其通过积分变换转化至频域的范围内再求解，该方法也称为频域解法。

2. 地震波的传播机制

地球介质中的地震波类型较多，主要为面波和体波。面波沿着地球表面或者介质界面传播，体波可以在地球内部传播。

体波又分为 P（primary）波和 S（secondary）波。P 波也可称为纵波或压缩波，可在固体、液体及气体介质中传播。P 波的质点振动方向与波动的传播方向一致，如杆中纵波、空气中声波。P 波的周期短，振幅小。P 波的速度按式（1-2）计算。

$$c_P = \sqrt{\frac{E(1-\nu)}{\rho(1+\nu)(1-2\nu)}} \tag{1-2}$$

式中，E、ν、ρ 分别为介质的弹性模量、泊松比及密度。

P 波在岩石中的传递速度为 5000~7000m/s，在土壤中的传递速度为 200~1400m/s。

S 波一般称为横波，其主要特点在于质点振动方向与波动的传播方向垂直，只能在固体中传播，与 P 波相比，S 波的周期更长，振幅更大。S 波的速度在岩石中为 3000~4000m/s，在土壤中的传递速度为 100~800m/s，S 波的波速按照式（1-3）计算。

$$c_S = \sqrt{\frac{E}{2\rho(1+\nu)}} \tag{1-3}$$

P 波与 S 波的波速之比为

$$\frac{c_P}{c_S} = \sqrt{\frac{2(1-\nu)}{1-2\nu}} \tag{1-4}$$

一般来说，岩石的泊松比为 0.25，P 波的速度约为 S 波的 1.73 倍。一般弹性介质的泊松比为正，且不超过 0.5，所以 P 波的速度必然大于 S 波；在一个场地中，人们必然先感知到 P 波后感知到 S 波，这也是 P 波和 S 波名字的由来。

假若介质是均匀无限空间，则只能存在体波，且各种体波可以独立存在。如果介质存在界面，界面两侧介质的性质不同，则体波在界面上将产生反射和折射，除产生反射和折射的体波外，也会产生其他类型的波。面波即是离开震中一定距离后，由体波入射到地面或介质界面时产生的转换波。面波的特点是其能量局限在地表面或界面附近的区域，波的能量沿地表面或界面传播，波动的振幅随深度的增加而减小。地球介质中的 S 波又分为 SH 波和 SV 波。SH 波为平面外波动；SV 波为平面内波动。需要注意的是，引起结构破坏的主要是 S 波。在地球介质的交界面上，地震波的入射、反射和折射遵循斯内尔定律。P 波和 S 波经过反射和折射，可以形成不同类型的地震波，以下分别介绍。

瑞利波是主要的面波之一，它是由 P 波、SV 波以超临界角入射到弹性半空间表面时干涉产生的转换波，可以存在于弹性半空间及成层弹性半空间中。在震中区一般不出现瑞利波。瑞利波的存在条件：震中距 Δ 满足式（1-5）的要求。

$$\Delta > \frac{c_R h}{\sqrt{c_P^2 - c_R^2}} \tag{1-5}$$

式中，h 为震源深度，c_R、c_P 分别为瑞利波和 P 波的波速。

在弹性半空间中，瑞利波是一种沿着自由表面传播的波，地球-空气界面可以看作自由界面，如图 1-8 所示。瑞利波的特点是在地表面的质点做逆进椭圆运动。理论上说，瑞利波只能沿着均匀半空间自由表面和均匀介质自由界面传播。瑞利波沿二维自由表面扩展，在距波源较远处，其摧毁力比沿空间各方向扩展的纵波和横波大得多，因而它是地震学中的主要研究对象。地滚波

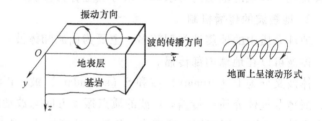

图 1-8　瑞利波示意图

是瑞利波中一种特殊波，它沿着地表传播，其特征是低速、低频和强振幅。

另外一种重要的面波为勒夫波，它在实际地震观测中被发现后，由勒夫从理论上证明了它的存在。勒夫波的存在条件是：弹性半空间上存在一软弱水平覆盖层，覆盖层的波速 $c_{s1} < c_{s2}$，如图 1-9 所示。勒夫波是一种 SH 型波，是由 SH 产生的面波。勒夫波的传播类似于蛇行运动，即质点做与传播方向相垂直的水平运动，无竖向运动分量，如图1-10所示。

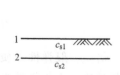

图 1-9　勒夫波存在条件

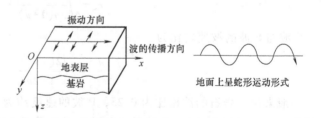

图 1-10　勒夫波传播俯视图

勒夫波的传播速度介于两种介质中的横波波速之间，即 $c_{s1}<c_L<c_{s2}$。相对于瑞利波，勒夫波仅有一个水平分量。

下面根据球面波和柱面波振幅随传播距离变化的特点来定性说明地震波的几何衰减规律。对于体波，其波动振幅的二次方与地震能量密度成正比，而地震能量密度与震中距的二次方成反比。如式（1-6）所示，体波的振幅与震中距成反比例关系。

$$A^2 \propto E_b \propto 1/r^2 \Rightarrow A \propto 1/r \tag{1-6}$$

式中，A 为波动振幅；E_b 为体波能量密度；r 为震中距，下同。

而对于面波，其波动振幅的平方与地震能量密度成正比，而地震能量密度与震中距成反比，如式（1-7）所示，面波的振幅与震中距的二次方根成反比关系。由此可见，面波的衰减比体波慢得多。

$$A^2 \propto E_s \propto 1/r \Rightarrow A \propto 1/\sqrt{r} \tag{1-7}$$

三维空间中体波和面波的传播也叫辐射传播。由于波动辐射传播引起的波动振幅衰减这一效应被称为辐射阻尼。引起地震波振幅衰减的另一个原因是介质的非弹性，即存在介质阻尼。

在震中区，地震动以体波为主；在远离震中的区域将出现面波成分，当震中距较大时，地震动分量中面波的振幅可能大于体波。图 1-11 显示了不同地震波在空间分布的先后顺序和质点振动的特点。P 波传播速度最快，接下来是 S 波，S 波之后一般是勒夫波，而瑞利波最晚到达。

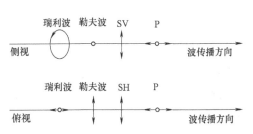

图 1-11　地震波在空间分布的先后顺序和质点振动的特点

各种地震波的传播特性不同，导致近场地震和远场地震的加速度时程曲线区别较大。近场地震的地面运动在很短时间内达到峰值，地震波中短周期成分较多，地面震动的持续时间不长，衰减较快。在远离震中的地区，地面运动开始较晚，但震动幅度大，长周期成分较多，衰减较慢。图 1-12 给出了典型的近场地震与远场地震的时程曲线。

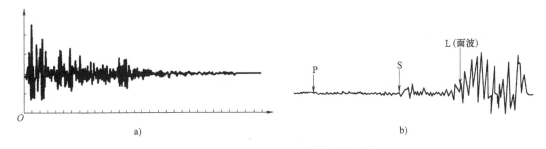

图 1-12　近场地震与远场地震的时程曲线
a）近场地震时程曲线　b）远场地震时程曲线

在一个工程场地，P 波首先到达，然后 S 波到达，最后面波出现。由于大部分地震台站离震中较远，所得记录一般为远震记录，在这些记录中面波的振幅往往大于体波的振幅，在早期的记录中明显显示了这一特征。但这一结论对强震记录一般不成立；一是由于强震记录以近震为主；二是强震记录为加速度，高频成分影响大于低频波，而面波以中低频为主。

■ 1.2 地震震级与地震烈度

1.2.1 地震震级

地震强度一般用震级来描述，它是由地震仪测定的每次地震活动释放的能量多少来确定的。我国目前使用的震级标准，是国际上通用的里氏震级表，共分 9 个等级。在实际测量中，震级则是根据地震仪对地震波所做的记录计算出来的。地震越大，震级的数字也越大。

（1）里氏震级　国际上常用里氏震级（Richter Magnitude）来表示地震的大小。里氏采用标准地震仪（自振周期为 0.8s、阻尼比为 0.8、放大系数为 2800 的地震仪），在距震中 100km 处记录的以微米为单位的最大水平地面位移 A 的常用对数来定义震级，可用式（1-8）表示。

$$M_L = \lg A \tag{1-8}$$

当观测点与震中的距离不是 100km 时，里氏震级需要换算，如式（1-9）所示，其中 A 为记录到的两个水平分量最大振幅的平均值。$\lg A_0（R）$ 为随震中距 R 变化的起算函数，可由当地的经验确定，当 $R = 100$km 时，$A_0（R）= 1$。

$$M_L = \lg A - \lg A_0（R） \tag{1-9}$$

里氏震级对近场地震的测量精度较高，适用于震中距 R 小于 600km，震级在 2~6 级时的地震标度。里氏震级是目前应用最广泛的震级单位，不但在科学研究和工程中得到使用，而且在发布地震预报和公告已发生地震的大小时也往往被采用。

（2）面波震级　面波震级的定义，见式（1-10）。

$$M_s = \lg A - \lg A_0 \tag{1-10}$$

式中，A 为面波最大地面位移（μm），取两水平分量最大振幅的矢量和，见式（1-11）。

$$A = \max\left(\sqrt{u_x^2 + u_y^2}\right) \tag{1-11}$$

式（1-10）中的 $\lg A_0$ 为起算函数。当地震波卓越周期为 3~20s 时，适合用面波震级来描述地震强度。同时，当震中距超过 2000km 时，地震记录主要是面波，因此，面波震级适合描述远场地震，且面波震级适用于震级较大的地震标度，在 4~8 级范围内具有较好的适用性。

（3）体波震级　对于深源地震，地震记录中的面波成分很小，需要用 P 波振幅来度量。体波震级 M_B 适用的地震波周期在 1s 左右，可用于震级较大的地震。

（4）持时震级　持时震级可用于度量震级 $M \leq 3$ 的小地震，为地震学专用震级单位。

（5）矩震级　为了更好地表征大地震震级，从反映地震断层错动的一个力学量地震矩 M_0 出发，提出了一种新的震级指标——矩震级 M_W。矩震级直接与地震释放的能量建立定量联系，见式（1-12），即 M_W 与地震矩 M_0 有关，其中 M_0 表示地震能量的大小，其单位为 dyn·cm，$1\text{dyn} = 1 \times 10^{-5}$N。

$$M_W = （\lg M_0）/1.5 - 10.7 \tag{1-12}$$

矩震级的测量可用宏观的方法，直接从野外测量断层的平均位错、破裂长度和岩石的硬度，从等震线的衰减或余震推断震源深度，从而估计断层面积。也可用微观的方法，由地震波记录反演计算这些量。矩震级表示震源所释放的能量，而地震对地表的破坏性也取决于震源的深度。

在上面所给出的这些震级定义中，里氏震级和面波震级的使用最为广泛，其中，里氏震级适用于度量震中距较小的地震，而面波震级可以用于度量震中距相对较远的大地震。我国使用的计算地震震级的公式与上面介绍的里氏震级和面波震级的计算公式略有不同，这主要考虑了我国使用的仪器和地震动的特点。

根据我国现有仪器，近震（震中距 $\Delta < 1000km$）震级的计算公式为

$$M_L = \lg A_m + R(\Delta) \tag{1-13}$$

式中，M_L 为近震体波震级；A_m 为水平向最大振幅（μm）；$R(\Delta)$ 为随震中距 Δ 变化的起算函数。

我国远震（震中距 $\Delta > 1000km$）震级的计算公式为

$$M_S = \lg \frac{A_m}{T} + \sigma(\Delta) \tag{1-14}$$

式中，M_S 为远震面波震级；A_m 为水平向最大振幅值（μm）；T 为与 A_m 相应的周期；$\sigma(\Delta)$ 为面波震级的量规函数；Δ 为震中距。

根据我国的资料，里氏震级与面波震级之间的经验关系见式（1-15）。

$$M_S = 1.13M_L - 1.08 \tag{1-15}$$

不同国家由于使用仪器的不同或不同地区地质条件的影响，不同震级之间的转换关系有所不同。

震级的测定不一定十分准确，同一次地震在不同地点测得的结果有时可相差 0.5 级，最大可相差 1 级，这是因为一个特定地点地震时的地面运动，不但受震级大小和距震中远近的影响，还受传播途径和局部场地条件的影响。虽然可以通过台站站址的选择有效地消除局部场地的影响，但传播路径的影响很难消除。一般说来，小于 2.5 级的地震人体感觉不到，叫无感地震，也叫微震；震级大于 2.5 的地震，人可以感觉得到，叫有感地震；而大于 5 级的地震，可以造成破坏，称为破坏性地震，如图 1-13 所示。

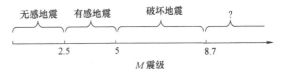

图 1-13　震级与震感

迄今为止，世界上最大的一次地震于 1960 年 5 月 22 日发生于智利，其里氏震级为 8.9 级，换算成矩震级则为 9.5 级，地球上是否有更大的地震或说最大的地震到底有多大，目前还不清楚。

（6）震级和能量　根据经验，震级 M 与震源释放的能量 E 之间的关系如式（1-16）所示。如记 M_n 和 M_{n+1} 分别为 n 级和 $n+1$ 级地震的震级，E_n 和 E_{n+1} 分别为 n 级和 $n+1$ 级地震对应的能量，则 E_{n+1} 和 E_n 的比值约为 31.6。可见，地震每增大一级，地震释放的能量增大约 32 倍：

$$\lg E = 1.5M + 11.8 \tag{1-16}$$

$$E_{n+1}/E_n = 10^{1.5} \approx 31.6 \tag{1-17}$$

利用震级和观测点位移振幅的关系式，可推导出式（1-18），说明地震每增大一级，振幅增大约 10 倍。

$$A_{n+1}/A_n = 10 \tag{1-18}$$

1.2.2 地震烈度

地震烈度是指地震时某一地区的地面和各类建筑物遭受地震影响的平均强弱程度。烈度反映了一次地震中一定区域内地震动多种因素综合强度的总平均值，是地震破坏作用的总评价。一次地震在不同的区域内会有不同的烈度。烈度是最古老的用来度量地震强度的一个量，已有 180 年的历史，直到现在仍在很多国家和地区应用。烈度的确定，不用仪器量测，而是利用对现象的描述（取决于某一地区人的感受、物体的反应、结构物的破坏，以及自然现象如地表裂纹），表 1-1 为我国现阶段采用的地震烈度表。

一个地区的地震烈度是用人的感觉、器物反应、结构物破坏、地表现象等特征来评定，其中结构物破坏和地表现象是最主要的两项。有的国家将烈度分成 12 度：1~12，如中国、美国；日本分为 8 度：0~7。在分析不同国家的地震震害时，要注意该国家或地区的烈度划分方法。总之，有关烈度的描述主要包括以下三个方面的特点：①多指标的综合性：人、物、结构和地表同时描述；②分等级的宏观性：有四把尺子，但每把尺子的刻度是模糊的；③结果表示的是原因的间接性。

1)《中国地震烈度表》评定地震烈度时，Ⅰ~Ⅴ度时以地面上以及底层房屋中人的感觉和其他震害现象为主；Ⅵ~Ⅹ度时以房屋震害为主，参照其他震害现象，当以房屋震害程度与平均震害指数评定的结果不同时，应以震害程度评定的结果为主，并综合考虑不同类型的房屋的平均震害指数；Ⅺ和Ⅻ度时应综合考虑房屋震害和地表震害现象。

2)以下三种情况的地震烈度评定结果应做适当调整：当采用高楼上人的感觉和器物反应评定地震烈度时，适当降低评定值；当采用低于或高于Ⅶ度抗震设计房屋的震害程度和平均震害指数评定地震烈度时，适当降低或提高评定值；当采用建筑质量特别差或特别好房屋的震害程度和平均震害指数评定地震烈度时，适当降低或提高评定值。

3)平均震害指数可以在调查区域内用普查或随机抽查的方法确定。当计算的平均震害指数位于表中平均震害指数的重叠区时，可参照其他判别指标和震害现象综合判别地震烈度。

房屋的破坏等级分为基本完好、轻微破坏、中等破坏、严重破坏和毁坏五类，其定义与对应的震害指数如下：

基本完好：承重和非承重构件完好，或个别非承重构件轻微损坏，不加修理可继续使用。对应的震害指数范围为 0.00~0.10。

轻微破坏：个别承重构件出现可见裂缝，非承重构件有明显裂缝，不需要修理或稍加修理即可继续使用，对应的震害指数范围为 0.10~0.30。

中等破坏：多数承重构件出现轻微裂缝，部分有明显裂缝，个别非承重构件破坏严重，需要一般修理后才可使用。对应的震害指数范围为 0.30~0.55。

严重破坏：多数承重构件破坏严重，非承重构件局部倒塌，房屋修复困难。对应的震害指数范围为 0.55~0.85。

毁坏：多数承重构件严重破坏，房屋结构濒于崩溃或已倒塌，已无修复可能。对应的震害指数范围为 0.85~1.0。

4)农村可按自然村，城镇可按街区为单位进行地震烈度评定，面积以 1km² 为宜。

5)当有自由场地强震记录时，水平向地震动峰值加速度和峰值速度可作为综合评定地震烈度的参考指标。

表1-1　中国地震烈度表

地震烈度	评定指标							合成地震动的最大值	
类型	房屋震害		人的感觉	器物反应	生命线工程震害	其他震害现象	仪器测定的地震烈度 I_I	加速度/(m/s²)	速度/(m/s)
	震害程度	平均震害指数							
Ⅰ(1)	—	—	—	无感	—	—	—	1.0≤I_I<1.5	1.80×10⁻² (<2.57×10⁻²)	1.21×10⁻³ (<1.77×10⁻³)
Ⅱ(2)	—	—	—	室内个别静止中的人有感觉,个别较高楼层中的人有感觉	—	—	—	1.5≤I_I<2.5	3.69×10⁻² (2.58×10⁻²~5.28×10⁻²)	2.59×10⁻³ (1.78×10⁻³~3.81×10⁻³)
Ⅲ(3)	—	门、窗轻微作响	—	室内少数静止中的人有感觉,少数较高楼层中的人有明显感觉	悬挂的物微动	—	—	2.5≤I_I<3.5	7.57×10⁻² (5.29×10⁻²~1.08×10⁻¹)	5.58×10⁻³ (3.82×10⁻³~8.19×10⁻³)
Ⅳ(4)	—	门、窗作响	—	室内多数人,室外少数人有感觉,少数人睡梦中惊醒	悬挂物明显摆动,器皿作响	—	—	3.5≤I_I<4.5	1.55×10⁻¹ (1.09×10⁻¹~2.22×10⁻¹)	1.20×10⁻² (8.20×10⁻³~1.76×10⁻²)
Ⅴ(5)	—	门、窗、屋顶、屋架颤动作响,灰土掉落,个别房屋墙体抹灰出现细微裂缝,个别老旧A1类或A2类房屋墙体出现轻微裂缝或原有裂缝扩展,个别屋顶烟囱掉砖,个别檐瓦掉落	—	室内绝大多数、室外多数人有感觉,多数人睡梦中惊醒,少数人惊逃户外	悬挂物大幅度晃动,少数架上小物品、个别顶部沉重或放置不稳定器物摇动或翻倒,水晃动并从盛满的容器中溢出	—	—	4.5≤I_I<5.5	3.19×10⁻¹ (2.23×10⁻¹~4.56×10⁻¹)	2.59×10⁻² (1.77×10⁻²~3.80×10⁻²)

（续）

地震烈度	类型	房屋震害 震害程度	评定指标 平均震害指数	人的感觉	器物反应	生命线工程震害	其他震害现象	仪器测定的地震烈度 I_I	合成地震动的最大值 加速度/(m/s²)	速度/(m/s)
VI(6)	A1	少数轻微破坏和中等破坏，多数基本完好	0.02~0.17	多数人站立不稳，多数人惊逃户外	少数轻家具和物品移动，少数顶部器物翻落	个别梁桥挡块破坏，个别拱桥主裂缝及桥台变压个别主变压器跳闸；个别独老旧管道线有破坏，局部水压下降	河岸和松软土地出现裂缝，饱和砂层出现喷砂冒水；个别独立砖烟囱轻度裂缝	$5.5 \leq I_I < 6.5$	6.53×10^{-1} $(4.57 \times 10^{-1} \sim 9.36 \times 10^{-1})$	5.57×10^{-2} $(3.81 \times 10^{-2} \sim 8.17 \times 10^{-2})$
	A2	少数轻微破坏，大多数基本完好	0.01~0.13							
	B	少数轻微破坏，大多数基本完好	≤0.11							
	C	少数或个别轻微破坏，绝大多数基本完好	≤0.06							
	D	少数或个别轻微破坏，绝大多数基本完好	≤0.04							
VII(7)	A1	少数严重破坏和中等破坏和轻微破坏	0.15~0.44	大多数人惊逃户外，骑自行车的人有感觉，行驶中的汽车驾乘人员有感觉	物品从架子上掉落，多数顶部沉重的器物翻倒，少数家具倾倒	少数梁桥挡块破坏，个别拱桥主拱明显裂缝和变形以及少数桥；个别的套变压器破坏，个别箱式型高压电气设备破坏；少数支线管道破坏，局部停水	河岸出现塌方，饱和砂层常见喷水冒砂，松软土地上地裂缝较多；大多数独立砖烟囱中等破坏	$6.5 \leq I_I < 7.5$	1.35 $(9.37 \times 10^{-1} \sim 1.94)$	1.20×10^{-1} $(8.18 \times 10^{-2} \sim 1.76 \times 10^{-1})$
	A2	少数中等破坏，多数轻微破坏和基本完好	0.11~0.31							
	B	少数中等破坏，多数轻微破坏和基本完好	0.09~0.27							
	C	少数中等破坏和轻微破坏，大多数基本完好	0.05~0.18							
	D	少数轻微破坏，大多数基本完好	0.04~0.16							

（续）

地震烈度	类型	房屋震害		评定指标				仪器测定的地震烈度 I_I	合成地震动的最大值	
		震害程度	平均震害指数	人的感觉	器物反应	生命线工程震害	其他震害现象		加速度/(m/s^2)	速度/(m/s)
VIII(8)	A1	少数毁坏,多数中等破坏和轻破坏	0.42~0.62	多数人摇晃颠簸,行走困难	除重家具外,室内物品大多数移位或倾倒	少数梁桥梁体移位、开裂及多数撞坏,少数拱桥主拱圈开裂严重;少数变压器的绝缘瓷套破坏,个别高压电气设备支座破坏,少数供水管道破坏,部分区域停水	干硬土地上出现裂缝,饱和砂层绝大多数喷砂冒水;大多数独立砖烟囱严重破坏	$7.5 \leq I_I < 8.5$	2.79 (1.95~4.01)	2.58×10^{-1} ($1.77 \times 10^{-1} \sim 3.78 \times 10^{-1}$)
	A2	少数严重破坏,多数中等破坏和轻微破坏	0.29~0.46							
	B	少数严重破坏和毁坏,多数中等破坏和轻微破坏	0.25~0.50							
	C	少数中等破坏,多数轻微破坏和基本完好	0.16~0.35							
	D	少数轻微破坏,多数基本完好	0.14~0.27							
IX(9)	A1	大多数毁坏和严重破坏	0.60~0.90	行动的人摔倒	室内物品大多数移位或倾倒	个别梁桥局部压溃或坍塌,个别拱桥垮塌或濒于垮塌,多数变压器移位,少数变压器的绝缘瓷套破坏及电气设备破坏,少数或个别高压电气设备破坏,各类供水管道破坏、渗漏广泛发生,大范围停水	干硬土地上多处出现裂缝,可见基岩裂缝、错动,滑坡、塌方常见;独立砖烟囱多数倒塌	$8.5 \leq I_I < 9.5$	5.77 (4.02~8.30)	5.55×10^{-1} ($3.79 \times 10^{-1} \sim 8.14 \times 10^{-1}$)
	A2	少数毁坏,多数严重破坏和中等破坏	0.44~0.62							
	B	少数毁坏,多数严重破坏和中等破坏	0.48~0.69							
	C	多数严重破坏和中等破坏,少数轻微破坏	0.33~0.54							
	D	少数严重破坏,多数中等破坏和轻微破坏	0.25~0.48							

（续）

地震烈度	类型	评定指标							合成地震动的最大值	
		房屋震害		人的感觉	器物反应	生命线工程震害	其他震害现象	仪器测定的地震烈度 I_I	加速度/(m/s²)	速度/(m/s)
		震害程度	平均震害指数							
X(10)	A1	绝大多数毁坏	0.88~1.00	骑自行车的人会摔倒；处于不稳状态的人会摔离原地，有抛起感	—	个别梁桥桥墩压溃或折断，少数落梁、垮塌或严重拱曲；绝大多数变压器移位、脱轨，套管断裂漏油，多数瓷柱型高压电气设备破坏；供水管网毁坏，全区域停水	山崩和地震断裂出现；大多数独立砖烟囱从根部破坏或倒塌	$9.5 \leqslant I_I < 10.5$	1.19×10^1 $(8.31 \sim 1.72 \times 10^1)$	1.19 $(8.15 \times 10^{-1} \sim 1.75)$
	A2	大多数毁坏	0.60~0.88							
	B	大多数毁坏	0.67~0.91							
	C	大多数严重破坏和毁坏	0.52~0.84							
	D	大多数严重破坏和毁坏	0.46~0.84							
XI(11)	A1		1.00	—	—	—	地震断裂延续很大；大量山崩滑坡	$10.5 \leqslant I_I < 11.5$	2.47×10^1 $(1.73 \times 10^1 \sim 3.55 \times 10^1)$	2.57 $(1.76 \sim 3.77)$
	A2	绝大多数毁坏	0.86~1.00							
	B		0.90~1.00							
	C		0.84~1.00							
	D		0.84~1.00							
XII(12)	各类	几乎全部毁坏	1.00	—	—	—	地面剧烈变化，山河改观	$11.5 \leqslant I_I \leqslant 12.0$	$>3.55 \times 10^1$	>3.77

注：1. "—"表示无内容。

2. 表中给出的合成地震动的最大值为所对应的仪器测定的地震烈度中值，加速度和速度值分别对应《中国地震烈度表》附录A中公式(A.5)的PGA和公式(A.6)的PGV，括号内为变化范围。

3. 表中数量词的含义："个别"为10%以下；"少数"为10%~45%；"多数"为40%~70%；"大多数"为60%~90%；"绝大多数"为80%以上。

4. 房屋的5种类型：A1类为未经抗震设防的土木、砖木、石木等房屋；A2类为穿斗木构架房屋；B类为未经抗震设防的砖结构房屋；C类为按照抗震设防Ⅷ度（7度）抗震设防的砖混凝土房屋；D类为按照Ⅷ度抗震设防的钢筋混凝土框架结构房屋。

5. 震害指数d是表示房屋震害程度的定量指标，以0.00到1.00之间的数字表示由轻到到重的震害程度。房屋破坏等级分为基本完好（0.00≤d<0.10）、轻微破坏（0.10≤d<0.30）、中等破坏（0.30≤d<0.55）、严重破坏（0.55≤d<0.85）和毁坏（0.85≤d<1.00）五类。

总之，烈度是一个平均的概念。其高低与地面范围大小密切相关，一般来讲，地面范围取得大，评出的最高烈度就越低，反之亦然。所以，评定烈度要选取一个标准大小的范围。地震后通过震害现场调查，确定各地点的烈度，将烈度标在一张地图上，用曲线将不同烈度区分开，同一区内的烈度相同，这样

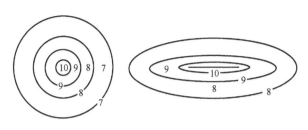

图 1-14 典型等震线示意图

给出的烈度分布称为等震线图。典型等震线如图 1-14 所示。理论上的等震线有圆形和椭圆形。圆形等震线一般对应于小地震，而椭圆形等震线对应于大地震。

实际情况则很复杂，等震线为不规则的曲线，在某一烈度区内常常存在烈度异常区，局部场地条件是产生烈度异常区的主要原因，如图 1-15 所示。

地震烈度是制定结构抗震设计目标、进行结构抗震设计和分析结构抗震性能的依据。随着人们对地震认识的发展，地震烈度的表达由传统的宏观现象描述发展到现在的定量指标表达。地震烈度的传统宏观现象描述，是在没有地震仪记录的情况下，凭借人们对地面运动剧烈程度的主观感觉和建筑物破坏程度而给出的概念性度量。因而目前通行的烈度表与设计良好的现代结构的破坏程度关系很小，不能科学、全面地反映地震强烈程度。科学确定地震烈度的方法应该是直接给出地震引起的地面运动参数，如地面运动加速度、速度、位移和持

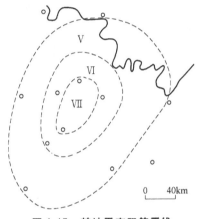

图 1-15 某地震实际等震线

续时间。这些地面运动参数是直接进行结构抗震设计和分析结构抗震性能的依据。

1.3 地震动

地震地面运动简称地震动，指由震源释放出的能量产生的地震波引起的地表附近土层（地面）的振动。地震动是工程抗震中需要研究的主要内容，地面运动是结构地震响应的输入。地震动可以用地面运动的加速度、速度或位移的时间函数表示，即加速度 $a(t)$、速度 $v(t)$、位移 $u(t)$，通称为地震动时程。

地震动是引起震害的外因，相当于结构分析中的作用（荷载）。差别在于结构工程中常用荷载以直接作用——力的形式出现，而地震动以间接作用——边界条件的方式出现；常用荷载大多数是竖向作用，地震动则是竖向、水平甚至扭转同时作用的。在地震工程中，人们主要研究三个内容：地震动，也就是输入结构的作用（荷载）；结构，是地震工程中主要关注对象；结构响应，代表地震动经过结构以后的输出。当前我们对结构的性能了解还很不够，特别是在结构物超过弹性阶段以后的力学性能，而对地震动的了解则远远落后于对结构的了解。地震动是一个复杂的时间过程，之所以复杂是因为存在着很多影响地震动的因素，而人们对许多重要因素难以精确估计，从而产生许多不确定性。地震动的显著特点是其时程

函数的不规则性。

对地震动的研究强烈地依赖于对地震动观测的现状与发展。地震动观测是利用仪器将地震动随时间的变化过程记录下来。地震动记录一般是时程曲线。记录到的地震动可分为 6 个分量，即 3 个平动分量和 3 个转动分量。目前直接得到的某一地点的记录通常为平动分量，转动分量的获得尚存在一定困难。

1.3.1　地震动的观测

大部分地震工作者通常使用地震仪观测地震，主要记录较小的地震。地震仪记录地面的位移或速度，安放在基岩处。地震仪可用于预报地震，研究震源机制和地震传播规律等。结构抗震工作者大部分使用强震仪，其观测的主要对象为强震，通常记录地面运动的加速度时程，以便于为结构地震反应分析和抗震设计所用。强震仪可为研究地震动特性提供数据，为结构设计和试验提供输入。

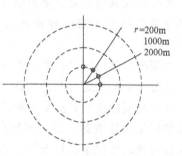

图 1-16　SMART-1,2 台阵布置示意图

在强震仪的基础上，地震工作者研发了强震观测系统。强震观测系统是按一定规则布置的一组强震仪。根据观测目的不同，强震系统可分为地震动衰减台阵、断层地震动台阵、区域性地震动台阵、地震差动台阵（如 SMART-1,2，见图 1-16）、地下地震动台阵及结构地震反应台阵。

国际观测台阵中的中国子站——唐山响堂三维场地观测台阵可用于研究局部场地条件对地震动的影响。美国加州法律和中国《建筑抗震设计规范》都规定，对于重要的建筑结构必须放置一定数量的强震仪。

日本 1930 年开始布设强震仪；美国 1932 年开始布设强震仪，并于 1933 年获得了第一条强震记录（long beach）；中国 1966 年开始布设强震仪。目前全世界已获得了大量的强震记录，形成强震记录数据库。但目前强震记录还远远不够，特别是近场强震记录缺乏，无法满足不同研究目的需要。在获得强震记录后，还需要修正仪器引起的误差，进行零线校正。通过对加速度的积分也可以得到地面运动的速度和位移。目前较为高级的强震仪可记录到周期为 0.03 ~ 20s、峰值加速度在（0.001 ~ 2.0）g 的加速度记录。

1.3.2　地面运动特性

在有关地震动研究的早期，得到的地震动记录表现出一种简谐波动的性态，研究者常采用等效的简谐波进行地震动特性分析并进行结构地震反应计算。1974 年 Housnor 开始把地震动视为随机过程，地震的发生过程、地震动描述、参数的确定等都具有随机性。地震动的特点：随机性——表现为不规则的振动，无法预先确定；非平稳性——包括时域非平稳和频域非平稳。

对于一条已获得的地震记录则为一确定的时间过程。对工程抗震，地震动的特性至少用三个参数来描述，即地震动三要素：振幅（工程中最感兴趣的量）、频谱（使得其对结构的破坏有选择性）、持时（影响结构的累积损伤破坏）。

地震经验表明，各类结构的震害表现是这三个基本要素综合影响的结果，而单一因素与震害表现之间的关系往往缺乏明显的统计规律。例如，仅仅依靠振幅的大小有时不能很好地解释地震引起的破坏程度，因为中等振幅 a_m 但具备长持时 T_d 的地震引起的破坏可能大于大振幅 a_m 但具备短持时 T_d 地震引起的破坏。

振幅可以是地面运动加速度、速度、位移中任何一种物理量的最大值或某种意义的等效值。目前研究者已提出十几种地震动加速度振幅的定义。以下是其中主要的两种：

1）加速度的最大值（又称峰值）a_p，地震动峰值反映的是地震动的局部强度。

$$a_p = |a(t)|_{max} \tag{1-19}$$

2）方均根加速度 a_{rms}，其中 T_d 为地震动的持续时间。方均根加速度 a_{rms} 具有能量的概念，反映了地震动总强度的平均值。

$$a_{rms} = \sqrt{\frac{1}{T_d} \int_0^{T_d} a^2(t) \, dt} \tag{1-20}$$

在地震动研究中峰值加速度 a_p 是最被关心和应用最多的一个物理量。曾有学者从理论上研究过 a_p 是否有上限。1965 年 Housnor 提出 a_p 的上限值为 $0.5g$，当时最大的记录——El Centro 地震加速度记录的 $a_p = 0.34g$；但 1971 年 S. F. 地震记录到 $1.25g$ 的峰值加速度；目前记录到的最大峰值加速度是 $2.0g$。

在结构地震反应研究中也关心地震动加速度竖直分量 a_v 和水平分量 a_h 的关系，一般情况下地震动加速度竖直分量与水平分量的比值为

$$a_v / a_h = 0.3 \sim 0.5 \tag{1-21}$$

《建筑抗震设计规范》（GB 50011—2010，下同）规定：

$$a_v / a_h = 0.65 \tag{1-22}$$

但对于近场地震动，当 $a_h > 0.5g$ 时，a_v 与 a_h 非常接近，甚至竖向值可能超过水平值。例如，1979 年的 Imperial Valley 地震，震级为 6.6 级，$a_v = 1.74g$，$a_h = 0.72g$。

仅根据地面运动振幅的大小，是很难全面解释震害现象的。例如，1962 年墨西哥地震，墨西哥市距震中 400km，地震动峰值加速度仅为 $0.05g$，却造成了非常严重的震害；在许多小震级地震中发现，震中区地震动加速度可达 $0.5g$ 或更大，而基本上无震害发生。这说明除地震动振幅外，还有其他因素对结构破坏起重要作用，地震动的频谱特性是另外一个重要因素。

1.3.3　地震动频率特征

频谱是表示一次振动中幅值与频率关系的曲线。地震工程中常用的频谱有三种：付氏谱，研究分析中常用，特别是理论研究中；反应谱，抗震工程中广泛应用；功率谱，结构随机振动分析中使用较多。

1. 付氏谱

付氏谱的思路认为，任一行波都可以表示成一组简谐波的叠加，即

$$u\left(t - \frac{x}{c}\right) = \frac{1}{2\pi} \int U(\omega) e^{i\omega(t - x/c)} \, d\omega \tag{1-23}$$

当 $x = x_i$ 时，行波解为该点的振动，简谐波成为简谐振动，即任意一个振动都可以表示成一组简谐振动的叠加。同理，对于任一给定的地震动时程 $a(t)$，总可以把它看作许多不同频率的简谐振动的组合。

付氏变换的基本思想是用周期函数的组合表示非周期的复杂函数，如式（1-24）所示，对于一个复杂的地震动过程 $a(t)$，可以按付氏变换表示成不同频率的简谐振动的组合，A

(ω) 即为 $a(t)$ 的付氏谱。

$$a(t) = \frac{1}{2\pi} \int_{-\infty}^{\infty} A(\omega) e^{i\omega t} d\omega \quad A(\omega) = \int_{-\infty}^{\infty} a(t) e^{-i\omega t} dt \tag{1-24}$$

式（1-24）给出的两个公式即为付氏变换对，由付氏变换的性质可知 $A(\omega)$ 与 $a(t)$ 一一对应。一般情况下，付氏谱 $A(\omega)$ 是复函数，可以表示成

$$A(\omega) = |A(\omega)| e^{i\phi(\omega)} \tag{1-25}$$

式中，$|A(\omega)|$ 为 $A(\omega)$ 的模，称为 $a(t)$ 的幅值谱；$\phi(\omega)$ 为 $A(\omega)$ 的相角，称为 $a(t)$ 的相位谱；$|A(\omega)|$ 和 $\phi(\omega)$ 均为实函数。

2. 反应谱

反应谱的概念是 1940 年前后提出来的。研究者采用典型的地震波为输入，通过数值计算，得到单质点结构地震反应的最大值；再通过不断调整单质点结构的自振周期，可以得到一系列结构反应的最大值，将这些计算结果按结构的自振周期（或频率）为自变量画出一条曲线，该曲线即称为反应谱。反应谱不仅可以用于计算结构的最大反应，还可以用来描述地震动的特性。

根据结构动力学，对于质量和刚度分别为 M 和 K 的单质点体系，其自振频率为 ω，阻尼比为 ξ，在支点处受到地震动加速度时程 $a(t)$ 的作用，记 $u(t)$ 为结构相对位移，$u_g(t)$ 为地面位移，$u(t)+u_g(t)$ 为结构的绝对位移，阻尼系数 $C = 2\xi\omega M$，则其动力学方程为

$$M\ddot{u}(t) + C\dot{u}(t) + Ku(t) = -M\ddot{u}_g(t) = -Ma(t) \tag{1-26}$$

针对上式，采用结构动力学中杜哈梅积分法或其他时域逐步积分法，即可求得结构的相对位移、相对速度和绝对加速度。由此，可以定义相对位移反应谱 S_d、相对速度反应谱 S_v 和绝对加速度反应谱 S_a 如下

$$\begin{cases} S_d(\omega, \xi) = |u(t)|_{max} \\ S_v(\omega, \xi) = |\dot{u}(t)|_{max} \\ S_a(\omega, \xi) = |\ddot{u}(t) + \ddot{u}_g(t)|_{max} \end{cases} \tag{1-27}$$

结构上所承受的最大惯性力为

$$F = Ma_{max} = MS_a \tag{1-28}$$

在最大惯性力作用下结构的变形 S_d 为

$$KS_d = F = MS_a \tag{1-29}$$

由此可得

$$S_a = \omega^2 S_d \tag{1-30}$$

式中，$\omega^2 = K/M$，以上关系也可以直接用运动方程来证明，这是对应于小阻尼的结果。

3. 功率谱

地震波功率谱的定义为

$$功率谱 = |A(\omega)|^2 \tag{1-31}$$

即功率谱等于付氏幅值谱的二次方。如果为平稳随机过程，则采用功率谱密度的定义：

$$功率谱密度 = \frac{1}{T_d} E |A(\omega)|^2 \tag{1-32}$$

表 1-2 汇总了三种频谱的计算方式和特征。付氏谱与时域地震动时程有一一对应的关

系，它既有幅值信息又有相位信息；而反应谱和功率谱仅有幅值信息，但失去了相位信息，因而不能直接反演到时程。

表 1-2 三种频谱的计算方式和特征

频谱	计 算 公 式	特征
付氏谱	$A(\omega) = \int_{-\infty}^{\infty} a(t) e^{-i\omega t} dt$	与地震时程一一对应
反应谱	$S_a(\omega,\xi) = \left\| \ddot{u}(t) + \ddot{u}_g(t) \right\|_{max}, S_d(\omega,\xi) = \left\| u(t) \right\|_{max}$	仅有幅值信息
功率谱	功率谱 = $\left\| A(\omega) \right\|^2$	仅有幅值信息

1.3.4 地震持时

人们很早就从震害经验中认识到强震持续时间对结构破坏的重要影响。由于早期地震工程研究中偏重于结构线弹性反应分析，因而在理论上相对忽略了对持时的研究。20 世纪 70 年代以来，随着结构非线性反应研究工作的深入，关于地震动持时及其影响的研究逐渐增多。持时对结构的影响主要是引起结构低周疲劳、累积损伤破坏。持时的定义也很多，包括绝对持时和相对持时等。

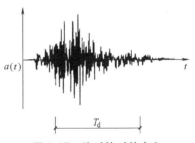

图 1-17 绝对持时的定义

绝对持时根据加速度的绝对值来定义，即取加速度记录图上绝对值第一次和最后一次达到或超过某一规定值（如 $0.1g$）之间所经历的时间作为地震动持续时间，如图 1-17 所示。采用绝对持时的优点是定义统一，容易理解，易与结构破坏效果统一，对结构抗震设计有用。采用绝对加速度的缺点是可出现零持时。

与绝对持时相对应的是相对持时。相对持时根据加速度的相对值来定义。分数持时是一种相对持时，它在绝对持时取值方法中，取规定值为相对值，如 $a_{max}/3 \sim a_{max}/5$。也有人建议采用能量持时，取能量达到总能量 5% ~ 95% 的时间，如图 1-18 所示。除上述定义外，还有等效持时、反应持时和工程持时等。

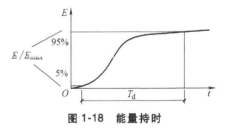

图 1-18 能量持时

虽然持时的定义目前尚不统一，但从工程需要看，合理定义给出的结果差别不大。强震持时对结构反应的影响主要表现在结构的非线性反应阶段，持时的影响主要反映在结构的累积损伤破坏过程中。累积损伤破坏导致的问题与广义的结构疲劳问题相对应，称为低周疲劳问题。研究表明：对于无退化非线性体系，强震持时影响一般不大；对于退化性强的非线性体系，特别是具有下降段恢复力特性的体系，持时对最大反应的影响较大，有研究表明，对此类结构，持时从 1s 增大到 50s，地震动对结构的破坏能力平均增大 40 倍；持时对非线性体系的能量损耗积累有重大影响。

1.3.5 地震三要素的综合影响因素

地震动三要素对结构地震反应起着综合作用，往往均具有重要影响。分析中如果仅仅考虑单一因素，很难合理解释结构的地震破坏现象。为综合考虑地震动三要素的重要性，

表 1-3 和图 1-19 对比了发生在加利福尼亚和旧金山的地震情况。可以看出，两次地震的峰值加速度基本相同，但震中距差距明显，震级也不同。

表 1-3　旧金山地震和加利福尼亚地震概况

地震地点	发震时间	震级	震中距/km	峰值加速度/(cm/s^2)
旧金山	1957.4.22	5.3	16.8	46.1
加利福尼亚	1952.7.21	7.7	126	46.5

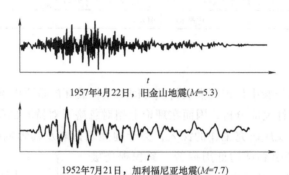

1957年4月22日，旧金山地震($M=5.3$)

1952年7月21日，加利福尼亚地震($M=7.7$)

图 1-19　旧金山地震和加利福尼亚地震地震波时程曲线

由两次地震记录比较可知，尽管两者地震峰值加速度基本相等，但其反应谱形状截然不同，如图 1-20 所示。如在 $T=0.9s$ 时，对应反应谱分别是 $0.04g$ 和 $0.2g$，后者为前者的 5 倍。如果结构的自振周期也接近 $0.9s$，则它对不同地震的反应可相差 5 倍。

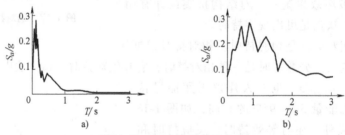

图 1-20　两次地震的反应谱
a）旧金山地震反应谱　b）加利福尼亚地震反应谱

由以上例子可以看到，为合理估计结构的地震反应必须同时考虑地震动三要素。地震动的特征通过地震动的振幅、频谱和持时来反映。分析地震动的影响因素，就是分析这些因素对地震动三要素的综合影响。与影响地震烈度、震害的因素大致相同，这些影响因素包括：震级、距离、（局部）场地条件、传播介质、震源条件和地震机制（断层类型）。下面仅讨论地震动的一些主要影响因素。

（1）震级　地震震级的大小对地震动三要素的影响明显。如图 1-21 所示，距离相同时，震级越大，则振幅越大、持时越长、长周期（低频）分量越显著。

（2）距离　距离对峰值加速度 a_p 的定性影响规律很明确，两者之间的定量规律也是一个很重要的研究内容。许多人对峰值-距离变化规律进行了分析，表明峰值 a_p-距离关系分散，但

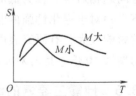

图 1-21　不同震级地震的
反应谱曲线

总体上表现为：①随距离增加，a_p 减小；②随距离增加，持时增加；③震中距越远，地震动的长周期分量越显著。其中，第③点是区分近震、中震和远震的条件。产生这一特点的原因是：随距离增加，高频波衰减快，低频波（长周期）衰减慢。对于大地震、远距离场地，地震动中的长周期成分显著，对长周期结构震害大，而短周期结构损坏较小；对于中小地震，在震中区则相反，以自振周期短的低层房屋破坏为主。

（3）场地土　场地土通常是指场地范围内深度为 $15 \sim 20\text{m}$ 的地基土。场地土对地震动的影响很复杂，不能一概而论。地震现场常有的地震烈度异常，大都是由于特殊的土质条件（构造）引起的。一般情况下，基岩上地震动小，烈度低、震害轻；软土上地震动大，烈度高，震害重。硬土上刚性结构震害重一些，长周期结构轻些；软土上则相反。如1923年日本关东大地震，硬土上刚性结构破坏重，软土上柔性结构破坏重。当结构在强震下出现非线性反应时，软土地基有可能出现"隔震"现象。1985年墨西哥地震中高层结构遭到破坏的原因之一是震中距很远，土层下方入射地震动的长周期分量显著，土层可以把长周期的地震动分量放大。但如果是近场强震，有时可能结果并不一样。

图1-22为104条地震记录在阻尼比为5%时的反应谱曲线，选取了不同类型的场地上测得的地震波，其中：①基岩28条，②硬土31条，③厚黏土30条，④软土15条，以考虑场地土的性质对谱的影响。从图中可以看出，随着场地变软，地震波的能量更加显著地集中在长周期部分。

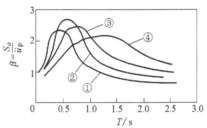

图1-22　不同场地的反应谱曲线

（4）土层厚度　土层厚度对振幅的影响与土层之下入射波的频率成分有关。确切地说是与场地的自振频率和入射地震波的卓越频率相关，当两者接近时，振幅将发生显著的放大。一般情况下，土层厚则持时长。因为当土层变厚时，地震波在土层中的往复传播时间变得更长。土层厚度对频谱的影响可以通过分析场地的自振周期来讨论。位于基岩之上的单层覆盖土层的自振周期为

$$T = \frac{4H}{c_s} \qquad (1\text{-}33)$$

式中，H 为土层厚度；c_s 为剪切波速。

土层越厚则场地的自振周期越长，可以导致对长周期地震动成分的放大；土层薄，场地的自振周期短，更易于放大短周期分量。

1967年7月29日委内瑞拉的加拉加斯（Caracas）地震，震级 $M = 6.3$，震中距6km。结构破坏率如图1-23所示。该城冲积层厚在 $45 \sim 300\text{m}$，土层厚大于 160m 时，多高层结构的破坏明显加重，破坏率大于80%。

（5）地形　地形对地震波的振幅、持时及频谱均有不小的影响。一般突出山顶地震动放大，山脚缩小；斜坡形场地，坡顶地震动放大，坡底缩小。与无地形影响的结果相比，发生在山地的地震持时

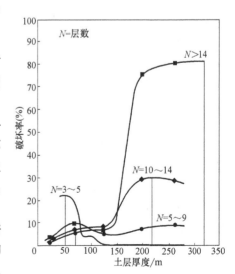

图1-23　土层厚度对结构破坏率的影响

略有增长，但变化不太大，与山体自振周期接近的频谱放大。一般山顶的震害高于山脚及平坦地形的震害。如图1-24所示，1985年智利地震中，位于山顶的4~5层RC框架公寓破坏严重，而位于山脚的同样结构则未破坏。

（6）地下水　地下水除对地震波的传播有一定影响外，最主要是可以影响土层的液化。地下水位的高低变化对砂土液化有影响，水位高则易液化。如图1-25所示，砂土液化时，液化土层对地震波的传播有阻碍作用，消耗波动能量，使地震地面运动变小；但砂土液化易引起地基失效，使结构基础破坏，故砂土液化对结构的破坏有两重性。

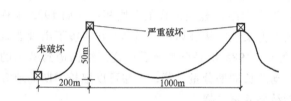

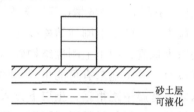

图1-24　1985年智利地震中位于山顶和
山脚处RC框架公寓破坏情况

图1-25　地下水对地震动的影响

研究余震对结构的影响，实质就是考虑持时的影响。对于一个给定的地震加速度记录，计算结构在地震动作用下的反应时，持时问题不大。可以通过结构地震反应性质和地震加速度记录的特点，确定计算结构反应所需要的时间，但在用数值方法合成人工波时，地震动持时的确定存在一定难度，但持时的确定一般受持时定义的影响不大。

1.3.6　地震动幅值沿深度变化规律与地震动衰减规律的基本概念

1. 地震动幅值沿深度变化规律

随着城市化的发展，人类面临越来越严重的土地紧缺、环境污染、交通拥塞、能源浪费等一系列问题，地下空间的开发利用已成为世界性发展趋势和衡量城市现代化的重要标志。我国也对开发地下空间的可行性做了研究，并认为"目前我国已经具备大规模开发城市地下空间的条件"。了解地震动在地表下沿深度的变化规律，对于半埋或者是完全埋置于地下的结构物的抗震设计与抗震安全来说是十分必要的。已有的研究表明，地震动加速度、速度和位移峰值，沿深度一般呈下降趋势，且土层场地的地震动加速度在浅层中的下降明显。我国相关规范中虽然有对高层建筑修正场地类别或折减地震力的建议，但因为目前尚未能总结出地震动幅值沿深度变化的实用性规律，因而暂时没有将其纳入规范。

2. 地震动衰减规律

对一给定场地进行地震危险性分析，或进行地震区划（烈度区划、地面运动参数区划）的关键问题之一是地面运动的衰减规律，即随震中距增加，峰值或烈度减小的规律。目前大部分已有的衰减关系是从统计分析得到，其中小震数据比重大，主要是在基岩中的衰减规律。不同地区、不同国家，地震衰减规律不同，因为地震动衰减不但取决于距离还取决于震源机制、传播途径和介质的性质，这里只介绍一下基本概念，相关内容有待深入研究。典型的峰值衰减规律为

$$y = b_1 e^{b_2 M} / (R + b_4)^{b_3} \text{ 或 } \lg y = b_1 + b_2 M + b_3 \lg(x + b_4) \tag{1-34}$$

式中，y为峰值加速度（PGA）、峰值速度（PGV）、峰值位移（PGD）；M为震级；x、R为

距离；$b_1 \sim b_4$ 为统计参数。

地震波的衰减规律如图 1-26 所示。

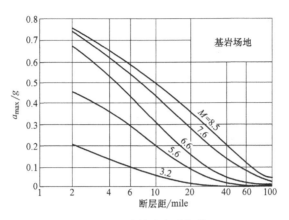

图 1-26　地震波衰减规律

注：1mile = 1609. 344m。

■ 1.4　地震震害与工程抗震设防

1.4.1　地震震害

震害是指地震引起的破坏。较大的地震才能造成震害。历史经验表明，地震震级超过里氏 5.5 级时，可引发显著的震害。通过有效的震害调查，可以更加清晰地认识地震。例如从地表的破坏，可以直接观测、分析地震断层的类型和特点；从一个区域建筑结构的破坏规律可以分析地震波场的特点等。在此基础上，从震害中学习、改进结构抗震设计，提高结构抗震能力。根据经验，一般抗震设计规范的修订都在大地震后，如 1976 年唐山大地震后，1978 年编制完成了《工业与民用建筑抗震设计规范》，1989 年完成了《建筑抗震设计规范》。同时地震可以检验和判断结构体系、构造措施的优劣。

震害可分为直接灾害和间接灾害。地震直接引起的损失称为直接震害，如生命财产损伤，主要包括地表破坏和结构物的破坏等。地震还会引起严重的次生灾害，如火灾、水灾、流行疾病、核泄漏、毒气泄漏、爆炸等称为间接震害。

直接灾害中的地表破坏主要分为地裂缝、地面震陷、喷砂冒水、滑坡塌方、山崩、海啸等。较为著名的例子为 1959 年 8 月 17 日美国蒙大拿州赫布根湖 7.1 级地震中，3300 万 m^3 土石方的山崩堵塞了麦迪逊峡谷，形成一个长 1200m，南岸高 600m，北岸约 1200m 的天然坝，堵河成湖。其他相关实例也很多。

建筑结构的破坏是结构抗震设计关注的重点问题。建筑结构破坏包括振动破坏和地基失效引起的结构破坏。结构振动破坏可表现为结构在地震下丧失整体稳定性，如连接破坏引起的屋盖整体落下、结构的整体倾斜倒塌破坏，也可表现为结构强度不足造成破坏，如墙体交叉裂纹、支撑柱压坏、梁剪切破坏。当地基不均匀沉降和地基液化引起地基失效破坏，可使结构构件不坏，但整体结构倾斜甚至倒塌，如 1964 年 6 月 16 日本新潟 7.4 级地震中，4 层公寓倒塌，但结构本身破坏轻微。在结构灾害中，应该区分结构振动破坏与地基失效引起的破坏，以便工程设计人员对症下药。

1.4.2 工程抗震设防

1. 抗震设防的目的

工程抗震设防的基本目的是在一定的经济条件下，最大限度地限制和减轻建筑物的地震破坏，保障人民生命财产的安全。为了实现这一目的，近年来，许多国家的抗震设计规范都趋向于以"小震不坏、中震可修、大震不倒"作为建筑抗震设计的基本准则。

我国对小震、中震、大震规定了具体的超越概率水准。根据对我国几个主要地震区的地震危险性分析结果，认为我国地震烈度 I 的概率分布基本符合极值Ⅲ型分布，其概率密度函数的基本形式为

$$f(I) = \frac{k(\omega - I)^{k-1}}{(\omega - \varepsilon)^k} e^{-\left(\frac{\omega - I}{\omega - \varepsilon}\right)^k} \tag{1-35}$$

式中，I 为地震烈度；k 为形状参数，取决于一个地区地震背景的复杂性；ω 为地震烈度上限值，取 12；ε 为烈度概率密度曲线上峰值所对应的强度。

地震烈度概率密度函数曲线的基本形状如图 1-27 所示，其具体形状参数取决于设定的分析年限和具体地点。从概率意义上说，小震就是发生机会较多的地震，当分析年限取为 50 年时，上述概率密度曲线的峰值烈度所对应的超越概率为 63.2%（重现期为 50 年），因此，将这一峰值烈度定义为小震烈度，又称多遇地震烈度；而全国地震区划图所规定的各地的基本烈度可取为中震对应的烈度，基本烈度在 50 年内超越概率一般为 10%（重现期为 475 年）。大震时其所对应的地震烈度在 50 年的超越概率为 3%～2%（重现期为 1641～2475 年），这个烈度又可称为罕遇地震烈度。通过对我国 45 个城镇的地震危险性分析结果的统计分析得到：基本烈度较多遇烈度约高 1.55 度，而较罕遇烈度约低 1 度（图 1-27）。

基本烈度指一个地区未来 50 年内、一般场地条件下可能遭受的具有 10% 的超越概率的地震烈度值，称为该地区的基本烈度，用 I_b 表示。基本烈度相当于 475 年一遇的最大地震烈度。基本烈度也称为偶遇烈度或中震烈度。

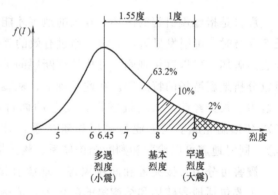

图 1-27　地震烈度概率密度函数曲线的基本形状

我国各个地区的基本烈度是由《中国地震动参数区划图》确定的。最新颁布的《中国地震动参数区划图》（GB 18306—2015）主要包括《中国地震动峰值加速度区划图》《中国地震动反应谱特征周期区划图》及《地震动反应谱特征周期调整表》等。新的区划图与2001 年颁布的《中国地震动参数区划图》差别较大，按照新版《中国地震动参数区划图》中的规定，多遇地震动峰值加速度宜按不低于基本地震动峰值加速度 1/3 确定，罕遇地震动峰值加速度宜按基本地震动峰值加速度 1.6～2.3 倍确定。新区划图中，尚规定了万年一遇的极罕遇地震动，极罕遇地震动的峰值加速度宜按基本地震动峰值加速度 2.7～3.2 倍确定。

《建筑抗震设计规范》规定，抗震设防烈度必须按国家规定的权限审批、颁发的文件（图件）确定。一般情况下，建筑抗震设防烈度应采用《中国地震动参数区划图》中的地震基本烈度。

2. 工程抗震设防目标

对应于前述设计准则，《建筑抗震设计规范》明确提出了三个水准的抗震设防要求：

第一水准：当遭受低于本地区抗震设防烈度的多遇地震影响时，主体结构不受损坏或不需修理可继续使用。

第二水准：当遭受相当于本地区抗震设防烈度的设防地震影响时，可能发生损坏，但经一般性修理可继续使用。

第三水准：当遭受高于本地区抗震设防烈度的罕遇地震影响时，不致倒塌或发生危及生命的严重破坏。

在一般情况下，上述设防烈度采用基本烈度，但对进行过抗震设防区划工作并经主管部门批准的城市，按批准的抗震设防区划确立设防烈度或设计地震动参数。《建筑抗震设计规范》对主要城镇中心地区的抗震设防烈度、设计地震加速度值给出了具体规定。在这些规定中，还同时指出了所在城镇的设计地震分组，这主要是为了反映潜在震源远近的影响。一般而言，潜在震源远，地震时传来的地震波长周期分量较为显著。

1.4.3　结构抗震设计方法

在进行建筑抗震设计时，原则上应满足上述三个水准的抗震设防要求。在具体做法上，我国《建筑抗震设计规范》采用了简化的两阶段设计方法，具体如下：

第一阶段设计：按多遇地震烈度对应的地震作用效应和其他荷载效应的组合验算结构构件的承载能力和结构的弹性变形。

第二阶段设计：按罕遇地震烈度对应的地震作用效应验算结构的弹塑性变形。

第一阶段的设计，保证了第一水准的强度要求和变形要求；第二阶段的设计，则旨在保证结构满足第三水准的抗震设防要求，如何保证第二水准的抗震设防要求目前还在研究之中。一般认为，良好的抗震结构措施有助于第二水准要求的实现。

1.4.4　建筑物重要性分类与设防标准

对于不同使用性质的建筑物，地震破坏所造成后果的严重性是不一样的。因此，对于不同用途建筑物的抗震设防，不宜采用统一标准，而应根据其破坏后果加以区别对待。《建筑工程抗震设防分类标准》（GB 50223—2008，下同）主要以地震中和地震后房屋的损坏对社会和经济产生的影响的程度大小，将建筑工程分成以下4个抗震设防类别。

1）特殊设防类：指使用上有特殊设施，涉及国家公共安全的重大建筑工程和地震时可能发生严重次生灾害等特别重大灾害后果，需要进行特殊设防的建筑，简称甲类。

2）重点设防类：指地震时使用功能不能中断或需尽快恢复的生命线相关建筑，以及地震时可能导致大量人员伤亡等重大灾害后果，需要提高设防标准的建筑，简称乙类。

3）标准设防类：指大量的除1）、2）、4）项以外按标准要求进行设防的建筑，简称丙类。

4）适度设防类：指使用上人员稀少且震损不致产生次生灾害，允许在一定条件下适度降低要求的建筑，简称丁类。

各抗震设防类别建筑的抗震设防标准，应符合下列要求：

1）标准设防类：应按本地区抗震设防烈度确定其抗震措施和地震作用，严格控制施工质量，达到在遭遇高于当地抗震设防烈度的预估罕遇地震影响时不致倒塌或发生危及生命安全的严重破坏的抗震设防目标。

2）重点设防类：应按高于本地区抗震设防烈度1度的要求加强其抗震措施；但9度设防时，应按比9度更高的要求采取抗震措施；地基基础的抗震措施应符合有关规定。同时，应按本地区抗震设防烈度确定其地震作用。

3）特殊设防类：应按高于本地区抗震设防烈度1度的要求加强其抗震措施；但9度设防时，应按比9度更高的要求采取抗震措施。同时，应按批准的地震安全性评价的结果，且高于本地区抗震设防烈度的要求确定其地震作用。

4）适度设防类：允许在本地区抗震设防烈度要求的基础上适当降低其抗震措施，但抗震设防烈度为6度时不应降低。一般情况下，仍应按本地区抗震设防烈度确定其地震作用。

这里需要特别说明的是，对于使用功能属于重点设防类而规模很小的工业建筑，当改用抗震性能较好的材料，且符合抗震设计规范对结构体系的要求时，允许按标准设防类设防。

■ 1.5 建筑抗震概念设计

一般来说，建筑抗震设计包括三个层次的内容与要求，即概念设计、抗震设计与构造措施。概念设计在总体上把握抗震设计的基本原则；抗震计算为建筑抗震设计提供定量手段；构造措施则可以在保证结构整体性、加强局部薄弱环节等意义上保证抗震计算结果的有效性。抗震设计上述三个层次的内容是一个不可割裂的整体，忽略任何一部分，都可能造成抗震设计的失败。

所谓建筑抗震概念设计（seismic concept design of buildings），是指根据地震灾害和工程经验等形成的基本设计原则和设计思想，进行建筑和结构总体布置并确定细部构造的过程。概念设计的依据是震害和工程经验所形成的基本设计原则和思想，设计内容包括建筑体形、结构体系布置和抗震构造设计等，也就是除了"计算设计"以外的所有抗震设计内容均属于"概念设计"的范畴。

概念设计强调根据抗震设计的基本原则，在建筑场地选择、建筑体形（平、立面）、结构体系、刚度分布、构件延性等方面综合考虑，在总体上消除建筑中的薄弱环节，再加上必要的计算和抗震构造措施，使得所设计出的建筑具有良好的抗震性能。

1.5.1 建筑场地的选择

地震灾害表明，建筑的破坏不仅与建筑本身的抗震性能有关，还与建筑物所在场地条件有关。最直观的经验是，每次地震后震害往往在高烈度地震区出现低烈度震害异常区，而在低烈度地震区出现高烈度震害异常区。1967年委内瑞拉加拉加斯地震，在不同覆盖土厚度地区，不同高度的房屋倒塌率有很大差异；1985年墨西哥地震，距离震中四百多千米的墨西哥城中房屋的破坏，比震中区的破坏更严重。出现这种现象主要与该区域的地形、工程地质和水文条件有关。

在选择建筑场地时，就应该根据工程需要，掌握地震活动情况、工程地质和地震地质的有关资料，对抗震有利、不利和危险地段做出综合评价。

1. 地形的影响

一般认为，当局部地形（如条状突出的山嘴、孤立的山丘等）高差大于 30m 时，位于高处的建筑震害会加重。如 1920 年海原地震中，位于渭河谷地的姚庄烈度为 7 度，而 2km 以外的牛家庄因处于高于百米的黄土梁上，烈度竟达到 9 度；海城地震，在大石桥盘龙山高差 58m 的两个测点上收到的强余震加速度记录表明，孤立突出地形上的地面最大加速度，比坡脚平地上的加速度平均大 1.84 倍。

依据宏观震害调查的结果和对不同地形条件和岩土构成的形体所进行的二维地震反应分析结果所反映的总趋势，大致可以归纳为以下几点：①高突地形距离基准面的高度越大，高处的反应越强烈；②离陡坎和边坡顶部边缘的距离越大，反应相对减小；③从岩土构成方面看，在同样地形条件下，土质结构的反应比岩质结构大；④高突地形顶面越开阔，远离边缘的中心部位的反应是明显减小的；⑤边坡越陡，其顶部的放大效应相应加大。当需要在条状突出的山嘴、高耸孤立的山丘、非岩石的陡坡、河岸和边坡边缘等不利地段建造丙类及丙类以上建筑时，除保证其在地震作用下的稳定性外，尚应估计不利地段对设计地震动参数可能产生的放大作用，其地震影响系数最大值应乘以上述增大系数。其值可根据不利地段的具体情况确定，但不宜大于 1.6。

2. 工程地质和水文条件的影响

工程地质和水文条件的影响主要体现在场地土坚硬程度，覆盖层厚度（土层的性质、厚度），场地自振周期和粉、砂土的液化等方面。

场地覆盖层厚度一般情况下是指地面至剪切波速大于 500m/s 的坚硬土顶面的距离。国内外多次大地震的经验表明：柔性建筑，厚土层上的震害重，薄土层上的震害轻。如委内瑞拉 1967 年加拉加斯 6.4 级地震，调查统计数据表明：当土层厚度超过 160m 时，10 层以上房屋的破坏率显著增高，10~14 层房屋的破坏率，约为薄土层的 3 倍，14 层以上房屋，破坏率的相对比值更上升到 8 倍。1967 年加拉加斯地震的房屋底部地震剪力与土层厚度的分析中表明，房屋基底最大地震剪力 F_E 随土层厚度的增大而急剧上升。

场地土是指场地范围内的地基土，深度一般为地面以下 15m。地震时建筑物的破坏，主要是地震剪切波（横波）向地表传递巨大能量引起地面振动所造成。震害调查结果表明，场地土刚性（坚硬程度）大小不同，使其上建筑的震害程度出现很大差异。一般来说，地基土刚性大，房屋破坏轻，反之，破坏重。从地震记录也可以看出，不同刚性的场地土的地震动强度，差异也很大。根据 1985 年墨西哥地震不同场地土上记录到的地震动参数，见表 1-4，古湖床软土上的地震动参数，与硬土的相比较，加速度约增加 4 倍，速度增加 5 倍，位移增加 1.3 倍，结构反应加速度增加 9 倍。

表 1-4 墨西哥市区不同场地土的地震动参数

场地土类型	水平地震动参数			结构（阻尼比5%）最大反应加速度/g
	加速度/g	速度/(cm/s)	位移/cm	
岩石	0.03	9	6	0.12
硬土	0.04	10	9	0.10
软硬土过渡区	0.11	12	7	0.16
软土（古湖床）	0.20	61	21	1.02

从地震记录可以清楚地看出，一个场地的地面运动，一般存在一个破坏性最强的主振周期，如果建筑物的自振周期与这个卓越周期相等或相近，建筑物的破坏程度就会因共振而加重。地震动的卓越周期又称地震动主导周期，它相当于根据地震时某一地区地面运动记录计算出来的反应谱的主峰位置所对应的周期。对于未来可能发生的地震，要正确预测它的波形是很难做到的，然而对于某一工程场址的地震动卓越周期，尽管随震级大小和震中距远近而变化，却因与该场址的场地土性质存在着某种相关性，是可以大致估计的，一般可以利用场地的自振周期来估计地震动卓越周期，即认为场地的自振周期约为地震动的卓越周期。场地的自振周期是场地的重要动力特性之一，在抗震设计时，应使建筑物的自振周期避开场地的自振周期，以避免发生共振现象。

一次强震的地面运动，一般认为可以用加速度峰值、地震动主要周期、持续时间三个特性参数来表示。震级越大，峰值加速度就越高，持续时间就越长；场地覆盖层越厚、土质越软、震中距越远，地震动主要周期（或称特征周期）越长。

不同类别的土质具有不同的动力特性，地震反应也随之出现差异。因此，同一结构单元的基础不宜设置在性质截然不同的地基上，并且同一结构单元不宜部分采用天然地基部分采用桩基。当不可避免时，可以设置变形缝将建筑分为不同的结构单元，或加强基础的整体性，或者仔细分析不同地基在地震下变形的差异以及上部结构各部分地震反应差异的影响，采取有效的抗震措施。

1.5.2　建筑结构的规则性

建筑和结构的平、立面是否规则，对结构的抗震性能具有重要的影响。建筑物的平、立面布置的基本原则是：平面形状规则、对称，竖向质量、刚度连续、均匀，避免楼板错层。这里的"规则"，包含了对建筑的平、立面外形尺寸，结构抗侧力构件布置、质量分布，直至承载力分布等诸多要求。国内外多次地震中均有不少震例表明，房屋体形不规则、平面上凸出凹进，立面上高低错落，破坏程度比较严重；而简单、对称建筑的震害较轻。道理很清楚，简单、对称的结构的实际情况与结构的计算假定符合程度较好，这样计算结果就能够较准确地反映建筑在地震时的情况，相应地容易估计其地震时的反应，并可根据建筑的地震反应，采取相应的抗震措施。

1. 建筑平面规则性

地震区的建筑，平面形状以正方形、矩形、圆形为好，正多边形、椭圆形也是较好的平面形状。但是在实际工程中，由于建筑用地、城市规划、建筑艺术和使用功能等多方面要求，建筑物不可能都设计成正方形、圆形，必然会出现 L 形、T 形、U 形、H 形等各种各样的平面形状。对于非方形、非圆形的建筑平面，也不一定就是不规则的建筑，表 1-5 给出了平面不规则建筑的类型。

表 1-5　平面不规则建筑的类型

不规则建筑的类型	定　义
扭转不规则	楼层的最大弹性水平位移（或层间位移），大于该楼层两端弹性水平位移（或层间位移）平均值的 1.2 倍
凹凸不规则	结构平面凹进的一侧尺寸，大于相应投影方向总尺寸的 30%
楼板局部不连续	楼板的尺寸和平面刚度急剧变化，例如，有效楼板宽度小于该层楼板典型宽度的 50%，或开洞面积大于该层楼面面积的 30%，或较大的楼层错层

对于结构平面扭转不规则，按刚性楼盖计算，当最大层间位移与其平均值的比值为 1.2 时，相当于一端为 1.0，另一端为 1.45；当比值为 1.5 时，相当于一端为 1.0，另一端为 3.0。当变形小的一端满足规范的变形限值时，如果变形大的一端为小端的三倍，则不满足要求，导致破坏，如图 1-28 所示。

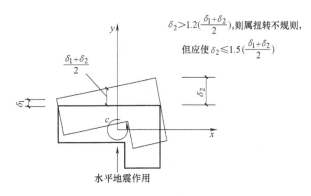

图 1-28　建筑结构平面的扭转不规则示例

为了保证楼板在平面内有很大的刚度，同时为了防止建筑各部分之间振动不同步，建筑平面的外伸段长度应尽可能小。局部外伸的尺寸过大，地震时容易造成局部破坏，如图 1-29 所示。

楼板开洞口过大，与刚性楼盖的计算假定不符。若计算时不考虑楼盖本身平面内的变形，则开洞的薄弱部位抗侧力构件的受力计算值偏小，导致结构不安全。错层部位的短柱、矮墙均属于不利于抗震的构件，地震时很容易发生较严重的破坏，而且同一楼层内竖向构件的侧向参差不齐，地震剪力的分配复杂变化，难以合理控制。这些都将引起抗震计算结果的不可靠性，使得抗震设计复杂化，如图 1-30 所示。

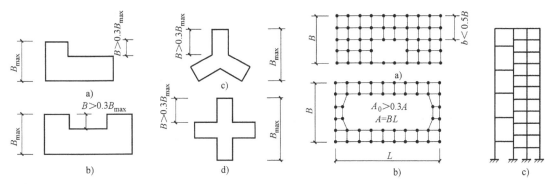

图 1-29　建筑结构平面的凹角和凸角不规则示例

图 1-30　建筑结构平面的局部不连续示例（大开洞和错层）

此外，平面的长宽比不宜过大，平面长度与宽度之比一般宜小于 6，以避免两端相距太远振动不同步，由于复杂的振动形态而使得结构受到损坏。

2. 建筑竖向的规则性

地震区建筑物的立面和竖向剖面同样要求规则，外形几何尺寸和建筑的侧向刚度等沿竖向变化均匀。建筑的立面外形最好采用矩形、梯形等均匀变化的几何形状，尽量避免出现过大的内收或外挑的立面。因为立面形状的突然变化，必然带来质量和侧向刚度的剧烈变化，突变部位就会发生塑性变形集中效应而加重破坏。

除了建筑立面外形几何尺寸的变化外，工程中经常会由于大的室内空间、层高变化等建筑使用功能的要求，出现取消部分抗震墙或结构柱的现象，这常出现在底部大空间剪力墙结构或框筒的下部大柱距楼层，或顶层设置空旷的大房间而取消部分抗震墙或内柱。这样，就会产生结构在竖向的不规则。竖向不规则建筑的类型见表1-6。

表 1-6　竖向的不规则建筑的类型

不规则建筑的类型	定　　义
侧向刚度不规则	该层的侧向刚度小于相邻上一层的70%，或小于其上相邻三个楼层侧向刚度平均值的80%，除顶层外，局部收进的水平向尺寸大于相邻下一层的25%
竖向抗侧力构件不连续	竖向抗侧力构件（柱、抗震墙、抗震支撑）的内力由水平转换构件（梁、桁架等）向下传递
楼层承载力突变	抗侧力结构的层间受剪承载力小于相邻上一楼层的80%

侧向刚度不规则就是指侧向刚度沿竖向产生突变，包括几何尺寸突变，形成软弱层，地震下的弹性位移有集中现象，在大震下弹塑性位移更显著增大。这里，侧向刚度计算取楼层剪力除以层间位移。

结构抽柱、抽梁、抗震墙不落地，竖向构件承担的地震作用不能直接传给基础，相当于结构坐落在软硬差异极大的地基上，一旦水平转换构件稍有破坏，则后果严重。

楼层的水平承载力沿高度突变，形成薄弱层，地震中首先破坏，刚度降低，变形增大并继续发展，产生明显的弹塑性变形集中，一旦超过结构的所有的变形能力，则整个结构倒塌。

3. 不规则类型及处理方法

由于工程实际情况千变万化，在建筑设计中出现不规则的建筑体系也是不可完全避免的，相应地，建筑和结构体系按不规则的程度，分为不规则、特别不规则和严重不规则。不规则，指超过表1-5和表1-6一项及以上的不规则指标；特别不规则，指多项超过表1-5、表1-6的不规则指标或某项超过不规则指标较多；严重不规则，指体形复杂、多项不规则指标超过表1-5、表1-6的上限值或某一项大大超过规定值，具有严重的抗震薄弱环节，将会导致地震破坏的严重后果者。在地震区，建筑设计应符合抗震概念设计的要求，不应采用严重不规则的设计方案。

在进行建筑的抗震设计时，对于不规则的建筑结构，应从结构计算、内力调整、采取必要的加强措施等多方面加以仔细考虑，并对薄弱部位采取有效的抗震构造措施以保证建筑的整体抗震性能。

对于平面不规则而竖向规则的建筑结构，在结构计算时应采用空间结构计算模型；当属于扭转不规则时，计算时应考虑扭转影响，且楼层竖向构件最大的弹性水平位移和层间位移分别不宜大于楼层两端弹性水平位移和层间位移平均值的1.5倍；当属于凸凹不规则或楼板局部不连续时，应采用符合楼板平面内实际刚度变化的计算模型而不能采用刚性楼板的计算假定，在建筑平面不对称时结构计算中尚应考虑扭转影响。

对于平面规则而竖向不规则的建筑结构，在结构计算时同样应采用空间结构计算模型，其薄弱层的地震剪力应乘以1.15的增大系数，并应按《建筑抗震设计规范》的有关规定进行弹塑性变形分析。当竖向抗侧力构件不连续时，该构件传递给水平转换构件的地震内力应乘以1.25~1.5的增大系数；在楼层承载力突变时，薄弱层抗侧力结构的受剪承载力不应小于相邻上一楼层的65%。

平面不规则且竖向不规则的建筑结构，应同时满足上述两种情况的要求。

4. 防震缝的设置

合理地设置防震缝，可以将体形复杂的建筑物划分成"规则"的结构单元。设置防震缝，可以降低结构抗震设计的难度，提高各结构单元的抗震性能，但同时也会带来许多新的问题。如由于缝的两侧均须设置墙体或框架柱而使得结构复杂，特别会使基础处理较为困难，并可能使得建筑使用不便，建筑立面处理困难。更为突出的问题是：地震时缝两侧的结构进入弹塑性状态，位移急剧增大而发生相互碰撞，产生严重的震害。所以，体形复杂的建筑并不一概提倡设置防震缝。近年来的结构设计和施工的经验表明，建筑应当调整平面尺寸和结构布置，采取构造措施和施工措施，能不设缝就不设缝，能少设缝就少设缝；不设防震缝时，应按要求进行抗震分析，并采取加强延性的构造措施。如果没有采取措施或必须设缝时，则必须保证有必要的缝宽以防止震害。

在遇到下列情况时，还是应设置防震缝，将整个建筑划分为若干个规则的独立结构单元。

1）平面形状属于表1-5的不规则类型，或竖向属于表1-6的不规则类型而又在计算和构造上采取有效措施时。

2）房屋长度超过规定的伸缩缝最大间距，又没有条件采取特殊措施而必须设置伸缩缝时。

3）地基土质不均匀或上部结构荷载相差较大，房屋各部分的预计沉降过大，必须设置沉降缝时。

4）房屋各部分的结构体系截然不同，质量或侧移刚度大小悬殊时。

在设置防震缝时，应满足《建筑抗震设计规范》中最小缝宽的要求。钢筋混凝土房屋的最小缝宽应满足下列要求：

1）框架结构房屋的防震缝宽度，当高度不超过15m时可采用100mm；超过15m时，6度、7度、8度和9度相应每增加高度5m、4m、3m和2m，宜加宽20mm。

2）框架-抗震墙结构房屋的防震缝宽度可采用1）项规定数值的70%，抗震墙结构房屋的防震缝宽度可采用1）项规定数值的50%；且均不宜小于100mm。

3）防震缝两侧结构类型不同时，宜按需要较宽防震缝的结构类型和较低房屋高度确定缝宽。

多层砌体结构房屋有下列情况之一时宜设置防震缝，缝两侧均应设置墙体，缝宽应根据烈度和房屋高度确定，可采用70~100mm：

1）房屋立面高差在6m以上。

2）房屋有错层，且楼板高差较大。

3）各部分结构刚度、质量截然不同。

防震缝应该在地面以上沿全高设置，缝中不能有填充物。当不作为沉降缝时，基础可以不设防震缝，但在防震缝处基础要加强构造和连接。在建筑中凡是设缝的，就要分得彻底；凡是不设缝的，就要连接牢固，保证其整体性。绝对不要将各部分设计得似分不分，似连不连，"藕断丝连"，否则连接处在地震中很容易破坏。

1.5.3　抗震结构体系

抗震结构体系是抗震设计应考虑的最关键问题，结构方案的选取是否合理，对建筑安全性和经济性起决定性的作用。抗震结构体系的确定，与设计项目的经济和技术条件（地震性质、场地条件等）有关系，是综合的系统决策，需要从多方面加以仔细考虑。

1. 典型震害的启示

1972 年 12 月 23 日南美洲马那瓜地震，在马那瓜有两幢钢筋混凝土高层建筑，相隔不远，一幢是 15 层的中央银行大厦，地震时遭严重破坏，震后拆除，如图 1-31 所示；另一幢是 18 层的美洲银行大厦，地震时只受轻微损坏，稍加修理便恢复使用，如图 1-32 所示。原因是两者在建筑布置和结构系统方面，有许多不同。

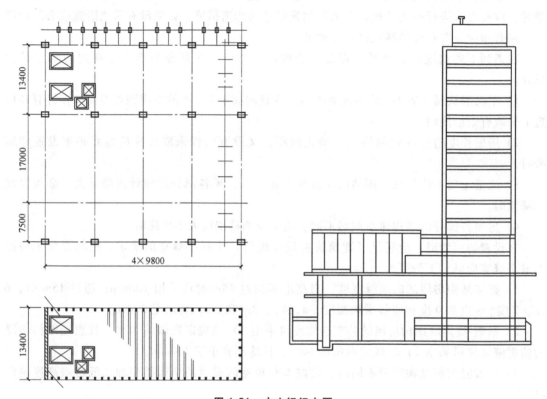

图 1-31　中央银行大厦

（1）中央银行大厦　结构体系的主要特点是：主塔楼在 4 层楼面以上，北、东、南三面布置了 64 根 0.20m 宽的小柱子（净距 1.2m），支承在 4 层楼板的过渡大梁上，大梁又支承在其下的 10 根 1m×1.55m 的柱子上（柱子的中距 9.8m），形成上下两部分严重不均匀、不连续的结构系统；4 个楼梯间，偏置主楼西端，再加上西端有填充墙，地震时产生极大的扭转效应力；4 层以上的楼板仅 5cm 厚，搁置在长 14m 高 45cm 的小梁上，楼面体系十分柔弱，抗侧力的刚度很差，在水平地震作用下产生很大的楼板水平变形和竖向变形。

由于这样的结构布置，该建筑在这次地震中主要遭受以下破坏：5 层周围柱子严重开裂，钢筋压屈；电梯井的墙开裂、混凝土剥落；横向裂缝贯穿 3 层以上的所有楼板，直至电梯井的东侧，有的宽达 10mm；主楼西立面、其他立面的窗下和电梯井处的空心砖填充墙及其他非结构构件均严重破坏或倒塌；地震时，不仅电梯不能使用，楼梯也被碎片堵塞，影响人员疏散。

美国加州大学伯克利分校对这幢建筑进行了计算分析，结果表明：结构存在十分严重的扭转效应；填充墙降低了弹性阶段的基本周期 20%，显著增加了地震作用；主塔楼 3 层以上北面和南面的大多数柱子抗剪能力严重不足，率先破坏；由于余下的未开裂柱子的相对刚度影响，在主塔楼的东面产生附加地震力，传递到电梯井的墙壁，使电梯井墙壁开裂；在水平地震作用下，柔而长的楼板产生可观的竖向运动，引起支承在楼板上的非结构构件的损坏。

（2）美洲银行大厦　该结构系统是均匀对称的基本抗侧力的系统，包括四个L形的筒体，对称地由连梁连接起来（图1-32）；由于管道口在连梁中心，连梁的抗剪能力只有抗弯能力的35%，这些连梁在地震时遭到破坏，是整个结构能观察到的主要震害。

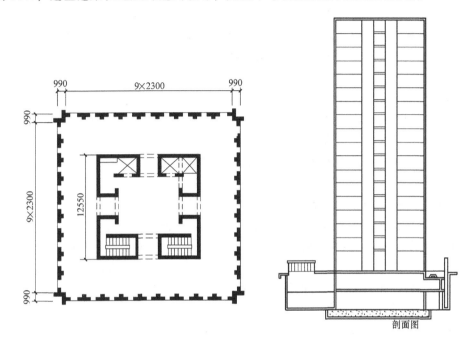

图1-32 马那瓜美洲银行大厦

同中央银行大厦相同，美洲银行大厦地震时电梯也不能行驶，但楼梯间是畅通的，墙仅有很小的裂缝。

对整个建筑的三维线弹性分析和耦联墙非弹性二维分析表明，对称的结构布置及相对刚强的连肢墙有效地限制了侧向位移，并防止了任何明显的扭转效应；避免了长跨度楼板和砌体填充墙等非结构构件的损坏；当连梁剪切破坏后，结构体系的位移虽有明显增加，但由于抗震墙提供了较大的侧向刚度，位移量得到限制。

马那瓜地震中两幢现代化的钢筋混凝土高层建筑的抗震性差异，生动地表明了建筑布局和结构体系的合理选择在抗震设计中占有首要的地位。

2. 结构选型

抗震结构体系要通过综合分析，采用合理而经济的结构类型。结构体系应根据建筑的抗震设防类别、抗震设防烈度、建筑高度、场地条件、地基、结构材料和施工等因素，经技术、经济和使用条件综合比较确定。

结构的地震反应同场地的特性有密切关系，场地的地面运动特性又同地震震源机制、震级大小、震中的远近有关；建筑的重要性、装修的水准对结构的侧向变形大小有所限制，从而对结构选型提出要求；结构的选型又受结构材料和施工条件的制约及经济条件的许可等。

这是一个综合的技术经济问题。

从结构材料的抗震性能方面分析，钢结构由于具有良好的延性，可靠的节点，在低周往复荷载下饱满稳定的滞回曲线，结构变形能力和耗能能力强，历次地震中，钢结构建筑的表现都很好，但也有个别建筑因设计不良或竖向支撑失效而破坏。从总的情况来看，钢结构的抗震性能优于其他各类结构。当然，其材料也是较昂贵的。

现浇钢筋混凝土结构在历次地震中也有一定数量遭到严重破坏，但多数是因为设计不良及施工质量较差造成的。事实说明，经过合理的抗震设计和较好的施工质量的保证，现浇混凝土结构是有足够的抗震可靠度的。由于它可以通过现场浇筑，形成具有整体性节点的连续性结构；有较大的侧移刚度，可以减少结构的侧移量，从而减少非结构构件的破坏；经过良好的设计使结构有相当的延性并且造价较低，使得现浇钢筋混凝土结构在地震区得到广泛的应用。需要说明的是，钢筋混凝土结构也存在着难以克服的缺点：周期性往复水平荷载作用下，构件刚度因裂缝开展而递减；构件开裂处钢筋的塑性拉伸，使裂缝不能闭合；低周往复荷载下，杆件塑性铰区反向斜裂缝的出现，将混凝土压碎，产生永久性的"剪切滑移"。这些缺点使得混凝土结构一旦进入弹塑性状态，结构就会出现永久性损坏而必须经过修复方可继续使用。

砌体结构是由块体加砂浆所形成的材料构成的，其材料本身的脆性性质决定了砌体结构抗剪、抗拉、抗弯强度低，变形能力差，结构自重大，因此它的抗震能力是比较差的。但由于砌体结构造价低，施工技术简单，居住性能好，在我国还是有着广泛的应用，同时震害调查表明，不仅在7、8度区，甚至在9度区，砌体结构房屋震害轻微，甚至基本完好的事例还是不少的。实践证明，经过合理的抗震设计，构造措施到位，施工质量良好，在中、强地震区，砌体结构是具有一定的抗震能力的。

除了结构材料的选择外，结构体系的确定是结构选型的另一项任务。选择结构体系需要考虑的主要因素有抗震设防烈度、建筑高度、建筑使用功能的要求和经济条件的情况。常见的结构体系有框架结构、框架-抗震墙结构、框架-支撑结构、抗震墙结构、简体结构等，框架结构使用灵活、方便，但侧移刚度较低，常用于多层和较低的高层建筑；框架-抗震墙和框架-支撑结构既可提供较大的室内空间，又有较大的侧向刚度，可广泛地用于各类高层建筑中；抗震墙结构的侧向刚度大，整体性好，有着良好的抗震性能，但因为墙体间距的限制使得该结构形式的应用受到一定限制；简体结构是一种空间受力体系，侧向刚度很大，一般用于较高的高层建筑中。

3. 结构的总体布置原则

一般来说地震力的垂直分量较小，只有水平分量的 1/3~2/3，在很多情况下（如 6~8度区）可主要考虑水平地震力的影响，相应地，抗震结构的总体布置主要是抵抗水平力的抗侧力结构（框架、抗震墙、支撑、简体等）的布置。结构的总体布置是影响建筑抗震性能的关键问题。结构的平面布置必须考虑有利于抵抗水平力和竖向荷载，受力明确，传力直接，建筑的各结构单元的平面形状和抗侧力结构的分布应当力求简单规则，均匀对称，减少扭转的影响。

结构竖向布置的原则是：尽量使结构的承载力和竖向刚度自下而上逐渐减少，变化均匀、连续，不出现突变。在实际工程设计中，往往沿竖向分段改变构件截面尺寸和材料强度，这种改变使刚度发生变化，也应自下而上递减。

结构布置完成后形成的抗震结构体系应符合下列各项要求：

1）应具有明确的计算简图和合理的地震作用传递途径。结构体系受力明确，传力合理且传力路径不间断，使结构的抗震分析更符合结构在地震时的实际表现，对提高结构抗震性能十分有利，是结构选型与布置结构抗侧力体系时首先考虑的因素之一。

2）应避免因部分结构或构件破坏而导致整个结构丧失抗震能力或对重力荷载的承载能力。

3）应具备必要的抗震承载力，良好的变形能力和消耗地震能量的能力。

4）对可能出现的薄弱部位，应采取措施提高抗震能力。

同时，结构体系尚宜符合下列各项要求：

1）宜有多道抗震防线。

2）宜具有合理的刚度和承载力分布，避免因局部削弱或突变形成薄弱部位，产生过大的应力集中或塑性变形集中。

3）结构在两个主轴方向的动力特性宜相近。

1.5.4 结构延性的利用

与非抗震结构相比，抗震结构更加强调结构的变形能力，特别是结构的非弹性变形能力。因为一座建筑耐震与否，主要取决于结构所能吸收的地震能量，它等于结构承载力与变形能力的乘积。这就是说，结构抗震能力是由承载力和变形能力两者共同决定的。承载力较低但具很大延性的结构，所能吸收的能量多，虽然较早出现损坏，但能经受住较大的变形，避免倒塌。现行规范的抗震设防目标是"三水准"，"小震不坏"可以通过结构的抗震承载力验算予以实现；而在遭遇到罕遇地震的影响时要达到"大震不倒"的设防目标，则主要依靠结构的延性。所以，在概念设计中特别强调结构延性的重要意义。

从概念上讲，结构的延性定义为：结构承载能力无明显降低的前提下，结构发生非弹性变形的能力。这里"无明显降低"比较认同的指标是，不低于其极限承载力的85%。一个构件或结构的延性 μ 一般用其最大允许变形 δ_p 与屈服变形 δ_y 的比值来确定。变形可以是线位移、转角或层间侧移，其相应的延性，称之为线位移延性、角位移延性和相对位移延性。

一个结构抗震能力的强弱，主要取决于这个结构对地震能量"吸收与耗散"能力的大小，而它又取决于结构延性的大小。一般来说，延性结构在地震初期所吸收的能量，是以动能和弹性应变能的方式暂时储存于结构内，在一段时间后的地震中、后期，由于结构在强震的持续作用下，许多部位相继屈服，于是结构以阻尼和非弹性变形能的方式吸收并耗散能量。这样的结构之所以能够耗散这样多的能量，经受强震考验而不倒塌，是由于结构的良好延性所提供的保证。因为结构延性好，变形能力强，则结构吸收与耗散地震能量的能力就大，同时结构还保持着相当的承载能力以承受竖向重力荷载，以保证结构不倒塌。如果该建筑是个延性系数等于1的脆性结构，即使具有同等的屈服强度，也会在地震初期开始破坏直至倒塌。

从上述讨论中可以看出，对于地震区的建筑，提高结构延性是增强结构抗倒塌能力，并使抗震设计做到经济合理的重要途径之一。在建筑抗震设计中，"结构延性"这个术语实际上有以下四层含义。

1）结构总体延性，一般是用结构的"顶点侧移比"或结构的"平均层间侧移比"来表达。

2）结构楼层延性，以一个楼层的层间侧移比来表达。

3）构件延性，是指整个结构中某一构件（一榀框架或一片墙体）的延性。

4）杆件延性，是指一个构件中某一杆件（框架中的梁或柱，墙片中的连梁或墙肢）的延性。

一般而言，在结构抗震设计中，对结构中重要构件的延性要求，高于对结构总体的延性要求；对构件中关键杆件或部位的延性要求，又高于对整个构件的延性要求。

要提高结构的延性，必须提高构件的延性。改善混凝土构件延性的主要途径有：

1）控制构件的破坏形态。低周往复水平荷载下的构件破坏试验结果表明，结构延性和耗能的大小，决定于构件的破坏形态及其塑化过程。弯曲构件的延性远远大于剪切构件的延性；构件弯曲屈服直至破坏所消耗的地震输入能量，也远远高于构件剪切破坏所消耗的能量。所以，进行工程抗震设计时，应在计算和构造方面采取措施，力争避免构件的剪切破坏，争取更多的构件实现弯曲破坏。

2）减小杆件轴压比。就框架体系而论，柱的延性对于耗散输入的地震能量，防止框架的倒塌，起着十分重要的作用，而轴压比又是影响钢筋混凝土柱延性的一个关键性因素。试验研究结果表明，柱的侧移延性比随着轴压比的增大而急剧下降，而且在高轴压比的情况下，增加箍筋用量对提高柱的延性比不再发挥作用。所以，在结构设计中，确定柱、墙肢等轴压和压弯构件的截面尺寸时，应该控制其轴压比值。

《建筑抗震设计规范》针对各种不同材料的结构构件提出了改善其变形能力的原则和途径，要求：

1）对于砌体结构应按规定设置钢筋混凝土圈梁和构造柱、芯柱，或采用配筋砌体等。无筋砌体本身是脆性材料，只能利用约束条件（圈梁、构造柱、组合柱等来分割、包围）使砌体发生裂缝后不致崩塌和散落，地震时不致丧失对重力荷载的承载能力。

2）虽然钢筋混凝土构件抗震性能与砌体结构相比是比较好的，但如果处理不当，也会造成不可修复的脆性破坏。这种破坏包括：混凝土压碎、构件剪切破坏、钢筋锚固部分拉脱（粘结破坏），应力求避免。故要求混凝土结构构件应合理地选择尺寸、配置纵向受力钢筋和箍筋，避免剪切破坏先于弯曲破坏、混凝土的压溃先于钢筋的屈服、钢筋的锚固粘结破坏先于构件破坏。

3）预应力混凝土的抗侧力构件，应配有足够的非预应力筋。预应力构件本身的延性较差，只有加配足够数量的非预应力钢筋，才能提高其变形能力。

4）钢结构构件应合理控制尺寸，避免局部失稳或整个构件失稳。钢结构的压屈破坏（杆件失去稳定）或局部失稳也是一种脆性破坏，应予以防止。

1.5.5　多道抗震防线

回顾国内外发生过的多起大地震，有这样一种情况值得思考：一次大地震后，诸如采用纯框架之类单一抗侧力体系的建筑物，其倒塌率远远高于采用框-墙、框-撑等双重和多重结构体系的建筑物的倒塌率，甚至还高于采用砌体填充墙框架的建筑物的倒塌率。过去，人们一直认为出现这种差异的原因，是框-墙、框-撑结构体系的刚度和强度都远大于纯框架体系，近年来经过重新认识，国内外专家认为除了上述原因之外，还有多道防线在发挥作用。

多道防线概念一经提出后，已越来越受到国际地震工程界的高度重视。

多道抗震防线指的是：

第一，一个抗震结构体系应由若干个延性较好的分体系组成，并由延性较好的结构构件连接起来协同工作，如框架-抗震墙体系是由延性框架和抗震墙两个系统组成；双肢或多肢抗震墙体系由若干个单肢墙分系统组成。

第二，抗震结构体系应有最大可能数量的内部、外部赘余度，有意识地建立起一系列分布的屈服区，以便结构能吸收和耗散大量的地震能量，一旦破坏也易于修复。

在抗震结构体系中，设置多道抗震防线是十分必要的。因为一次大地震，某场地产生的地震动，能造成建筑物破坏的强震持续时间（工程持时），少则几秒，多则十几秒，甚至更长。这样长时间的地震动，一个接一个的强脉冲对建筑物产生多次往复式冲击，造成积累式的破坏。如果建筑物采用的是单一结构体系，仅有一道抗震防线，该防线一旦破坏后，接踵而来的持续地震动，就会促使建筑物倒塌。特别是当建筑物的自振周期与地震动卓越周期相近时，建筑物由此而发生的共振，更加速其倒塌进程。如果建筑物采用的是多重抗侧力体系，第一道防线的抗侧力构件在强烈地震袭击下遭到破坏后，后备的第二道乃至第三道防线的抗侧力构件立即接替，抵挡住后续地震动的冲击，可保证建筑物最低限度的安全，免予倒塌。在遇到建筑物基本周期与地震动卓越周期相同或接近的情况时，多道防线就更显示出其优越性。当第一道抗侧力防线因共振而破坏，第二道防线接替后，建筑物自振周期将出现较大幅度的变动，与地震动卓越周期错开，使建筑物的共振现象得以缓解，减轻地震的破坏作用。

限于中长期地震预报水平以及地震的不确定性，一个地区在一定年限内发生高于基本烈度的地震，绝不是不可能的。防止在罕遇大震时发生建筑物倒塌，是抗震设计的最低设防标准。多道抗震防线概念的应用，对于实现这一目标是有效的，足以保障人民生命的安全。符合多道抗震防线的结构体系有框架-抗震墙体系、框架-支撑体系、框架-筒体体系、筒中筒体系等。在这些结构体系中，由于抗震墙、支撑、筒体的侧向刚度比框架大得多，在水平地震力的作用下，通过楼板的协同工作，大部分的水平力首先由这些侧向刚度大的抗侧力构件予以承担，而形成第一道防线，框架退居为第二道防线。

当建筑物受到强烈地震动主脉冲卓越周期的作用时，一方面利用结构中增设的赘余构件的屈服和变形来耗散地震输入能量；另一方面利用赘余杆件的破坏和退出工作，使整个结构从一种稳定体系过渡到另一种稳定体系，实现结构周期的变化，以避开地震动卓越周期长时间持续作用所引起的共振效应。这种通过对结构动力特性的适当控制来减轻建筑物的破坏程度，是对付高烈度地震的一种经济、有效的方法。

1.5.6 确保结构的整体性

历次地震中，导致房屋破坏的内在因素和直接原因有以下三种情况：结构丧失整体性；构件强度不足；地基不均匀沉陷。其中，属于第1种情况的为数不少，其结果是严重的，不是全部倒塌就是局部倒塌。因为，建筑在地震作用下丧失整体性后，或者由于整个结构变成机动构架而倒塌，或者由于外围构件平面外失稳而倒塌。所以，要使建筑具有足够的抗震可靠度，确保结构在地震作用下不丧失整体性，是必不可少的条件之一。

一个结构体系是由基本构件组成的，构件之间的连接遭到破坏，各个构件在未能充分发挥其抗震承载力之前，就因平面外失稳而倒塌，或从支承构件上滑脱坠地，结构就丧失了整体性。所以，要提高房屋的抗震性能，保证各个构件充分发挥承载力，首要的是加强构件间的连接，使之能满足传递地震力时的强度要求和适应地震时大变形的延性要求。只要构件间的连接不破坏，整个结构就能始终保持其整体性，充分发挥其空间结构体系的抗震作用。因此《建筑抗震设计规范》中规定：结构各构件之间的连接，应符合下列要求：

1) 构件节点的破坏，不应先于其连接的构件。

2) 预埋件的锚固破坏，不应先于连接件。

3) 装配式结构构件的连接，应能保证结构的整体性。

4) 预应力混凝土构件的预应力筋，宜在节点核心区以外锚固。

1.5.7 非结构部件

非结构部件包括建筑非结构构件和建筑附属机电设备的支架等。建筑非结构构件一般指下列三类：① 附属结构构件，如女儿墙、高低跨封墙、雨篷等；② 装饰物，如贴面、顶棚、悬吊重物等；③围护墙和隔墙。这些构件在通常结构分析中不考虑承受重力荷载以及风、地震等侧力荷载，然而，在地震作用下，建筑中的这些部件或多或少地参与工作，从而改变了整个结构或某些构件的刚度、承载力和传力路线，产生出乎预料的抗震效果，或者造成未曾估计到的局部震害。建筑非结构构件在地震中的破坏允许大于结构构件，其抗震设防目标要低于结构构件的设防规定。非结构构件的地震破坏会影响安全和使用功能，需引起重视，因此，有必要根据以往历次地震中的宏观震害经验，妥善处理这些非结构部件，以减轻震害，提高建筑的抗震可靠度。

1. 砌体填充墙的影响

在钢筋混凝土框架体系的高层建筑中，隔墙和围护墙采用实心砖、空心砖、硅酸盐砌块或加气混凝土砌块砌筑时，这些刚性填充墙将在很大程度上改变结构的动力特性，对整个结构的抗震性能带来一些有利的或不利的影响，应在工程设计中考虑利用其有利的一面，防止其不利的一面。概括起来，砌体填充墙对结构抗震性能的影响有以下几点：

1) 使结构抗推刚度增大，自振周期减短，从而使作用于整个建筑上的水平地震力增大，增加的幅度可达 30%~50%。

2) 改变了结构的地震剪力分布状况。由于砌体填充墙参与抗震，分担了很大一部分水平地震剪力，反使框架所承担的楼层地震剪力减小。

3) 由于砌体填充墙具有较大的抗推刚度，限制了框架的变形，从而减小了整个结构的地震侧移幅值。

4) 相对于框架而言，砌体填充墙具有很大的初期刚度，建筑物遭受地震前几个较大加速度脉冲时，填充墙承担了大部分地震力，并用它自身的变形及墙面裂缝的出现和开展，消耗输入建筑物的地震能量。以后，随着填充墙的刚度退化和强度劣化，框架所承担的地震力逐渐增多，框架才渐渐地变为抗震主力构件。从这一过程可以看出，砌体填充墙充当了第一道抗震防线的主力构件，使框架退居为第二道防线。所以，就这方面而论，砌体填充墙框架体系房屋的抗震防线增多了。

5) 提高了建筑物吸收和耗散地震能量的能力，从而提高了整个建筑的抗震能力。1985

年墨西哥地震，墨西哥市一些纯框架高层建筑发生倒塌，而框架间砌有砖填充墙的高层建筑不但没有倒塌，而且破坏程度较轻。

砌体填充墙不同于轻型隔墙，虽然也是非承重构件，但由于它具有较大的抗推刚度，它的布置合理与否，关系到框架的剪力分布以及整个房屋的安全。在建筑平面上，砌体填充墙的布置应力求对称均匀，以避免造成结构偏心，从而导致建筑在地震时发生扭转振动。沿房屋竖向，砌体填充墙应连续贯通，以避免在填充墙中断的楼层出现框架剪力的骤然增大。

2．非结构构件与主体结构的连接

对于附着于楼、屋面结构上的非结构构件，如女儿墙、檐口、雨篷等，这些构件往往在人流出入口、通道及重要设备附近，其破坏往往伤人或砸坏设备，因此要求与主体结构有可靠的连接或锚固，避免地震时倒塌伤人或砸坏重要设备。

安装在建筑上的附属机械、电气设备系统的支座和连接，应符合地震时使用功能的要求，且不应导致相关部件的损坏。

1.5.8　结构材料与施工

抗震结构在材料选用、施工程序特别是材料代用上有其特殊的要求，主要是指减少材料的脆性和贯彻原设计意图。因此，抗震结构对材料和施工质量的特别要求，应在设计文件上注明。

为保证抗震结构的基本承载能力和变形能力，结构材料性能指标应符合下列最低要求：

1）砌体结构材料。

① 烧结普通黏土砖和烧结多孔黏土砖的强度等级不应低于 MU10，其砌筑砂浆强度等级不应低于 M5。

② 混凝土小型空心砌块的强度等级不应低于 MU7.5，其砌筑砂浆强度等级不应低于 M7.5。

2）混凝土结构材料。

① 混凝土的强度等级，框支梁、框支柱及抗震等级为一级的框架梁、柱、节点核心区，不应低于 C30；构造柱、芯柱、圈梁及其他各类构件不应低于 C20。

② 为了保证当构件某个部位出现塑性铰以后，塑性铰处有足够的转动能力与耗能能力，抗震等级为一、二、三级的框架结构和斜撑构件（含梯段），其纵向受力钢筋采用普通钢筋时，钢筋的抗拉强度实测值与屈服强度实测值的比值不应小于 1.25；为实现抗震设计中塑性铰在希望的部位出现，规定钢筋的屈服强度实测值与强度标准值的比值不应大于 1.3。

3）钢结构的钢材。

① 钢材的抗拉强度实测值与屈服强度实测值的比值不应小于 1.2。

② 钢材应有明显的屈服台阶，且伸长率应大于 20%。

③ 钢材应有良好的焊接性和合格的冲击韧性。

结构材料性能指标，尚宜符合下列要求：

1）普通钢筋宜优先采用延性、韧性和焊接性较好的钢筋；普通钢筋的强度等级，纵向受力钢筋宜选用 HRB400 级和 HRB335 级热轧钢筋，箍筋宜选用 HRB335、HRB400 和 HPB300 级热轧钢筋。钢筋的检验方法应符合《混凝土结构工程施工质量验收规范》（GB 50204—2015）的规定。

2）混凝土结构的混凝土强度等级，9 度时不宜超过 C60，8 度时不宜超过 C70。

3）钢结构的钢材宜采用 Q235 等级 B、C、D 的碳素结构钢及 Q345 等级 B、C、D、E 的低合金高强度结构钢；当有可靠依据时，尚可采用其他钢种和钢号。

在施工中，当需要以强度等级较高的钢筋替代原设计中的纵向受力钢筋时，应按照钢筋受拉承载力设计值相等的原则换算，并应满足正常使用极限状态和抗震构造措施的要求。

采用焊接连接的钢结构，当钢板厚不小于 40mm 且承受沿板厚方向的拉力时，受拉试件板厚方向截面收缩率，不应小于《厚度方向性能钢板》（GB/T 5313—2010）关于 Z15 级规定的容许值。

钢筋混凝土构造柱、芯柱和底部框架-抗震墙砖房中砖抗震墙的施工，应先砌墙后浇构造柱、芯柱和框架梁柱，以保证砌体结构的整体性。

■ 1.6 建筑抗震设计课程的任务和内容

1.6.1 建筑结构抗震的任务和内容

地震作为一种自然现象，有其自然规律性。工程结构在地震中的破坏和倒塌是造成地震灾害的最主要原因。工程结构抗震是利用工程的手段解决地震灾害的一门学科，也是研究地震对结构的影响以及如何防护结构免于地震破坏的学科，结构在地震作用下的破坏也是一种自然规律。只要是自然规律，人们总是可以逐渐掌握的。因此，正确运用这些规律，建造能够抵御地震作用的工程结构，是结构工程师的重要任务。

建筑结构作为一种最典型的工程结构，其抗震问题涉及地震学的基础知识、结构抗震设计的基本理论与方法、工程结构的抗震等主要内容。刘恢先先生曾形象地阐述了"工程抗震"所包含的内容及其相互间的关系，将其喻为一栋包含基础、支柱和楼层的"摩天大厦"。他指出：

这座"大厦"的基础是地震危险性预测，即地震区域划分，简称地震区划。对工程抗震而言，地震危险性预测是基础性的研究工作，具体包括以下三个方面的内容：①地震活动性区划，即不同地区未来一段时间内可能出现的最大地震的震级分布；②地震动区划，即地震烈度区划和地震动参数区划；③地震灾害区划，包括地震引起各类震害的分布。

支撑这座"大厦"的四根柱子是进行工程抗震所必需的手段和方法。具体包括以下四个方面：①地震震害调查，即总结抗震经验、了解结构动力性能并指导结构模型优化；②抗震实验，包括拟静力实验、拟动力实验、地震模拟振动台实验及其他动力实验；③强震观测，即通过强震观测研究地震动特性，进行地震危险性分析，并观测结构的地震反应特性；④动力学，包括结构动力学、土动力学、波动理论和随机振动等。

这座"大厦"的楼层是工程抗震所包含的内容，主要包括四个楼层：一层是地震小区划和工程场地安全性评定；二层是一般建筑结构的抗震设计，如《建筑抗震设计规范》所涉及的工作就属于这一层，它给出了一般建筑结构抗震设计应该遵守的条款；三层是特种结构的抗震设计，如超高层结构的抗震设计等；四层是建筑结构的抗震加固，建筑结构使用一定周期后，或根据新规范或标准需提高抗震等级，或地震后结构发生了损伤等，均需对其进行加固改造。

1.6.2　地震作用与建筑结构抗震设计的特点

地震作用与结构上的其他荷载（作用）相比，具有其特殊性。一般荷载属于外部作用，与结构本身无关。地震对结构所产生的作用及作用效应，除与地震本身的强度、频谱特性和持续时间有关外，还取决于结构本身的形式、质量、固有周期、阻尼及结构构件的延性和耗能能力。尤其是在强烈地震作用下结构进入弹塑性阶段后，随着结构构件的损伤和弹塑性程度的发展，结构的动力特性会不断地发生着变化，使得地震作用效应的量值和分布也不断地发生变化，而如何考虑这种不断变化着的地震作用效应，目前还难以确定一种相对简便的方法。因此，在结构抗震设计时，充分理解结构抗震原理基础上的抗震概念设计和整体结构体系的抗震性能设计，往往比结构构件的计算设计显得更为重要。

地震作用对结构的影响，与那些长期或经常作用在结构上的自重及其他作用（如温度、沉降、徐变等）的最大不同之处在于，地震是一种突发性的自然灾害，具有极大的随机性和不确定性，且持续时间很短（通常只有数十秒），尤其是那些不可预见的罕遇地震，其量值通常远超过结构设计时所考虑的长期荷载，而其重现期可能达到数百年，甚至千年以上。因此，如果按罕遇地震作用量值进行结构的设计，则对于在正常使用年限内不出现罕遇地震的结构造成极大的浪费。然而，设计中如果不考虑罕遇地震的影响，一旦罕遇地震发生，则会对建筑物造成极大的破坏，并由此造成重大的生命及财产损失。因此，建筑结构的抗震设计与结构承受一般常规荷载作用时的设计理念不同，应使得结构在不同强度的地震作用下发生可接受的预期损坏。这一设计原则已成为目前各国制定建筑抗震设计规范的基础，并逐步得到细化和完善，形成了当前流行的基于性能抗震的设计思想。

在进行结构设计时，对于承受地震、撞击和爆炸等这些具有极大不确定性和不可预见性作用的结构，结构的冗余度就变得十分重要。冗余度不能简单地看成超静定次数。冗余构件在正常设计条件下不起作用或仅起很小作用，但若需要，它们就能够承受荷载。冗余构件可以看作偶然作用时的自动保险，冗余构件的失效不会影响整个结构的完整性。虽然冗余构件的采用可能违背经济与简洁的概念，但作为一种特殊的安全储备，它对于结构抵御不可预测的偶然作用具有重要的作用，体现出结构工程师对结构可能遭遇的不确定性偶然作用影响的掌握与预计水平。

根据目前人类的认知水平，我们还无法准确地预测未来地震作用的大小。为避免浪费过大，结构抗震设计的一个原则就是容许在罕遇地震作用时结构中的某些部位或部分构件（最好是冗余构件）产生破坏，但这些部位和构件的破坏不应该影响结构的整体性。地震作用有"识别结构薄弱部位"的特性，即地震时结构总是在其薄弱部位产生破坏。结构设计时，合理地利用地震作用的这种特性，可以提前识别或设定结构的薄弱部位，并在薄弱部位设置冗余构件，使得大震时在结构的薄弱部位发生破坏，不会导致整体结构成为几何可变体系而丧失其整体性，甚至是倒塌。由于结构在地震作用下的响应及结构中各个部位的抗震承载力需求，均与地震动特性和结构自身的动力特性密切相关，因而，结构中的薄弱部位的合理设置，取决于对结构抗震性能的充分了解，才能达到预期的设防目标。

习题及思考题

一、名词解释

地震及分类，震源，震中，震中距，地震波，震级，地震烈度，基本烈度，设防烈度，多遇烈度，罕遇烈度，地震烈度表，抗震设防措施，抗震构造措施，延性设计。

二、填空题

1. 地震按其成因可划分为_____、_____、_____、_____和_____五种类型。

2. 地震按震源深浅不同可分为_____、_____、_____。

3. 纵波的传播速度比横波的传播速度_____。

4. 地震强度通常用_____和_____等反映。

5. 震级相差一级，能量就要相差_____倍之多。

6. 地震波可分为_____和_____。

7. 《建筑抗震设计规范》将 50 年内超越概率为_____的烈度值称为基本地震烈度，超越概率为_____的烈度值称为多遇地震烈度。

8. 根据建筑使用功能的重要性，按其受地震破坏时产生的后果，将建筑分为_____、_____、_____、_____四个抗震设防类别。

三、选择题

1. 《建筑抗震设计规范》适用于设防烈度为（　　　）地区建筑工程的抗震设计。
   A. 5、6、7 和 8 度
   B. 6、7、8 和 9 度
   C. 4、5、6 和 7 度
   D. 7、8、9 和 10 度

2. 建筑物的抗震设计根据其使用功能的重要性分为甲类、乙类、丙类、丁类四个抗震设防类别。大量的建筑物属于（　　　）。
   A. 甲类
   B. 乙类
   C. 丙类
   D. 丁类

3. 按我国《建筑抗震设计规范》设计的建筑，当遭受低于本地区设防烈度的多遇地震影响时，建筑物（　　　）。
   A. 一般不受损坏或不需修理仍可继续使用
   B. 可能损坏，经一般修理或不需修理仍可继续使用
   C. 不发生危及生命的严重破坏
   D. 不致倒塌

4. 为保证（　　　），则需进行结构非弹性地震反应分析。
   A. 小震不坏
   B. 中震可修
   C. 大震不倒
   D. 强震不倒

5. 实际地震烈度与下列（　　　）因素有关。
   A. 建筑物类型
   B. 离震中的距离
   C. 行政区划
   D. 城市大小

四、简答题

1. 抗震设防的总目标是什么？三水准抗震设防目标是什么？

2. 什么是两阶段抗震设计？

3. 在防灾减灾工作中，结构工程师的任务是什么？

4. 影响地震烈度的主要因素有哪些？

5. 试说明我国标准对建筑物设防的分类及设防标准。

6. 设计地震分组的目的是什么？

7. 什么是概念设计？概念设计的基本内容是什么？

8. 地震地面运动的三要素是什么？

9. 我国是地震多发国家的原因是什么？

10. 什么是不规则建筑？分为哪几类？

11. 如何提高结构的延性？

第2章

地基与基础抗震设计

大量的震害表明，建筑场地的地质状况、地形地貌等，均对建筑物的震害有很大的影响。如 1967 年 7 月 29 日委内瑞拉首都加拉加斯发生里氏 6.4 级地震，震害调查表明，不同覆盖层厚度地区，不同高度的房屋倒塌率有很大的差异。1985 年 9 月 19 日墨西哥发生 8.1 级强震，震中距 400km 的墨西哥城中，房屋的破坏比震中区更严重，震害调查发现，这主要与该区域的地形、工程地质和水文条件有关。2008 年 5 月 12 日，发生在我国四川的汶川大地震，建筑物的破坏也表现出相同的特征，地震波传播过程中，处于平衡位置的建筑完好无损或轻微破坏，而其他位置的建筑则破坏严重，断层所经过的位置，建筑物尽数倒塌，而断层附近的建筑物则破坏程度很轻。我国 1975 年的海城地震、1976 年的唐山地震，其震害也表明了类似的规律。此外，房屋的倒塌率随着土层厚度的增加而加大；另外，比较而言，软弱场地上的建筑物震害，一般重于坚硬场地上的。

地震引起地表建筑物的破坏，主要包括以下三种形式。第一，由于地震时地面的强烈运动，使建筑物在振动时丧失整体性、强度不足或产生过大的变形而破坏；第二，由于地震引起水坝坍塌、海啸、泥石流、火灾、爆炸等次生灾害，引起建筑物的破坏；第三，由于地震引起的断层错动、山崖崩塌、滑坡、地层塌陷等地面严重变形（图 2-1），引起的破坏。对于前面两种情况，可以通过工程措施加以防治；而对后一种情况，单靠工程技术措施，是很难达到预防目的的。

 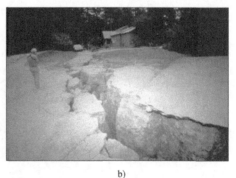

a) b)

图 2-1 地震引起的滑坡、地裂缝

a) 滑坡　b) 地裂缝

因此，选择工程场址时，《建筑抗震设计规范》（GB 50011—2010，下同）第 3.3.1 条规定：应根据工程需要和地震活动情况、工程地质和地震地质的有关资料，对抗震有利、一般、不利和危险地段做出综合评价。对建筑物不利地段，应提出避开要求；当无法避开时应采取有效的措施。对危险地段，严禁建造甲、乙类的建筑，不应建造丙类的建筑。建筑地段的划分，详见表2-1。

表2-1 有利、一般、不利和危险地段的划分

地段类别	地质、地形、地貌
有利地段	稳定基岩，坚硬土，开阔、平坦、密实、均匀的中硬土等
一般地段	不属于有利、不利和危险地段
不利地段	软弱土，液化土，条状突出的山嘴，高耸孤立的山丘，非岩质的陡坡，河岸和边坡的边缘，平面分布上成因、岩性、状态明显不均匀的土层(如故河道、疏松的断层破碎带、暗埋的塘浜沟谷和半填半挖地基)，高含水量的可塑黄土，地表存在结构性裂缝等
危险地段	地震时可能发生滑坡、崩塌、地陷、地裂、泥石流等及发震断裂带上可能发生地表错位的部位

2.1 场地

建筑场地是指工程群体所在地，具有相似的反应谱特性，其范围相当于厂区、居民小区和自然村或不小于 $1.0km^2$ 的平面面积。

国内外大量震害表明，不同场地上的建筑震害差异是十分明显的。因此，研究场地条件对建筑震害的影响是建筑抗震设计中十分重要的问题。一般认为，场地条件对建筑震害的影响主要因素是：场地土刚性（即土的坚硬和密实程度）的大小和场地覆盖层厚度。震害表明，土质愈软，覆盖层厚度愈厚，建筑震害愈严重，反之愈轻。场地土的刚性一般用土的剪切波速表征，因为土的剪切波速是土的重要动力参数，是最能反映土的动力特性的，因此，以剪切波速表示场地土的刚性，广为各国抗震规范所采用。

理论分析表明，多层土的地震效应取决于覆盖层厚度、土层剪切波速及岩土阻抗比三个主要因素。其中，覆盖层厚度和土层剪切波速主要影响地震动的频谱特性，岩土阻抗比则主要影响其共振放大效应。

2.1.1 建筑场地类别

《建筑抗震设计规范》规定，建筑场地类别应根据土的剪切波速和场地覆盖层厚度划分为四类，详见表2-2，其中Ⅰ类分为 I_0（硬质岩石）和 I_1 两个亚类。

表2-2 各类建筑场地的覆盖层厚度 （单位：m）

岩石的剪切波速或土的等效剪切波速/(m/s)	场地类别				
	I_0	I_1	Ⅱ	Ⅲ	Ⅳ
$v_s>800$	0				
$800 \geqslant v_s>500$		0			
$500 \geqslant v_{se}>250$		<5	≥5		
$250 \geqslant v_{se}>150$		<3	3~50	>50	
$v_{se} \leqslant 150$		<3	3~15	15~80	>80

注：表中 v_s 为硬质岩石和坚硬土的剪切波速；v_{se} 为土层的等效剪切波速。

1. 建筑场地覆盖层厚度的确定

《建筑抗震设计规范》规定，建筑场地覆盖层厚度的确定，应符合下列要求：

1）一般情况下，应按地面至剪切波速大于 500m/s 且其下卧各层岩土的剪切波速均不小于 500m/s 的土层顶面的距离确定。

2）当地面 5m 以下存在剪切波速大于其上部各土层剪切波速 2.5 倍的土层，且该层及其下卧各层岩土的剪切波速均不小于 400m/s 时，可按地面至该土层顶面的距离确定。

3）剪切波速大于 500m/s 的孤石、透镜体，应视同周围土层。

4）土层中的火山岩硬夹层，应视为刚体，其厚度应从覆盖土层中扣除。

2. 土层剪切波速和确定

《建筑抗震设计规范》规定，土层剪切波速应在现场测量，并应符合下列要求：

1）在场地初步勘查阶段，对大面积的同一地质单元，测试土层剪切波速的钻孔数量不宜少于 3 个。

2）在场地详细勘察阶段，对单幢建筑，测试土层剪切波速的钻孔数量不宜少于 2 个，数据变化较大时，可适量增加；对小区中处于同一地质单元的密集建筑群，测试土层剪切波速的钻孔数量可适量减少，但每幢高层建筑和大跨空间结构的钻孔数量均不得少于 1 个。

3）对丁类建筑和丙类建筑中层数不超过 10 层，高度不超过 24m 的多层建筑群，当无实测剪切波速时，可根据岩土名称和性状，按表 2-3 划分土的类型，再利用当地经验在表 2-3 的剪切波速范围内估算土层的剪切波速。

表 2-3　土的类型划分和剪切波速范围

土的类型	岩土名称和性状	土层剪切波速范围/(m/s)
岩石	坚硬、较硬且完整的岩石	$v_s > 800$
坚硬土或软质岩石	破碎和较破碎的岩石或软和较软的岩石，密实的碎石土	$800 \geq v_s > 500$
中硬土	中密、稍密的碎石土，密实、中密的砾、粗、中砂，$f_{ak} > 150$ 黏性土和粉土，坚硬黄土	$500 \geq v_{se} > 250$
中软土	稍密的砾、粗、中砂，除松散外的细、粉砂，$f_{ak} \leq 150$ 黏性土和粉土，$f_{ak} > 130$ 的填土，可塑新黄土	$250 \geq v_{se} > 150$
软弱土	淤泥和淤泥质土，松散的砂，新近沉积的黏性土和粉土，$f_{ak} \leq 130$ 的填土，流塑黄土	$v_{se} \leq 150$

注：f_{ak} 为由荷载试验等方法得到的地基承载力特征值（kPa）；v_s 为岩土的剪切波速。

土层等效剪切波速 v_{se}，应按下式计算

$$v_{se} = \frac{d_0}{t} \tag{2-1a}$$

$$t = \sum_{i=1}^{n} \frac{d_i}{v_{si}} \tag{2-1b}$$

式中，d_0 为计算深度（m），取覆盖层厚度和 20m 两者的较小值；t 为剪切波在地面至计算深度之间的传播时间（s）；d_i 为计算深度范围内第 i 层土的厚度（m）；v_{si} 为计算深度范围内第 i 层土的剪切波速（m/s）；n 为计算深度范围内土层的分层数。

等效剪切波速是根据地震波通过计算深度范围内多层土层的时间，等于该波通过计算深

度范围内单一土层时间的条件确定。

设场地计算深度范围内有 n 层性质不同的土层（图2-2），地震波通过它们的厚度分别为 d_1，d_2，d_3，$\cdots$，d_n，并设计算深度为 d_0，则

$$d_0 = \sum_{i=1}^{n} d_i$$

于是

$$t = \sum_{i=1}^{n} \frac{d_i}{v_{si}} = \frac{d_0}{v_{se}} \quad (2\text{-}1c)$$

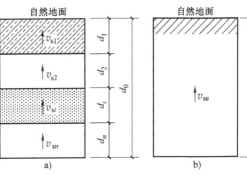

图2-2　多层土等效剪切波速计算

经整理后即得等效剪切波速计算公式。

【例2-1】　表2-4为某工程场地地质钻孔地质资料，试确定该场地类别。

表2-4　例2-1表

土层底部深度/m	土层厚度 d_i/m	岩土名称	剪切波速 v_{si}/(m/s)
2.50	2.50	杂填土	200
4.00	1.50	粉土	280
4.90	0.90	中砂	310
6.10	1.20	砾砂	500

【解】　因为地面下 4.90m 以下土层剪切波速 $v_s = 500\text{m/s}$，所以场地计算深度 $d_0 = 4.90\text{m}$。按式（2-1c）计算：

$$v_{se} = \frac{d_0}{\sum\limits_{i=1}^{n} \dfrac{d_i}{v_{si}}} = \frac{4.90}{\dfrac{2.50}{200} + \dfrac{1.50}{280} + \dfrac{0.90}{310}}\text{m/s} = 236\text{m/s}$$

由表2-2查得，当 $250\text{m/s} \geqslant v_{se} = 236\text{m/s} > 150\text{m/s}$ 且 $3\text{m} < d_0 = 4.90\text{m} < 50\text{m}$ 时，该场地属于Ⅱ类场地。

【例2-2】　表2-5为8层、高度24m丙类建筑的场地地质钻孔资料（无剪切波速资料），试确定该场地类别。

表2-5　例2-2表

土层底部深度/m	土层厚度 d_i/m	岩土名称	地基土静承载力特征值/kPa
2.20	2.20	杂填土	130
8.00	5.80	粉质黏土	140
12.50	4.50	黏土	150
20.70	8.20	中密的细砂	180
25.00	4.30	基岩	700

【解】　场地覆盖层厚度 $= 20.7\text{m} > 20\text{m}$，故取场地设计深度 $d_0 = 20\text{m}$。本例在计算深度范围内有4层土，根据杂填土静承载力特征值 $f_{ak} = 130\text{kN/m}^2$，由表2-3取其剪切波速值 $v_s = 150\text{m/s}$；根据粉质黏土、黏土静承载力特征值分别为 140kN/m^2 和 150kN/m^2，以及中密的

细砂，由表2-3查得，它们的剪切波速值在250~150m/s之间，现取其平均值 $v_s = 200$m/s。

将上列数值代入式（2-1c），得

$$v_{se} = \frac{d_0}{\sum\limits_{i=1}^{n} \dfrac{d_i}{v_{si}}} = \frac{20}{\dfrac{2.20}{150} + \dfrac{5.80}{200} + \dfrac{4.50}{200} + \dfrac{7.50}{200}}\text{m/s} = 192\text{m/s}$$

由表2-2可知，该建筑场地为Ⅱ类场地。

【例2-3】 表2-6为某工程场地地质钻孔资料。试确定该场地的覆盖层厚度。

表2-6　例2-3表

土层编号	土层底部深度/m	土层厚度/m	岩土名称	剪切波速/（m/s）
①	3.00	3.00	杂填土	120
②	5.50	2.50	粉质黏土	140
③	8.00	2.50	细砂	145
④	10.40	2.40	中砂	420
⑤	13.70	3.30	砾砂	430

【解】 因为第④层土顶面的埋深为8m，大于5m，且其剪切波速均大于该层以上各土层的2.5倍，第④和第⑤层土的剪切波速均大于400m/s。根据覆盖层厚度确定的要求，本场地可按地面至第④层土顶面的距离确定覆盖层厚度，即 $d_0 = 8$m。

2.1.2　建筑场地评价及有关规定

1）《建筑抗震设计规范》第4.1.7条规定，场地内存在发震断裂时，应对断裂的工程影响进行评价，并应符合下列要求：

① 对符合下列规定之一的情况，可忽略发震断裂错动对地面建筑的影响。

a. 抗震设防烈度小于8度。

b. 非全新世活动断裂。

c. 抗震设防烈度为8度和9度时，隐伏断裂的土层覆盖厚度分别大于60m和90m。

② 对不符合①条规定的情况，应避开主断裂带，其避让距离不宜小于表2-7对发震断裂最小避让距离的规定。

表2-7　发震断裂的最小避让距离　　　　　　　（单位：m）

烈度	建筑抗震设防类别			
	甲	乙	丙	丁
8	专门研究	200	100	—
9	专门研究	400	200	—

2）《建筑抗震设计规范》第4.1.8条规定，当需要在条状突出的山嘴、高耸孤立的山丘、非岩石和强风化岩石的陡坡、河岸和边坡边缘等不利地段建造丙类及丙类以上建筑时，

除保证其在地震作用下的稳定性外，尚应估计不利地段对设计地震动参数可能产生的放大作用，其水平地震影响系数最大值应乘以增大系数，其值应根据不利地段的具体情况确定，在 $1.1 \sim 1.6$ 内采用。

3）《建筑抗震设计规范》第 4.1.9 条规定：场地岩土工程勘察，应根据实际需要划分对建筑有利、一般、不利和危险的地段，提供建筑场地类别和岩土地震稳定性（如滑坡、崩塌、液化和震陷特性等）评价，对需要采用时程分析法补充计算的建筑，尚应根据设计要求提供土层剖面、场地覆盖层厚度和有关的动力参数。

■ 2.2　地震时地面运动特性

2.2.1　场地土对地震波的作用、土的卓越周期

地震波是一种波形十分复杂的行波。根据谐波分析原理，可以将它看作由 n 个简谐波叠加而成。场地土对基岩传来的各种谐波分量都有放大作用，但对其中有的放大得多，有的放大得少。也就是说，不同的场地土对地震波有不同的放大作用。了解场地土对地震波的这一作用，对进行建筑抗震设计和震害分析都具有重要意义。

为了说明场地土对地震波的这一作用，我们参考相关文献，对地震波在场地土中的传播进行简要分析。

1. 横向地震波的振动方程及其解答

根据土力学，可将地基假定为均质半无限空间弹性体，首先建立地震在均质半空间弹性体内传播时介质的振动方程，然后讨论其解答。图 2-3a 为半空间弹性体，现从其中地震波通过的地方取出一微分体，并假设其体积为 $\mathrm{d}x \times 1 \times 1$。

剪切波速通过微分体时将产生振动。设某瞬时其位置由 $ABCD$ 变位至 $A'B'C'D'$。并设 A 变位为 u，而 CD 变位为 $u+\mathrm{d}u$。同时设微分体 AB 的水平面上产生的剪应力为 τ，而 CD 水平面上的剪应力为 $\tau+\mathrm{d}\tau$。显然

$$\mathrm{d}u = \frac{\partial u}{\partial x}\mathrm{d}x \qquad (\text{a})$$

$$\mathrm{d}\tau = \frac{\partial \tau}{\partial x}\mathrm{d}x \qquad (\text{b})$$

由图 2-3 可以看出，剪应变

$$\gamma = \frac{\partial u}{\partial x} \qquad (\text{c})$$

由胡克（Hooke）定律得

$$\tau = G\gamma = G\frac{\partial u}{\partial x} \qquad (\text{d})$$

式中，G 为剪切模量。

而

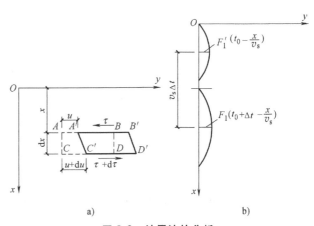

图 2-3　地震波的分析

a）土体在剪切波通过时的位移　b）剪切波的传播

$$\frac{\partial \tau}{\partial x} = G \frac{\partial^2 u}{\partial x^2} \tag{e}$$

将式（e）代入式（b）得

$$\mathrm{d}\tau = G \frac{\partial^2 u}{\partial x^2} \mathrm{d}x \tag{f}$$

设 ρ 为介质的密度，根据牛顿第二定律有

$$\rho \mathrm{d}x \times 1 \times 1 \times \frac{\partial^2 u}{\partial t^2} = -\tau \times 1 \times 1 + (\tau + \mathrm{d}\tau) \times 1 \times 1$$

或

$$\rho \frac{\partial^2 u}{\partial t^2} \mathrm{d}x = \mathrm{d}\tau \tag{g}$$

将（f）代入（g）式得

$$\rho \frac{\partial^2 u}{\partial t^2} \mathrm{d}x = G \frac{\partial^2 u}{\partial x^2} \mathrm{d}x \tag{h}$$

经整理后得

$$\frac{\partial^2 u}{\partial t^2} = \frac{G}{\rho} \cdot \frac{\partial^2 u}{\partial x^2} \tag{2-2}$$

令

$$\frac{G}{\rho} = v_s^2 \tag{2-3}$$

则

$$\frac{\partial^2 u}{\partial t^2} - v_s^2 \frac{\partial^2 u}{\partial x^2} = 0 \tag{2-4}$$

这就是横波通过半空间弹性体时，介质质点的振动偏微分方程。它的解可写成下面形式

$$u_1 = F_1 \left(t - \frac{x}{v_s} \right) \tag{2-5}$$

$$u_2 = F_2 \left(t + \frac{x}{v_s} \right) \tag{2-6}$$

或它们的和

$$u_1 + u_2 = F_1 \left(t - \frac{x}{v_s} \right) + F_2 \left(t + \frac{x}{v_s} \right) \tag{2-7}$$

式中，F_1、F_2 为具有二阶导数的函数。

实际上，u_1 是沿 x 的正方向传播的反射波；而 u_2 是沿 x 的反方向传播的入射波。

设 $t = t_0$ 时，质点的位移

$$(u_1)_{t=t_0} = F_1 \left(t_0 - \frac{x}{v_s} \right) \tag{i}$$

式中，t_0 为常数，故 u_1 是 x 的函数，设它的波形如图 2-3b 所示。

当 $t = t_0 + \Delta t$ 时，质点的位移为

$$(u_1)_{t=t_0+\Delta t} = F_1 \left(t_0 + \Delta t - \frac{x}{v_s} \right) = F_1 \left(t_0 - \frac{x'}{v_s} \right) \tag{j}$$

式中，$x' = x - v_s \Delta t$。

根据坐标平移定理，式（i）和式（j）具有相同的波形。同时表明，波形沿 x 的正方向平移 $v_s \Delta t$，由于所需时间为 Δt，故波形传播的速度为 $\dfrac{v_s \Delta t}{\Delta t} = v_s$。这就证明了 $F_1\left(t - \dfrac{x}{v_s}\right)$ 是沿 x 的正方向传播的反射波，同时，也证明了式（2-4）振动方程中的 v_s 为剪切波的波速。

不难证明，$u_2 = F_2\left(t + \dfrac{x}{v_s}\right)$ 是沿 x 的反方向传播的入射波。

2. 成层介质振动方程的解答、场地的卓越周期

首先讨论在基岩上覆盖层只有一层土的振动方程的解答。

设覆盖层厚度为 d_{ov}，剪切模量为 G_1，密度为 ρ_1，剪切波速为 v_{s1}；基岩为半无限弹性体，剪切模量为 G_2，密度为 ρ_2，剪切波速为 v_{s2}（图 2-4）。

当基岩内有振幅为 1，频率为 $\omega = 2\pi/T$（T 为周期）的正弦剪切波垂直向上传来时，即基岩内的入射波为

$$u_0 = e^{i\omega\left(t + \frac{x}{v_{s2}}\right)} \tag{2-8}$$

考虑到基岩内波的反射作用，则基岩内的波为

$$u_2 = e^{i\omega\left(t + \frac{x}{v_{s2}}\right)} + A e^{i\omega\left(t - \frac{x}{v_{s2}}\right)} \tag{2-9}$$

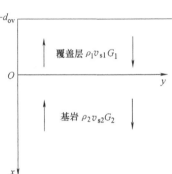

图 2-4 土的卓越周期计算

当基岩内的波传到与覆盖层相交的界面时，将有一部分透射到覆盖层中，并传到地面后反射。因此，覆盖层中的波可写成

$$u_1 = B e^{i\omega\left(t + \frac{x}{v_{s1}}\right)} + C e^{i\omega\left(t - \frac{x}{v_{s1}}\right)} \tag{2-10}$$

式（2-9）、式（2-10）中的 A、B、C 为待定的常数，由边界条件确定。在我们所讨论的问题中，边界条件为：

1）在地表面处，剪应力为零，即

$$x = -d_{ov}, \tau = 0 \text{ 或 } \frac{\partial u_1}{\partial x} = 0$$

2）在基岩和覆盖层的界面处剪应力相等，位移相同，即

$$x = 0,\left(G_1 \frac{\partial u_1}{\partial x}\right)_{x=0} = \left(G_2 \frac{\partial u_2}{\partial x}\right)_{x=0}, (u_1)_{x=0} = (u_2)_{x=0}$$

将上述边界条件代入式（2-9）和式（2-10），即可求得待定常数：

$$A = \frac{(1-k) + (1+k) e^{-2i\frac{\omega d_{ov}}{v_{s1}}}}{(1+k) + (1-k) e^{-2i\frac{\omega d_{ov}}{v_{s1}}}} \tag{2-11}$$

$$B = \frac{2}{(1+k) + (1-k) e^{-2i\frac{\omega d_{ov}}{v_{s1}}}} \tag{2-12}$$

$$C = \frac{2 e^{-2i\frac{\omega d_{ov}}{v_{s1}}}}{(1+k) + (1-k) e^{-2i\frac{\omega d_{ov}}{v_{s1}}}} \tag{2-13}$$

式中

$$k = \frac{\rho_1 v_{s1}}{\rho_2 v_{s2}} \tag{2-14}$$

将常数 B、C 分子分母同乘以 $\mathrm{e}^{\frac{\mathrm{i}\omega d_{ov}}{v_{s1}}}$，代入覆盖层位移表达式（2-10），并令 $x = -d_{ov}$，则得出地面位移

$$(u_1)_{x=-d_{ov}} = \frac{2\mathrm{e}^{\mathrm{i}\omega t}}{(1+k)\mathrm{e}^{\frac{\mathrm{i}\omega d_{ov}}{v_{s1}}} + (1-k)\mathrm{e}^{-\frac{\omega d_{ov}}{v_{s1}}}} + \frac{2\,\mathrm{e}^{\mathrm{i}\omega t}}{(1+k)\mathrm{e}^{\frac{\mathrm{i}\omega d_{ov}}{v_{s1}}} + (1-k)\mathrm{e}^{-\mathrm{i}\frac{\omega d_{ov}}{v_{s1}}}}$$

经整理后，得

$$(u_1)_{x=-d_{ov}} = \frac{4\,\mathrm{e}^{\mathrm{i}\omega t}}{(1+k)\mathrm{e}^{\frac{\mathrm{i}\omega d_{ov}}{v_{s1}}} + (1-k)\mathrm{e}^{-\mathrm{i}\frac{\omega d_{ov}}{v_{s1}}}} \tag{2-15}$$

现来求地面位移的幅值，即振幅。为此需要求式（2-15）复数的模。

设式（2-15）分母的模为 R，由矢量图并应用余弦原理（图 2-5），得

$$R = \sqrt{(1+k)^2 + (1-k)^2 + 2(1+k)(1-k)\cos\frac{2\omega d_{ov}}{v_{s1}}} \tag{2-16a}$$

经化简后

$$R = 2\sqrt{\cos^2\frac{\omega d_{ov}}{v_{s1}} + k^2\sin^2\frac{\omega d_{ov}}{v_{s1}}} \tag{2-16b}$$

将式（2-16b）代入式（2-15）后，得

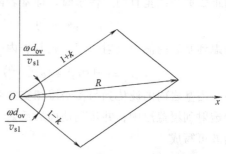

图 2-5　式（2-15）分母模的矢量图

$$|(u_1)_{x=-d_{ov}}|_{max} = \frac{2}{\sqrt{\cos^2\frac{\omega d_{ov}}{v_{s1}} + k^2\sin^2\frac{\omega d_{ov}}{v_{s1}}}} \tag{2-17}$$

覆盖层振幅放大系数 β 等于地面振幅与基岩入射波振幅之比，即

$$\beta = \frac{|(u_1)_{x=-d_{ov}}|_{max}}{1} = \frac{2}{\sqrt{\cos^2\frac{\omega d_{ov}}{v_{s1}} + k^2\sin^2\frac{\omega d_{ov}}{v_{s1}}}} \tag{2-18}$$

对应于不同 k 值的 $\beta - \frac{\omega d_{ov}}{v_{s1}}$ 曲线，如图 2-6 所示。从图可以看出，一般 $k<1$，故基岩入射波的振幅均被放大，并当 $\frac{\omega d_{ov}}{v_{s1}} = \frac{\pi}{2}$ 时，即

$$T = \frac{4d_{ov}}{v_{s1}} \tag{2-19}$$

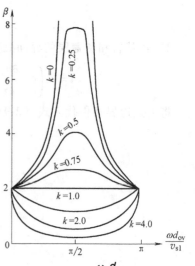

图 2-6　$\beta - \dfrac{\omega\,d_{ov}}{v_{s1}}$ 曲线

振幅放大系数 β 将为最大值，即地震波的某个谐波分量的周期恰为该波穿过表土层所需时间 $\dfrac{d_{ov}}{v_{s1}}$ 的 4 倍时，覆盖层地面振动将最为显著。

一般称式（2-19）中的 T 为场地的卓越周期或自振周期。

由于场地覆盖层的厚度 d_{ov} 与它的剪切波速 v_{s1} 不同，因此，覆盖层的卓越周期 T 也将不同，一般为 0.1s 至数秒。

覆盖层的卓越周期是场地的重要动力特性之一。震害调查表明，凡建筑物的自振周期与场地的卓越周期相等或接近时，建筑物的震害都有加重趋势。这是由于建筑物发生类共振现象所致。因此，在建筑抗震设计中，应使建筑物的自振周期避开场地的卓越周期，以避免发生类共振现象。

对于由碎石、砂、粉土、黏性土的人工填土等多土层形成的覆盖层，可按它们的等效剪切波速 v_{se} 来计算场地的卓越周期，等效波速 v_{se} 可按式（2-1）确定

$$v_{se} = \frac{d_0}{\sum_{i=1}^{n} \dfrac{d_i}{v_{si}}}$$

由式（2-19）可知，基岩上的覆盖层越厚，则场地的卓越周期越长，这一点与观测结果一致，参见图 2-7。

在工程实践中，除采用式（2-19）计算场地的卓越周期 T 外，也常采用场地的常时微振来确定场地卓越周期。常时微振是指，由各种振源的影响，例如，工厂机器的运转、交通工具的运行等，使场地存在着微弱的振动。场地常时微振的主要周期和场地卓越周期的数值接近，因此，可以取场地常时微振的主要周期作为卓越周期的近似值。

利用场地常时微振确定卓越周期的主要做法是，将放大倍数大于 1000 的地震仪放置在要测定的场地的地面上，记录微振波形（图 2-8a），然后在记录纸上量出各周期 T_i 及出现的频数 N_i，并算出它与总频数 $\sum N_i$ 之比，即

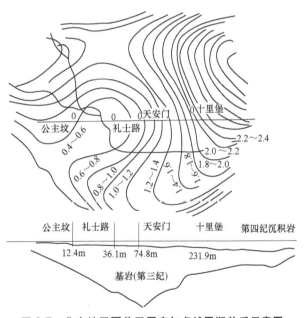

图 2-7 北京地区覆盖层厚度与卓越周期关系示意图

$$\mu_i = \frac{N_i}{\sum N_i} \times 100\% \tag{2-20}$$

最后绘出 T-μ 关系曲线（图 2-8b），曲线上的峰值所对应的周期就是该场地的主要周期。

图 2-9 为不同场地的常时微振周期 T-频数 N 的分布曲线，由图可知，场地的主要周期随场地类别增高而增长。

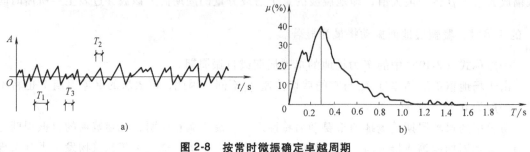

图 2-8　按常时微振确定卓越周期

a）常时微振记录曲线　b）T-μ 关系分布曲线

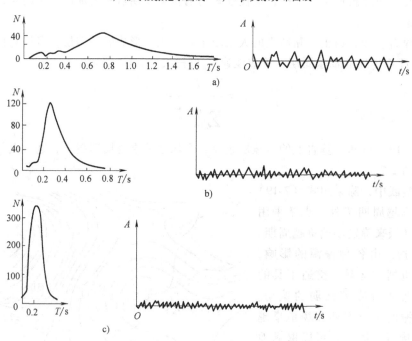

图 2-9　不同场地的常时微振 T-N 曲线

a）全新世土　b）更新世土　c）基岩

2.2.2　强震时的地面运动

地震动是指由震源释放出的能量产生的地震波引起的地表附近土层（地面）的振动，是地震工程学研究的主要内容，地面运动就是对结构的输入。地震动可以用地面的加速度、速度或位移的时间函数表示。加速度 $a(t)$、速度 $v(t)$、位移 $u(t)$，统称为地震动时程。地震地面运动有时也简称为地震动。地震动是引起震害的外因，其作用相当于结构分析中的作用（荷载），差别在于，结构工程中常用的荷载以力的形式出现，而地震动以运动的方式出现，且同时具有竖向、水平向甚至是扭转作用。

在地震工程中，人们研究的对象包含地震动（输入）、结构（系统）、结构反应（输出）。只有在了解结构的地震反应之后，才能科学地设计结构，而为了了解结构反应，则必须了解地震动与结构，两者缺一不可。当前，我们对结构的了解还很不够，尤其是当结构物进入弹塑性阶段以后，对地震动的了解则远远落后于对结构的了解。地震动是一个复杂的时间过程，因为影响地震动的因素很多，且对很多重要因素难以精确估计，从而导致其产生许多不确定性的变化。地震动的显著特点是其时程函数的不规则性，因此，关于地震动的研究，强烈地依赖对地震动的观测现状与发展。

现有地震动量测仪器可以概括为两类，一类是地震工作者使用的，目的是确定地震震源的地点和力学特性、发震时间和地震大小，从而了解震源机制、地震波所经过的路线中的地球介质及地震波的特性和传播规律；另一类是抗震工作者使用的，目的在于确定强震时测点处的地震动和结构振动反应，以便了解结构的地震动输入特性和结构的抗震性能。前者，称为地震仪，后者称为强震仪或强震加速度仪。因此，结构抗震时，强震地面运动一般均为强震仪所测得，强震仪可以测到所在点加速度时程曲线。目前，绝大多数强震仪记录的只是测点的两个水平向和一个竖向的地面加速度时程曲线。图2-10所示是1971年美国圣费尔南多（San Fernando）6.5级地震时地震仪记录下来的三个方向的地面加速度记录曲线。地震时地面运动加速度记录是地震工程的基本数据。在绘加速度反应谱曲线和进行结构地震反应直接动力计算时，都要用到强震地面运动加速度记录（时程曲线）。

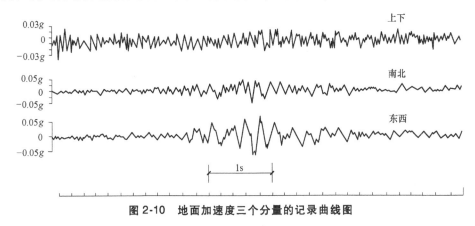

图2-10　地面加速度三个分量的记录曲线图

对于工程抗震而言，地震动的特性可以通过其三要素来描述，即地震动的振幅、频谱和持时。当用加速度表述时，即加速度峰值、主要周期、持续时间。振幅的大小，或者说最大加速度可以作为地震动强弱的标志；频谱的组成，决定了不同周期的结构地震响应的差别；持时反映的是地震动的持续时间及其所引起的结构的累积损伤。一般说来，震级大，峰值加速度就高，持续时间就长；主要周期则随场地类别、震中距远近而变化。如前所述，场地类别越大，震中距越远，地震的主要周期（或称特征周期）越长。

强震地面加速度各分量之间的关系，经统计大致有一个比例关系。从大多数测得的地震记录来看，地面运动两个水平分量的平均强度大体相同，地面竖向分量相当于水平分量的$1/3 \sim 2/3$。

■ 2.3　天然地基与基础

我国的多次强烈地震的震害经验表明，在遭受破坏的建筑中，因地基失效导致的破坏少于上部结构因惯性力的破坏，且这类地基主要由饱和松砂、软弱黏土和成因岩性状态严重不均匀的土层组成，大量的一般性天然地基都具有较好的抗震性能。因此，自《建筑抗震设计规范》（GBJ 11—1989）以来，我国规定了天然地基可以不验算的范围。在地震作用下，为了保证建筑物的安全和正常使用，对地基而言，应同时满足地基承载力和变形的要求。但是，在地震作用下由于地基变形过程十分复杂，目前还没有条件进行这方面的定量计算。因此，《建筑抗震设计规范》（GB 50011—2010）规定，只要求对地基抗震承载力进行验算，至于地基变形条件，则通过对上部结构或地基基础采取一定的抗震措施来保证。

2.3.1　可不进行天然地基与基础抗震承载力验算的范围

《建筑抗震设计规范》规定，建造在天然地基上的以下建筑，可不进行天然地基和基础抗震承载力验算：

1）规范规定的可不进行上部结构抗震验算的建筑。包括：6度时的建筑（不规则建筑及建造于Ⅳ类场地上较高的高层建筑除外），以及生土房屋和木结构等。

2）地基主要受力层范围内不存在软弱黏性土层的下列建筑：

① 一般单层厂房和单层空旷房屋。

② 砌体房屋。

③ 不超过8层且高度在24m以下的一般民用框架和框架-抗震墙房屋。

④ 基础荷载与③项相当的多层框架厂房和多层混凝土抗震墙房屋。

软弱黏性土层指7度、8度和9度时，地基承载力特征值分别小于80kPa、100kPa和120kPa的土层。

2.3.2　天然地基抗震承载力验算

1. 验算方法

地基基础的抗震验算，一般采用所谓的"拟静力法"，即假定地震作用如同静力，然后验算地基和基础的承载力和稳定性。验算天然地基地震作用下的竖向承载力时，按地震作用效应标准组合的基础底面平均压力和边缘最大压力应符合下列各式要求：

$$p \leqslant f_{aE} \tag{2-21}$$

$$p_{max} \leqslant 1.2 f_{aE} \tag{2-22}$$

式中，p 为地震作用效应标准组合的基础底面平均压力；p_{max} 为地震作用效应标准组合的基础边缘的最大压力；f_{aE} 为调整后的地基土抗震承载力。

《建筑抗震设计规范》同时规定，高宽比大于4的高层建筑，在地震作用下基础底面不宜出现脱离区（零应力区）；其他建筑，基础底面与地基土之间脱离区（零应力区）面积不应超过基础底面面积的15%。根据后一规定，对基础底面为矩形的基础，其受压宽度与基础宽度之比则应大于85%，即

$$b' \geqslant 0.85b \tag{2-23}$$

式中，b' 为矩形基础底面受压宽度（图 2-11）；b 为矩形基础底面宽度。

2. 地基土抗震承载力

要确定地基土抗震承载力，就要研究动力荷载作用下土的强度（简称动强度）。动强度一般按动荷载和静荷载作

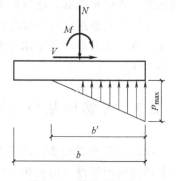

图 2-11　基础底面压力

用下,在一定的动荷载循环次数下,土样达到一定应变值(常取静荷载的极限应变值)时的总作用应力。因此,它与静荷载大小、脉冲次数、频率、允许应变值等因素有关。由于地震是低频(1~5Hz)的有限次的(10~30次)脉冲作用,在这样的条件下,除十分软弱的土外,大多数土的动强度都比静强度高。此外,又考虑到地震是一种偶然作用,历时短暂,所以地基在地震作用下的可靠度的要求,可较静力作用下低。这样,在天然地基抗震验算中,地基土抗震承载力的取值,我国和世界上大多数国家一样,都是采取在地基土静承载力的基础上乘上一个调整系数的办法来确定。

《建筑抗震设计规范》规定,地震土抗震承载力按下式计算

$$f_{aE} = \xi_a f_a \qquad (2-24)$$

式中,f_{aE}为调整后的地基土抗震承载力;ξ_a为地基土抗震承载力调整系数,按表2-8采用;f_a为经深宽度修正后地基土承载力特征值,按《建筑地基基础设计规范》采用。

表2-8 地基土抗震承载力调整系数

岩土名称和性状	ξ_a
岩石,密实的碎石土,密实的砾、粗、中砂,$f_{ak} \geqslant 300kPa$的黏性土和粉土	1.5
中密、稍密的碎石土,中密和稍密的砾、粗、中砂,密实和中密的细、粉砂,$150kPa \leqslant f_{ak} < 300kPa$的黏性土和粉土,坚硬黄土	1.3
稍密的细、粉砂,$100kPa \leqslant f_{ak} < 150kPa$的黏性土和粉土,可塑黄土	1.1
淤泥,淤泥质土,松散的砂,杂填土,新近堆积黄土及流塑黄土	1.0

3. 基础的抗震承载力验算

在建筑抗震设计中,房屋结构的基础一般埋入地面以下,基础受到的地震作用影响较小,可不进行抗震承载力验算。但值得注意的是,在进行结构基础的设计时,一般按照其上部结构传下来的最不利内力组合进行设计,这些最不利内力组合可以是有地震作用的组合,也可以是无地震作用的组合。

■ 2.4 地基土的液化

2.4.1 液化的概念

位于地下水位以下由饱和松散的砂土和粉土组成的土层,在强烈地震作用下,土颗粒之间发生相对位移而趋于密实(图2-12a),孔隙水来不及排泄而受到挤压,使土颗粒处于悬浮状态,形成如"液体"一样的现象(图2-12b),称之为地基土的液化。这是因为,当孔隙水压力增加到与土颗粒所受到的总正压力接近或相等时,土颗粒间因摩擦产生的抗剪能力消失,从而土颗粒上浮形成液化现象。图2-13为地震时土层液化照片。

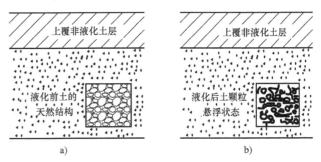

图2-12 土的液化示意图

在 1964 年 6 月日本的新潟地震中，很多建筑的地基失效，就是饱和松砂发生液化的典型实例。这次地震开始时，使该市的低洼地区出现了大面积砂层液化，地面多处喷砂冒水，继而在大面积液化地区上的汽车和建筑逐渐下沉。而一些诸如水池一类的构筑物则逐渐浮出水面。其中最引人瞩目的是某公寓住宅群普遍倾斜，最严重的倾角竟达 80°之多。据目击者说，该建筑是在地震后 4min 开始倾斜的，至倾斜结束共历时一分钟。新潟地震以后，土的动强度和液化问题引起国内外地震工作者的普遍关注。我国 1966 年的邢台地震、1975 年的海城地震、1976 年的唐山地震以及 2008 年的汶川地震，场地土都发生过液化现象，都使建筑遭到不同程度的破坏。砂土液化的典型现象为冒水喷砂，喷起高度有的达到 2~3m，喷出的水砂可冲走家具等物品、淹盖农田沟渠，引起地上结构的不均匀沉陷或下沉，甚至引起地下或半地下建筑物的上浮。

a)   b)

图 2-13　地震时土层液化示意图

根据土力学原理，砂土液化乃是由于饱和砂土在地震时短时间内抗剪强度为零所致。我们知道，饱和砂土的抗剪强度可写成

$$\tau_{\mathrm{f}} = \overline{\sigma}\tan\varphi = (\sigma - u)\tan\varphi \tag{2-25}$$

式中，$\overline{\sigma}$ 为剪切面上有效法向压应力（粒间土压力）；σ 为剪切面上总的法向压应力；u 为剪切面上孔隙水压力；φ 为土的内摩擦角。

地震时，由于场地土作强烈振动，孔隙水压力 u 急剧增高，直至与总的法向压应力 σ 相等，即有效法向压应力 $\overline{\sigma} = \sigma - u = 0$ 时，砂土颗粒便呈现出悬浮状态。土体抗剪强度 $\tau_{\mathrm{f}} = 0$，从而使场地土失去承载能力。

2.4.2　影响土液化的因素

场地土液化与许多因素有关，因此需要根据多项指标综合分析判断土是否会发生液化。但当某项指标达到一定数值时，不论其他因素情况如何，土都不会发生液化，或即使发生液化也不会造成房屋震害。我们称这个数值为这个指标的界限值。因此，了解一下影响液化因素及其界限值，也是有实际意义的。

1. 地质年代

地质年代的新老表示土层沉积时间的长短。较老的沉积土，经过长时期的固结作用和历次大地震的影响，使土的密实程度增大外，还往往具有一定的胶结紧密结构。因此，地质年代越久的土层的固结度、密实度和结构性，也就越好，抵抗液化能力就越强。反之，地质年代越新，则其抵抗液化能力就越差。宏观震害调查表明，在我国和国外的历次大地震中，尚未发现地质年代属于第四纪晚更新世（Q_3）或其以前的饱和土层发生液化的。

2. 土中的黏粒含量

黏粒是指粒径≤0.005mm的土颗粒。理论分析和实践表明，当粉土内黏粒含量超过某一限值时，粉土就不会液化。这是由于随着土中黏粒的增加，使土的黏聚力增大，从而抵抗液化能力增强的缘故。

图 2-14 为海城、唐山两个震区粉土液化点黏粒含量与烈度关系分布图。由图可以看出，液化点在不同烈度区的黏粒含量上限不同。由此可以得出结论，黏粒超过表 2-9 所列数值时就不会发生液化。

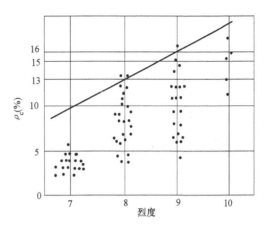

图 2-14　海城、唐山粉土液化

表 2-9　粉土非液化黏粒含量界限值

烈　　度	黏粒含量 ρ_c（%）
7	10
8	13
9	16

3. 上覆非液化土层厚度和地下水位深度

上覆非液化土层厚度是指地震时能抑制可液化土层喷水冒砂的厚度。构成覆盖层的非液化层，除天然土层外，还包括堆积 5 年以上，或地基承载力大于 100kPa 的人工填土层。当覆盖层中夹有软土层，对抑制喷水冒砂作用很小，且其本身在地震中很可能发生软化现象时，该土层应从覆盖层中扣除。覆盖层厚度一般从第一层可液化土层的顶面至地表。

现场宏观调查表明，砂土和粉土当覆盖层厚度超过表 2-10 所列界限值时，未发现土层发生液化现象。

地下水位高低是影响喷水冒砂的一个重要因素，实际震害调查表明，当砂土和粉土的地下水位不小于表 2-10 所列界限值时，未发现土层发生液化现象。

表 2-10　土层不考虑液化时覆盖层厚度和地下水位界限值 d_{uj} 和 d_{wj}　（单位：m）

土类及项目	烈度	7	8	9
砂土	d_{uj}	7	8	9
	d_{wj}	6	7	8
粉土	d_{uj}	6	7	8
	d_{wj}	5	6	7

4. 土的密实程度

砂土和粉土的密实程度是影响土层液化的一个重要因素。1964 年日本新潟地震现场分析资料表明，相对密度小于 50% 的砂土，普遍发生液化，而相对密度大于 70% 的土层，没有发生液化。

5. 土层埋深

理论分析和土工试验表明：侧压力越大，土层就不易发生液化。侧压力大小反映土层埋深大小。现场调查资料表明：土层液化深度很少超过 15m，多数浅于 15m，更多的浅于 10m。

6. 地震烈度和震级

烈度越高的地区，地面运动强度越大，显然土层就越容易液化。一般在 6 度及其以下地区，很少看到液化现象。而在 7 度及其以上地区，则液化现象就相当普遍。日本新潟在过去曾经发生过 25 次地震，在历史记载中，仅有三次地面加速度超过 0.13g 时才发生液化。1964 年那一次地震地面加速度为 0.16g，液化就相当普遍。

室内土的动力实验表明，土样振动的持续时间越长，就越容易液化。因此，当场地的烈度相同时，远震比近震更容易液化。因为前者对应的大震持续时间比后者对应的中等地震持续时间要长。

哪些土会液化？最常见的液化土是砂土与粉土，各国规范多列入对这两类土的液化判别方法。黄土也是会产生液化的土类，我国的西北黄土地区历史上震害颇多，其中不乏黄土液化的报道与记载。此外，砾石的液化问题，在国内外一直有现场资料和室内研究，1995 年日本的阪神大地震就获得了不少砾石液化的现场资料。由于我国目前有关黄土和砾石土液化问题的研究还不够充分，暂未将其列入规范，有待进一步研究。

2.4.3 液化的判别

饱和砂土和饱和粉土（不含黄土）的液化判别：6 度时，一般情况下可不进行判别和处理，但对液化沉陷敏感的乙类建筑可按 7 度的要求进行判别和处理，7～9 度时，乙类建筑可按本地区抗震设防烈度的要求进行判别和处理。

地面下存在饱和砂土和饱和粉土时，除 6 度外，应进行液化判别；存在液化土层的地基，应根据建筑的抗震设防类别、地基的液化等级，结合具体情况采取相应的措施。

1. 初步判别方法

饱和的砂土或粉土（不含黄土），当符合下列条件之一时，可初步判别为不液化或可不考虑液化影响：

1）地质年代为第四纪晚更新世（Q_3）及其以前时，7、8 度时可判为不液化。

2）粉土的黏粒（粒径小于 0.005mm 的颗粒）含量百分率，7 度、8 度和 9 度分别不小于 10、13 和 16 时，可判为不液化土。

3）浅埋天然地基的建筑，当上覆非液化土层厚度和地下水位深度符合下列条件之一时，可不考虑液化影响：

$$d_u > d_0 + d_b - 2 \tag{2-26}$$

$$d_w > d_0 + d_b - 3 \tag{2-27}$$

$$d_u + d_w > 1.5d_0 + 2d_b - 4.5 \tag{2-28}$$

式中，d_w 为地下水位深度（m），宜按设计基准期内年平均最高水位采用，也可按近期内年最高水位采用；d_u 为上覆盖非液化土层厚度（m），计算时宜将淤泥和淤泥质土层扣除；d_b 为基础埋置深度（m），不超过 2m 时应采用 2m；d_0 为液化土特征深度（m），可按表 2-11 采用。

表 2-11　液化土特征深度 d_0　　　　　　　　　　（单位：m）

饱和土类型	烈　度		
	7	8	9
粉土	6	7	8
砂土	7	8	9

2. 标准贯入实验判别法

当饱和砂土、粉土的初步判别认为须进一步进行液化判别时，应采用标准贯入实验判别法。标准贯入实验设备主要由贯入器、触探杆和穿心锤组成（图 2-15）。触探杆一般用直径为 42mm 的钻杆，穿心锤质量为 63.5kg。操作时先用钻具钻至实验土层标高以上 150mm，然后在锤的落距为 760mm 的条件下，每打入土中 300mm 的锤击次数记作 $N_{63.5}$。

《建筑抗震设计规范》规定，当地面下 20m 范围内土层标准贯入锤击数 $N_{63.5}$（未经杆长修正）小于或等于液化判别标准贯入锤击数临界值时，应判为液化土。对于可不进行天然地基及基础的抗震承载力验算的各类建筑，可只判别地面下 15m 范围内土的液化。

在地面下 20m 深度范围内，液化判别标准贯入锤击数临界值 N_{cr} 可按下式计算：

砂土

$$N_{cr} = N_0\beta\left[\ln(0.6d_s+1.5)-0.1d_w\right] \qquad (2\text{-}29)$$

粉土

$$N_{cr} = N_0\beta\left[\ln(0.6d_s+1.5)-0.1d_w\right]\sqrt{\frac{3}{\rho_c}} \qquad (2\text{-}30)$$

式中，N_0 为液化判别标准贯入锤击数基准值，可按表 2-12 采用；d_s 为饱和土标准贯入点深度（m）；d_w 为地下水位深度（m）；ρ_c 为黏粒含量百分率，当小于 3 或为砂土时，应采用 3；β 为调整系数，设计地震第一组取 0.80，第二组取 0.95，第三组取 1.05。

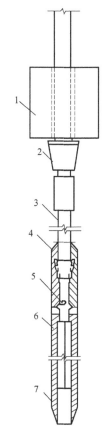

图 2-15　标准贯入实验设备示意图

1—穿心锤　2—锤垫　3—触探杆
4—贯入器头　5—出水孔　6—贯入器身　7—贯入器靴

表 2-12　液化判别标准贯入锤击数基准值 N_0

设计基本地震加速度/g	0.10	0.15	0.20	0.30	0.40
液化判别标准贯入锤击数基准值	7	10	12	16	19

2.4.4　液化地基的评价

1. 评价的意义

早前关于场地土液化的问题，仅根据判别式给出液化或非液化两种结论。因此，不能对液化危害性做出定量的评价，从而也就不能采取相应的抗液化措施。很显然，地基土液化程度不同，对建筑的危害也就不同。因此，对液化地基危害性的分析和评价是建筑抗震设计中一个十分重要的问题。

2. 液化指数

为了鉴别场地土液化危害的严重程度，《建筑抗震设计规范》中给出了液化指数的概念。

在同一地震烈度下，液化层越厚，埋藏越浅，地下水位越高，实测标准贯入锤击数与临界标准贯入锤击数相差越多，液化就越严重，带来的危害性就越大。液化指数是比较全面反映了上述各因素的影响的指标。

液化指数 I_{lE} 按下式确定

$$I_{lE} = \sum_{i=1}^{n} \left(1 - \frac{N_i}{N_{cri}} \right) d_i w_i \qquad (2\text{-}31)$$

式中，n 为在判别深度范围内每一个钻孔标准贯入试验点的总数；N_i、N_{cri} 分别为 i 点标准贯入锤击数的实测值和临界值，当实测值大于临界值时应取临界值，当只需要判别 15m 范围以内的液化时，15m 以下的实测值可按临界值采用；d_i 为 i 点所代表的土层厚度（m），可采用与该标准贯入试验点相邻的上、下两标准贯入试验点深度差的一半，但上界不高于地下水位深度，下界不深于液化深度；w_i 为 i 土层单位土层厚度的层位影响权函数值（单位为 m^{-1}），当该层中点深度不大于 5m 时应采用 10，等于 20m 时应采用零值，5~20m 时应按线性内插法取值。

式（2-31）中的 d_i、w_i 可参照图 2-16 所示方法确定。

现在来进一步分析式（2-31）的物理意义。

$$1 - \frac{N_i}{N_{cri}} = \frac{N_{cri} - N_i}{N_{cri}}$$

上式分子表示 i 点标准贯入锤击数临界值与实测值之差，分母为锤击数临

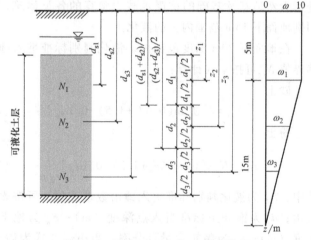

图 2-16 确定 d_i、d_{si} 和 w_i 的示意图

界值。显然，分子差值越大，即式（2-31）括号内的数值越大，表示该点液化程度越严重。

显然，液化层越厚，埋藏越浅，它对建筑的危害性就越大。式（2-31）中的 d_i、w_i 就是反映这两个因素的。我们可以将 $d_i w_i$ 的乘积看作对 $\left(1 - \frac{N_i}{N_{cri}} \right)$ 值的加权面积 A_i，其中，表示土层液化严重程度的值 $\left(1 - \frac{N_i}{N_{cri}} \right)$ 随深度对建筑的影响，按图 2-16 的 w 值来加权计算。

3. 地基液化的等级

存在液化土层的地基，根据其液化指数按表 2-13 划分液化等级。

表 2-13 液化等级

液化等级	轻微	中等	严重
液化指数 I_{IE}	$0 < I_{IE} \leq 6$	$6 < I_{IE} \leq 18$	$I_{IE} > 18$

液化等级与相应的震害见表 2-14。

表 2-14 液化等级与相应的震害

液化等级	地面喷水冒砂情况	对建筑物的危害情况
轻微	地面无喷水冒砂,或仅在洼地、河边有零星的喷水冒砂点	危害性小,一般不致引起明显的震害
中等	喷水冒砂可能性大,从轻微到严重均有,多数属中等	危害性较大,可造成不均匀沉陷和开裂,有时不均匀沉陷可达 200mm
严重	一般喷水冒砂都很严重,地面变形很明显	危害性大,不均匀沉陷可能大于 200mm,高重心结构可能产生不允许的倾斜

2.4.5 地基抗液化措施

地基抗液化措施应根据建筑的抗震设防类别、地基的液化等级,结合具体情况综合确定。当液化土层较平坦且均匀时,可按表 2-15 选用抗液化措施;尚可考虑上部结构重力荷载对液化危害的影响,根据液化震陷量的估计适当调整抗液化措施。

不宜将未经处理的液化土层作为天然地基持力层。

现将表 2-15 中的抗液化措施具体要求说明如下:

1) 全部消除地基液化沉陷的措施,应符合下列要求:

① 采用桩基时,桩端伸入液化深度以下稳定土层中的长度(不包括桩尖部分),应按计算确定,且对碎石土,砾、粗、中砂,坚硬黏性土和密实粉土尚不应小于 0.8m,对其他非岩石土尚不宜小于 1.5m。

② 采用深基础时,基础底面应埋入液化深度以下的稳定土层中,其深度不应小于 0.5m。

表 2-15 抗液化措施

建筑类别	地基的液化等级		
	轻微	中等	严重
乙类	部分消除液化沉陷,或对基础和上部结构处理	全部消除液化沉陷,或部分消除液化沉陷且对基础和上部结构处理	全部消除液化沉陷
丙类	基础和上部结构处理,也可不采取措施	基础和上部结构处理,或更高要求的措施	全部消除液化沉陷,或部分消除液化沉陷且对基础和上部结构处理
丁类	可不采取措施	可不采取措施	基础和上部结构处理,或其他经济的措施

③ 采用加密法(如振冲、振动加密、挤密碎石桩、强夯等)加固时,应处理至液化深度下界;振冲或挤密碎石桩加固后,桩间土的标准贯入锤击数不宜小于《建筑抗震设计规范》(GB 50011—2010)第 4.3.4 条规定的液化判别标准贯入锤击数临界值。

④ 用非液化土替换全部液化土层,或增加上覆非液化土层的厚度。

⑤ 采用加密法或换土法处理时，在基础边缘以外的处理宽度，应超过基础底面下处理深度的 1/2 且不小于基础宽度的 1/5。

2）部分消除地基液化沉陷的措施，应符合下列要求：

① 处理深度应使处理后的地基液化指数减少，其值不宜大于 5；大面积筏基、箱基的中心区域，处理后的液化指数可比上述规定降低 1；对独立基础和条形基础，尚不应小于基础底面下液化土特征深度和基础宽度的较大值。

注：中心区域指位于基础外边界以内沿长宽方向距外边界大于相应方向 1/4 长度的区域。

② 采用振冲或挤密碎石桩加固后，桩间土的标准贯入锤击数不宜小于《建筑抗震设计规范》第 4.3.4 条规定的液化判别标准贯入锤击数临界值。

③ 基础边缘以外的处理宽度，应符合《建筑抗震设计规范》第 4.3.7 条 5 款的要求。

④ 采取减小液化震陷的其他方法，如增厚上覆非液化土层的厚度和改善周边的排水条件等。

3）减轻液化影响的基础和上部结构处理，可综合采用下列各项措施：

① 选择合适的基础埋置深度。

② 调整基础底面积，减少基础偏心。

③ 加强基础的整体性和刚度，如采用箱基、筏基或钢筋混凝土交叉条形基础，加设基础圈梁等。

④ 减轻荷载，增强上部结构的整体刚度和均匀对称性，合理设置沉降缝，避免采用对不均匀沉降敏感的结构形式等。

⑤ 管道穿过建筑处应预留足够尺寸或采用柔性接头等。

■ 2.5 桩基的抗震验算

一直以来，桩基抗震是工程中的难题。首先，由地基输入桩基的地震作用，在有桩时比无桩时更难准确估计；其次，桩在土中承受水平向荷载时，其工作状态属于弹性地基梁或弹塑性地基梁；此外，有其他一些因素使情况复杂化，如桩头和承台的连接，按目前的方法，桩嵌入承台 50~100mm，桩身主筋按锚固长度要求伸入承台一定长度。桩与承台的连接，既不是嵌固更不是铰接，其嵌固度至今还不能定量确定，这对桩基在承受竖向荷载时的影响不大，但对桩基承受水平地震作用时的影响极大，连接支座的方式直接决定了桩身弯矩与剪力的分布。另外，由于难以获得震后桩基的破坏资料，对人们所提出的桩基抗震理论而言，缺乏有力的检验论证。20 世纪 80 年代后，采用桩基震后开挖等方式获取桩基破坏资料，特别是 1995 年日本阪神大地震后，注重对桩基震害进行调查，采用桩身内照相技术、动力检测与监测桩技术等，使得桩基震害资料的累积渐趋丰富。此外，时程分析方法的广泛应用，加深了对桩基的抗震性能以及桩身内力分布上的认识。

桩基典型的震害如下：

1）木桩：桩与承台的连接不牢，桩身长度一般不大，因而从承台中拔脱或产生刚体式桩基倾斜下沉等破坏形式较多，桩身破坏少。

2）钢筋混凝土桩：在非液化土中，以桩头的剪压或弯曲破坏为主。空心桩因桩头压坏，桩头处后填混凝土楔入空心部分，致使桩身开裂产生纵向裂缝；预应力桩在顶部

300mm 左右，预应力不足，抗弯能力不够而破坏。

3）钢管桩：因液化土侧向扩展，引起土体水平滑移而产生弯曲破坏，或因桩顶位移过大产生弯曲破坏，纵向压屈者少。

总之，地基变形，如滑坡、挡墙后填土失稳、液化、软土震陷、地面堆载等，会引起桩基破坏。目前的桩头-承台连接方式，抗拔与嵌固不足，致使钢筋拔出、剪断或桩头与承台产生相对位移，以及桩头处承台混凝土的破坏。目前，对于桩基抗震的认识，较以往已经有了很大的进步，但仍有许多问题需要进一步研究。

2.5.1 桩基不需进行验算的范围

震害表明，承受以竖向荷载为主的低承台桩基，当地面下无液化土层且桩承台周围无淤泥、淤泥质土和地基承载力特征值不大于 100kPa 的填土时，下列建筑的桩基很少发生震害。因此，《建筑抗震设计规范》规定，下列建筑的桩基可不进行抗震承载力验算：

1）6~8 度时的下列建筑：

① 一般的单层厂房和单层空旷房屋。

② 不超过 8 层且高度在 24m 以下的一般民用框架房屋和框架-抗震墙房屋。

③ 基础荷载与②项相当的多层框架厂房和多层混凝土抗震墙房屋。

2）《建筑抗震设计规范》第 4.2.1 条之 1 款规定的建筑及砌体房屋。

2.5.2 低承台桩基的抗震验算

1. 非液化土中的桩基

非液化土中低承台桩基的抗震验算，应符合下列规定：

1）单桩的竖向和水平向抗震承载力特征值，可均比非抗震设计时提高 25%。

2）当承台周围的回填土夯实至干密度不小于《建筑地基基础设计规范》对填土的要求时，可由承台正面填土与桩共同承担水平地震作用；但不应计入承台底面与地基土间的摩擦力。

2. 存在液化土层的桩基

1）承台埋深较浅时，不宜计入承台周围土的抗力或刚性地坪对水平地震作用的分担。

2）当桩承台底面上、下分别有厚度不小于 1.5m、1.0m 的非液化土层或非软弱土层时，可按下列两种情况进行桩的抗震验算，并按不利情况设计：

① 主震时——桩承受全部地震作用，桩承载力按《建筑抗震设计规范》第 4.4.2 条取用，液化土的桩周摩阻力及桩水平抗力均应乘以表 2-16 的折减系数。

表 2-16 土层液化影响折减系数

实际标贯锤击数/临界标贯锤击数	饱和土标准贯入点深度 d_s/m	折减系数
≤0.6	$d_s \leq 10$	0
	$10 < d_s \leq 20$	1/3
0.6~0.8	$d_s \leq 10$	1/3
	$10 < d_s \leq 20$	2/3
0.8~1.0	$d_s \leq 10$	2/3
	$10 < d_s \leq 20$	1

② 余震时——地震作用按水平地震影响系数最大值的 10% 采用，桩承载力仍按《建筑抗震设计规范》第 4.4.2 条 1 款取用，但应扣除液化土层的全部摩阻力及桩承台下 2m 深度范围内非液化土的桩周摩阻力。

3）打入式预制桩及其他挤土桩，当平均桩距为 2.5~4 倍桩径且桩数不少于 5×5 时，可计入打桩对土的加密作用及桩身对液化土变形限制的有利影响。当打桩后桩间土的标准贯入锤击数值达到不液化的要求时，单桩承载力可不折减，但对桩尖持力层做强度校核时，桩群外侧的应力扩散角应取为零。打桩后桩间土的标准贯入锤击数 N_1 宜由试验确定，也可按下式计算

$$N_1 = N_p + 100\rho(1 - e^{-0.3N_p}) \tag{2-32}$$

式中，ρ 为打入式预制桩的面积置换率；N_p 为打桩前的标准贯入锤击数。

3. 桩基抗震验算的其他一些规定

1）处于液化土中的桩基承台周围，宜用密实干土填筑夯实，若用砂土或粉土则应使土层的标准贯入锤击数不小于《建筑抗震设计规范》第 4.3.4 条规定的液化判别标准贯入锤击数临界值。

2）液化土和震陷软土中桩的配筋范围，应自桩顶至液化深度以下符合全部消除液化沉陷所要求的深度，其纵向钢筋应与桩顶部相同，箍筋应加粗和加密。

3）在有液化侧向扩展的地段，桩基除应满足本节中的其他规定外，尚应考虑土流动时的侧向作用力，且承受侧向推力的面积应按边桩外缘间的宽度计算。

2.6 软弱黏性土地基

软弱黏性土地基是指 7 度、8 度和 9 度时，地基承载力特征值分别小于 80kPa、100kPa 和 120kPa 的黏土层所组成的地基。这种地基的特点是地基承载力低、压缩性大。因此，建造在软弱黏性土地基上的建筑沉降大，如设计不周，施工质量不好，就会使建筑沉降超过允许值，致使建筑物开裂，这样就会加重建筑物震害。例如，1976 年唐山地震时，天津市望海楼住宅小区房屋的震害就说明了这一点。小区有 16 栋三层、10 栋四层的房屋，采用筏基，基础埋置深度为 0.6m，地基承载力 30~40kPa，而实际采用 57kPa，于 1974 年建成。其中四层房屋震后总沉降量为 253~540mm，震前震后的沉降差为 141~203mm，震前倾斜为（1~3）‰；三层房屋震后总沉降量为 288~852mm，震后震前的沉降差为 146~352mm，震前倾斜为（0.7~19.8）‰，震后倾斜为（0.7~45.1）‰。

地基中软弱黏性土层的震陷判别，可以采用下列方法。饱和粉质黏土震陷的危害性和抗震陷措施应根据沉降和横向变形大小等因素综合研究确定，8 度（0.30g）和 9 度时，当塑性指数 I_P 小于 15 且符合下式规定的饱和粉质黏土，可判为震陷性软土。

$$w_s \geq 0.9 w_L \tag{2-33}$$

$$I_L \geq 0.75 \tag{2-34}$$

式中，w_s 为天然含水量；w_L 为液限含水量，采用液、塑限联合测定法测定；I_L 为液性指数。

由此可见，对软弱黏性土地基上的建筑，要在正常荷载作用下就采取有效措施，如采用

桩基、地基加固处理或如上所述的减轻液化影响的基础和上部结构处理措施，切实做到减小房屋的有害沉降，避免地震时产生过大的附加沉降或不均匀沉降，造成上部结构破坏。

习题及思考题

一、填空题

1.《建筑抗震设计规范》（GB 50011—2010）指出建筑场地类别应根据_____和_____划分为四类。

2. 饱和砂土液化的判别分为两步进行，即_____和_____。

3. 可液化地基的抗震措施有_____、_____和_____。

4. 场地液化的危害程度通过_____来反映。

5. 场地的液化等级根据_____来划分。

6. 桩基的抗震验算包括_____和_____两大类。

二、选择题

1. 一般情况下，工程场地覆盖层的厚度应按地面至剪切波速大于（　　）的土层顶面的距离确定。

　　A. 200m/s　　　　B. 300m/s　　　　C. 400m/s　　　　D. 500m/s

2. 关于地基土的液化，下列错误的是（　　）。

　　A. 饱和的砂土比饱和的粉土更不容易液化

　　B. 地震持续时间长，即使烈度低，也可能出现液化

　　C. 土的相对密度越大，越不容易液化

　　D. 地下水位越深，越不容易液化

3. 位于软弱场地上，震害较重的建筑物是（　　）。

　　A. 木楼盖等柔性建筑　　　　　　　B. 单层框架结构

　　C. 单层厂房结构　　　　　　　　　D. 多层剪力墙结构

三、简答题

1. 场地土的卓越周期（固有周期）与地震动的卓越周期有何区别与联系？场地土的卓越周期跟哪些因素相关？

2. 为什么地基的抗震承载力大于其静承载力？

3. 什么是土的液化？如何判别土的液化？影响液化的主要因素有哪些？如何确定地基的液化指数和液化的危害程度？简述可液化地基的抗液化措施。

4. 什么是场地？我国怎样划分建筑场地？

5. 我国如何进行场地土分类？

6. 依据我国规范，桩基础抗震时，哪些建筑的桩基可不进行抗震验算？低承台桩基的抗震验算应符合哪些规定？

7. 在软弱土层、液化土层或严重不均匀土层上修建建筑物时，可采取哪些措施来增大基础强度和稳定性？

四、计算题

1. 试根据表 2-17 计算场地的等效剪切波速，并判别其场地类别。

表 2-17　某场地的剪切波速测试结果

土层厚度/m	2.4	5.6	8.3	4.7	4.2
$v_s/(m/s)$	175	200	250	420	530

2. 某工程所在地烈度为 8 度，其地质年代属 Q_4，钻孔地质资料表明自上至下依次为：杂填土层 1.0m，砂土层至 4.0m，砂砾石层至 6.0m，粉土层至 9.4m，粉质黏土层至 16m，试验结果见表 2-18。该工程地下水位深 1.5m，结构基础埋深 2m，设计地震分组为第二组。试对该工程进行液化评价。

表 2-18　某工程钻孔地质资料

测值	测点深度/m	标准贯入值 N_i	黏粒含量百分值（%）
1	2.0	5	4
2	3.0	7	5
3	7.0	11	8
4	8.0	14	9

3. 已知某建筑场地的钻孔土层资料见表 2-19，试确定该建筑场地的类别。

表 2-19　某场地钻孔土层资料

层底深度/m	土层厚度/m	土的名称	剪切波速/(m/s)
4.5	4.5	黏土	170
7.9	3.4	淤泥质黏土	120
15.0	7.1	砂	260
27.0	12.0	淤泥质黏土	210
46.0	19.0	细砂	310
59.1	13.1	砾混粗砂	520

第3章

地震作用与结构抗震验算

■ 3.1 结构抗震设计理论的发展

随着人们对于地震动和结构动力特性理解的深入，结构抗震理论在过去几十年中得到了不断的发展，大体上可以划分为静力、反应谱、动力和基于性能的抗震设计四个阶段。

3.1.1 静力理论阶段

静力理论是指在确定地震力时，不考虑地震的动力特性和结构的动力性质，假定结构为刚性，地震力水平作用在结构或构件的质量中心上，其大小相当于结构的重力乘以一个比例系数。20世纪初大森房吉提出了地震力理论，认为地震对工程设施的破坏是地震产生的水平力作用在建筑物上的结果。

1916年佐野利器提出的"家屋耐震构造论"，引入了震度法的概念，从而创立了求解地震作用的水平静力抗震理论。该理论假设建筑物为绝对刚体，地震时，建筑物和地面一起运动而无相对位移；建筑物各部分的加速度与地面加速度大小相同，并取最大值进行结构的抗震设计。因此，作用在建筑物每一层楼层上的水平向地震作用就等于该层质量与地面最大加速度（即峰值加速度）的乘积，即

$$F = \frac{G}{g} a_{\max} = kG \tag{3-1}$$

式中，k 为地震系数，是地面运动峰值加速度 $a_{\max}$ 与重力加速度 g 的比值，即 $k = a_{\max}/g$；G 为建筑物的重力。

震度法是以刚性结构物的假定为基础的，但是结构振动的研究表明，结构是可以变形的，产生振动的结构有其自振周期，共振是其很重要的现象，直接影响着结构反应的大小。因此，以静力理论为基础的抗震设计方法，没有考虑结构本身的动力反应，仅考虑了质点加速度与地面运动加速度之间的相关关系，完全忽略了结构本身动力特性（如结构自振周期、阻尼等）的影响，这对低矮的、刚性较大的建筑是可行的，但是对多、高层建筑或烟囱类高耸结构等具有一定柔性的结构物，则会产生较大的计算误差。

3.1.2 反应谱理论阶段

反应谱理论的发展是伴随着强地震动加速度观测记录的增多和对地震地面运动性质的进

一步了解，以及对结构动力反应特性研究上的深入而发展起来的，是对地震动加速度记录的特性进行分析后所取得的重要成果之一。1932年美国研制出第一台强震记录仪，并在1933年3月的长滩地震中，取得了第一个强震记录；之后又陆续取得一些强震记录，如1940年的El Centro地震记录等，为反应谱理论在抗震设计中的应用创造了基本条件。

20世纪40年代，比奥特（Biot）从弹性体系动力学的基本原理出发，基于振型分解的途径，为建立结构抗震分析的系统性方法做了推演，从而明确提出了反应谱的概念。反应谱是指将地震波作用在单质点体系上，求得位移、速度或加速度等反应的最大值与单质点体系自振周期间的关系。在求解位移、速度、加速度反应最大值时，需要进行数值积分。但是由于科学发展水平的限制，当时没有数字计算机，因此只能采用机械模拟技术，这限制了反应谱理论的发展。20世纪50年代，豪斯纳（Housner）精选若干具有代表性的强震加速度记录进行处理，采用计算机模拟技术完成了一批反应谱曲线的计算，并将这些结果引入美国加州的抗震设计规范中，使反应谱法的完整架构体系得以形成。由于这一理论正确而简单地反映了地震动的特性，并根据强震观测资料提出了可用的数据，因而在国际上得到了广泛的认可，如1956年美国加州的抗震设计规范和1958年苏联的地震区建筑设计规范都采用了反应谱理论。至20世纪60年代，这一抗震理论已基本取代了震度法，确定了该理论的主导地位。

按照反应谱理论，一个单自由度弹性体系结构的底部剪力或地震作用为

$$F = k\beta(T)G \tag{3-2}$$

与静力法中的式（3-1）相比，式（3-2）中多了一个动力系数 $\beta(T)$，$\beta(T)$ 是结构自振周期 T 和阻尼比 ξ 的函数。由式（3-2）可以看出：

1）结构地震作用的大小不仅与地震动强度有关，还与结构的动力特性有关，该式明显地显示了地震作用（荷载）区别于一般作用（荷载）的主要特征。

2）随着震害经验的累积和研究上的深入，人们逐步认识到建筑场地（包括土层的动力特性和覆盖层厚度）、震级和震中距等因素对反应谱的影响，并在抗震设计规范中规定出考虑这些因素的不同反应谱形状。与此同时，利用振型分解原理，有效地将上述概念用于多质点体系的抗震计算，这就是抗震规范中给出的振型分解反应谱法。

3）反应谱法考虑了质点的地震反应加速度相对于地面运动加速度的放大作用，采用动力方法计算质点体系地震反应，建立起与结构自振周期有关的速度、加速度和位移反应谱，并将其应用于结构的抗震设计。比如，根据加速度反应谱计算出结构上的地震作用，然后按弹性方法计算出结构的内力，再根据内力组合进行截面承载力设计。

3.1.3　动力理论阶段

随着20世纪60年代计算机技术和试验技术的发展，人们对各类结构在地震作用下的线性与非线性反应过程有了较多的了解，同时随着强震观测台站的不断增多，各种受损结构的地震反应记录也不断增多，促进了结构抗震动力理论的形成。从地震动的三要素振幅、频谱和持时来看，抗震设计理论的静力方法只考虑了高频振动振幅的最大值，反应谱方法也只是进一步考虑了频谱，而按照动力加速度时程 $a(t)$ 计算结构动力反应的方法，则可以同时考虑振幅、频谱和持时的影响，使得计算的结果更趋合理。

动力法把地震作为一个时间过程，选择能反映地震和场地环境及结构特点要求的地震加

速度时程作为地震动，输入简化为多自由度体系的建筑物上，并可计算出每一时刻建筑物的地震反应。动力法与反应谱法相比具有更高的精确性，在确定了结构非线性恢复力模型的基础上，很容易求解出结构的非弹性地震反应。这种分析可以求得结构上的各种反应，包括其局部和总体的变形和内力，也可以在计算分析中考虑各种因素，如多维输入和多维反应等，这是其他分析方法难以做到的。

在地震输入上，动力法通常要求根据周围地震环境、场地条件（一般根据震级、距离和场地分类）和强震观测中得到的经验关系，确定场地地震动的振幅、频谱和持时，选用或人工产生多条加速度时程曲线。在结构模型上，动力法要求给出每一构件或单元的动力性能，包括非线性恢复力模型，而其他分析方法只能考虑结构总体模型，因此，动力法是可以考虑各构件非线性特性的结构模型。在分析方法上，动力法均在计算机上进行，包括时域分析方法和频域分析方法。在计算结构的弹性反应时，一般采用频域分析或振型分解后的逐步积分；在进行结构的非线性分析时，一般在时域中进行逐步积分。这种方法可以考虑每个构件的瞬时非线性特性，也可以考虑土-结构相互作用中地震参数的频率依赖关系。

综上所述，当前在世界各国建筑抗震设计规范中，广泛地采用反应谱理论来确定地震作用，其中以加速度反应谱应用最多。在工程实践中，除反应谱理论外，对于高层建筑和特别不规则的建筑等，还需要采用时程分析法来计算结构的地震反应。

为实现"小震不坏、中震可修、大震不倒"的三水准抗震设防目标，各国规范都采用了大同小异的抗震设计方法，我国现行规范即采用"二阶段抗震设计方法"来实现这一抗震设防要求的。但是，在大震作用下，按规范所设计的建筑，仍可能发生因结构丧失正常使用功能，而造成巨大的财产损失的情况。20世纪90年代，在美国、日本及我国的台湾等地发生了破坏性的地震，由于这些地区集中了大量的社会财富，地震所造成的经济损失和人员伤亡非常巨大，人们不得不重新审视当前的抗震设计思想。基于性能的抗震设计正是在此背景下所产生的。美国学者率先提出了基于性能的结构抗震设计概念（Performance-Based Seismic Design，简称PBSD，也称为基于性态的抗震设计或基于功能的抗震设计），引起了整个地震工程界极大的兴趣，被认为是未来抗震设计的主要发展思想。基于性能的抗震设计的实质是对地震破坏进行定量或半定量的控制，从而在最经济的条件下，确保人员伤亡和经济损失均在预期可接受的范围内。

■ 3.2 单自由度体系的地震反应

对结构进行振动分析时，首先应建立结构的动力分析模型。实际结构比较复杂，而结构在地震作用下的分析更为复杂。因此，为保证结构抗震动力分析结果具有足够的准确性和有效性，在建立结构分析模型时，不仅应能较准确地反映结构的振动情况特性，同时分析模型又不能过于复杂。确定结构动力分析模型时，在满足工程分析精度要求的条件下，应尽量采用能够反映结构主要振动特点的简单分析模型，减少分析的工作量，并可以使工程人员更好地把握结构振动的本质。

3.2.1 振动体系的自由度

描述一个体系运动规律的主要变量数目称为该体系的自由度。通常空间内一个质点的运动需要三个位移变量来描述，即两个水平位移变量和一个竖向位移变量。对于单质点体系，当仅考虑平面内的水平振动时，只有一个水平位移变量，称为单自由度体系；而需要考虑多个质点的多个位移变量，称为多自由度体系。

结构动力分析模型由有限个质点组成时，称为质点系模型。对于质量连续分布的情况，则可采用连续体动力分析模型。质点系模型的振动分析方程为常微分方程，而连续体模型则为偏微分方程。对于一般结构，采用连续体模型将使分析十分复杂。但在有些情况下，如考虑地基、楼板和梁的振动时，采用理想化的连续体模型也很有效。高层建筑分析中的有限条法则是一种将非连续结构近似采用连续化方法来简化分析的例子。

将实际结构简化为质点系模型且只考虑各质点空间位置的三个变量时，一般忽略质点的转动变量。如果考虑质点的转动变量，并在振动分析中引入与转动变量相应的惯性力（称为转动惯性矩），则需要考虑与转动变量相应的质量（称为转动惯量）。这样的质点系模型可较好地模拟近似实际连续体结构的振动。但建立这样的分析模型过于复杂，尤其是质点的转动惯量往往难以确定。但当采用实体有限元模型时，可通过分布质量模型，使得分析模型更接近于连续体。

本书主要采用不考虑质点转动的质点系模型来介绍结构的振动分析理论和方法，即每个质点仅用三个反映空间位置的参数来描述其运动。需要说明的是，在质点系振动模型中，结构构件的弯曲变形及其相应的受力是可以被考虑的。基于同样的数学表达，质点系模型的振动分析理论和方法同样适用于实体有限元模型，这种数学表达就是矩阵方法。对于质点系模型，采用矩阵表达方法时，质点的空间位置可用以下矢量表示。

$$\boldsymbol{x}_i = (x_1 x_2 \cdots x_n) \tag{3-3}$$

其中，矢量中的每个元素代表一个质点的某一个方向的位置。相应质点运动的速度和加速度可分别表示为

$$\dot{\boldsymbol{x}}_i = (\dot{x}_1 \dot{x}_2 \cdots \dot{x}_n) \tag{3-4}$$

$$\ddot{\boldsymbol{x}}_i = (\ddot{x}_1 \ddot{x}_2 \cdots \ddot{x}_n) \tag{3-5}$$

3.2.2　单自由度体系的动力方程

1. 达朗贝尔原理

根据牛顿第二定律，作用于质点 m 上的力 F，与其运动加速度 a 的关系为

$$F = ma \tag{3-6}$$

$-ma$ 称为惯性力。上式若写成下列形式：

$$F + (-ma) = 0 \tag{3-7}$$

即质点上作用的力 F 与惯性力（$-ma$）的总和为 0，称为达朗贝尔原理。

2. 单自由度振动体系的受力

图 3-1 所示为仅做平面内水平运动的单自由度振动体系。体系的质量为 m，由水平向抗侧刚度为 k 的杆件和线性阻尼系数为 c 的阻尼器支撑，并受到与时间相关的地面位移为 $x_g(t)$ 及质量位置处的水平力 $P(t)$ 的外力作用，体系的总位移为 $x_g(t) + x(t)$。体系质点上的受力，如图 3-1b 所示，这些力包括：

惯性力 $\qquad\qquad\qquad -m\big[\ddot{x}_g(t) + \ddot{x}(t)\big]$ $\qquad\qquad$ (3-8)

水平外力 $\qquad\qquad\qquad P(t)$ $\qquad\qquad\qquad\qquad$ (3-9)

| 恢复力 | $-k \cdot x(t)$ | (3-10) |
| 阻尼力 | $-c \cdot \dot{x}(t)$ | (3-11) |

式中，$\ddot{x}_g(t)$ 为地面运动加速度；$\ddot{x}(t)$ 和 $\dot{x}(t)$ 分别为质点相对于地面运动的相对加速度和相对速度。注意，式中恢复力和阻尼力、惯性力为负号，表示与作用力 $P(t)$ 的方向相反。

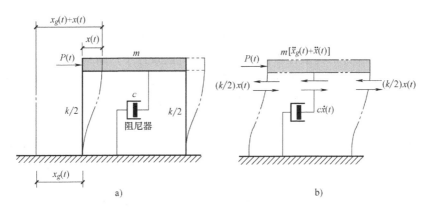

图 3-1　单自由度振动体系的变形和受力

a）体系的变形　b）体系的受力

恢复力是质点发生变形离开其初始位置后，支承质点的结构体内部使质点恢复到初始位置的内力，其大小与结构体的初始变形有关，记为 $F(x)$。对于恢复力与位移（变形）成正比时，如图 3-2a 所示，为线弹性结构，这一般在位移（变形）较小时成立。对于线弹性结构，产生单位位移所需要的恢复力称为结构的刚度，对于图 3-1 中支承质点的结构杆件，其水平抗侧刚度记为 k，则恢复力为 $-k \cdot x(t)$，即式（3-10）。当位移（变形）较大，恢复力与位移（变形）将不成比例时，为非线性结构，分为非线性弹性（图 3-2b）和弹塑性（图 3-2c）。

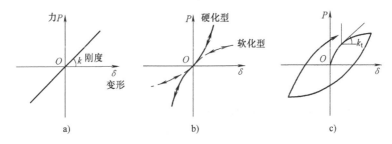

图 3-2　不同恢复力特性的力-变形关系

a）线弹性　b）非线弹性　c）弹塑性

除恢复力外，结构中还存在对振动有减小作用的阻尼力，其使得体系的振动能量逐渐被消耗，而使体系的振动最终停止。实际上，设法增大结构中的阻尼是减小结构振动响应的重要措施。产生阻尼的机制十分复杂，原因也很多。通常结构振动所考虑的阻尼有以下几种：

1）内部摩擦阻尼：由于材料内部分子摩擦，产生与变形速度相关的阻尼力。

2）外部摩擦阻尼：在空气、水和油等介质中振动时产生的阻尼力，通常与在介质中运动的速度相关。

3）结构自身的摩擦阻尼：结构构件连接节点和支承部位产生的摩擦力。

4）塑性滞回阻尼：由结构构件屈服后塑性变形滞回环所消耗的能量产生。

5）逸散阻尼：结构振动能量逐渐向体系外部逸散所产生的阻尼，如在半无限弹性地基上的结构振动能量，通过地基向无限远逸散的波动。

在以上的阻尼中，结构构件屈服后的塑性滞回阻尼是一种结构在反复振动过程中表现出的塑性力学特性，对结构动力响应有降低作用。塑性滞回阻尼是结构构件屈服后的力学性能表现，可归结于结构构件的弹塑性恢复力。在结构抗震设计中，结构塑性滞回阻尼具有重要的意义，有关这方面的分析将在弹塑性单自由度体系的动力分析中介绍。滑动摩擦阻尼也有与结构塑性滞回阻尼类似的力学特性，但结构的起滑变形较小，起滑后保持基本恒定的摩擦力，可近似认为是初始刚度较大的理想弹塑性模型。

除塑性滞回阻尼和滑动摩擦阻尼有较为明确的力学模型外，产生其他阻尼的原因十分复杂，力学模型也十分复杂，通常阻尼力与质点运动的速度和位移相关，可表示为

$$C = C[x(t), \dot{x}(t)] \tag{3-12}$$

在结构动力分析中，为方便振动方程的求解，通常采用理想化阻尼模型，其中，以阻尼力与相对速度成比例、方向与速度相反的线性黏性阻尼模型应用最多，即阻尼力表示为 $-c \cdot \dot{x}(t)$，即式（3-11），此时动力方程为线性微分方程，比例系数 c 称为黏性阻尼系数。阻尼力可能与速度大于 1 的更高次方成比例，也可能与速度小于 1 的次方成比例，此时称为非线性黏性阻尼。对于非线性黏性阻尼，实际工程中可根据振动过程中能量耗散等价原则，近似将其等价为线性黏性阻尼来考虑。

3. 振动方程

根据达朗贝尔原理，图 3-1 质点上作用的所有外力与惯性力的总和为 0，即

$$P(t) - C[x(t), \dot{x}(t)] - F[x(t)] - m[\ddot{x}_g(t) + \ddot{x}(t)] = 0 \tag{3-13}$$

由此可得到单自由度体系的振动方程

$$m\ddot{x}(t) + C[x(t), \dot{x}(t)] + F[x(t)] = -m\ddot{x}_g(t) + P(t) \tag{3-14}$$

对于线弹性结构和线性黏性阻尼情况，有

$$m\ddot{x}(t) + c\dot{x}(t) + kx(t) = -m\ddot{x}_g(t) + P(t) \tag{3-15}$$

为简化起见，以后与时间相关的变量均不记 (t)，即上式可简写成

$$m\ddot{x} + c\dot{x} + kx = -m\ddot{x}_g + P \tag{3-16}$$

当仅有外力 $P(t)$ 作用时，称为强迫振动，上式为

$$m\ddot{x} + c\dot{x} + kx = P \tag{3-17}$$

当无外力 $P(t)$ 作用时，上式即成为地震作用下弹性单自由度体系的振动方程

$$m\ddot{x} + c\dot{x} + kx = -m\ddot{x}_g \tag{3-18}$$

由式（3-17）和式（3-18）可知，地震作用和外力作用对结构的振动影响类似，即地震作用下的结构振动方程可转化为强迫振动的动力方程。因此，结构在强迫振动下的受力特性有助于理解结构的抗震特性。

3.2.3 单自由度体系的振动分析

线弹性结构的动力分析是结构动力学的基础，其中，线弹性单自由度体系是最简单的动

力分析模型。单自由度体系虽然不能完全代表实际结构的特征，但由此得到的许多结构在地震作用下的动力响应特性，对正确理解结构的抗震原理是十分重要的，同时，它也是多自由度体系动力分析的基础。

1. 无阻尼自由振动

当无外力和地面运动时，体系在初始干扰下所引起的振动称为自由振动。自由振动规律反映了体系自身的动力特性。通过自由振动分析，可以确定体系的重要动力特性参数。

当体系无阻尼时，由式（3-16），可得单自由度的自由振动方程为

$$m\ddot{x}+kx=0 \tag{3-19}$$

上式为二阶齐次常微分方程。取 $\omega^2=k/m$，则上式可写成

$$\ddot{x}+\omega^2 x=0 \tag{3-20}$$

其解可表示为

$$x=A\cos\omega t+B\sin\omega t \tag{3-21}$$

式中，A、B 为待定常数，可由振动的初始条件确定。

设 $t=0$ 时的初始位移为 d_0，初始速度为 v_0，则：

$$x(t=0)=A=d_0 \tag{3-22}$$

$$\dot{x}(t=0)=B\omega=v_0 \tag{3-23}$$

将其代入式（3-21），得到自由振动方程的解为

$$x=d_0\cos\omega t+\frac{v_0}{\omega}\sin\omega t \tag{3-24}$$

上式还可以表示为

$$x=A\cos(\omega t-\theta) \tag{3-25}$$

式中，$A=\sqrt{d_0^2+(v_0/\omega)^2}$，$\theta=\arctan(v_0/\omega d_0)$。式（3-24）表示了质点位移 x 随时间 t 的变化情况，如图 3-3 所示，质点位移在最大值 A 和最小值 $(-A)$ 之间做有规则的往复运动，称为简谐振动，其中，A 为振幅，ω 为圆频率，$(\omega t-\theta)$ 为相位角。

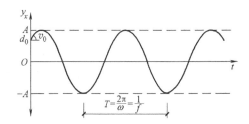

图 3-3 自由振动变形时程曲线

一个振动周期所需要的时间 T 称为自振周期，单位时间振动的周期数称为自振频率 f，两者与圆频率 ω 的关系为

$$T=\frac{1}{f}=\frac{2\pi}{\omega} \tag{3-26}$$

自振周期 T 是反映结构振动特性的基本参数。将 $\omega=\sqrt{k/m}$ 代入上式可得

$$T=2\pi\sqrt{\frac{m}{k}} \tag{3-27}$$

自振周期 T、自振频率 f 和圆频率 ω 是结构体系自身振动特性的三个重要参数。自振周期 T 的单位通常用秒（s），自振频率 f 的单位通常用赫兹（Hz），圆频率 ω 的单位通常用弧度/秒（rad/s）。

2. 有阻尼自由振动

根据式（3-17），当不考虑外力作用和地面运动时，可得具有线性黏性阻尼线弹性单自

由度体系的自由振动方程为

$$m\ddot{x} + c\dot{x} + kx = 0 \tag{3-28}$$

取 $k/m = \omega^2$，$c/m = 2\xi\omega$，则上式可写成

$$\ddot{x} + 2\xi\omega\dot{x} + \omega^2 x = 0 \tag{3-29}$$

式中，ξ 为阻尼比，是反映阻尼大小的重要参数。

设式（3-29）的解为 $x = Ae^{\lambda t}$，代入上式得

$$\lambda^2 + 2\xi\omega\lambda + \omega^2 = 0 \tag{3-30}$$

由上式可得以下两个解

$$\left.\begin{array}{c}\lambda_1\\\lambda_2\end{array}\right\} = -\xi\omega \pm \sqrt{\xi^2 - 1}\,\omega = -\xi\omega \pm \sqrt{1 - \xi^2}\,\omega \cdot \mathrm{i} \tag{3-31}$$

因此，$e^{\lambda_1 t}$ 和 $e^{\lambda_2 t}$ 为动力方程式（3-28）的两个独立的基本解，其线性组合 $Ae^{\lambda_1 t} + Be^{\lambda_2 t}$ 为式（3-16）的一般解。根据阻尼比 ξ 值的大小，方程解的性质有以下几种：

1）当 $\xi > 1$ 时，式（3-31）的 λ 为两个负实根，式（3-29）的解为

$$x = e^{-\xi\omega t}(Ae^{\sqrt{\xi^2-1}\,\omega t} + Be^{-\sqrt{\xi^2-1}\,\omega t})$$
$$= e^{-\xi\omega t}(a\cosh\sqrt{\xi^2-1}\,\omega t + b\sinh\sqrt{\xi^2-1}\,\omega t) \tag{3-32}$$

这表明此时质点未产生振动，即所谓超阻尼振动。

2）当 $\xi < 1$ 时，λ 为具有负值实数部分的共轭复数，式（3-29）的解为

$$x = e^{-\xi\omega t}(Ae^{\mathrm{i}\sqrt{\xi^2-1}\,\omega t} + Be^{-\mathrm{i}\sqrt{\xi^2-1}\,\omega t}) \tag{3-33}$$

因为 x 为实数，$e^{\mathrm{i}\sqrt{\xi^2-1}\,\omega t}$ 和 $e^{-\mathrm{i}\sqrt{\xi^2-1}\,\omega t}$ 为共轭复数，因此待定系数 A、B 也必为共轭复数。设 $A = (a-bi)/2$、$B = (a+bi)/2$，并利用欧拉公式 $e^{\pm ix} = \cos x \pm i\sin x$，则可得解的实数表达形式

$$x = e^{-\xi\omega t}(a\cos\sqrt{1-\xi^2}\,\omega t + b\sin\sqrt{1-\xi^2}\,\omega t) \tag{3-34}$$

式（3-34）表明：质点的振动幅度在不断减小，称为阻尼振动。

3）当 $\xi = 1$ 时，λ 仅有一个负实根，为振动和非振动的临界情况，此时的基本解为 $e^{-\omega t}$ 和 $te^{-\omega t}$，方程的一般解为

$$x = (a+bt)e^{-\omega t} \tag{3-35}$$

对应临界振动的黏性阻尼系数称为临界阻尼系数 $c_r = 2\sqrt{km}$。根据阻尼比的定义，有 $\xi = c/(2\omega m) = c/(2\sqrt{km}) = c/c_r$，即阻尼比为阻尼系数与临界阻尼系数的比值。

式（3-32）、式（3-34）和式（3-35）中的待定常数 a 和 b 由初始条件确定。设初始位移为 d_0，初始速度为 v_0，则各式的解为

$$x = e^{-\xi\omega t}\left(d_0\cosh\sqrt{\xi^2-1}\,\omega t + \frac{v_0 + \xi\omega d_0}{\sqrt{\xi^2-1}\,\omega}\sinh\sqrt{\xi^2-1}\,\omega t\right), \xi > 1 \tag{3-36}$$

$$x = e^{-\xi\omega t}\left(d_0\cos\sqrt{1-\xi^2}\,\omega t + \frac{v_0 + \xi\omega d_0}{\sqrt{1-\xi^2}\,\omega}\sin\sqrt{1-\xi^2}\,\omega t\right), \xi < 1 \tag{3-37}$$

$$x = e^{-\omega t}[d_0 + (d_0\omega + v_0)t], \xi = 1 \tag{3-38}$$

图 3-4 为各种阻尼情况下的振动曲线。注意，阻尼越大，振动停止所需要的时间越短，这是阻尼影响结构振动的一个特性。因此，只要结构上存在阻尼，结构的振动最终总会停止，只是达到停止时，所需要的时间不同。

根据式（3-34），有阻尼自由振动的周期 T' 为

$$T' = \frac{2\pi}{\sqrt{1-\xi^2}\,\omega} = \frac{2\pi}{\omega'} \qquad (3-39)$$

式中，$\omega' = \sqrt{1-\xi^2}\,\omega$。实际结构中，阻尼比 ξ 一般远远小于 1，因此，有阻尼自由振动的周期 T' 可近似取其等于无阻尼自由振动的周期，即 $T' \approx T = 2\pi/\omega$。

建筑结构在振动幅度较小时的阻尼比，对于钢结构通常在 0.5%～3%，对于钢筋混凝土结构通常在 2%～7%。振幅越大，阻尼比也相应增加。阻尼是体系振动的另一个重要动力特性参数。

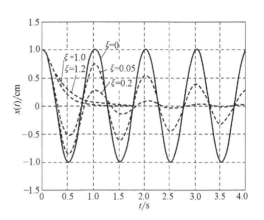

图 3-4　不同阻尼情况的振动曲线

3. 单自由度有阻尼体系在外力作用下的 Duhamel 积分

由式（3-16），单自由度有阻尼体系在外力 $f(t)$ 作用下的振动方程为

$$m\ddot{x}(t) + c\dot{x}(t) + kx(t) = f(t) \qquad (3-40)$$

质点在任意外力作用下，可将外力视为由许多微时间段脉冲外力组成的连续外力来考虑，如图 3-5 所示；质点在 t 时刻的位移响应，为 $0\sim t$ 时间段内的微时间段脉冲外力对质点在 t 时刻位移影响的叠加。

首先考虑 $\tau\sim(\tau+\mathrm{d}\tau)$ 微时间段脉冲外力对质点在 t 时刻的位移影响。

质点在每一微时间段 $\mathrm{d}\tau$ 内，受到 $f(\tau)\mathrm{d}\tau$ 的脉冲外力作用；质点在 $\tau\sim(\tau+\mathrm{d}\tau)$ 时间内的加速度为 $a = \dfrac{f(\tau)}{m}$，在 $\mathrm{d}\tau$ 时刻的速度为 $v_0 =$

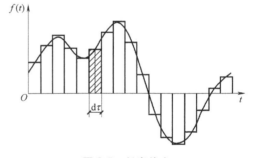

图 3-5　任意外力

$\dfrac{f(\tau)}{m}\mathrm{d}\tau$，位移为 $d_0 = \dfrac{1}{2}\dfrac{f(\tau)}{m}(\mathrm{d}\tau)^2 \approx 0$（二阶微量忽略）。

代入单自由度体系有阻尼自由振动公式（3-37）可得，$\tau\sim(\tau+\mathrm{d}\tau)$ 时间内质点受到 $f(\tau)\mathrm{d}\tau$ 脉冲外力作用时，在 t 时刻引起的位移为

$$\mathrm{d}x(t) = \frac{\mathrm{e}^{-\xi\omega(t-\tau)}f(\tau)\mathrm{d}\tau}{m\omega\sqrt{1-\xi^2}}\sin\sqrt{1-\xi^2}\,\omega(t-\tau) \qquad (3-41)$$

因此，在初始条件 $x_{t=0} = \dot{x}_{t=0} = 0$ 情况下，任意外力 $f(t)$ 在时刻 t 所引起的位移反应，可由式（3-41）在 $\tau = 0\sim t$ 时段内的积分得到，即

$$x(t) = \int_0^t \frac{\mathrm{e}^{-\xi\omega(t-\tau)}f(\tau)\mathrm{d}\tau}{m\omega\sqrt{1-\xi^2}}\sin\sqrt{1-\xi^2}\,\omega(t-\tau) \qquad (3-42)$$

上式是在初始条件 $x_{t=0} = \dot{x}_{t=0} = 0$ 情况下的解，称为 Duhamel 积分。

4. 地震作用下的单自由度有阻尼体系的响应

由振动方程式 (3-17) 和式 (3-18) 可知, 地震作用和外力作用对结构的振动影响类似, 对于地震动 $\ddot{x}_g(t)$ 作用下的弹性单自由度系统, 利用 Duhamel 积分, 将式 (3-42) 中的 $f(\tau)$ 用 $-m\ddot{x}_g(\tau)$ 替换, 记 $\omega' = \omega\sqrt{1-\xi^2}$, 即可得到地震作用下质点的相对位移

$$x(t) = -\frac{1}{w'}\int_0^t \ddot{x}_g(\tau)e^{-\xi\omega(t-\tau)}\sin\omega'(t-\tau)d\tau \tag{3-43}$$

并由此可得地震引起的相对速度和绝对加速度反应, 即

$$\dot{x}(t) = -\int_0^t \ddot{x}_g(\tau)e^{-\xi\omega(t-\tau)}\cos\omega'(t-\tau)d\tau + \frac{\xi}{\sqrt{1-\xi^2}}\int_0^t \ddot{x}_g(\tau)e^{-\xi\omega(t-\tau)}\sin\omega'(t-\tau)d\tau$$

$$\tag{3-44}$$

$$\ddot{x}(t) + \ddot{x}_g(t) = -2\xi\omega\dot{x} - \omega^2 x$$
$$= \frac{1-2\xi^2}{\sqrt{1-\xi^2}}\omega\int_0^t \ddot{x}_g(\tau)e^{-\xi\omega(t-\tau)}\sin\omega'(t-\tau)d\tau +$$
$$2\xi\omega\int_0^t \ddot{x}_g(\tau)e^{-\xi\omega(t-\tau)}\cos\omega'(t-\tau)d\tau \tag{3-45}$$

■ 3.3 单自由度弹性体系地震作用计算的反应谱法

3.3.1 反应谱的概念

对于工程结构的抗震设计来说, 最大地震反应具有重要意义。工程中一般用相对位移、相对速度和绝对加速度来全面反映结构在地震作用下的反应状况, 进行结构抗震计算。利用 Duhamel 积分, 可分别得到相应的计算公式如下。

最大相对位移响应

$$S_d(T,\xi) = |y(t)|_{\max} = \frac{1}{\omega'}\left|\int_0^t \ddot{y}_0(\tau)e^{-\xi\omega(t-\tau)}\sin\omega'(t-\tau)d\tau\right|_{\max} \tag{3-46}$$

最大相对速度响应

$$S_v(T,\xi) = |\dot{y}(t)|_{\max} = \left|\int_0^t \ddot{y}_0(\tau)e^{-\xi\omega(t-\tau)}\left[\cos\omega'(t-\tau) - \frac{\xi\omega}{\omega'}\sin\omega'(t-\tau)\right]d\tau\right|_{\max}$$

$$\tag{3-47}$$

最大相对加速度响应

$$S_A(T,\xi) = |\ddot{y}(t)|_{\max} = \omega'\left|\int_0^t \ddot{y}_0(\tau)e^{-\xi\omega(t-\tau)}\sin\omega'(t-\tau)d\tau\right|_{\max} \tag{3-48}$$

最大绝对加速度响应

$$S_a(T,\xi) = |\ddot{y}(t) + \ddot{y}_0(t)|_{\max} = \left|\frac{1-2\xi^2}{\sqrt{1-\xi^2}}\omega\int_0^t \ddot{y}_0(\tau)e^{-\xi\omega(t-\tau)}\sin\omega'(t-\tau)d\tau +\right.$$
$$\left.2\xi\omega\int_0^t \ddot{y}_0(\tau)e^{-\xi\omega(t-\tau)}\cos\omega'(t-\tau)d\tau\right|_{\max} \tag{3-49}$$

式中, $\omega = 2\pi/T$; $\omega' = \sqrt{1-\xi^2}\,\omega$。

由以上公式所见，最大相对位移、最大相对速度和最大绝对加速度响应与结构周期 T 和阻尼比 ξ 有关；若以结构无阻尼自振周期 T 为横轴，分别以最大相对位移、相对速度和最大绝对加速度反应值为竖轴，以阻尼为变化参数，则所得到的关系曲线分别称为位移反应谱、速度反应谱和加速度反应谱。

在结构抗震设计中，我们通常关心的是最大地震反应。单自由度体系在给定的地震作用下的某个最大反应与体系自振周期之间的关系曲线，称为该反应的地震反应谱。由上述公式可知，对于某一地震作用，当给定结构的阻尼比时，可以分别得到单自由度结构体系最大相对位移、最大相对速度和最大绝对加速度反应值（作为竖轴）与结构自振周期 T（作为横轴）之间的关系曲线，分别称为位移反应谱、速度反应谱和加速度反应谱。1932 年，加州理工大学的 BIOT 在其博士学位论文中提出反应谱理论，1959 年 G. W. Housner 给出了地震反应谱。图 3-6 为由 El Centro（1940. 5. 18，NS）地震波分析得到的各种反应谱示意图。可见，反应谱值是体系自振周期和体系阻尼比的函数。

对于位移反应谱、速度反应谱和加速度反应谱，其各有特点和用途，具体如下。

位移反应谱：主要反映地面运动中长周期分量的影响。近年来我们更加认识到，结构的破坏程度取决于位移响应，特别是弹塑性位移响应。对于长周期结构来说，位移响应则更为重要。

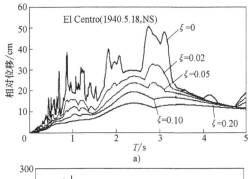

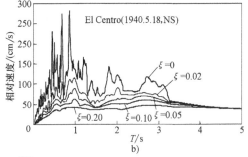

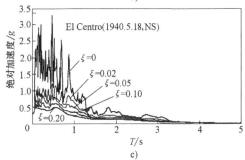

图 3-6　反应谱

a）相对位移反应谱　b）相对速度
反应谱　c）绝对加速度反应谱

速度反应谱：较好地反映了地面运动中各周期分量的影响，即在速度反应谱相当宽的周期范围有峰值，且速度谱值基本稳定。

加速度反应谱：用于计算惯性力，较好地反映了地面运动中短周期分量的影响，即地震波中的高频分量（短周期地震波）在加速度反应谱上的峰值显著。

反应谱反映了地震激励作用的频谱特性和动力放大效应，是研究动力响应的主要方法，是地震全部频谱成分和幅值对结构地震响应影响的映射，但其中并不包含持时效应的影响。

3.3.2　反应谱之间的关系

设最大位移为 $x_{\max} = S_D$，则可有下式近似计算速度和加速度

$$S_V = \omega S_D \approx \dot{x}_{\max} \tag{3-50}$$

$$S_A = \omega S_V = \omega^2 S_D \approx (\ddot{x} + \ddot{x}_g)_{\max} \tag{3-51}$$

对于无阻尼情况，上面的关系式自然成立。对于小阻尼比情况，由地震作用下位移响应表达式分别求一阶和二阶导数，忽略高阶小量后可近似得到。因为 S_V 近似反映了最大速度响应，S_A 近似反映了最大绝对加速度响应，所以称 $S_V = \omega S_D$ 为拟速度（pseudo-velocity），$S_A = \omega S_V = \omega^2 S_D$ 为拟加速度（pseudo-acceleration）。图 3-7a～c 分别给出了 El Centro 波（$\xi = 5\%$）的位移谱、拟速度谱和拟加速度谱。

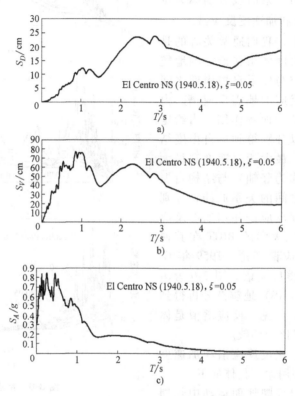

图 3-7 El Centro NS 地震波（1940.5.18）的反应谱

a）位移谱　b）拟速度谱　c）拟加速度谱

式（3-50）和式（3-51）给出了位移谱值、速度谱值和加速度谱值三者之间的近似关系。图 3-8a 为时程分析得到的加速度反应谱与式（3-51）计算的拟加速度 S_A 谱的对比，可见两者基本吻合一致。图 3-8b 为时程分析得到的速度反应谱与按式（3-50）计算的拟速度谱 S_V 的对比，可见在周期较小时，S_V 谱与相对速度反应谱较为接近；而在周期较大时，S_V 谱与绝对速度反应谱较为接近。因此，式（3-50）的近似速度反应谱并不完全适用。

引入拟加速度 S_A 是为了在体系的恢复力与惯性力之间建立联系，这样可以直接计算真实最大相对位移。对于单自由度弹性体系，体系达到最大位移反应 S_D 时，可得体系最大恢复力

$$F_{\max} = kx_{\max} = kS_D = m\omega^2 S_D = mS_A = \alpha mg = \alpha G \tag{3-52}$$

上式表明，按拟加速度计算的质点最大惯性力等于体系最大恢复力，通常将地震作用产生的惯性力称为地震力。从动力方程也可以看出，惯性力并不等于恢复力，将地震力看成惯性力，在概念上有欠缺，所以，用拟加速度计算地震力。

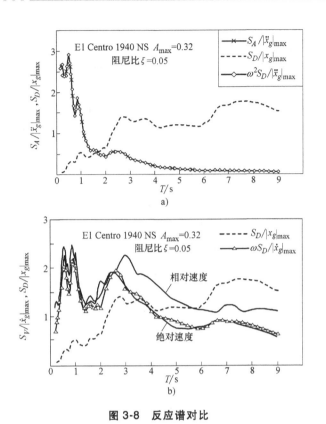

图 3-8 反应谱对比

a) 拟加速度谱 $\omega^2 S_D$ 与加速度谱 S_A 的对比　　b) 拟速度谱 ωS_D 与速度谱 S_V 的对比

由图 3-8a 可知，在阻尼比较小时，拟加速度谱与实际加速度谱有很好的近似，因此，在工程结构抗震计算中一般直接采用拟加速度反应谱来计算地震力，进而近似将惯性力作为静力作用于结构，即可计算地震作用下结构的内力。上式进一步可表示为

$$F_{\max} = mS_A = \alpha mg = \alpha G \tag{3-53}$$

式中，$\alpha = S_A/g$（g 为重力加速度），称为地震影响系数；G 为结构质量产生的重力。

引入拟速度 S_V 是为了在体系的变形能与动能之间建立联系。当单自由度弹性体系达到最大位移 S_D 时，体系的变形能为

$$E_S = \frac{1}{2}kS_D^2 = \frac{1}{2}m\omega^2 S_D^2 = \frac{1}{2}mS_V^2 \tag{3-54}$$

式中，$\frac{1}{2}mS_V^2$ 是体系质量 m 以速度 S_V 运动时的动能。

因此，在实际工程计算中，为使用方便，采用 $\omega^2 S_D$（拟加速度 Pseudo Acceleration）代替 S_A；采用 ωS_D（拟速度 Pseudo Velocity）代替 S_V。

3.3.3 反应谱的标准化与设计反应谱

在不同地震动作用下，反应谱相差很大，难以用于实际抗震设计中，因此，有必要对其进行标准化处理，即得到用于工程设计的设计反应谱。反应谱的标准化主要包括纵坐标的标准化和横坐标的标准化，纵坐标的标准化是为了消除不同地震动强度对反应谱的影响，横坐标的标准化则

是消除不同场地类别对反应谱的影响，经过标准化处理后的不同地震波的反应谱曲线形状具有较好的规律性。1959 年 Housner 根据美国的强震记录，按谱烈度加权平均，得到了平均反应谱。1970 年日本学者根据地基性质的不同，研究考虑不同地基类型的平均反应谱（图 3-9a）。1973 年 Newmark 等根据强震记录，研究出在平均反应谱中增加标准偏差（约 84%）的加速度谱，但未考虑地基类型的影响（图 3-9b 中的虚线），以最大地面加速度进行标准化。

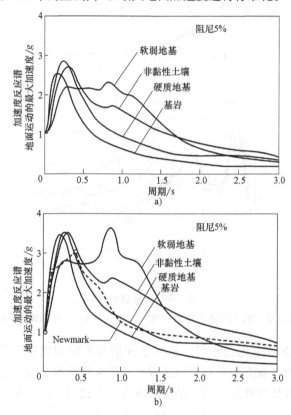

图 3-9　考虑不同地基类型的平均反应谱

a）各类地基的平均标准加速度反应谱　b）增加了标准偏差的各类地基的平均标准加速度反应谱

对于加速度反应谱，以地面运动峰值加速度为基准对纵坐标进行标准化，再以场地特征周期 T_g 为基准对横坐标进行标准化。标准化后，由不同地震动得到的加速度最大谱值比较接近，谱线形状也比较类似，基本消除了不同地震强度和场地类别的影响。图 3-10a 和图 3-10b 分别给出了一组地震波在标准化前后的加速度反应谱。

对于设计反应谱，其必须能代表一个场地可能的全部地震事件，而不是一次地震；另外，一个设计反应谱所有周期点所对应的谱值，必须有一个统一的超越概率。

3.3.4　我国抗震规范中的设计反应谱

对于单自由度弹性体系，地震作用可表示为

$$F = mS_a = mg\left(\frac{|\ddot{x}_g|_{\max}}{g}\right)\left(\frac{S_a}{|\ddot{x}_g|_{\max}}\right) = Gk\beta = \alpha G \tag{3-55}$$

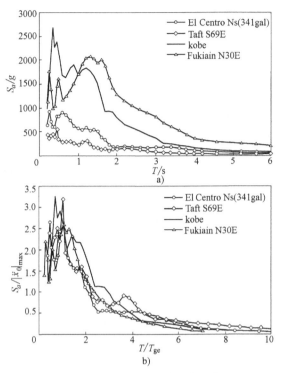

图 3-10 加速度反应谱的标准化

注：$1\text{gal} = 1\text{cm/s}^2$。

式中，S_a 为质点绝对加速度反应谱值，即质点的最大绝对加速度反应；m 为体系质点质量（kg）；$G = mg$ 为体系质点重力（N 或 kN）；g 为重力加速度，$g = 9.8\text{m/s}^2$；$|\ddot{x}_g|_{\max}$ 为地震动峰值加速度；$k = |\ddot{x}_g|_{\max}/g$ 称为地震系数，为地震动峰值加速度与重力加速度的比值，见表 3-1。对于表 3-1 的设计基本地震加速度，对应设防烈度为 6、7、8、9 度的情况，该值分别为 0.05、0.10（0.15）、0.20（0.30）和 0.40；$\beta = S_a(T)/|\ddot{x}_g|_{\max}$ 称为动力系数，为质点绝对加速度反应谱值与地震动峰值加速度的比值，表示质点最大绝对加速度反应相对于地震动峰值加速度的放大倍数，根据我国的大量地震反应谱统计分析，取 β 的最大值 $\beta_{\max} = 2.25$。

表 3-1 设计基本地震加速度

抗震设防烈度	6	7	8	9
设计基本地震加速度	$0.05g$	$0.10g(0.15g)$	$0.20g(0.30g)$	$0.40g$

由式（3-55）可知：

$$\alpha = \frac{F}{G} = \frac{mS_a}{G} = \frac{S_a}{g} \tag{3-56}$$

α 称为地震影响系数，表示绝对加速度谱值 S_a 与重力加速度 g 的比值，也可理解为单自由度弹性体系的水平地震作用力 F 与体系质点重力 G 的比值。由式（3-56）可知，若已知加速度谱 S_a，则地震影响系数 α 即可确定。《建筑抗震设计规范》（GB 50011—2010）为实用方便起见，直接给出了经换算后的地震影响系数 α 谱曲线，该曲线与加速度谱曲线形状相同，如图 3-11 所示，尽管一个实际地震波的反应谱不可能有一个等加速度的长平台，但是几个可能的地震的谱包络线则是可能的。

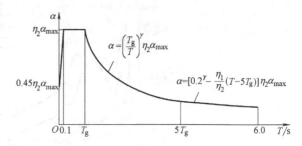

图 3-11 中竖轴为地震影响系数 α，横轴为结构自振周期 T。根据加速度反应谱曲线特征，《建筑抗震设计规范》给出的地震影响系数 α 谱曲线分为四段。

图 3-11 地震影响系数曲线

上升段

$$\alpha = (0.45 + 5.5T)\eta_2\alpha_{max}, \quad 0 < T < 0.1s \tag{3-57}$$

水平段

$$\alpha = \eta_2\alpha_{max}, \quad 0.1s \leqslant T < T_g \tag{3-58}$$

下降段

$$\alpha = \left(\frac{T_g}{T}\right)^\gamma \eta_2\alpha_{max}, \quad T_g \leqslant T < 5T_g \tag{3-59}$$

倾斜段

$$\alpha = \left[0.2^\gamma - \frac{\eta_1}{\eta_2}(T - 5T_g)\right]\eta_2\alpha_{max}, \quad 5T_g \leqslant T < 6s \tag{3-60}$$

式中，α_{max} 为阻尼比 $\xi = 0.05$ 时地震影响系数最大值，其值见表 3-2；γ 为曲线下降段衰减指数，按式 (3-61) 计算；η_1 为直线下降段的下降斜率调整系数，按式 (3-62) 计算，当 η_1 小于 0 时取 0；η_2 为考虑阻尼比 ξ 不等于 0.05 时对表 3-2 中地震影响系数最大值的调整系数，按式 (3-63) 计算，当 η_2 小于 0.55 时取 0.55。

$$\gamma = 0.9 + \frac{0.05 - \xi}{0.3 + 6\xi} \tag{3-61}$$

$$\eta_1 = 0.02 + \frac{0.05 - \xi}{4 + 32\xi} \tag{3-62}$$

$$\eta_2 = 1 + \frac{0.05 - \xi}{0.08 + 1.6\xi} \tag{3-63}$$

表 3-2　水平地震影响系数最大值 α_{max}（阻尼比为 0.05）

地震影响	抗震设防烈度			
	6	7	8	9
多遇地震	0.04	0.08(0.12)	0.16(0.24)	0.32
频遇地震	0.12	0.23(0.34)	0.45(0.68)	0.90
罕遇地震	0.28	0.50(0.72)	0.90(1.20)	1.40

注：括号中的数值分别用于设计基本地震加速度为 $0.15g$ 和 $0.30g$ 的地区。

特征周期值 T_g 见表 3-3。

需要注意的是，图 3-11 和表 3-2 均是相应于结构的弹性反应。由抗震设防目标知，结构仅在小震下处于弹性范围，因此，式 (3-55) 和表 3-2 仅适用于多遇地震下结构的弹性地震作用的计算，也即我国抗震规范中地震作用标准值的计算；对于频遇地震和罕遇地震下的地震作用，则是一种简化的计算方法，即由结构弹性反应来代替结构的弹塑性反应。

表3-3 特征周期值T_g （单位：s）

设计地震分组	场地类别				
	I_0	I_1	II	III	IV
第一组	0.20	0.25	0.35	0.45	0.65
第二组	0.25	0.30	0.40	0.55	0.75
第三组	0.30	0.35	0.45	0.65	0.90

【例3-1】 已知一水塔结构，可简化为单自由度体系，$m = 10000\mathrm{kg}$，$k = 1\mathrm{kN/cm}$，位于二类场地第二组，基本烈度为7度（地震加速度为0.10g），阻尼比$\xi = 0.03$，求该结构多遇地震下的水平地震作用。

【解】 结构自振周期 $T = 2\pi\sqrt{\dfrac{m}{k}} = 2\pi\sqrt{\dfrac{10000}{1\times10^3/10^{-2}}}\mathrm{s} = 1.99\mathrm{s}$

由基本烈度为7度（地震加速度为0.10g），多遇地震，查表3-2，$\alpha_{max} = 0.08$。

由II类场地第二组，查表3-3，$T_g = 0.4\mathrm{s}$。

阻尼比$\xi = 0.03$，此时要考虑阻尼比对地震影响系数形状的调整。

$$\eta_2 = 1 + \frac{0.05 - \xi}{0.08 + 1.6\xi} = 1 + \frac{0.05 - 0.03}{0.08 + 1.6\times0.03} = 1.16$$

$$\gamma = 0.9 + \frac{0.05 - \xi}{0.3 + 6\xi} = 0.9 + \frac{0.05 - 0.03}{0.3 + 6\times0.03} = 0.942$$

由图3-11：

$$\alpha = \left(\frac{T_g}{T}\right)^\gamma \alpha_{max}\eta_2 = \left(\frac{0.4}{1.99}\right)^{0.942}\times0.08\times1.16 = 0.0205$$

该结构在多遇地震下的水平地震作用为

$$F = \alpha G = 0.0205\times10000\times9.81\mathrm{N} = 2011\mathrm{N}$$

3.3.5 弹性反应谱的不足

地震动强度、频谱特性及持续时间是反映地震动的三要素。弹性反应谱是结构在地震作用下弹性响应最大值与结构自振周期的关系曲线，较好地反映了地震动强度对结构弹性响应的影响，且由傅里叶谱与反应谱的关系可知，反应谱也可较好地反映了地震动的频谱特性。

弹性反应谱给出了结构体系弹性地震响应的最大变形量，是地面运动强度的一个重要标志。因此，取一个适当周期范围的反应谱的积分，也是一个表征地面运动强度的全面度量。Housner由速度谱面积定义了谱烈度SI，以反映地震对各种周期结构的整体影响程度，比传统烈度的定义更为科学，见式（3-64）及图3-12。

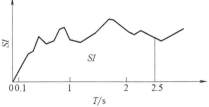

图3-12 谱烈度

$$SI = \int_{0.1}^{2.5} S_V(T, h)\,\mathrm{d}T \tag{3-64}$$

谱烈度指标可反映地震动强度的大小。但是，弹性反应谱不能用以确定结构的破坏程度，因为结构破坏中包含非弹性反应的部分；另外，结构的反应谱不能反映地震持时的影响，这是反应谱的缺点。地震动持续时间对结构的影响主要表现在结构的弹塑性反应阶段。从结构地震破坏的机理上分析，结构物从局部破坏（非线性开始）到完全倒塌一般是需要一个过程的。如果在局部破裂开始时结构恰恰遭遇到一个很大的地震脉冲，那么结构的倒塌与一般静力试验中的现象类似，即倒塌取决于最大变形反应。另一种情况是，结构从局部破坏开始到倒塌，往往要经历几次，甚至几十次往复振动过程，塑性变形的不可恢复性必然耗散能量，同时，也必然导致结构内部损伤随循环的增多，即随输入能量的增大而加重。因此，在这一振动过程中，即使结构最大变形反应没有达到静力试验条件下的最大变形，结构也可能因累积损伤达到某一极限而发生倒塌。

■ 3.4 多自由度弹性体系的水平地震反应分析

在进行结构地震反应分析时，对于多、高层建筑结构及多跨不等高厂房等建筑，可以简化为多质点体系来进行分析。如图 3-13a 所示的多层房屋，由于其质量主要集中于各层楼盖和屋盖处，相应地可以把结构简化为图 3-13b 所示的多质点体系，其中质量 m_i 为第 i 层楼（屋）盖及其上、下各一半层高范围内的全部质量集中于楼（屋）面标高处（如图中阴影部分所示），并假设这些质点通过无质量的弹性杆相连支承于地面上。在此计算模型中，意味着用一个质点代表一层楼的水平振动，也就是包含了楼盖水平刚度无限大和不考虑结构扭转的计算假定。

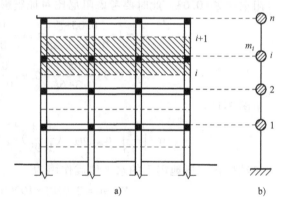

图 3-13　多质点体系计算简图

a）多层房屋　b）计算简图

3.4.1 多自由度弹性体系的运动方程

在单向水平地面运动下，多自由度弹性体系的水平振动状态如图 3-14 所示，其运动方程可表示为

$$m\ddot{x}+c\dot{x}+kx=-m\mathbf{1}\,\ddot{x}_g(t) \tag{3-65}$$

式中，m 为质量矩阵；c 为阻尼矩阵；k 为刚度矩阵；$\mathbf{1}$ 为单位列矢量；$\ddot{x}_g(t)$ 为地面水平振动加速度；x、$\dot{x}$、$\ddot{x}$ 为质点运动的位移矢量、速度矢量和加速度矢量。

其中

$$x=\begin{Bmatrix}x_1(t)\\x_2(t)\\\vdots\\x_n(t)\end{Bmatrix},\quad \dot{x}=\begin{Bmatrix}\dot{x}_1(t)\\\dot{x}_2(t)\\\vdots\\\dot{x}_n(t)\end{Bmatrix},\quad \ddot{x}=\begin{Bmatrix}\ddot{x}_1(t)\\\ddot{x}_2(t)\\\vdots\\\ddot{x}_n(t)\end{Bmatrix} \tag{3-66}$$

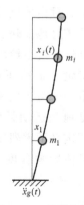

图 3-14　多质点体系的水平振动

当体系简化为图 3-14 的集中质量模型时，质量矩阵 m 为对角矩阵。

$$m = \begin{pmatrix} m_1 & & & 0 \\ & m_2 & & \\ & & \ddots & \\ 0 & & & m_n \end{pmatrix} \tag{3-67}$$

刚度矩阵 k 为对称矩阵，其表达式为

$$k = \begin{pmatrix} k_{11} & k_{12} & \cdots & k_{1n} \\ k_{21} & k_{22} & \cdots & k_{2n} \\ \vdots & \vdots & \vdots & \vdots \\ k_{n1} & k_{n2} & \cdots & k_{nn} \end{pmatrix} \tag{3-68}$$

式中，k_{ij} 为刚度系数，$k_{ij} = k_{ji}$，k_{ij} 具有如下的物理含义：它表示当 j 自由度产生单位位移，其余自由度不动时，在 i 自由度上需要施加的力。

阻尼矩阵 c 可写为如下形式

$$c = \begin{pmatrix} c_{11} & c_{12} & \cdots & c_{1n} \\ c_{21} & c_{22} & \cdots & c_{2n} \\ \vdots & \vdots & \vdots & \vdots \\ c_{n1} & c_{n2} & \cdots & c_{nn} \end{pmatrix} \tag{3-69}$$

式中，c_{ij} 为阻尼系数，其物理含义为：当 j 自由度产生单位速度，其余自由度不动时，在 i 自由度上产生的阻尼力。

3.4.2 多自由度弹性体系的自由振动

由多自由度弹性体系的自由度振动分析，可以得到体系的自振频率和振型。忽略体系的阻尼，由式（3-65）可得无阻尼自由度振动方程为

$$m\ddot{x} + kx = 0 \tag{3-70}$$

设解的形式为

$$x = X\sin(\omega t + \varphi) \tag{3-71}$$

式中，X 为振幅矢量，$X = (X_1 \quad X_2 \quad \cdots \quad X_n)^T$；$\omega$ 为自振频率；φ 为相位角。

将式（3-71）对时间 t 微分二次，得

$$\ddot{x} = -\omega^2 X\sin(\omega t + \varphi) \tag{3-72}$$

将式（3-71）、式（3-72）代入式（3-70），得

$$(k - \omega^2 m)X = 0 \tag{3-73}$$

因在振动过程中 $X \neq 0$，所以式（3-73）的系数行列式必须等于零，即

$$|k - \omega^2 m| = 0 \tag{3-74}$$

式（3-74）称为体系的频率方程或特征方程。

将行列式展开，可得关于 ω^2 的 n 次代数方程；对该代数方程求解，可得 ω^2 的 n 个根，即可得到体系的 n 个自振圆频率为 ω_1，ω_2，$\cdots$，ω_n。由频率方程（3-74）知，频率 ω 只与结构自身质量和刚度有关，与外荷载无关，因此 ω 称为结构的固有频率。一旦结构形式给定，ω 即有其确定值，不会因荷载作用形式改变。

将解得的频率值逐一代入式（3-73），便可得到对应于每一个自振频率下各质点的相对振幅比值，就是该频率下的主振型。由此可知，当多质点体系按某一自振频率做自由振动时，各质点的相对位移的比值保持不变。体系的最小频率 ω_1 称为第一频率或基本频率，与 ω_1 相应的振型称为第一振型或基本振型。对于有 n 个自由度的体系，就有 n 个主振型存在。

主振型可用振型矢量表示，对应于频率 ω_j 的振型矢量为

$$X_j = \begin{pmatrix} X_{j1} \\ X_{j2} \\ \vdots \\ X_{ji} \end{pmatrix} \tag{3-75}$$

式中，X_{ji} 为当体系按频率 ω_j 振动时，质点 i 的相对位移幅值。

在做结构的动力分析时，常将振型进行标准化处理。一般常取 $X_{jn} = 1$，其余各阶阵型即为 $X_{jl} = X_{jl}/X_{jn}$。

【例 3-2】 某两个自由度体系，质点质量分别为 m_1 和 m_2，弹性杆刚度分别为 k_1 和 k_2，如图 3-15 所示。求结构的自振频率和振型。

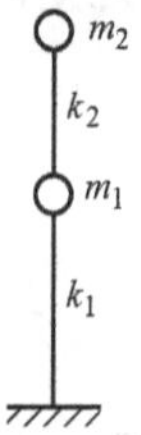

【解】 结构的质量矩阵为

$$m = \begin{pmatrix} m_1 & 0 \\ 0 & m_2 \end{pmatrix}$$

根据刚度系数的定义，分别使质点 1 和质点 2 产生单位水平位移，则

$$k_{11} = k_1 + k_2$$

$$k_{12} = k_{21} = -k_2$$

$$k_{22} = k_2$$

图 3-15 例 3-2 图

于是刚度矩阵为

$$k = \begin{pmatrix} k_{11} & k_{12} \\ k_{21} & k_{22} \end{pmatrix}$$

由式（3-74）得频率方程为

$$\left| \begin{pmatrix} k_{11} & k_{12} \\ k_{21} & k_{22} \end{pmatrix} - \omega^2 \begin{pmatrix} m_1 & 0 \\ 0 & m_2 \end{pmatrix} \right| = 0$$

将上式展开得

$$m_1 m_2 \omega^4 - (k_{11} m_2 + k_{22} m_1) \omega^2 + (k_{11} k_{22} - k_{12} k_{21}) = 0 \tag{3-76}$$

解上列方程式得

$$\begin{matrix} \omega_1^2 \\ \omega_2^2 \end{matrix} = \frac{1}{2} \left(\frac{k_{11}}{m_1} + \frac{k_{22}}{m_2} \right) \mp \sqrt{\left[\frac{1}{2} \left(\frac{k_{11}}{m_1} + \frac{k_{22}}{m_2} \right) \right]^2 - \frac{k_{11} k_{22} - k_{12} k_{21}}{m_1 m_2}}$$

相对于第一阶频率 ω_1，由式（3-73）可得

$$(\boldsymbol{k}-\omega_1^2\boldsymbol{m})\boldsymbol{X}_1=0$$

即

$$\begin{pmatrix} k_{11}-m_1\omega_1^2 & k_{12} \\ k_{21} & k_{22}-m_2\omega_1^2 \end{pmatrix}\begin{pmatrix} X_{11} \\ X_{12} \end{pmatrix}=0$$

由上式得第一振型幅值的相对比值为

$$\frac{X_{11}}{X_{12}}=\frac{k_{12}}{m_1\omega_1^2-k_{11}}$$

同理，得第二振型幅值的相对比值为

$$\frac{X_{21}}{X_{22}}=\frac{k_{12}}{m_1\omega_2^2-k_{11}}$$

因此，第一振型为 $\begin{pmatrix} X_{11} \\ X_{12} \end{pmatrix}=\begin{pmatrix} \dfrac{k_{12}}{m_1\omega_1^2-k_{11}} \\ 1 \end{pmatrix}$

第二振型为 $\begin{pmatrix} X_{21} \\ X_{22} \end{pmatrix}=\begin{pmatrix} \dfrac{k_{12}}{m_1\omega_2^2-k_{11}} \\ 1 \end{pmatrix}$

对多自由度体系，由于需要解一元高次方程，手算较为困难，通常利用计算机进行分析。

3.4.3　主振型的正交性

将式（3-73）改写为

$$\boldsymbol{k}\boldsymbol{X}=\omega^2\boldsymbol{m}\boldsymbol{X} \tag{3-77}$$

上式对体系任意第 j 阶和第 k 阶频率和振型均成立，即

$$\boldsymbol{k}\boldsymbol{X}_j=\omega_j^2\boldsymbol{m}\boldsymbol{X}_j \tag{3-78}$$

$$\boldsymbol{k}\boldsymbol{X}_k=\omega_k^2\boldsymbol{m}\boldsymbol{X}_k \tag{3-79}$$

将式（3-78）两边左乘 $\boldsymbol{X}_k^{\mathrm{T}}$，式（3-79）两边左乘 $\boldsymbol{X}_k^{\mathrm{T}}$，得

$$\boldsymbol{X}_k^{\mathrm{T}}\boldsymbol{k}\boldsymbol{X}_j=\omega_j^2\boldsymbol{X}_k^{\mathrm{T}}\boldsymbol{m}\boldsymbol{X}_j \tag{3-80}$$

$$\boldsymbol{X}_j^{\mathrm{T}}\boldsymbol{k}\boldsymbol{X}_k=\omega_k^2\boldsymbol{X}_j^{\mathrm{T}}\boldsymbol{m}\boldsymbol{X}_k \tag{3-81}$$

将式（3-80）两边转置，并注意到刚度矩阵和质量矩阵的对称性得

$$\boldsymbol{X}_j^{\mathrm{T}}\boldsymbol{k}\boldsymbol{X}_k=\omega_j^2\boldsymbol{X}_j^{\mathrm{T}}\boldsymbol{m}\boldsymbol{X}_k \tag{3-82}$$

将式（3-81）与式（3-82）相减得

$$(\omega_j^2-\omega_k^2)\boldsymbol{X}_j^{\mathrm{T}}\boldsymbol{m}\boldsymbol{X}_k=0 \tag{3-83}$$

若 $j\neq k$，则 $\omega_j\neq\omega_k$，于是必有如下正交性成立，即

$$\boldsymbol{X}_j^{\mathrm{T}}\boldsymbol{m}\boldsymbol{X}_k=0 \quad (j\neq k) \tag{3-84}$$

将式（3-84）代入式（3-81）得到关于刚度矩阵的正交性

$$\boldsymbol{X}_j^{\mathrm{T}}\boldsymbol{k}\boldsymbol{X}_k=0 \quad (j\neq k) \tag{3-85}$$

由此可见，主振型的正交性表现在两个方面：

1）主振型关于质量矩阵是正交的，即

$$X_j^T m X_k = \begin{cases} 0 & (j \neq k) \\ M_j & (j = k) \end{cases} \tag{3-86}$$

2）主振型关于刚度矩阵也是正交的，即

$$X_j^T k X_k = \begin{cases} 0 & (j \neq k) \\ K_j & (j = k) \end{cases} \tag{3-87}$$

3.4.4　地震反应分析的振型分解法

由式（3-65）可知，多自由度弹性体系在水平地震作用下的运动方程为一组相互耦联的微分方程组，联立求解比较困难。所谓振型分解法就是利用振型的正交性，将原来耦联的多自由度微分方程组分解为若干彼此独立的单自由度微分方程，由前面所给出的方法，得出单自由度体系各个独立方程的解，然后将各个独立解组合叠加，从而得出多自由度体系总的地震反应。

一般，主振型关于阻尼矩阵不具有正交关系。为了能利用振型分解法，假定阻尼矩阵也满足正交关系，即

$$X_j^T c X_k = \begin{cases} 0 & (j \neq k) \\ C_j & (j = k) \end{cases} \tag{3-88}$$

由振型的正交性可知，各振型矢量 X_1，X_2，…，X_n 相互独立，根据线性代数理论，n 维矢量 x 可表示为 n 个独立矢量的线性组合。引入广义坐标矢量 q 为

$$q = \begin{pmatrix} q_1(t) \\ q_2(t) \\ \vdots \\ q_n(t) \end{pmatrix} \tag{3-89}$$

则体系地震位移反应 x 可用振型的线性组合表示为

$$x = Xq \tag{3-90}$$

式中，X 为振型矩阵，是由 n 个彼此正交的主振型矢量组成的方阵。

$$X = (X_1 \quad X_2 \quad \cdots \quad X_n) = \begin{pmatrix} X_{11} & X_{21} & \cdots & X_{n1} \\ X_{12} & X_{22} & \cdots & X_{n2} \\ \vdots & \vdots & \vdots & \vdots \\ X_{1n} & X_{2n} & \cdots & X_{nn} \end{pmatrix} \tag{3-91}$$

矩阵 X 的元素 X_{ji} 中，j 表示振型序号，i 表示自由度序号。

将式（3-90）代入式（3-65）得

$$mX\ddot{q} + cX\dot{q} + kXq = -m\ddot{x}_0(t) \tag{3-92}$$

对上式的每一项均左乘 X_j^T，得

$$X_j^T m X\ddot{q} + X_j^T c X\dot{q} + X_j^T k Xq = -X_j^T m\ddot{x}_0(t) \tag{3-93}$$

根据振型的正交性，上式各项展开相乘后，除第 j 项外，其他各项均为零。因此，方程化为如下独立形式

$$M_j \ddot{q}_j(t) + C_j \dot{q}_j(t) + K_j q_j(t) = -\ddot{x}_0(t) \sum_{i=1}^{n} m_i X_{ji} \tag{3-94}$$

或写为

$$\ddot{q}_j(t) + 2\xi_j \omega_j \dot{q}_j(t) + \omega_j^2 q_j(t) = -\gamma_j \ddot{x}_0(t) \tag{3-95}$$

$$M_j = \boldsymbol{X}_j^T \boldsymbol{m} \boldsymbol{X}_j = \sum_{i=1}^{n} m_i X_{ji}^2 \tag{3-96}$$

$$K_j = \boldsymbol{X}_j^T \boldsymbol{k} \boldsymbol{X}_j = \omega_j^2 M_j \tag{3-97}$$

$$C_j = \boldsymbol{X}_j^T \boldsymbol{c} \boldsymbol{X}_j = 2\xi_j \omega_j M_j \tag{3-98}$$

$$\gamma_j = \frac{\boldsymbol{X}_j^T \boldsymbol{m} \boldsymbol{1}}{\boldsymbol{X}_j^T \boldsymbol{m} \boldsymbol{X}_j} = \frac{\displaystyle\sum_{i=1}^{n} m_i X_{ji}}{\displaystyle\sum_{i=1}^{n} m_i X_{ji}^2} \tag{3-99}$$

式中，M_j 为第 j 振型广义质量；K_j 为第 j 振型广义刚度；C_j 为第 j 振型广义阻尼系数；γ_j 为第 j 振型参与系数；ξ_j 为第 j 振型阻尼比。

式（3-95）即相当于单自由度体系振动方程。取 $j=1$，2，$\cdots$，n，可得 n 个彼此独立的关于广义坐标 $q_j(t)$ 的运动方程。

根据 Duhamel 积分，方程（3-95）的解可以写为

$$q_j(t) = -\frac{\gamma_j}{\omega_j} \int_0^t \ddot{x}_0(\tau) e^{-\xi_j \omega_j(t-\tau)} \sin\omega_j(t-\tau) d\tau = \gamma_j \Delta_j(t) \tag{3-100}$$

式中

$$\Delta_j(t) = -\frac{1}{\omega_j} \int_0^t \ddot{x}_0(\tau) e^{-\xi_j \omega_j(t-\tau)} \sin\omega_j(t-\tau) d\tau \tag{3-101}$$

式（3-101）相当于自振频率为 ω_j、阻尼比为 ξ_j 的单自由度弹性体系在地震作用下的位移反应，这个单自由度体系称作与振型 j 相应的振子。

求出广义坐标 $\boldsymbol{q} = (q_1(t) \quad q_2(t) \quad \cdots \quad q_n(t))^T$ 后，代入式（3-90），即可求得以原坐标表示的质点位移。其中第 i 质点的位移

$$x_i(t) = X_{1i} q_1(t) + X_{2i} q_2(t) + \cdots + X_{ji} q_j(t) + \cdots + X_{ni} q_n(t) \tag{3-102}$$

$$= \sum_{j=1}^{n} q_j(t) X_{ji} = \sum_{j=1}^{n} \gamma_j \Delta_j(t) X_{ji}$$

为了使阻尼矩阵具有正交性，通常采用瑞利（Rayleigh）阻尼矩阵形式，将阻尼矩阵表示为质量矩阵与刚度矩阵的线性组合，即

$$\boldsymbol{c} = a\boldsymbol{m} + b\boldsymbol{k} \tag{3-103}$$

式中，a、b 为待定系数。

因为 $\boldsymbol{M}$、$\boldsymbol{K}$ 均具有正交性，故瑞利矩阵也一定具有正交性。为确定其中待定系数 a、b，任取体系两阶振型 $\boldsymbol{X}_i$、$\boldsymbol{X}_j$，对式（3-103）做如下运算：

$$\boldsymbol{X}_i^T \boldsymbol{c} \boldsymbol{X}_i = a\boldsymbol{X}_i^T \boldsymbol{m} \boldsymbol{X}_i + b\boldsymbol{X}_i^T \boldsymbol{k} \boldsymbol{X}_i \tag{3-104}$$

$$\boldsymbol{X}_j^T \boldsymbol{c} \boldsymbol{X}_j = a\boldsymbol{X}_j^T \boldsymbol{m} \boldsymbol{X}_j + b\boldsymbol{X}_j^T \boldsymbol{k} \boldsymbol{X}_j \tag{3-105}$$

将式（3-104）和式（3-105）两边同除 $\boldsymbol{X}_i^T \boldsymbol{m} \boldsymbol{X}_i$ 和 $\boldsymbol{X}_j^T \boldsymbol{m} \boldsymbol{X}_j$ 得

$$\frac{X_i^{\mathrm{T}} c X_i}{X_i^{\mathrm{T}} m X_i} = a + b \frac{X_i^{\mathrm{T}} k X_i}{X_i^{\mathrm{T}} m X_i} \tag{3-106}$$

$$\frac{X_j^{\mathrm{T}} c X_j}{X_j^{\mathrm{T}} m X_j} = a + b \frac{X_j^{\mathrm{T}} k X_j}{X_j^{\mathrm{T}} m X_j} \tag{3-107}$$

由式（3-97）知

$$\omega_j^2 = \frac{K_j}{M_j} = \frac{X_j^{\mathrm{T}} k X_j}{X_j^{\mathrm{T}} m X_j} \tag{3-108}$$

由式（3-98）知

$$2\xi_j \omega_j = \frac{C_j}{M_j} = \frac{X_j^{\mathrm{T}} c X_j}{X_j^{\mathrm{T}} m X_j} \tag{3-109}$$

故式（3-106）和式（3-107）可写为

$$2\xi_i \omega_i = a + b \omega_i^2 \tag{3-110}$$

$$2\xi_j \omega_j = a + b \omega_j^2 \tag{3-111}$$

由式（3-110）和式（3-111）可解得

$$a = \frac{2\omega_i \omega_j (\xi_i \omega_j - \xi_j \omega_i)}{\omega_j^2 - \omega_i^2} \tag{3-112}$$

$$b = \frac{2(\xi_j \omega_j - \xi_i \omega_i)}{\omega_j^2 - \omega_i^2} \tag{3-113}$$

计算时，一般可以取 $i = 1$、$j = 2$，$\xi_i = \xi_j$。

■ 3.5 振型分解反应谱法

振型分解反应谱法的主要思路是：利用振型分解法的概念，将多自由度体系分解成若干个单自由度体系的组合，然后引用单自由度体系的反应谱理论来计算各振型的地震作用，最后利用振型组合，得到多自由度体系的地震作用效应的标准值。振型分解反应谱法是抗震规范中给出的计算多自由度体系地震作用的一种基本方法。

3.5.1 多自由度体系的水平地震作用

1. 振型矢量的线性组合

各振型矢量 X_1，X_2，$\cdots$，X_n 相互独立，根据线性代数理论，单位矢量 **1** 可表示为各振型矢量的线性组合，即

$$\mathbf{1} = \sum_{i=1}^{n} a_i X_i \tag{3-114}$$

其中 a_i 是待定系数。为了确定 a_i，将上式两边左乘 $X_j^{\mathrm{T}} m$，得

$$X_j^{\mathrm{T}} m \mathbf{1} = \sum_{i=1}^{n} a_i X_j^{\mathrm{T}} m X_i \tag{3-115}$$

由振型的正交性，当 $i \neq j$ 时上式右边均为零，则只留下 $i=j$ 时的值为

$$X_j^T m \mathbf{1} = a_j X_j^T m X_j \tag{3-116}$$

结合式（3-99），有

$$a_j = \frac{X_j^T m \mathbf{1}}{X_j^T m X_j} = \gamma_j \tag{3-117}$$

将上式代入式（3-114）可得

$$\mathbf{1} = \sum_{i=1}^n \gamma_j X_j \tag{3-118}$$

即单位矢量可以表达为振型参与系数与各振型矢量乘积的线性组合。

2. 质点 i 在 t 时刻的地震惯性力

对于多质点弹性体系，由式（3-102）可得质点 i 在 t 时刻的相对水平位移反应为

$$x_i(t) = \sum_{j=1}^n \gamma_j \Delta_j(t) X_{ji} \tag{3-119}$$

质点 i 在 t 时刻的水平相对加速度反应为

$$\ddot{x}_i(t) = \sum_{j=1}^n \gamma_j \ddot{\Delta}_j(t) X_{ji} \tag{3-120}$$

地面运动在 t 时刻的水平加速度为

$$\ddot{x}_g(t) = \left(\sum_{j=1}^n \gamma_j X_{ji} \right) \ddot{x}_g(t) \tag{3-121}$$

则质点 i 在 t 时刻的水平惯性力为

$$F_i(t) = -m_i[\ddot{x}_i(t) + \ddot{x}_g(t)] = -m_i \left[\sum_{j=1}^n \gamma_j \ddot{\Delta}_j(t) X_{ji} + \left(\sum_{j=1}^n \gamma_j X_{ji} \right) \ddot{x}_g(t) \right]$$

$$= -m_i \sum_{j=1}^n \gamma_j X_{ji}[\ddot{\Delta}_j(t) + \ddot{x}_g(t)] = \sum_{j=1}^n F_{ji}(t) \tag{3-122}$$

式中，$F_{ji}(t)$ 为质点 i 的第 j 振型在 t 时刻的水平惯性力

$$F_{ji}(t) = -m_i \gamma_j X_{ji}[\ddot{\Delta}_j(t) + \ddot{x}_g(t)] \tag{3-123}$$

质点 i 的第 j 振型的水平地震作用定义为该阶振型的最大惯性力，则有

$$F_{ji} = -m_i \gamma_j X_{ji} |\ddot{\Delta}_j(t) + \ddot{x}_g(t)|_{max} \tag{3-124}$$

上式中的 $\ddot{\Delta}_j(t) + \ddot{x}_g(t)$ 即为自振圆频率 ω_j、阻尼比为 ξ_j 的单自由度体系的地震绝对加速度反应，由地震反应谱的定义，得第 i 质点的第 j 振型水平地震作用为

$$F_{ji} = m_i \gamma_j X_{ji} S_a(T_j) \tag{3-125}$$

由地震影响系数设计谱与地震反应谱的关系，可得

$$F_{ji} = (m_i g) \gamma_j X_{ji} \alpha_j = \alpha_j \gamma_j X_{ji} G_i \qquad (i, j = 1, 2, \cdots, n) \tag{3-126}$$

式中，F_{ji} 为 j 振型 i 质点的水平地震作用；α_j 为与第 j 振型自振周期 T_j 相应的地震影响系数；G_i 为集中于质点 i 的重力荷载代表值，在计算地震作用时，重力荷载代表值应取结构构件和构配件自重标准值与各可变荷载组合值之和。各可变荷载组合值系数按附录采用。X_{ji} 为 j 振型 i 质点的水平相对位移；γ_j 为 j 振型的参与系数，按式（3-99）计算。

3.5.2　地震作用效应的组合

按式（3-126）求出相应于各振型 j 各质点 i 的水平地震作用 F_{ji} 后，即可用结构力

学方法计算相应于各振型时结构的地震作用效应 S_j（弯矩、剪力、轴向力和变形等）。由于此时计算出各振型的地震作用效应 S_j 均为最大值，但结构振动时，相应于各振型的最大地震作用效应不会同时发生，因此，直接将各振型最大地震效应简单叠加，计算结果显然会偏大。由此产生了各振型的地震作用效应如何组合的问题，或称振型组合问题。

通过随机振动理论分析，得出采用"平方和开方"公式（SRSS 法）的方法估计结构地震作用效应可以获得较好的结果，即

$$S_{Ek} = \sqrt{\sum S_j^2} \tag{3-127}$$

式中，S_{Ek} 为水平地震作用效应标准值；S_j 为振型水平地震作用标准值的效应，可只取前 2~3 个振型，当基本周期大于 1.5s 或房屋高宽比大于 5 时，振型个数应适当增加。

【例 3-3】 钢筋混凝土 4 层框架，经质量集中后计算简图如图 3-16a 所示，各层高均为 4m，集中于各楼层的重力荷载代表值分别为：$G_1 = 435kN$，$G_2 = 440kN$，$G_3 = 430kN$，$G_4 = 380kN$。经频率分析得体系的前 3 阶自振频率为：$\omega_1 = 16.40rad/s$，$\omega_2 = 40.77rad/s$，$\omega_3 = 61.89rad/s$。体系的前 3 阶振型（图 3-16）为

$$X_1 = \begin{pmatrix} 0.238 \\ 0.508 \\ 0.782 \\ 1.0 \end{pmatrix}, \quad X_2 = \begin{pmatrix} -0.605 \\ -0.895 \\ -0.349 \\ 1.0 \end{pmatrix}, \quad X_3 = \begin{pmatrix} 1.542 \\ 0.756 \\ -2.108 \\ 1.0 \end{pmatrix}$$

结构阻尼比 $\xi = 0.05$，I_1 类建筑场地，设计地震分组为第一组，抗震设防烈度为 8 度（设计基本地震加速度为 $0.20g$）。试按振型分解反应谱法确定该结构在多遇地震时的地震作用效应，并绘出层间地震剪力图。

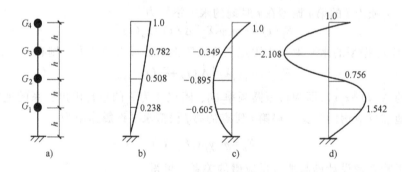

图 3-16 例 3-3 图

a）体系简图 b）第一振型 c）第二振型 d）第三振型

【解】 （1）计算地震影响系数 α_j

由表 3-3 查得，在 I_1 类场地、设计地震第一组时，$T_g = 0.25s$。

由表 3-2 查得，当抗震设防烈度为 8 度，设计基本地震加速度为 $0.20g$，在多遇地震时，$\alpha_{max} = 0.16$。

当阻尼比 $\xi = 0.05$ 时，由式（3-61）和式（3-63）得 $\gamma = 0.9$，$\eta_2 = 1.0$。

根据已知的自振频率，可求得自振周期为

$$T_1 = \frac{2\pi}{\omega_1} = \frac{2\pi}{16.40}\text{s} = 0.383\text{s}$$

$$T_2 = \frac{2\pi}{\omega_2} = \frac{2\pi}{40.77}\text{s} = 0.154\text{s}$$

$$T_3 = \frac{2\pi}{\omega_3} = \frac{2\pi}{61.89}\text{s} = 0.102\text{s}$$

因 $T_g < T_1 < 5T_g$，所以，$\alpha_1 = \left(\frac{T_g}{T_1}\right)^\gamma \eta_2 \alpha_{\max} = \left(\frac{0.25}{0.383}\right)^{0.9} \times 1.0 \times 0.16 = 0.109$。

由于 $0.1 < T_2$，$T_3 < T_g$，所以 $\alpha_2 = \alpha_3 = \eta_2 \alpha_{\max} = 0.16$。

（2）计算振型参与系数 γ_j

$$\gamma_1 = \frac{\sum\limits_{i=1}^{n} X_{1i} G_i}{\sum\limits_{i=1}^{n} X_{1i}^2 G_i} = \frac{0.238 \times 435 + 0.508 \times 440 + 0.782 \times 430 + 1 \times 380}{0.238^2 \times 435 + 0.508^2 \times 440 + 0.782^2 \times 430 + 1^2 \times 380} = 1.336$$

$$\gamma_2 = \frac{\sum\limits_{i=1}^{n} X_{2i} G_i}{\sum\limits_{i=1}^{n} X_{2i}^2 G_i} = \frac{-0.605 \times 435 - 0.895 \times 440 - 0.349 \times 430 + 1 \times 380}{0.605^2 \times 435 + 0.895^2 \times 440 + 0.349^2 \times 430 + 1^2 \times 380} = -0.452$$

$$\gamma_3 = \frac{\sum\limits_{i=1}^{n} X_{3i} G_i}{\sum\limits_{i=1}^{n} X_{3i}^2 G_i} = \frac{1.542 \times 435 + 0.756 \times 440 - 2.108 \times 430 + 1 \times 380}{1.542^2 \times 435 + 0.756^2 \times 440 + 2.108^2 \times 430 + 1^2 \times 380} = 0.133$$

（3）计算水平地震作用标准值 F_{ji}

第一振型时各质点地震作用 F_{1i}：

$F_{11} = \alpha_1 \gamma_1 X_{11} G_1 = 0.109 \times 1.336 \times 0.238 \times 435\text{kN} = 15.08\text{kN}$

$F_{12} = \alpha_1 \gamma_1 X_{12} G_2 = 0.109 \times 1.336 \times 0.508 \times 440\text{kN} = 32.55\text{kN}$

$F_{13} = \alpha_1 \gamma_1 X_{13} G_3 = 0.109 \times 1.336 \times 0.782 \times 430\text{kN} = 48.97\text{kN}$

$F_{14} = \alpha_1 \gamma_1 X_{14} G_4 = 0.109 \times 1.336 \times 1.0 \times 380\text{kN} = 55.34\text{kN}$

第二振型时各质点地震作用 F_{2i}：

$F_{21} = \alpha_2 \gamma_2 X_{21} G_1 = 0.16 \times (-0.452) \times (-0.605) \times 435\text{kN} = 19.03\text{kN}$

$F_{22} = \alpha_2 \gamma_2 X_{22} G_2 = 0.16 \times (-0.452) \times (-0.895) \times 440\text{kN} = 28.48\text{kN}$

$F_{23} = \alpha_2 \gamma_2 X_{23} G_3 = 0.16 \times (-0.452) \times (-0.349) \times 430\text{kN} = 10.85\text{kN}$

$F_{24} = \alpha_2 \gamma_2 X_{24} G_4 = 0.16 \times (-0.452) \times 1.0 \times 380\text{kN} = -27.48\text{kN}$

第三振型时各质点地震作用 F_{3i}：

$F_{31} = \alpha_3 \gamma_3 X_{31} G_1 = 0.16 \times 0.133 \times 1.542 \times 435\text{kN} = 14.27\text{kN}$

$F_{32} = \alpha_3 \gamma_3 X_{32} G_2 = 0.16 \times 0.133 \times 0.756 \times 440\text{kN} = 7.08\text{kN}$

$F_{33} = \alpha_3 \gamma_3 X_{33} G_3 = 0.16 \times 0.133 \times (-2.108) \times 430\text{kN} = -19.29\text{kN}$

$F_{34} = \alpha_3 \gamma_3 X_{34} G_4 = 0.16 \times 0.133 \times 1.0 \times 380 \text{kN} = 8.09 \text{kN}$

（4）计算各振型下的地震作用效应 S_{ji}

将楼层的层间剪力看作要求的地震作用效应，根据隔离体平衡条件，所求层的层间剪力即为该层以上各地震作用之和。计算结果如图 3-17 所示，其中图 3-17a、c、e 为各振型的地震作用 F_{ji}，图 3-17b、d、f 为各振型下的层间剪力 S_{ji}。

（5）计算结构地震作用效应 S_{Ek}

$$S_{Ek1} = \sqrt{151.94^2 + 30.88^2 + 10.15^2} \text{kN} = 155.38 \text{kN}$$

$$S_{Ek2} = \sqrt{136.86^2 + 11.85^2 + 4.12^2} \text{kN} = 137.43 \text{kN}$$

$$S_{Ek3} = \sqrt{104.31^2 + 16.63^2 + 11.2^2} \text{kN} = 106.22 \text{kN}$$

$$S_{Ek4} = \sqrt{55.34^2 + 27.48^2 + 8.09^2} \text{kN} = 62.31 \text{kN}$$

层间剪力计算结果如图 3-17g 所示。

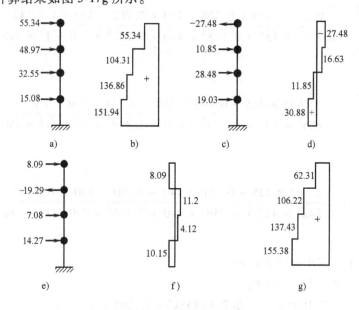

图 3-17　例 3-3 计算结果
a) F_{1i}　b) S_{1i}　c) F_{2i}　d) S_{2i}　e) F_{3i}　f) S_{3i}　g) S_{Ek}

从上例的计算结果也可以发现：结构的低阶振型反应大于高阶振型反应，振型阶数越高，振型参与系数的计算值越小，振型反应越小。也就是结构的总地震反应以低阶振型反应为主，高阶振型反应对结构总地震反应较小。所以，在求解结构总地震反应时，不需要取结构全部振型反应进行组合，只需要按前述要求，取前几个振型反应进行组合。

■ 3.6　底部剪力法

采用振型分解法求解结构的地震作用效应时，需要知道结构的各阶频率和振型，而求解结构的各阶频率和振型，一般无法采用手算，并且计算量很大。为了简化计算，使得地震反应能够采用手算，抗震规范中给出了近似计算结构水平地震作用的底部剪力法。此法的主要思路是：只考虑结构基本振型的影响，计算出作用于结构底部的总剪力，然后将总水平地震作用按照一定的规律分配到各个质点上，从而得到各个质点的水平地震作用。由于采用底部剪力法只需要知道结构的基本自振周期即可进行结构抗震计算，避免了烦琐的频率和振型分析，从而大大地简化了计算工作。

3.6.1 底部剪力法的基本公式

理论分析表明，对于高度不超过40m，侧移曲线以剪切变形为主且质量和刚度沿高度分布均匀的结构，结构的地震反应将以基本振型反应为主，结构的基本振型接近于直线。根据上述结构的地震反应特点，底部剪力法采用了以下计算假定：

1）结构的地震反应用第一振型反应表征，即计算中只考虑结构基本振型的影响。

2）结构的基本振型为线性倒三角形（图3-18），即任意质点的基本振型位移与其高度成正比，即

$$X_{1i} = \eta H_i \qquad (3-128)$$

式中，η 为比例常数。

将上式代入式（3-126），得

$$F_i = \alpha_1 \gamma_1 \eta H_i G_i \qquad (3-129)$$

结构总水平地震作用标准值（底部剪力）为

$$F_{Ek} = \sum_{i=1}^{n} F_i = \alpha_1 \gamma_1 \eta \sum_{i=1}^{n} G_i H_i \qquad (3-130)$$

由上式得

$$F_i = \frac{G_i H_i}{\sum_{j=1}^{n} G_j H_j} F_{Ek} \qquad (3-131)$$

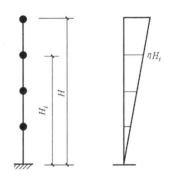

图3-18 底部剪力法计算简图

式中，F_{Ek} 为结构总水平地震作用下结构底部剪力标准值；F_i 为质点 i 的水平地震作用标准值；G_i、G_j 为集中于质点 i、j 的重力荷载代表值；H_i、H_j 为质点的计算高度。

对于 F_{Ek} 的计算推导如下。将式（3-99）、式（3-128）代入式（3-129）得

$$F_i = \alpha_1 \frac{\sum_{i=1}^{n} m_i X_{1i}}{\sum_{i=1}^{n} m_i X_{1i}^2} \eta H_i G_i = \frac{\sum_{i=1}^{n} G_i H_i}{\sum_{i=1}^{n} G_i H_i^2} H_i G_i \alpha_1 \qquad (3-132)$$

则结构底部剪力为

$$F_{Ek} = \sum_{i=1}^{n} F_i = \frac{\sum_{j=1}^{n} G_j H_j}{\sum_{j=1}^{n} G_j H_j^2} \sum_{i=1}^{n} H_i G_i \alpha_1 = \frac{\left(\sum_{j=1}^{n} G_j H_j \right)^2}{\left(\sum_{j=1}^{n} G_j H_j^2 \right) \left(\sum_{j=1}^{n} G_j \right)} \left(\sum_{j=1}^{n} G_j \right) \alpha_1 \qquad (3-133)$$

令

$$\chi = \frac{\left(\sum\limits_{j=1}^{n} G_j H_j\right)^2}{\left(\sum\limits_{j=1}^{n} G_j H_j^2\right)\left(\sum\limits_{j=1}^{n} G_j\right)} \tag{3-134}$$

$$G_{eq} = \chi \sum_{j=1}^{n} G_j \tag{3-135}$$

则结构底部剪力可简化为

$$F_{Ek} = \alpha_1 G_{eq} \tag{3-136}$$

式中，α_1 为相应于结构基本自振周期的水平地震影响系数，按图 3-11 确定，对多层砌体房屋、底部框架砌体房屋，取水平地震影响系数最大值；G_{eq} 为结构等效总重力荷载。

一般地，建筑各层的质量和高度大致相同，即

$$\begin{cases} G_i = G \\ H_i = ih \, (i = 1, 2, \cdots, n) \end{cases} \tag{3-137}$$

式中，h 为层高。将式（3-137）代入式（3-134），得

$$\chi = \frac{3(n+1)}{2(2n+1)} \tag{3-138}$$

对于单层建筑，$n = 1$，则 $\chi = 1$；对于多层建筑，$n \geqslant 2$，则 $\chi = 0.75 \sim 0.9$，抗震规范统一取 $\chi = 0.85$。

3.6.2 底部剪力法的修正

1. 高阶振型影响

由式（3-134）表达的计算地震作用分布仅考虑了基本振型影响，当结构基本周期较长时，高阶振型对地震作用的影响不可忽略。计算分析表明，高振型反应对结构上部地震作用的影响较大，为此抗震规范对 $T_1 > 1.4T_g$ 的长周期结构，给出了如下的修正原则：

1）在顶部质点增加一个附加地震作用 ΔF_n。

2）保持结构总底部剪力不变。

根据以上原则，规范给出计算水平地震作用（图 3-19）的公式为

$$\begin{cases} F_{Ek} = \alpha_1 G_{eq} \\ F_i = \frac{G_i H_i}{\sum\limits_{j=1}^{n} G_j H_j} F_{Ek}(1 - \delta_n) \quad i = (1, 2, \cdots, n) \\ \Delta F_n = \delta_n F_{Ek} \end{cases} \tag{3-139}$$

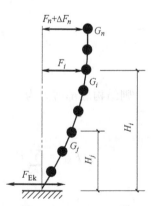

图 3-19　结构水平地震作用计算简图

式中，δ_n 为顶部附加地震作用系数，对于多层钢筋混凝土房屋和钢结构房屋，按表 3-4 采用，其他房屋可取 $\delta_n = 0.0$；ΔF_n 为顶部附加水平地震作用。

表 3-4 顶部附加地震作用系数 δ_n

T_g/s	$T_1 > 1.4 T_g$	$T_1 \leq 1.4 T_g$
$T_g \leq 0.35$	$0.08 T_1 + 0.07$	
$0.35 < T_g \leq 0.55$	$0.08 T_1 + 0.01$	0.0
$T_g > 0.55$	$0.08 T_1 - 0.02$	

2. 鞭梢效应

底部剪力法适用于质量和刚度沿高度分布比较均匀的结构。震害经验表明，对于突出屋面的屋顶间、女儿墙、烟囱等小建筑，由于出屋面部分的质量、刚度突然变小，该部分小建筑的地震反应有加剧的现象。这种突出屋面小建筑地震反应急剧加大的现象称为鞭梢效应。针对鞭梢效应的影响，当按底部剪力法对具有突出屋面的屋顶间、女儿墙、烟囱等小建筑计算地震作用时，需乘以增大系数 3。同时应注意只有突出屋面的小建筑会有鞭梢效应的影响，所以增大部分不应向下传递给屋面以下的结构部分，但与该突出部分相连的构件应予以计入。

鞭梢效应与顶部附加地震作用是两个不同的概念，考虑的因素各不相同。顶部附加地震作用是采用底部剪力法时，只考虑了基本振型的影响导致结构顶部的地震作用计算值偏小而对底部剪力法的修正，此时附加地震作用 ΔF_n 应置于主体结构的顶层（即结构的大屋面处），而不应置于局部突出部分的质点处。

由于在高振型中能够反映出结构鞭梢效应的影响，当采用振型分解法计算结构的地震作用时，如果判断结构有鞭梢效应的影响，则在振型组合中应取较多振型。

【例 3-4】 已知条件同例题 3-3，按底部剪力法计算结构在多遇地震时的水平地震作用及各层的地震剪力。

【解】 （1）计算地震影响系数 α_1

由例 3-3 得，$\alpha_1 = 0.109$。

（2）计算结构等效总重力荷载 G_{eq}

$$G_{eq} = 0.85 \sum_{i=1}^{n} G_i = 0.85 \times (435 + 440 + 430 + 380) \text{kN} = 1432.25 \text{kN}$$

（3）计算底部剪力 F_{Ek}

$$F_{Ek} = \alpha_1 G_{eq} = 0.109 \times 1432.25 \text{kN} = 156.12 \text{kN}$$

（4）计算各质点的水平地震作用 F_i

因 $T_1 = 0.383\text{s} > 1.4 T_g = 0.35\text{s}$，所以需考虑顶部附加地震作用，按式（3-132）进行计算。

由表 3-4 知

$$\delta_n = 0.08 T_1 + 0.07 = 0.101$$

$$\Delta F_n = \delta_n F_{Ek} = 0.101 \times 156.12 \text{kN} = 15.77 \text{kN}$$

$$(1 - \delta_n) F_{Ek} = 140.35 \text{kN}$$

计算结果列于表 3-5。

表3-5 例3-4计算结果

层数	G_i /kN	H_i /m	$G_i H_i$ /kN·m	$\Sigma G_i H_i$ /kN·m	F_i /kN	ΔF_n /kN	V_i /kN
4	380	16	6080		51.72	15.77	67.49
3	430	12	5160	16500	43.89		111.38
2	440	8	3520		29.94		141.32
1	435	4	1740		14.80		156.12

■ 3.7 结构基本周期的近似计算

按底部剪力法进行结构地震作用的计算，不需进行烦琐的频率和振型分析，但仍需知道结构的基本周期值。本节介绍两种常用的计算结构基本周期的近似方法，即能量法和顶点位移法，计算量不大，精度相对较高，可以手算。

3.7.1 能量法

能量法又称瑞利（Rayleigh）法。根据能量守恒原理，一个无阻尼的弹性体系做自由振动时，其总能量在任何时候保持不变。设 n 质点弹性体系（图3-20），质点 i 的质量为 m_i，相应的重力荷载为 $G_i = m_i g$，g 为重力加速度。

能量法计算基本周期的准确程度取决于假定的第一振型与真实振型的近似程度，根据瑞利的建议，沿振动方向施加等于体系荷重的静力作用，由此产生的变形曲线作为体系的第一振型可得到满意的结果。假设各质点的重力荷载 G_i，水平作用于相应质点上所产生的弹性变形曲线为基本振型，图中 Δ_i 为质点 i 的水平位移。因为弹性体系自由振动时做简谐运动，于是，在振动过程中，质点 i 的瞬时水平位移为

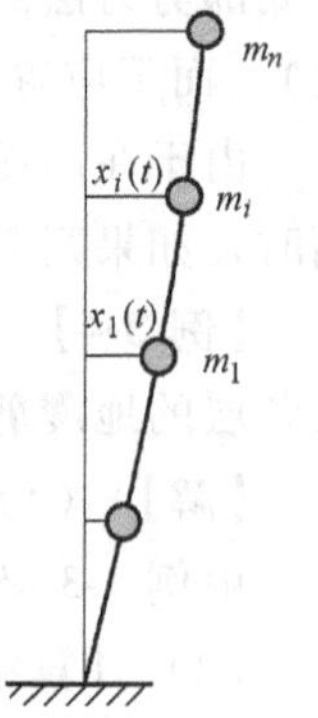

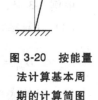

$$x_i(t) = \Delta_i \sin(\omega_1 t + \varphi_1) \qquad (3-140)$$

其瞬时速度为

$$\dot{x}_i(t) = \omega_1 \Delta_i \cos(\omega_1 t + \varphi_1) \qquad (3-141)$$

当体系在振动过程中各质点位移同时达到最大时，动能为零，而变形位能达到最大值 $U_{\max}$，即

图3-20 按能量法计算基本周期的计算简图

$$U_{\max} = \frac{1}{2} \sum_{i=1}^{n} G_i \Delta_i \qquad (3-142)$$

当体系经过静平衡位置时，变形位能为零，体系动能达到最大值，即

$$T_{\max} = \frac{1}{2} \sum_{i=1}^{n} m_i (\omega_1 \Delta_i)^2 = \frac{\omega_1^2}{2g} \sum_{i=1}^{n} G_i \Delta_i^2 \qquad (3-143)$$

根据能量守恒原理，令 $U_{\max} = T_{\max}$，则得体系基本频率的近似计算公式为

$$\omega_1 = \sqrt{\frac{g \sum_{i=1}^{n} G_i \Delta_i}{\sum_{i=1}^{n} G_i \Delta_i^2}} \qquad (3-144)$$

体系的基本周期为

$$T_1 = \frac{2\pi}{\omega_1} = 2\pi \sqrt{\frac{\sum\limits_{i=1}^{n} G_i \Delta_i^2}{g \sum\limits_{i=1}^{n} G_i \Delta_i}} \approx 2 \sqrt{\frac{\sum\limits_{i=1}^{n} G_i \Delta_i^2}{\sum\limits_{i=1}^{n} G_i \Delta_i}} \qquad (3\text{-}145)$$

式中，G_i 为质点 i 的重力荷载；Δ_i 为在 G_i 作为水平力作用下，质点 i 处的水平弹性位移（m）。

3.7.2 顶点位移法

顶点位移法的基本思路是将体系的基本周期用在重力荷载水平作用下的顶点位移来表示。

考虑一质量均匀的悬臂直杆（图 3-21a），杆单位长度的质量为 $\overline{m}$，相应重力荷载为 $q = \overline{m}g$。

当杆为弯曲型振动时，基本周期可按下式计算

$$T_b = 1.78 \sqrt{\frac{\overline{m} l^4}{EI}} \qquad (3\text{-}146)$$

当杆为剪切型振动时，基本周期为

$$T_s = 1.28 \sqrt{\frac{\mu q H^2}{GA}} \qquad (3\text{-}147)$$

式中，EI 为杆的弯曲刚度；GA 为杆的剪切刚度；μ 为剪应力分布不均匀系数。

悬臂直杆在均布重力荷载 q 水平作用下（图 3-21b），弯曲变形时的顶点位移为

$$\Delta_b = \frac{q H^4}{8EI} \qquad (3\text{-}148)$$

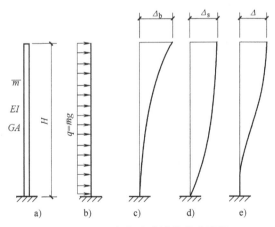

图 3-21　顶点位移法计算基本周期

剪切变形时的顶点位移为

$$\Delta_s = \frac{\mu q H^2}{2GA} \qquad (3\text{-}149)$$

将式（3-148）代入式（3-146），得杆按弯曲振动时用顶点位移表示的基本周期计算公式

$$T_b = 1.6\sqrt{\Delta_b} \tag{3-150}$$

将式（3-149）代入式（3-147），得杆按剪切振动时的基本周期公式

$$T_s = 1.8\sqrt{\Delta_s} \tag{3-151}$$

若杆按弯剪振动，顶点位移为 Δ，则基本周期可按下式计算为

$$T = 1.7\sqrt{\Delta} \tag{3-152}$$

上述各公式中，顶点位移的单位为 m，周期的单位为 s。

3.7.3 基本周期的修正

在按能量法和顶点位移法求解基本周期时，一般只考虑了抗侧力结构构件的刚度（如框架梁柱、抗震墙），并未考虑非承重构件（如填充墙）对刚度的影响（填充墙的存在将提高结构的抗侧刚度），这将使理论计算的周期偏长。当用反应谱理论计算地震作用时，自振周期偏长会使地震作用计算值偏小而趋于不安全。因此，需对上述理论计算结果给予折减，分别乘以折减系数 φ_T，折减系数可根据填充墙数量的多少，框架结构取 $0.6 \sim 0.7$，框架-抗震墙结构取 $0.7 \sim 0.8$，抗震墙结构取 1.0。

【例 3-5】 钢筋混凝土 3 层框架计算如图 3-22 所示，各层高均为 5m，各楼层重力荷载代表值分别为：$G_1 = G_2 = 1200\text{kN}$，$G_3 = 800\text{kN}$；楼板刚度无穷大，各楼层抗侧移刚度分别为：$D_1 = D_2 = 4.5 \times 10^4 \text{kN/m}$，$D_3 = 4.0 \times 10^4 \text{kN/m}$。分别按能量法和顶点位移法计算结构基本自振周期（取填充墙影响折减系数 $\phi_T = 0.7$）。

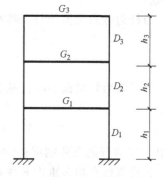

图 3-22 例 3-5 图

【解】 1）计算将各楼层重力荷载水平作用于结构时引起的侧移值，计算结果列于表 3-6。

表 3-6 例 3-5 侧移计算

层数	楼层重力荷载 G_i/kN	楼层剪力 $V_i = \Sigma G_i$ /kN	楼层侧移刚度 D_i /(kN/m)	层间侧移 $\delta_i = V_i/D_i$ /m	楼层侧移 $\Delta_i = \Sigma \delta_i$ /m
3	800	800	40000	0.0200	0.1355
2	1200	2000	45000	0.0444	0.1155
1	1200	3200	45000	0.0711	0.0711

2）按能量法计算基本周期。由式（3-145）得

$$T_1 = 2\phi_T \sqrt{\frac{\sum\limits_{i=1}^{n} G_i \Delta_i^2}{\sum\limits_{i=1}^{n} G_i \Delta_i}}$$

$$= 2 \times 0.7 \times \sqrt{\frac{800 \times 0.1355^2 + 1200 \times 0.1155^2 + 1200 \times 0.0711^2}{800 \times 0.1355 + 1200 \times 0.1155 + 1200 \times 0.0711}}\text{s}$$

$$= 0.466\text{s}$$

3）按顶点位移法计算基本周期。由式（3-152）得

$$T = 1.7\phi_T\sqrt{\Delta} = 1.7 \times 0.7 \times \sqrt{0.1355}\,\text{s} = 0.438\text{s}$$

■ 3.8 平扭耦联振动时结构的抗震计算

前面几节讨论的水平地震作用的计算方法中计算简图均采用质点模型，即每一楼层简化为一个自由度的质点，用质点的振动代表各楼层的振动，亦即假定楼层只有平动，没有转动。该计算模型只适用于结构平面布置规则、质量和刚度分布均匀的结构体系。当结构布置不能满足均匀、规则、对称的要求时，结构的振动除了平移振动外，还会伴随着扭转振动。大量震害调查表明，扭转将产生对结构不利的影响，加重建筑结构的地震震害。因此，我国抗震规范规定：对于质量和刚度分布明显不对称的结构，应考虑水平地震作用下的扭转影响。

在地震中结构产生扭转的原因大致有以下两个方面：①地震动是一种多维随机运动，地面运动存在着绕地面竖轴的转动分量或地面各点的运动存在相位差，导致即使是对称结构也难免发生扭转。②结构自身不对称。地震作用是一种惯性力，作用于结构平面的质量中心处，如果结构平面的质量中心与刚度中心不重合，存在偏心，则会导致在水平地震下结构的扭转振动。此外，对于多层房屋，即使每层的质心与刚心重合，但各楼层的质心不在同一竖轴上时，同样也会引起整个结构的扭转振动。

对于第一条原因引起的结构扭转，由于目前缺乏地震动扭转分量的强震记录，因而由该原因引起的扭转效应还难于确定。抗震规范中采用如下规定考虑其影响：规则结构不进行扭转耦联计算时，平行于地震作用方向的两个边榀各构件，其地震作用效应应乘以增大系数。一般情况下，短边可按1.15采用，长边可按1.05采用；当扭转刚度较小时，周边各构件宜按不小于1.3采用。角部构件宜同时乘以两个方向各自的增大系数。

对于第二条原因引起的结构扭转，抗震规范提出按扭转耦联振型分解法计算地震作用及其效应。假设楼盖平面内刚度为无限大，将质量分别就近集中到各层楼板平面上，则扭转耦联振动时结构的计算简图可简化为图3-23所示的串联刚片系。每层刚片有3个自由度，即两方向的平移和平面内的转角φ，相应地，任一振型在第i楼层具有3个振型位移，即两个正交的水平位移X_{ji}、Y_{ji}和一个转角位移φ_{ji}。当结构为n层时，则结构共有$3n$个自由度。

按扭转耦联振型分解法计算时，j振型第i层的水平地震作用标准值按下列公式确定

$$\begin{cases} F_{xji} = \alpha_j\gamma_{tj}X_{ji}G_i \\ F_{yji} = \alpha_j\gamma_{tj}Y_{ji}G_i \\ F_{tji} = \alpha_j\gamma_{tj}r_i^2\varphi_{ji}G_i \end{cases} \quad (3\text{-}153)$$

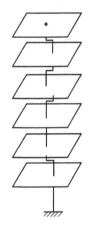

图3-23 平动扭转耦联振动时的串联刚片模型

式中，F_{xji}、F_{yji}、F_{tji}分别为振型j层的x方向、y方向和转角方向的地震作用标准值；X_{ji}、Y_{ji}为j振型i层质心在x、y方向的水平相对位移；φ_{ji}为j振型i层的相对扭转角；α_j为与第j振型自振周期T_j相应的地震

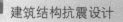

影响系数；r_i 为 i 层转动半径。

r_i 按下式计算为

$$r_i = \sqrt{J_i/m_i} \tag{3-154}$$

式中，J_i 为第 i 层绕质心的转动惯量；m_i 为第 i 层的质量。γ_{tj} 为计入扭转的 j 振型参与系数。

γ_{tj} 按下列公式确定：

当仅取 x 方向地震作用时，
$$\gamma_{tj} = \gamma_{xj} = \frac{\sum\limits_{i=1}^{n} X_{ji} G_i}{\sum\limits_{i=1}^{n} (X_{ji}^2 + Y_{ji}^2 + \varphi_{ji}^2 r_i^2) G_i} \tag{3-155}$$

当仅取 y 方向地震作用时

$$\gamma_{tj} = \gamma_{yj} = \frac{\sum\limits_{i=1}^{n} Y_{ji} G_i}{\sum\limits_{i=1}^{n} (X_{ji}^2 + Y_{ji}^2 + \varphi_{ji}^2 r_i^2) G_i} \tag{3-156}$$

当取与 x 方向斜交的地震作用时

$$\gamma_{tj} = \gamma_{xj} \cos\theta + \gamma_{yj} \sin\theta \tag{3-157}$$

式中，θ 为地震作用方向与 x 方向的夹角。

按式（3-153）可分别求得对应于每一振型的地震作用标准值，为求得结构总的地震反应，同样需进行振型组合。与结构单向平移水平地震反应计算相比，考虑平扭耦合效应进行振型组合时，需注意由于平扭耦合体系有 x 向、y 向和扭转三个主振方向，若取 $3r$ 个振型组合则只相当于不考虑平扭耦合影响时只取 r 个振型组合的情况，故平扭耦合体系的组合数比非平扭耦合体系的振型组合数要多，一般应为 3 倍以上。此外，由于平扭耦合影响，一些振型的频率间隔可能很小，振型组合时，需考虑不同振型地震反应间的相关性。为此，可采用完全二次振型组合法（CQC 法），按下式计算单向水平地震作用下的扭转耦联效应 S

$$S_{Ek} = \sqrt{\sum_{j=1}^{m} \sum_{k=1}^{m} \rho_{jk} S_j S_k} \tag{3-158}$$

$$\rho_{jk} = \frac{8\sqrt{\xi_j \xi_k}(\xi_j + \xi_T \xi_k)\lambda_T^{1.5}}{(1-\lambda_T^2)^2 + 4\xi_j \xi_k (1+\lambda_T)^2 \lambda_T + 4(\xi_j^2 + \xi_k^2)\lambda_T^2} \tag{3-159}$$

式中，S_{Ek} 为地震作用标准值的扭转效应；m 为所取振型数，一般取前 9~15 个振型；S_j、S_k 为 j、k 振型地震作用标准值的效应；ξ_j、ξ_k 为 j、k 振型的阻尼比；ρ_{jk} 为 j 振型与 k 振型的耦联系数；λ_T 为 k 振型与 j 振型的自振周期比。

表 3-7 给出了阻尼比 $\xi = 0.05$ 时 ρ_{jk} 与 λ_T 的数值关系，从表中可看出，ρ_{jk} 随 λ_T 的减小而迅速衰减。当 $\lambda_T > 0.8$ 时，不同振型之间相关性的影响可能较大。这说明，当各振型的频率相近时，有必要考虑耦联系数 ρ_{jk} 的影响。当 $\lambda_T < 0.7$ 时，两个振型间的相关性很小，可忽略不计。如果忽略全部振型的相关性，即只考虑自身振型的相关，则由式（3-158）给出的 CQC 组合式退化为式（3-127）的 SRSS 组合式。

表 3-7 ρ_{jk} 与 λ_T 的数值关系（$\xi = 0.05$）

λ_T	0.4	0.5	0.6	0.7	0.8	0.9	0.95	1.0
ρ_{jk}	0.010	0.018	0.035	0.071	0.165	0.472	0.791	1.000

按式（3-153）可分别求出 x 向水平地震动和 y 向水平地震动产生的各阶水平地震作用，再按式（3-158）进行振型组合，分别求得由 x 向水平地震动和由 y 向水平地震动产生的某一特定地震作用效应（如楼层位移、构件内力等），分别计为 S_x 和 S_y。由于 S_x 和 S_y 不一定在同一时刻发生，可采用平方和开方的方式估计由双向水平地震产生的作用效应。根据强震观测记录的统计分析，两个方向水平地震加速度的最大值不相等，二者之比约为 $1：0.85$，因此抗震规范提出按下面两式的较大值确定双向水平地震作用效应

$$S_{Ek} = \sqrt{S_x^2 + (0.85 S_y)^2} \qquad (3-160)$$

或

$$S_{Ek} = \sqrt{S_y^2 + (0.85 S_x)^2} \qquad (3-161)$$

■ 3.9 竖向地震作用计算

地震时，地面运动的竖向分量引起建筑物产生竖向振动。震害调查表明，在烈度较高的震中区，竖向地震的影响十分明显。对于高层建筑和高耸结构的上部，在竖向地震作用下，可能使结构的上部在竖向地震作用下，因上下振动而出现向上的地震作用大于结构自重的情况。对于大跨度结构，竖向地震使结构产生上下振动的惯性力，相当于增加了结构的上下竖向荷载作用。因此《建筑抗震设计规范》规定：设防烈度为 8 度和 9 度区的大跨度结构、长悬臂结构，以及设防烈度为 9 度区的高层建筑，应计算竖向地震作用。

3.9.1 高层建筑的竖向地震作用计算

对于高层建筑的竖向地震作用的计算，可采用反应谱法。大量强震记录及其统计分析表明，竖向地震反应谱曲线与水平地震反应谱曲线大致相同，两者的最大动力系数 β_{max} 的数值接近；竖向地震动加速度峰值大约为水平地震动加速度峰值的 1/2 ~2/3。因此，在竖向地震作用的计算中，可近似采用水平反应谱，而竖向地震影响系数的最大值近似取为水平地震影响系数最大值的 65%。

作为简化方法，可采用类似于水平地震作用的底部剪力法计算高层建筑的竖向地震作用。由于高层建筑的层数较多，n 的数值较大，抗震规范统一取 $\chi = 0.75$，即结构的等效重力荷载取为总重力荷载的 75%；又由于高层建筑的竖向基本周期很短，一般处于地震影响系数最大值的周期范围内，因而可取竖向地震影响系数为竖向地震影响系数最大值。

根据上述分析，高层建筑竖向地震作用（图 3-24）计算的公式为

$$F_{Evk} = \alpha_{vmax} G_{eq} \qquad (3-162)$$

$$F_{vi} = \frac{G_i H_i}{\sum_{j=1}^{n} G_j H_j} F_{Evk} \qquad (3-163)$$

式中，F_{Evk} 为结构总竖向地震作用标准值；F_{vi} 为质点 i 的竖向地震作用标准值；α_{vmax} 为竖向

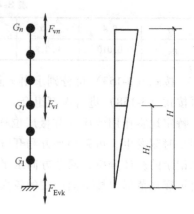

地震影响系数最大值，取水平地震影响系数最大值的 65%，即 $\alpha_{vmax} = 0.65\alpha_{max}$；$G_{eq}$ 为结构等效总重力荷载，按式（3-135）确定，对竖向地震作用计算，取等效系数 $\chi = 0.75$。

由式（3-163）求出的是各楼层质点的竖向地震作用，然后可按楼层各构件承受的重力荷载代表值的比例，确定各构件的竖向地震作用效应，并宜乘以增大系数 1.5。

图 3-24　竖向地震作用计算简图

3.9.2　大跨度结构的竖向地震作用计算

大量分析表明，对平板型网架、大跨度屋盖、长悬臂结构等大跨度结构的各主要构件，竖向地震作用内力与重力荷载的内力比值彼此相差一般不大，因而可认为竖向地震作用的分布与重力荷载的分布相同。抗震规范规定各构件：对于不属于平面投影尺度很大的、规则的平板型网架屋盖，跨度大于 24m 的屋架、屋盖横梁及托架，长悬臂结构和其他大跨度结构，其竖向地震作用标准值的计算可采用静力法，取其重力荷载代表值和竖向地震作用系数的乘积，即

$$F_v = \xi_v G_i \tag{3-164}$$

式中，F_v 为结构或构件的竖向地震作用标准值；G_i 为结构或构件的重力荷载代表值；ξ_v 为竖向地震作用系数。对于平板型网架和跨度大于 24m 的屋架，ξ_v 按表 3-8 采用；对于长悬臂和其他大跨度结构，8 度时取 $\xi_v = 0.10$，9 度时取 $\xi_v = 0.20$，当设计基本地震加速度为 0.30g 时，取 $\xi_v = 0.15$。

表 3-8　竖向地震作用系数 ξ_v

结构类型	烈度	场地类别		
		I	II	III、IV
平板型网架、钢屋架	8	可不计算(0.10)	0.08(0.12)	0.10(0.15)
	9	0.15	0.15	0.20
钢筋混凝土屋架	8	0.10(0.15)	0.13(0.19)	0.13(0.19)
	9	0.20	0.25	0.25

注：括号中数值用于设计基本地震加速度为 0.30g 的地区。

大跨度空间结构的竖向地震作用，尚可按竖向振型分解反应谱方法计算。其竖向地震影响系数可采用水平地震影响系数的 65%，但特征周期可按设计第一组采用。

■ 3.10　结构抗震验算

为了实现"小震不坏，中震可修，大震不倒"的三水准设防目标，抗震规范提出了两阶段设计方法来实现"三水准"的抗震设防要求。第一阶段设计：按多遇地震作用效应和其他荷载效应的基本组合验算构件截面抗震承载力，以防止结构构件在"小震"下产生破坏；以及在多遇地震作用下验算结构的弹性变形，以防止非结构构件（填充墙、建筑装饰灯）的破坏，满足建筑正常使用的要求。第二阶段设计：在罕遇地震下验算结构的弹塑性

变形，以防止结构倒塌。

3.10.1 结构抗震计算的一般原则

各类建筑结构的抗震计算，应符合下列规定：

1）一般情况下，应至少在建筑结构的两个主轴方向分别计算水平地震作用，各方向的水平地震作用应由该方向抗侧力构件承担。

2）有斜交抗侧力构件的结构，当相交角度大于15°时，应分别计算各抗侧力构件方向的水平地震作用。

3）质量和刚度分布明显不对称的结构，应计入双向水平地震作用下的扭转影响；其他情况，可采用调整地震作用效应的方法计入扭转影响。

4）8度和9度时的大跨度和长悬臂结构及9度时的高层建筑，应计算竖向地震作用。对8度和9度时采用隔震设计的建筑结构。

对于各种地震作用计算方法，应按以下规定选用：

1）高度不超过40m、以剪切变形为主且质量和刚度沿高度分布比较均匀的结构，近似于单质点体系的结构，可采用底部剪力法。

2）除第1）款外的建筑结构，宜采用振型分解反应谱法。

3）对特别不规则的建筑、甲类建筑和表3-9所列高度范围的高层建筑，应采用时程分析法进行多遇地震下的补充计算。

表3-9 采用时程分析的房屋高度范围

烈度、场地类别	房屋高度范围/m
8度Ⅰ、Ⅱ类场地和7度	> 100
8度Ⅲ、Ⅳ类场地	>80
9度	>60

由于设计反应谱中地震影响系数在长周期段下降较快，对于基本周期大于3.5s的结构，由此计算所得的水平地震作用下的结构效应可能太小。为保证结构的基本安全性，抗震验算时，结构任一楼层的水平地震剪力应符合式（3-165）的最低要求。

$$V_{Eki} > \lambda \sum_{j=i}^{n} G_j \tag{3-165}$$

式中，V_{Eki}为第i层对应于水平地震作用标准值的楼层剪力；λ为剪力系数，不应小于表3-10规定的楼层最小地震剪力系数值，对竖向不规则结构的薄弱层，尚应乘以1.15的增大系数；G_j为第j层的重力荷载代表值。

表3-10 楼层最小地震剪力系数值λ

类别	6度	7度	8度	9度
扭转效应明显或基本周期小于3.5s的结构	0.008	0.016(0.024)	0.032(0.048)	0.064
基本周期大于5.0s的结构	0.006	0.012 (0.018)	0.024 (0.036)	0.048

注：1. 基本周期介于3.5～5.0s之间的结构，可插入取值。
　　2. 括号内数值分别用于设计基本地震加速度为0.15g和0.30g的地区。

扭转效应是否明显，一般可由考虑耦联的振型分解反应谱法分析结果判断，如在前三个振型中，两个水平方向的振型参与系数为同一个量级，即存在明显的扭转效应。

3.10.2 截面抗震验算

结构构件的地震作用效应和其他荷载效应的基本组合，应按下式计算：

$$S = \gamma_G S_{GE} + \gamma_{Eh} S_{Ehk} + \gamma_{Ev} S_{Evk} + \phi_w \gamma_w S_{wk} \tag{3-166}$$

式中，S 为结构构件内力组合的设计值，包括组合的弯矩、轴向力和剪力设计值；γ_G 为重力荷载分项系数，一般情况应采用 1.2，当重力荷载效应对构件承载能力有利时不应大于 1.0；γ_{Eh}、γ_{Ev} 分别为水平、竖向地震作用分项系数，按表 3-11 采用；γ_w 为风荷载分项系数，应采用 1.4；S_{GE} 为重力荷载代表值的效应；S_{Ehk} 为水平地震作用标准值的效应；S_{Evk} 为竖向地震作用标准值的效应；S_{wk} 为风荷载标准值的效应；ϕ_w 为风荷载组合值系数，一般结构取 0.0，风荷载起控制作用的建筑应采用 0.2。

表 3-11　地震作用分项系数

地震作用	γ_{Eh}	γ_{Ev}
仅计算水平地震作用	1.3	0.0
仅计算竖向地震作用	0.0	1.3
同时计算水平与竖向地震作用（水平地震为主）	1.3	0.5
同时计算水平与竖向地震作用（竖向地震为主）	0.5	1.3

结构构件的截面抗震验算，应采用下列设计表达式

$$S \leq \frac{R}{\gamma_{RE}} \tag{3-167}$$

式中，γ_{RE} 为承载力抗震调整系数，按表 3-12 采用，当仅计算竖向地震作用时，各类结构构件均应采用 1.0；R 为结构构件承载力设计值，按相关设计规范计算。

与一般结构的非抗震验算的结构承载力设计表达式相比，式（3-167）中的 S 中重力荷载采用的是重力荷载代表值，并含有地震作用效应；另外，式（3-167）中未考虑结构重要性系数 γ_0。其主要原因是，在抗震规范中，通过建筑抗震设防类别来考虑重要性的不同，不再引进 γ_0；同时注意到在抗震设计表达式（3-167）中，引进了承载力抗震调整系数 γ_{RE}（此系数是不大于 1.0 的值，即抗震设计时，结构构件的承载力有所提高，见表 3-12），主要原因是：地震作用是一种短时动力作用，在动力荷载下材料强度比静力荷载下高，而材料强度标准值是按静力荷载测试得到的，即在结构承受地震作用时，其材料的实际强度应高于材料的强度标准值；此外地震是一种偶然作用，发生的概率低，相应地，结构的抗震可靠度可比承受其他荷载的要求低。

表 3-12　承载力抗震调整系数

材料	结构构件	受力状态	γ_{RE}
钢	柱、梁、支撑、节点板件、螺栓、焊缝	强度	0.75
	柱、支撑	稳定	0.80
砌体	两端均有构造柱、芯柱的抗震墙	受剪	0.9
	其他抗震墙	受剪	1.0

（续）

材料	结构构件	受力状态	γ_{RE}
混凝土	梁	受弯	0.75
	轴压比小于 0.15 的柱	偏压	0.75
	轴压比不小于 0.15 的柱	偏压	0.80
	抗震墙	偏压	0.85
	各类构件	受剪、偏拉	0.85

3.10.3 多遇地震作用下结构的弹性变形验算

因砌体结构刚度大变形小，厂房对非结构构件变形要求低，故可不验算砌体结构和厂房的弹性变形，而只验算框架结构、框架-抗震墙结构、抗震墙结构等表 3-13 所列各类结构在多遇地震作用下的结构弹性变形，其楼层内最大的弹性层间位移应符合下式要求：

$$\Delta u_e \leqslant [\theta_e]h \tag{3-168}$$

表 3-13 弹性层间位移角限值

结构类型	$[\theta_e]$
钢筋混凝土框架	1/550
钢筋混凝土框架-抗震墙、板柱-抗震墙、框架-核心筒	1/800
钢筋混凝土抗震墙、筒中筒	1/1000
钢筋混凝土框支层	1/1000
多、高层钢结构	1/250

式中，$[\theta_e]$ 为弹性层间位移角限值，按表 3-13 采用；h 为计算楼层层高；Δu_e 为多遇地震作用标准值产生的楼层内最大的弹性层间位移。计算 Δu_e 时，除以弯曲变形为主的高层建筑外，Δu_e 可不扣除结构整体弯曲变形；Δu_e 应计入扭转变形，各作用分项系数均应采用 1.0；钢筋混凝土结构构件的截面刚度可采用弹性刚度。

3.10.4 罕遇地震作用下结构的弹塑性变形验算

在罕遇地震烈度下结构将进入弹塑性阶段，为满足"大震不倒"的抗震设防要求，需进行罕遇地震作用下结构的弹塑性变形验算。

1. 验算范围

在经过第一阶段设计、采取了各种抗震措施后，结构构件已具备必要的延性，大多数结构可以满足"大震不倒"的要求，但对某些特殊的结构以及地震中容易倒塌的结构，尚需验算其在强震作用下的弹塑性变形，即进行第二阶段设计。抗震规范规定下列结构应进行罕遇地震作用下薄弱层的弹塑性变形验算：

1）8 度Ⅲ、Ⅳ类场地和 9 度时，高大的单层钢筋混凝土柱厂房的横向排架。

2）7~9 度时楼层屈服强度系数 $\xi_y < 0.5$ 的钢筋混凝土框架结构和框排架结构。

3）高度大于 150m 的结构。

4）甲类建筑和 9 度时乙类建筑中的钢筋混凝土结构和钢结构。

5）采用隔震和消能减震设计的结构。

此外，规范还规定，对下列结构宜进行弹塑性变形验算：

1）表3-9所列高度范围且属于竖向不规则类型的高层建筑结构。

2）7度Ⅲ、Ⅳ类场地和8度时乙类建筑中的钢筋混凝土结构和钢结构。

3）板柱-抗震墙结构和底部框架砌体结构。

4）高度不大于150m的其他高层钢结构。

5）不规则的地下建筑结构及地下空间综合体。

2. 验算方法

结构薄弱层（部位）的弹塑性层间位移应符合下式要求，即

$$\Delta u_p \leq [\theta_p]h \tag{3-169}$$

式中，Δu_p为弹塑性层间位移；h为薄弱层楼层高度或单层厂房上柱高度；$[\theta_p]$为弹塑性层间位移角限值，按表3-14采用。对钢筋混凝土框架结构，当轴压比小于0.40时，$[\theta_p]$可提高10%，当柱子全高的箍筋构造比规范规定的最小配箍特征值大30%时，$[\theta_p]$可提高20%，但累计不超过25%。

表3-14 弹塑性层间位移角限值

结构类型	$[\theta_p]$
单层钢筋混凝土柱排架	1/30
钢筋混凝土框架	1/50
底部框架砖房中的框架-抗震墙	1/100
钢筋混凝土框架-抗震墙、板柱-抗震墙、框架-核心筒	1/100
钢筋混凝土抗震墙、筒中筒	1/120
多、高层钢结构	1/50

弹塑性层间位移Δu_p的计算可采用非弹性地震反应分析的时程分析法或静力弹塑性分析方法（详见第9章），但按上述方法计算量很大，只能电算。因此，抗震规范建议，对不超过12层且层刚度无突变的钢筋混凝土框架和框排架结构、单层钢筋混凝土柱厂房可采用下述简化计算法计算，主要计算步骤如下：

（1）计算楼层屈服强度系数　大量震害分析表明，大震作用下一般存在"塑性变形集中"的薄弱层，这是因为结构构件强度是按小震作用计算的，各截面实际配筋与计算往往不一致，同时各部位在大震下其效应增大的比例也不同，从而使有些层可能率先屈服，形成塑性变形集中，这种抗震薄弱层的变形能力的好坏将直接影响整个结构的倒塌性能。

规范中引入楼层屈服强度系数来定量判别薄弱层的位置，其表达式为

$$\xi_y = \frac{V_y(i)}{V_e(i)} \tag{3-170}$$

式中，ξ_y为结构第i层的楼层屈服强度系数；$V_y(i)$为按构件实际配筋和材料强度标准值计算的第i楼层实际抗剪承载力；$V_e(i)$为按罕遇地震作用下的弹性分析所获得的第i楼层的地震剪力。

（2）确定结构薄弱层的位置　由式（3-170）可见，楼层屈服强度系数ξ_y反映了结构中楼层的实际承载力与该楼层所受弹性地震剪力的相对比值关系。计算分析表明，当各楼层的屈服强度系数均大于0.5时，该结构就不存在塑性变形明显集中而导致倒塌的薄弱层，故无须再进行罕遇地震作用下抗震变形验算。而当各楼层屈服强度系数并不都大于0.5时，则楼

层屈服强度系数最小或相对较小的楼层往往率先屈服并出现较大的层间弹塑性位移，且楼层屈服强度系数越小，层间弹塑性位移越大，故可根据楼层屈服强度系数来确定结构薄弱层的位置。

对于结构薄弱层（部位）的位置，规范中给出如下确定原则：

1）楼层屈服强度系数沿高度分布均匀的结构，可取底层。

2）楼层屈服强度系数沿高度分布不均匀的结构，可取该系数最小的楼层（部位）和相对较小的楼层，一般不超过 2~3 处。

3）单层厂房，可取上柱。

当楼层屈服强度系数符合下述条件时，才认为是沿高度分布均匀的。

对标准层 $\qquad\qquad \xi_y(i) \geqslant 0.8[\xi_y(i+1) + \xi_y(i-1)]/2$ （3-171）

对顶层 $\qquad\qquad\qquad \xi_y(n) \geqslant 0.8\xi_y(n-1)$ （3-172）

对底层 $\qquad\qquad\qquad \xi_y(1) \geqslant 0.8\xi_y(2)$ （3-173）

（3）薄弱层弹塑性层间位移的计算薄弱层　弹塑性层间位移可按下式计算为

$$\Delta u_p = \eta_p \Delta u_e \qquad\qquad (3\text{-}174)$$

或

$$\Delta u_p = \mu \Delta u_y = \frac{\eta_p}{\xi_y} \Delta u_y \qquad\qquad (3\text{-}175)$$

式中，Δu_e 为罕遇地震作用下按弹性分析的层间位移；Δu_y 为层间屈服位移；μ 为楼层延性系数；η_p 为弹塑性层间位移增大系数。当薄弱层（部位）的屈服强度系数不小于相邻层（部位）该系数平均值的 0.8 时，η_p 可按表 3-15 采用；当不大于该平均值的 0.5 时，η_p 可按表内相应数值的 1.5 倍采用；其他情况 η_p 可采用内插法取值。

表 3-15　弹塑性层间位移增大系数 η_p

结构类型	总层数 n 或部位	ξ_y		
		0.5	0.4	0.3
多层均匀框架结构	2~4	1.30	1.40	1.60
	5~7	1.50	1.65	1.80
	8~12	1.80	2.00	2.20
单层厂房	上柱	1.30	1.60	2.00

由表 3-15 可以看出，弹塑性位移增大系数 η_p 随框架层数和楼层屈服强度系数 ξ_y 而变化，ξ_y 减小时 η_p 增大较多，因此设计中应尽量避免产生 ξ_y 过低的薄弱层。

习题及思考题

一、填空题

1. 在用底部剪力法计算多层结构的水平地震作用时，对于 $T_1 > 1.4T_g$ 时，在_____附加 ΔF_n，其目的是考虑_____的影响。

2.《建筑抗震设计规范》规定，对于烈度为 8 度和 9 度的大跨和_____结构、烟囱和类似的高耸结构以及 9 度时的_____等，应考虑竖向地震作用的影响。

3. 用于计算框架结构水平地震作用的手算方法一般有_____和_____。

4. 在振型分解反应谱法中，根据统计和地震资料分析，对于各振型所产生的地震作用效应，可近似地采用_____的组合方法来确定。

5. 底部剪力法适用于高度不超过_____，以_____变形为主，_____和_____沿高度分布均匀的结构。

6. 地震作用是振动过程中作用在结构上的_____。

7. 求结构基本周期的近似方法有_____、_____和_____。

8. 地震影响系数与_____和_____有关。

9. 建筑结构扭转不规则时，应考虑扭转影响，楼层竖向构件最大的层间位移不宜大于楼层层间位移平均值的_____倍。

10. 地震系数 k 表示_____与_____之比；动力系数 β 是单质点_____与_____的比值。

二、选择题

1. 按振型分解反应谱法计算水平地震作用标准值时，其采用的重力荷载值是（　　）。

A. 结构总重力荷载值

B. 结构等效总重力荷载值

C. 结构各集中质点的重力荷载代表值

D. 结构各层重力荷载代表值乘以各分项系数

2. 多遇地震作用下层间弹性验算的主要目的是（　　）。

A. 防止结构倒塌　　　　　　　　B. 防止非结构部分发生过重的破坏

C. 防止结构发生破坏　　　　　　D. 防止人们发生惊慌

3. 建筑结构的地震影响系数应根据（　　）确定。

A. 烈度　　　　　　　　　　　　B. 阻尼比

C. 场地类别　　　　　　　　　　D. 结构自震周期

E. 设计地震分组

4. 8 度地震区，下列哪种结构不要考虑竖向地震作用？（　　）

A. 烟囱　　　　　B. 高层结构　　　　C. 大跨度结构　　　　　D. 长悬臂结构

5. 抗震设防烈度为 8 度时，相应的地震波加速度峰值是（　　）。

A. 0.125g　　　　B. 0.2g　　　　C. 0.25g　　　　D. 0.3g

6. 楼层屈服强度系数沿高度分布比较均匀的结构，薄弱层的位置为（　　）。

A. 最顶层　　　　B. 中间楼层　　　　C. 第二层　　　　D. 底层

7. 抗震计算时，结构角部构件只考虑单向水平地震作用得到的地震作用效应应提高（　　）。

A. 10%　　　　　B. 20%　　　　　C. 30%　　　　　D. 40%

8. 当高层建筑结构采用时程分析法进行补充计算时，所求的底部剪力应符合（　　）的规定。

A. 每条时程曲线计算所得的底部剪力不应小于振型分解反应谱法求得的底部剪力 80%

B. 每条时程曲线计算所得的底部剪力不应小于振型分解反应谱法求得的底部剪力 90%

C. 每条时程曲线计算所得的底部剪力不应小于振型分解反应谱法或底部剪力法求得的

底部剪力 75%

D. 每条时程曲线计算所得的底部剪力不应小于振型分解反应谱法求得的底部剪力 65%，多条时程曲线计算所得的底部剪力平均值不应小于振型分解反应谱法求得的底部剪力 80%

9. 《建筑抗震设计规范》规定，需要考虑竖向地震作用的是（　　）。

A. 设防烈度为 6 度以上地区的高层建筑

B. 设防烈度为 7 度以上地区的高层建筑

C. 设防烈度为 8 度以上地区的高层建筑

D. 设防烈度为 9 度地区的高层建筑

三、简答题

1. 什么是地震作用？什么是地震反应？地震作用与一般荷载有何不同？

2. 什么是反应谱？如何用反应谱法确定单质点弹性体系的水平地震作用？

3. 什么是地震系数？什么是动力系数？什么是地震影响系数？

4. 简述规范中给出的抗震设计反应谱 α-T 曲线的特点和主要影响因素。

5. 简述确定结构地震作用的振型分解反应谱法的基本原理和计算步骤。

6. 简述确定结构地震作用的底部剪力法的适用条件及计算步骤。

7. 什么是建筑的重力荷载代表值？什么是结构等效总重力荷载？在水平地震作用及竖向地震作用计算时应如何取值？

8. 哪些结构需进行竖向地震作用计算？简述其计算方法。

9. 试从计算模型、计算方法、地震作用效应组合等方面比较考虑扭转影响和不考虑扭转影响时的异同。

10. 什么是楼层屈服强度系数？怎样判断结构薄弱层和部位？

11. 结构的抗震变形验算包括哪些内容？哪些结构应进行罕遇地震作用下薄弱层的弹塑性变形验算？

四、计算题

1. 某单跨单层厂房，集中于屋盖的重力荷载代表值为 $G = 2800\mathrm{kN}$，柱抗侧移刚度系数 $k_1 = k_2 = 2.0 \times 10^4 \mathrm{kN/m}$，结构阻尼比 $\xi = 0.03$，Ⅱ类建筑场地，设计地震分组为第一组，设计基本地震加速度为 $0.15g$。求厂房在多遇地震时水平地震作用。

2. 图 3-25 为两层房屋计算简图，楼层集中质量分别为 $m_1 = 120\mathrm{t}$，$m_2 = 80\mathrm{t}$，楼板刚度无穷大，楼层剪切刚度系数分别为 $k_1 = 5 \times 10^4 \mathrm{kN/m}$，$k_2 = 3 \times 10^4 \mathrm{kN/m}$。求体系自振频率和振型，并验算振型正交性。

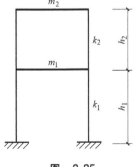

图 3-25

3. 钢筋混凝土 3 层框架计算简图如图 3-26 所示。分别按能量法和顶点位移法计算结构基本自振周期（取填充墙影响折减系数为 0.6）。

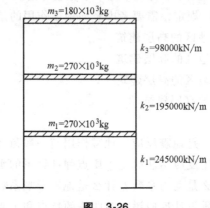

图 3-26

4. 钢筋混凝土 3 层框架经质量集中后计算简图如图 3-27 所示。各层高均 5m，各楼层集中质量代表值分别为 $G_1 = G_2 = 750kN$，$G_3 = 500kN$；经分析得结构振动频率和振型如图 3-27 所示。结构阻尼比 $\xi = 0.05$，I_1 类建筑场地，设计地震分组为第一组，设计基本地震加速度为 $0.1g$。试按振型分解反应谱法确定结构在多遇地震时的地震作用效应，绘出层间地震剪力图。

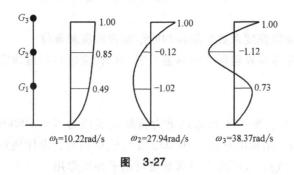

图 3-27

5. 已知条件同题 4，试按底部剪力法计算。

第4章

钢筋混凝土结构的抗震性能与设计

多高层钢筋混凝土结构以其优越的综合性能，在现代化城市建设中得到了广泛的应用。在我国城市中，大部分多高层建筑都采用钢筋混凝土结构形式。我国地处世界两大地震带之间，受其影响，我国位于强地震区的城市占有很大的比重，位于6度区以上的城市占城市总数的70%以上，近60%的大城市，位于7度以及7度以上的地震区。因此，掌握多高层钢筋混凝土结构抗震设计方法，是十分重要的。

■ 4.1 多层和高层钢筋混凝土结构的震害

4.1.1 建筑场地引起的震害

1. 共振效应所引起的震害

当建筑场地的卓越周期与建筑物的自振周期、地震的振动传播周期相近时，容易产生类共振效应而加剧建筑物的震害。如1985年墨西哥格雷罗（Guerrero）7.3级地震，震中附近建筑物未遭到严重破坏，而远在400km以外的墨西哥城湖积区软弱场地上10~15层的高层建筑，却由于土层和结构的双重共振作用，出现了严重破坏和倒塌。

2. 地基失效所引起的震害

地基土液化、软土震陷及断层错动都可以导致地基失效。地基土液化最典型的工程实例是1964年的日本新潟发生6.8级地震，因砂土地基液化，造成一栋4层公寓大楼连同基础倾倒了80°，而这次地震中，用桩基支撑在密实土层上的建筑则破坏较少。1999年我国台湾集集发生了7.6级大地震，也有很多因地基土液化而导致建筑物倾斜的例子。1976年的唐山大地震（7.8级）、1999年土耳其地震（7.4级）都有软土震陷破坏的实例。这种极端的不均匀沉降作用，在设计中基本上无法考虑。

4.1.2 结构布置引起的震害

1. 结构平面不规则引起扭转破坏

结构平面不对称有以下两种情况：一是结构平面形状的不对称，如L形、Z形平面等；二是结构的平面形状对称但结构的刚度分布不对称，这往往是由于楼梯间或者剪力墙布置的不对称及砌体填充墙布置的不合理等所造成的。结构平面上的不对称，会使结构的质量中心与刚度中心不重合，导致结构在水平地震作用下产生扭转和局部应力集中（尤其是在凹角处），若不采取相应的加强措施，就会造成严重的震害。1972 年的尼加拉瓜地震中，楼梯、电梯间和砌体填充墙集中布置在平面一端的 15 层马那瓜中央银行破坏严重，震后被拆除；而相距不远的 18 层马那瓜美洲银行，由于采取了对称芯筒布置，震后仅局部连梁上有细微裂缝，稍加修理便恢复了使用，如图 4-1 所示。

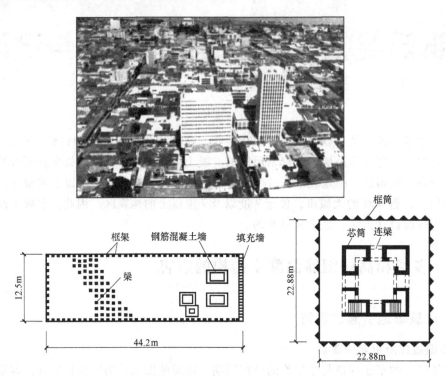

图 4-1　马那瓜中央银行与美洲银行图片

2. 结构竖向不规则导致薄弱层的破坏

结构某一层的抗侧刚度或层间水平承载力突然变小，形成软弱层或薄弱层。地震时，该层的塑性变形过大或承载力不足，引起结构构件的严重破坏，造成楼层塌落或结构倒塌。1972 年美国圣费尔南多地震中，Olive View 医院主楼底层柱严重破坏，残余侧向位移达60cm。1995 年日本阪神地震和 2008 年中国四川汶川地震中，许多底层空旷的建筑严重破坏或者倒塌。阪神地震中，大量下部采用钢骨混凝土构件、上部采用钢构件或混凝土构件的多

a)　　　　　　　　　　　　　　b)

图 4-2　竖向不规则结构破坏实例

a）阪神地震时槽形钢骨钢筋混凝土建筑第二层的破坏　b）都江堰某框架结构底层破坏

高层建筑，因竖向刚度和承载力突然变小，出现了中间层坍塌的震害现象，如图 4-2 所示。

突出屋面的附属结构物因与下部主体结构间存在明显的刚度突变，且建筑物顶部受高阶振型影响较大，地震反应显著增大，产生鞭梢效应而严重破坏。都江堰公安局楼顶在汶川地震后，由于塔顶的刚度存在突变产生了明显的鞭梢效应而遭到了破坏，但建立钢塔的主体结构却保持完好，如图 4-3 所示。

3. 防震缝宽度不足引起的震害

国内外历次大地震中，都有因防震缝宽度不足而使建筑物碰撞破坏的实例。1976 年唐山大地震，京津唐地区设缝的高层建筑（缝宽 50~150mm），除北京饭店东楼（18 层框架-剪力墙结构，缝宽 600mm）外，均发生不同程度的碰撞，轻者外装修、女儿墙、檐口损坏，重者主体结构破坏。2008 年汶川地震中，防震缝的破坏较为普遍，如图 4-4 所示，主要震害表现为：盖缝材料挤压变形破坏或拉脱；缝两侧墙体及女儿墙碰撞破坏或面层脱落；缝两侧主体结构因碰撞发生破坏或垮塌。

图 4-3　都江堰公安局楼顶塔桅因鞭梢效应破坏

图 4-4　江油市某框架伸缩缝过窄发生碰撞

4.1.3　钢筋混凝土框架结构的震害

钢筋混凝土框架结构房屋是我国工业与民用建筑中最常用的结构形式之一，一般在 15 层以下，多数为 10~15 层。框架结构的特点是建筑平面布置灵活，可以取得较大的使用空间，具有相对较好的延性。但是，框架结构的整体抗侧刚度相对较小，抗震能力的储备也相对较小；在强烈地震的作用下，其侧向变形相对较大，易造成部分框架柱的失稳破坏；另外，框架结构的冗余度较少，容易形成连续倒塌机制，而导致结构整体倾覆倒塌；同时，地震时该类结构非结构构件的破坏也比较严重，不仅会危及人身安全，造成较大的财产损失，而且其震后的加固修复费用很高。总之，框架结构的震害主要是由于其强度和延性不足而引起的，其破坏程度比砌体结构轻，但重于有剪力墙的钢筋混凝土结构。未经抗震设计或概念设计上存在明显问题的钢筋混凝土框架结构，存在着很多薄弱环节；遭遇 8 度或 8 度以上的地震作用时，这类结构会产生一定数量的中等或严重破坏，极少数甚至整体倒塌。框架结构的震害主要表现在以下几个方面。

1. 框架结构因形成"柱铰"机制而破坏

"强柱弱梁"屈服机制是延性框架结构抗震设计的主要目标之一，但即使按现行规范对其进行"强柱弱梁"设计，在强震作用下，其柱端仍可能出现塑性铰。震害资料表明：钢筋混凝土框架结构的震害，一般表现为梁轻柱重，柱顶比柱底更重，尤其是角柱和边柱更易发生破坏，如图 4-5 所示。

图 4-5　都江堰市某六层钢筋混凝土框架结构柱头、柱脚、角柱、边柱破坏情况

2. 框架柱的破坏

框架柱的震害一般要重于框架梁，其破坏主要集中在上、下柱端 1.0~1.5 倍柱截面高度的范围内。一般来说，角柱的震害重于内柱，短柱的震害重于一般柱，柱上端的震害重于下端。

（1）塑性铰处的压弯破坏　柱子在轴力和杆端弯矩的作用下，上下柱端出现水平裂缝和斜裂缝（也有交叉裂缝），混凝土局部被压碎，柱端形成塑性铰。严重时混凝土压碎剥落，箍筋外鼓崩断，柱筋屈曲成灯笼状。柱子轴压比过大、主筋不足、箍筋过稀等都会导致这种破坏，破坏大多出现在梁底与柱顶交接处，如图 4-6 所示。

（2）剪切破坏　柱在往复水平地震作用下，会出现斜裂缝或交叉裂缝，裂缝宽度较大，箍筋屈服崩断，难以修复，如图 4-7 所示。

图 4-6　地震中主筋压屈　　　　　　　　图 4-7　柱发生剪切破坏

（3）角柱的破坏　由于房屋不可避免地要发生扭转，角柱所受剪力最大，同时角柱承受双向弯矩作用，而约束又较其他柱小，震害比内柱严重，有的角柱上、下柱身错动，钢筋由柱内拔出。

（4）短柱的破坏　有错层、夹层或有半层高的填充墙，或不适当地设置某些连系梁，以及设置楼梯平台梁时，容易形成剪跨比不大于 2 的短柱，短柱刚度大，易产生剪切破坏，如图 4-8 所示。

图 4-8　短柱破坏

（5）柱牛腿的破坏 结构单元之间或主楼与裙房之间若采用主楼框架柱设牛腿，低层屋面或楼面梁搁置在牛腿上的做法，地震时由于两边振动不同步，会造成牛腿上的混凝土被压碎、预埋件被拔出、柱边混凝土拉裂等震害。1976 年唐山大地震时，天津友谊宾馆主楼（9 层框架）和裙房（单层餐厅）之间，采用客厅层屋面梁支承在主框架牛腿上加以钢筋焊接，在地震中，牛腿拉断、压碎，产生了严重的震害。

3. 框架梁的破坏

震害多发生在框架梁的梁端。在地震作用下梁端纵向钢筋屈服，出现上下贯通的垂直裂缝和交叉斜裂缝。在梁端负弯矩钢筋切断处，由于抗弯能力削弱也容易产生裂缝，造成梁剪切破坏。框架梁发生剪切破坏，主要是由于梁端屈服后所产生的剪力较大，超过了梁的抗剪承载力，梁内箍筋配置较稀，以及在地震反复荷载作用下，混凝土抗剪强度降低等因素引起的，如图 4-9 和图 4-10 所示。

图 4-9 北川县红十字会大楼梁端出铰

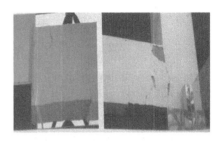

图 4-10 都江堰市建设大厦梁
端破坏（两侧无楼板）

框架梁的震害较少，主要因为按"强柱弱梁"原则进行框架的设计时，未充分考虑现浇板及其配筋对框架梁抗弯承载力的影响。

4. 框架梁柱节点的破坏

框架节点核心区是梁柱端受力最大部位，是保证框架承载力和抗倒塌能力的关键区域。梁柱纵筋在节点区交汇锚固，钢筋配置密集，施工难度大，若节点内箍筋配置不足或不设箍筋时，就会造成节点破坏，产生对角方向的斜裂缝或交叉斜裂缝，导致混凝土剪碎剥落、柱纵向钢筋压曲外鼓。梁纵筋在节点区锚固长度不足时，钢筋会从节点内被拔出，将混凝土拉裂，产生锚固破坏，如图 4-11 和图 4-12 所示。

图 4-11 北川县在建框
架节点破坏（交叉斜裂缝）

图 4-12 绵竹市某餐厅节点破坏
（表层混凝土崩落，箍筋崩脱）

5. 框架填充墙的破坏

框架结构常采用各种烧结砖、混凝土砌块、轻质墙体等材料做填充墙。进行框架结构设计分析时，填充墙一般仅作为荷载考虑，但有些填充墙（如砖砌体）本身具有一定刚度，地震时作为整个结构系统的第一道防线而承受地震剪力，但由于没有采取合理的抗震构造措施，造成了填充墙严重开裂和破坏，加之填充墙平面外的地震作用，导致墙体倒塌。填充墙面开洞过大过多、砂浆强度等级低、施工质量差、灰缝不饱满等因素，都会使填充墙震害加重，端墙、窗间墙、门窗洞口边角部位及突出部位的破坏更为严重。框架填充墙的震害总体表现为下重上轻。汶川地震中，大量框架结构出现了填充墙破坏，甚至倒塌，如图 4-13 和图 4-14 所示。

图 4-13　都江堰国税局大楼破坏严重

图 4-14　墙面形成交叉斜裂缝

填充墙除本身的震害较严重外，其在平面及竖向的不合理布置还会引起下列震害：

1）填充墙造成"短柱"的剪切破坏。

2）填充墙平面布置不均匀造成结构实际楼层刚度偏心，导致结构扭转产生震害。

3）填充墙沿高度方向不连续造成实际楼层刚度突变，导致薄弱楼层破坏或倒塌。

6. 楼梯间破坏

楼梯间是地震时重要的逃生通道。楼梯间及其构件的破坏会延误人员撤离及救援工作，造成严重伤亡。汶川地震中，许多框架结构的楼梯都发生了严重破坏，甚至楼梯板断裂，使得逃生通道被切断，如图 4-15 和图 4-16 所示。

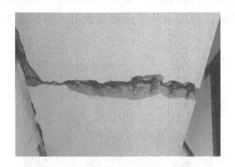

图 4-15　汶川地震时某结构梯段板破坏

图 4-16　梯梁及平台板破坏

框架结构抗侧刚度较小，当结构构件与主体结构整浇时，楼梯板类似斜撑，对结构刚度、承载力、规则性均有较大影响；楼梯结构复杂，传力路径也复杂，使得楼梯的震害加重。楼梯震害主要有以下几方面：

1）上下梯段交叉处梯梁和梯梁支座剪扭破坏。

2）楼梯受拉破坏或拉断。

3）休息平台处短柱破坏。

4.1.4　剪力墙结构的震害

剪力墙刚度大，地震作用下侧移小，因而具有剪力墙的结构抗震性能较好，其震害较框架结构轻。汶川地震中，框架-剪力墙结构震害较轻，个别为中等破坏，无一例倒塌。

剪力墙结构的主要震害有连梁剪切破坏、墙肢出现剪切裂缝和水平裂缝等。汶川地震中框架-剪力墙结构还出现了边缘构件混凝土压碎及纵筋压屈、墙体沿施工缝滑移错动、墙体竖向钢筋剪断等震害现象，如图4-17和图4-18所示。

图4-17　都江堰公安局大楼底层连梁破坏

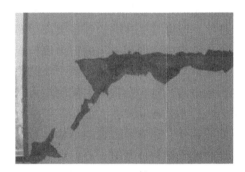

图4-18　都江堰公安局大楼
二层水平裂缝出现在施工缝处

连梁的震害以剪切脆性破坏为主。这主要是由于连梁的跨高比较小，形成深梁，在反复荷载作用下形成 X 形剪切裂缝。房屋1/3高度处的连梁破坏尤为明显。

狭而高的墙肢，其工作性能与悬臂梁相似，震害常出现在底部。

■ 4.2　多高层钢筋混凝土结构选型、结构布置和设计原则

4.2.1　结构选型

梁、板等水平构件和柱、墙等竖向构件通过不同的组成方式和传力途径，构成了不同的抗侧力结构体系。采用相同的结构构件，按不同方式所组成的抗侧力体系，其整体性可能表现为截然不同的结果。抗侧力结构体系是多高层建筑结构是否合理、是否经济的关键，其选型与组成是多高层钢筋混凝土结构设计的首要决策重点。多高层建筑结构中，常用的抗侧力体系有框架结构、剪力墙（或抗震墙）结构、框架-剪力墙结构、筒体结构等。不同的结构体系，其抗震性能、使用效果与经济指标也不同。

框架结构由梁、柱组成，可同时抵抗竖向荷载及水平力。框架结构平面布置灵活，易于满足建筑物设置大房间的要求，且构件类型少，设计、计算、施工较简单，在工业与民用建筑中应用广泛。按照抗震要求设计的钢筋混凝土延性框架结构，具有较好的抗震性能，延性

大，耗能能力强，是多高层建筑中一种较好的结构体系。但由于其侧向刚度较小，水平力作用下结构的变形较大，故框架结构的高度不宜过高。

用钢筋混凝土剪力墙抵抗竖向荷载和水平力的结构称为剪力墙（或抗震墙）结构。这种结构体系的整体性好、抗侧能力强、承载力大、水平力作用下侧移小，经合理设计，可表现出较好的抗震性能。但受限于楼板跨度，剪力墙间距较小，一般为3~8m，平面布置不灵活，建筑空间受限。剪力墙结构一般用于10~30层的高层住宅、旅馆等建筑。剪力墙结构自重大、刚度大，基本周期较短，受到的地震力也较大，因此高度很大的剪力墙结构并不经济。

框架-剪力墙结构是由框架和剪力墙这两种受力、变形性能不同的抗侧力结构单元通过楼板或连梁协调变形，共同承受竖向荷载及水平力的结构体系。它兼有框架结构和剪力墙的优点，既能为建筑提供较灵活的使用空间，又具有良好的抗侧力性能。框架-剪力墙结构中的剪力墙可以单独设置，也可利用电梯井、楼梯间、管道井等墙体。当建筑高度较大时，剪力墙可以做成筒体，形成框架-筒体结构。框架-剪力墙（筒体）结构适用于建造办公楼、酒店、住宅、教学楼、住院楼等各类高层建筑，是在多高层建筑中广泛应用的结构体系。

筒体结构是由四周封闭的剪力墙构成单筒式的筒状结构，或以楼梯、电梯为内筒，密排柱、深梁框架为外框筒组成的筒中筒结构，或以两个或两个以上的框筒紧靠在一起成束状排列，形成束筒。这种结构的空间刚度大，抗侧和抗扭刚度都很强，建筑布局灵活，常用于超高层公寓、办公楼和商业大厦建筑等。

除此之外，还有巨型框架结构、悬吊结构、脊骨结构体系等。

选择建筑结构体系时，要综合考虑建筑功能要求和结构设计要求。在总结国内外大量震害和工程设计经验的基础上，根据地震烈度、抗震性能、使用要求及经济效果等因素，规定了地震区各种结构体系的最大适用高度。平面和竖向均不规则的结构，其适用的最大高度宜降低。超过表4-1所示高度的房屋，应进行专门研究和论证，采取有效的加强措施。

选择结构体系时还应注意：结构的自振周期要避开场地的特征周期，以免发生类共振而加重震害；选择合理的基础形式，保证基础有足够的埋置深度，有条件时宜设置地下室。在软弱地基土上宜选用桩基、片筏基础、箱形基础或桩-箱、桩-筏联合基础。

表 4-1 现浇钢筋混凝土房屋适用的最大高度　　　　　　　（单位：m）

结构体系		设防烈度/度				
		6	7	8(0.2g)	8(0.3g)	9
框架		60	50	40	35	24
框架-抗震墙		130	120	100	80	50
抗震墙		140	120	100	80	60
部分框支抗震墙		120	100	80	50	不应采用
筒体	框架-核心筒	150	130	100	90	70
	筒中筒	180	150	120	100	80
板柱-抗震墙		80	70	55	40	不应采用

注：1. 房屋高度指室外地面到主要屋面板板顶的高度（不包括局部突出屋顶的部分）。

2. 框架-核心筒结构是指周边稀柱框架与核心筒组成的结构。

3. 部分框支抗震墙结构指首层或底部两层为框支层的结构，不包括仅个别框支墙的情况。

4. 表中框架不包括异形柱框架。

5. 板柱-抗震墙结构是指板柱、框架和抗震墙组成抗侧力体系的结构。

6. 乙类建筑可按本地区抗震设防烈度确定其适用的最大高度。

7. 超过表内高度的房屋结构，应按有关标准进行设计，采取有效的加强措施。

4.2.2 结构布置

1. 结构总体布置原则

多高层建筑的抗震设计除了要根据结构高度、抗震设防烈度等选择合理的抗侧力体系外，还要重视建筑形体和结构总体布置，即建筑的平面、立面布置和结构构件的平面、竖向布置。建筑形体和结构总体布置对结构的抗震性能有着决定性的影响。

多高层钢筋混凝土结构房屋的建筑形体和结构总体布置，应符合以下基本原则：

1）采用对抗震有利的建筑平面和立面布置；采用对抗震有利的结构平面和竖向布置；采用规则结构，不应采用严重不规则结构。

2）结构应具有明确的计算简图和合理、直接的地震作用或传递途径。

3）合理设置变形缝；各结构单元之间、各构件之间或彻底分离，或牢靠连接，避免似分不分、似连非连的结构方案。

4）尽可能设置多道地震防线，并应考虑部分构件出现塑性铰变形后的内力重分布。

5）加强楼屋盖的整体性，注重构件之间的连接构造，使结构具有良好的整体牢固性和尽量多的冗余度。

6）结构在两个主轴方向的动力特性宜相近。

2. 建筑结构的规则性

建筑结构的规则性是指建筑物的平、立面布置要对称、规则，其质量与刚度的变化要均匀。震害调查表明，建筑平面和立面不规则常是造成震害的主要原因参见表1-5及表1-6。

当混凝土房屋存在表1-5中所列举的某项平面不规则类型，或表1-6中所列举的某项竖向不规则类型及类似的不规则类型时，应属不规则建筑。不规则建筑应按下列要求进行地震作用计算和内力调整，并应对薄弱部位采取有效的抗震构造措施：

（1）平面不规则而竖向规则的建筑 应采用空间结构计算模型，并应符合下列要求：

1）扭转不规则时，应计入扭转影响，且楼层竖向构件最大的弹性水平位移和层间位移分别不宜大于楼层两端弹性水平位移和层间位移平均值的1.5倍，当最大层间位移远小于规范限值时，可适当放宽。

2）凹凸不规则或楼板局部不连续时，应采用符合楼板平面内实际刚度变化的计算模型；高烈度或不规则程度较大时，宜计入楼板局部变形的影响。

3）平面不对称且凹凸不规则或局部不连续时，可根据实际情况分块计算扭转位移比，对扭转较大的部位应采用局部的内力增大系数。

（2）平面规则而竖向不规则的建筑 应采用空间结构计算模型，刚度小的楼层的地震剪力应乘以不小于1.15的增大系数，其薄弱层应进行弹塑性变形分析，并应符合下列要求：

1）竖向抗侧力构件不连续时，该构件传递给水平转换构件的地震内力应根据烈度高低和水平转换构件的类型、受力情况、几何尺寸等，乘以1.25~2.0的增大系数。

2）侧向刚度不规则时，相邻层的侧向刚度比应依据其结构类型符合有关规定。

3）楼层承载力突变时，薄弱层抗侧力结构的受剪承载力不应小于相邻上一楼层的65%。

（3）平面不规则且竖向不规则的建筑　应根据不规则类型的数量和程度，有针对性地采用不低于上述两项要求的各项抗震措施。

当存在多项不规则或某项不规则超过表1-5和表1-6中规定的参考指标较多时，应属特别不规则的建筑；建筑形体复杂，多项指标超过前述限值或某一指标大大超过表4-2和表4-3中的规定值，具有现有技术和经济条件不能克服的严重抗震薄弱环节，可能导致地震破坏的严重后果，应属严重不规则建筑。特别不规则的建筑，应经专门研究和论证，采取更有效的加强措施或对薄弱部位采用相应的抗震性能化设计方法。严重不规则的建筑不应采用。

3. 竖向布置

建筑竖向形体宜规则、均匀，不宜有过大的外挑或内收，如图4-19所示。当结构上部层收进部位到室外地面高度 H_1 与房屋总高度 H 之比大于0.2时，上部楼层收进后的水平尺寸 B_1 不宜小于下部楼层水平尺寸 B 的0.75倍。当上部结构楼层相对于下部楼层外挑时，下部楼层的水平尺寸 B 不宜小于上部楼层水平尺寸 B_1 的0.9倍，且水平外挑尺寸 a 不宜大于4m。

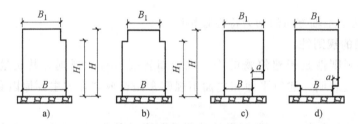

图4-19　结构竖向收进与外挑示意

结构竖向抗侧力构件宜上、下贯通，截面尺寸和材料强度宜自下而上逐渐减小，避免侧向刚度和承载力突变形成薄弱层。构件上下层传力应直接、连续。同一结构单元中同一楼层应在同一标高处，尽可能不采用复式框架，避免局部错层和夹层。尽可能降低建筑物的重心，以利于结构的整体稳定性。高层建筑宜设地下室。

为增加结构的整体刚度和抗倾覆能力，使结构具有较好的整体稳定性和承载能力，钢筋混凝土高层建筑结构的高宽比不宜超过表4-2中的要求。

表4-2　钢筋混凝土高层建筑结构适用的高宽比

结构体系	非抗震设计	设防烈度/度		
		6、7	8	9
框架	5	4	3	2
板柱-剪力墙	6	5	4	—
框架-剪力墙、剪力墙	7	6	5	4
框架-核心筒	8	7	6	4
筒中筒	8	8	7	5

地下室顶板作为上部结构的嵌固部位时，应符合下列要求：

1）地下室结构顶板应避免开设大洞口；地下室在地上结构相关范围（地上结构周边外延不大于20m）的顶板应采用现浇梁板结构，相关范围以外的地下室顶板宜采用现浇梁板结构；其楼板厚度不宜小于180mm，混凝土强度等级不宜小于C30，应采用双层双向配筋，且每层每个方向的配筋率不宜小于0.25%。

2）结构地上一层的侧向刚度不宜大于相关范围地下一层侧向刚度的0.5倍；地下室周边宜有与其顶板相连的剪力墙。

3）地下室顶板对应于地上框架柱的梁柱节点除应满足抗震计算要求外，还应符合下列规定之一：①地下一层柱截面每侧纵向钢筋不应小于地上一层柱对应纵向钢筋的1.1倍，地下一层柱上端和节点左右梁端实配的抗震受弯承载力之和应大于地上一层柱下端实配的抗震受弯承载力的1.3倍；②地下一层梁刚度较大时，柱截面每侧的纵向钢筋面积应大于地上一层对应柱每侧纵向钢筋面积的1.1倍，梁端顶面和底面的纵向钢筋面积均应比计算增大10%以上。

4）地下一层抗震墙墙肢端部边缘构件纵向钢筋的截面面积，不应少于地上一层对应墙肢端部边缘构件纵向钢筋的截面面积。

框架-剪力墙结构和板柱-剪力墙结构中的剪力墙宜贯通房屋全高，剪力墙洞口宜上下对齐，洞口距端柱不宜小于300mm。

剪力墙结构和部分框支剪力墙中，剪力墙的墙肢长度沿结构全高不宜有突变；剪力墙有较大的洞口时，以及一、二级剪力墙的底部加强部位，洞口宜上下对齐。

矩形平面的部分框支剪力墙结构中，应限制框支层刚度和承载力的过大削弱，框支层的楼层侧向刚度不应小于相邻非框支层楼层侧向刚度的50%；为避免使框支层成为少墙框架体系，底层框架部分承担的地震倾覆力矩不应大于结构总地震倾覆力矩的50%。

4. 平面布置

建筑平面形状和结构平面布置力求简单、规则、对称。主要抗侧力构件宜规则对称布置，承载力、刚度、质量分布变化宜均匀，结构的刚心与质心尽可能重合，以减少扭转效应及局部应力集中；不宜采用角部重叠的平面图形或细腰形平面图形。楼电梯间不宜设在结构单元的两端及拐角处；剪力墙（包括框支剪力墙结构中的落地墙）的两端（不包括洞口两侧）宜设置端柱或与另一方向的剪力墙相连。

为抵抗不同方向的地震作用，框架结构和框架-剪力墙结构中，框架和剪力墙均应双向设置，当柱中线与剪力墙中线、梁中线与柱中线之间的偏心距大于柱宽的1/4时，应计入偏心的影响。甲、乙类建筑及高度大于24m的丙类建筑不应采用单跨框架结构；高度不大于24m的丙类建筑不宜采用单跨框架结构。

框架-剪力墙结构和板柱-剪力墙结构中，楼梯间宜设置剪力墙，但不宜造成较大的扭转效应；为减少温度应力的影响，当房屋较长时，刚度较大的纵向剪力墙不宜设置在房屋的端开间。

为提高较长剪力墙的延性，剪力墙结构和部分框支剪力墙结构中，较长的剪力墙宜设置跨高比大于6的连梁形成洞口，将一道剪力墙分为长度较均匀的若干墙段，各墙段的高宽比不宜小于3；矩形平面的部分框支剪力墙结构，框支层落地剪力墙间距不宜大于24m，框支层的平面布置宜对称，且宜设抗震筒体。

楼盖、屋盖平面内若发生变形，就不能有效地将楼层地震剪力在各抗侧力构件之间进行分配和传递。为使楼盖、屋盖具有传递水平地震剪力的刚度，多高层的混凝土楼盖、屋盖宜优先选用现浇混凝土楼盖。当采用预制装配式混凝土楼盖、屋盖时，应从楼盖体系和构造上采取措施确保楼盖、屋盖的整体性及其与剪力墙的可靠连接。采用配筋现浇面层加强时，其厚度不应小于50mm。同时，框架-剪力墙、板柱-剪力墙结构及框支层中，剪力墙之间无大洞口的楼盖、屋盖的长宽比不宜超过表4-3的规定；超过时，应计入楼盖平面内变形的影响。

表4-3 抗震墙之间楼盖、屋盖的长宽比

楼盖、屋盖类型		设防烈度			
		6	7	8	9
框架-抗震墙结构	现浇或叠合楼盖、屋盖	4	4	3	2
	装配整体式楼盖、屋盖	3	3	2	不宜采用
板柱-抗震墙结构的现浇楼盖、屋盖		3	3	2	—
框支层的现浇楼盖、屋盖		2.5	2.5	2	—

高层建筑宜选用风作用较小的平面形状。平面长度 L 不宜过长，突出部分 l 不宜过大，图4-20 中，L、l 等值宜满足表4-4的要求。

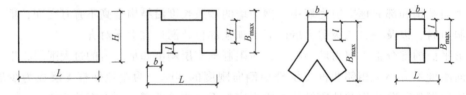

图4-20 高层建筑平面

表4-4 L、l 的限值

设防烈度/度	L/b	l/B_{max}	l/b
6、7	≤6.0	≤0.35	≤2.0
8、9	≤5.0	≤0.30	≤1.5

5. 防震缝的设置

设置防震缝可使结构抗震分析模型较为简单，容易估计其地震作用和采用抗震措施；但若防震缝宽度不够，防震缝两侧结构在强震下仍难免发生局部碰撞破坏，而防震缝宽度过大则会给立面处理带来困难，另外还会给地下室防水处理带来一定的难度。不设防震缝时，结构分析模型复杂，连接处局部应力集中需要加强，而且需仔细估计地震扭转效应等可能导致的不利影响。因此，体型复杂、平立面不规则的多高层钢筋混凝土建筑应根据不规则程度、地基基础条件和技术经济等因素的比较分析，确定是否设置防震缝。

当不设防震缝时，建筑物各部分之间应牢固连接，或采用能适应地震作用下变形要求的连接方式。结构分析时应采用符合实际的计算模型，分析判明其应力集中、变形集中或地震扭转效应等导致的易损部位，并采取相应的措施。

当在适当部位设置防震缝时，宜形成多个较规则的抗侧力结构单元。防震缝应根据设防烈度、结构材料种类、结构类型、结构单元的高度和高差以及可能的地震扭转效应的情况，留有足够的宽度，其两侧的上部结构应完全分开。

当设置伸缩缝和沉降缝时，其宽度应符合防震缝的要求。防震缝可结合沉降缝要求贯通到地基，当无沉降问题时，也可以从基础或地下室以上贯通。当有多层地下室形成大底盘，上部结构为带裙房的单塔或多塔结构时，可将裙房用防震缝自地下室以上分隔。地下室顶板应有良好的整体性和刚度，能将上部结构的地震作用分布到地下室结构。

钢筋混凝土房屋需要设置防震缝时，其最小宽度应符合下列要求：

1）框架结构（包括设置少量剪力墙的框架结构）房屋的防震缝宽度，当高度不超过15m时不应小于100mm；高度超过15m时，6度、7度、8度、9度分别每增加高度5m、4m、3m、2m，宜加宽20mm。

2）框架–剪力墙结构房屋的防震缝宽度不应小于上述对框架规定数值的70%，剪力墙结构房屋的防震缝宽度不应小于上述对框架规定数值的50%，且均不宜小于100mm。

3）防震缝两侧结构类型不同时，宜按需要较宽防震缝的结构类型和较低房屋高度确定缝宽。

8度、9度框架结构房屋的防震缝两侧结构层高相差较大时，防震缝两侧框架柱的箍筋应沿房屋全高加密，并可根据需要在缝两侧沿房屋全高各设置不少于两道垂直于防震缝的抗撞墙。抗撞墙的布置宜避免加大扭转效应，其长度可不大于1/2层高，抗震等级可同框架结构；框架结构的内力应按设置和不设置抗撞墙两种计算模型的不利情况取值。

6. 非承重墙体

钢筋混凝土结构中非承重墙体的材料、选型和布置要求，应根据抗震设防烈度、房屋高度、建筑体型、结构层间变形、墙体自身抗侧力性能的利用等因素，经综合分析后确定。非承重墙体应优先采用轻质墙体材料；采用砌体墙时，应采取措施减少对主体结构的不利影响，并应设置拉结筋、水平系梁、圈梁、构造柱等与主体结构可靠拉结；采用刚性非承重墙体时，其布置应避免使结构形成刚度和强度分布上的突变。当围护墙非对称均匀布置时，应考虑质量和刚度的差异对主体结构抗震不利的影响。

砌体女儿墙在人流出入口和通道处应与主体结构锚固；非出入口且无锚固的女儿墙高度，6~8度时不宜超过0.5m，9度时应有锚固。防震缝处女儿墙应留有足够的宽度，缝两侧的自由端应予加强。

钢筋混凝土结构中的砌体填充墙应符合下列要求：

1）填充墙在平面和竖向的布置宜均匀、对称，避免形成薄弱层或短柱。

2）砌体的砂浆强度等级不应低于M5；实心块体的强度等级不宜低于MU2.5，空心块体的强度等级不宜低于MU3.5；墙顶应与框架梁密切结合。

3）填充墙应沿框架柱全高每隔500~600mm设2φ6拉筋；拉筋伸入墙内的长度，6度、7度时宜沿墙全长贯通，8度、9度时应全长贯通。

4）墙长大于5m时，墙顶与梁宜有拉结；墙长超过8m或层高2倍时，宜设置钢筋混凝土构造柱；墙高超过4m时，墙体半高宜设置与柱连接且沿墙全长贯通的钢筋混凝土水平系梁。

5）楼梯间和人流通道的填充墙，尚应采用钢丝网砂浆面层加强。

4.2.3　钢筋混凝土结构房屋的抗震等级

钢筋混凝土房屋的抗震等级是重要的设计参数。抗震等级的划分，体现了不同抗震等级设防类别、不同结构类型、不同烈度、同一烈度但高度不同的钢筋混凝土房屋结构延性要求的不同，以及同一种结构在不同结构类型中延性要求的不同。钢筋混凝土房屋应根据设防类别、设防烈度、结构类型和房屋高度采用不同的抗震等级，并应符合相应的计算和构造措施要求。丙类建筑的抗震等级应按表4-5确定。

表4-5　现浇钢筋混凝土房屋的抗震等级

结构类型		设防烈度									
		6		7			8			9	
框架结构	高度/m	≤24	>24	≤24	>24		≤24	>24		≤24	
	框架	四	三	三	二		二	一		一	
	大跨度框架	三		二			一				
框架-抗震墙结构	高度/m	≤60	>60	≤24	25~60	>60	≤24	25~60	>60	≤24	25~50
	框架	四	三	四	三	二	三	二	一	二	三
	抗震墙	三		三		二	二		一	二	
抗震墙结构	高度/m	≤80	>80	≤24	25~80	>80	≤24	25~80	>80	≤24	25~60
	抗震墙	四	三	四	三	二	三	二	一	二	一
部分框支抗震墙结构	高度/m	≤80	>80	≤24	25~80	>80	≤24	25~80			
	抗震墙 一般部位	四	三	四	三	二	三	二			
	抗震墙 加强部位	三	二	三	二	一	二	一			
	框支层框架	二		二			一				
框架-核心筒结构	框架	三		二			一				
	核心筒	二		二			一				
筒中筒结构	外筒	三		二			一				
	内筒	三		二			一				
板柱-抗震墙结构	高度/m	≤35	>35	≤35	>35		≤35	>35			
	框架、板柱的柱	三	二	二	二		一	二			
	抗震墙	二	二	二	一		二	一			

注：1. 建筑场地为Ⅰ类时，除6度外，均允许按表内降低1度所对应的抗震等级采取抗震构造措施，但相应的计算要求不应降低。

　　2. 接近或等于高度分界时，应允许结合房屋不规则程度及场地、地基条件确定抗震等级。

　　3. 大跨度框架指跨度不小于18m的框架。

　　4. 高度不超过60m的框架-核心筒结构按框架-抗震墙的要求设计时，应按表中框架-抗震墙结构的刚度确定其抗震等级。

钢筋混凝土房屋抗震等级的确定还应符合下列要求：

1）设置少量剪力墙的框架，在规定的水平力作用下，计算嵌固端所在的底层框架部分所承担的地震倾覆力矩大于结构总地震倾覆力矩的50%时，其框架的抗震级别应按框架结构确定，剪力墙的抗震等级可与其框架的抗震等级相同。

2）设置个别或少量框架的剪力墙结构，此时结构属于剪力墙体系的范畴，其剪力墙的抗震等级仍按抗震墙结构确定；框架的抗震等级可参照框架-抗震墙结构的框架确定。

3）框架-剪力墙结构设有足够的剪力墙，其剪力墙底部承受的地震倾覆力矩不小于结构底部总地震倾覆力矩的 50% 时，其框架部分是次要抗侧力构件，按表 4-5 中的框架-抗震墙结构确定其抗震等级。

4）裙房与主楼相连，相关范围（一般可从主楼周边外延 3 跨且不大于 20m）不应低于主楼的抗震等级，相关范围以外的区域可按裙房自身的结构类型确定其抗震等级。主楼结构在裙房顶板对应的上下各一层受刚度与承载力突变影响较大，抗震结构措施应适当加强。裙楼与主楼分离时，应按裙房本身确定抗震等级。大震作用下裙房与主楼可能发生碰撞，需要采取加强措施；当裙房偏置时，其端部有较大的扭转效应，也需要加强。

5）带地下室的多层和高层建筑，当地下室结构的刚度和受剪承载力比上部楼层相对较大时，地下室顶板可视作嵌固部位，在地震作用下其屈服部位将发生在地上楼层，同时将影响地下一层。地面以下地震响应虽然逐渐减小，但地下一层的抗震等级不能降低，应与上部结构相同；地下二层及以下抗震构造措施的抗震等级可逐层降低一级，但不应低于四级；地下室中无上部结构的部分，抗震构造措施的抗震等级可根据具体情况采用三级或四级。

6）当甲、乙类建筑按规定提高 1 度确定其抗震等级，而房屋的高度超过表 4-7 中相应规定的上界时，应采取比一级更有效的抗震构造措施。

4.2.4　钢筋混凝土结构房屋的延性和屈服机制

为实现"三水准"抗震设防目标，结构构件除了必须具备足够的承载力和刚度外，还应具有足够大的延性和良好的耗能能力。大震作用下，设计合理的抗震结构，可通过结构构件的延性耗散地震能量，避免结构倒塌。

延性包括材料、截面、构件和结构的延性。延性实质上是材料、截面、构件或结构在强度或承载力无明显降低的前提下，发生非弹性（塑性）变形的能力。结构的位移延性可以用顶点位移延性系数 μ 来度量，即

$$\mu = \Delta\mu_p / \Delta\mu_y$$

式中，$\Delta\mu_y$、$\Delta\mu_p$ 为结构顶点的屈服位移和弹塑性位移限值。

一般认为，在抗震结构中结构顶点位移延性系数应不小于 3~4。

一般来说，对截面延性的要求高于对构件延性的要求，对构件延性的要求高于对结构延性的要求。结构在遭遇强烈地震时，是否具有较好的延性和较强的抗倒塌能力，与构件形成塑性铰后的屈服机制有关。

多高层钢筋混凝土结构的屈服机制可分为总体机制、层间机制及由这两种机制组合而成的混合机制。总体机制是指结构可在承载能力基本保持稳定的条件下持续地变形而不倒塌，其延性和耗能能力要优于层间机制。

对框架结构而言，理想的屈服机制是塑性铰出现在梁端，形成梁铰机制，此时结构有较大的内力重分布和能量消耗能力，极限层间位移大，抗震性能好。如果塑性铰出现在柱端，此时结构变形可能集中在某一薄弱层而形成层间柱铰机制，整个结构变形能力很小，耗能能力极差，容易形成倒塌机制，如图 4-21 所示。

为使框架结构形成合理的屈服机制，具备良好的抗地震倒塌能力，在进行梁、柱截面设计和构造时，应遵循以下原则：

（1）强柱弱梁　要控制梁、柱的相对强度，按节点处梁端实际受弯承载力小于柱端实

际受弯承载力进行设计，在强烈地震作用下，使塑性铰首先在梁端出现，实现梁铰机制，尽量避免或减少在柱端出现塑性铰，保证框架仍有承受竖向荷载的能力而免于倒塌。

（2）强剪弱弯　剪切破坏属延性小、耗能差的脆性破坏。梁、柱构件的塑性铰区要按照构件的受剪承载力大于其实际受弯承载力（按实际配筋面积和材料强度标准值计算的承载力）所对应的剪力进行设计，使结构构件在发生受弯破坏前不发生剪切破坏，以改善构件自身的抗震性能。

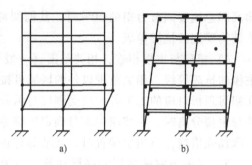

图 4-21　框架结构屈服机制
a）柱铰机制（层间机制）　b）梁铰机制（总体机制）

（3）强节点核心区、强锚固　框架的节点核心区是保障框架承载力和抗倒塌能力的关键部位，节点核心区破坏会使与之相关联的梁柱构件失去整体作用而失效，使梁纵筋在节点区失去可靠锚固而影响塑性铰的形成。节点核心区的设计应保证能充分发挥梁柱构件的延性和耗能能力，以实现预期的整体结构抗震能力。

4.2.5　材料及连接

抗震设计时，钢筋混凝土结构的材料应符合以下要求：

1）混凝土的强度等级，框支梁、框支柱及抗震等级为一级的框架梁、柱、节点核心区不应低于 C30；构造柱、芯柱、圈梁及其他各类构件不低于 C20。混凝土结构的混凝土强度等级，现浇非预应力混凝土楼盖不宜超过 C40；剪力墙不宜超过 C60；其他构件，9 度时不宜超过 C60，8 度时不宜超过 C70。

2）普通钢筋宜优先采用延性、韧性和焊接性好的钢筋；普通钢筋的强度等级，纵向受力钢筋选用符合抗震性能指标且不低于 HRB400 级的热轧钢筋，也可采用符合抗震性能指标的 HRB335 级热轧钢筋；箍筋宜选用符合抗震性能指标且不低于 HRB335 级的热轧钢筋，也可以选用 HRB300 级的热轧钢筋。抗震等级为一、二、三级的框架和斜撑构件（含梯段），其纵向受力钢筋采用普通钢筋时，钢筋的抗拉强度实测值与屈服强度实测值的比值不应小于1.25，钢筋的屈服强度实测值与屈服强度标准值的比值不应大于 1.3，且钢筋在最大拉力下的总伸长率实测值不应小于 9%。

3）在施工中，当需要以强度等级较高的钢筋替代原设计中的纵向受力钢筋时，应按照钢筋受拉承载力设计值相等的原则换算并应满足最小配筋率要求。

4）混凝土结构构件的纵向钢筋锚固和连接，除应符合《混凝土结构设计规范》（GB 50010—2010）有关规定外，还应符合下列要求：

① 受力钢筋的连接接头宜设置在构件受力较小部位。钢筋连接可按不同情况采用机械连接、绑扎搭接或焊接。

a. 框架柱：一、二级抗震等级及三级抗震等级的底层宜采用机械连接接头，也可采用绑扎搭接或焊接接头；三级抗震等级的其他部位和四级抗震等级可采用绑扎搭接或焊接接头。

b. 框支梁、框支柱：宜采用机械连接接头。

c. 框架梁：一级宜采用机械连接接头，二、三、四级可采用绑扎搭接或焊接接头。

　　② 位于同一连接区段内的纵向受力钢筋接头面积百分率不宜超过 50%；纵向受力钢筋连接接头的位置宜避开梁端、柱端箍筋加密区；当无法避开时，应采用机械连接或焊接；受拉钢筋直径大于 28mm、受压钢筋直径大于 32mm 时，不宜采用绑扎搭接接头。

　　③ 结构构件中纵向受拉钢筋的最小锚固长度 l_{aE} 及绑扎搭接长度 l_{1E}，应符合下列要求

$$l_{aE} = \zeta_{aE} l_a, \quad l_{1E} = \zeta_1 l_{aE}$$

式中，l_a 为纵向受拉钢筋的非抗震锚固长度；ζ_{aE} 为纵向受拉抗震锚固长度的修正系数，对一、二级抗震等级取 1.15，对三级抗震等级取 1.05，对四级抗震等级取 1.0；ζ_1 为纵向受拉钢筋搭接长度的修正系数，当同一连接区段内搭接钢筋的面积百分率为 ≤25%、50%、100% 时，其值分别取 1.2、1.4、1.6。

4.2.6　楼梯间

　　多高层钢筋混凝土结构宜采用现浇钢筋混凝土楼梯；对于框架结构，楼梯间的布置不应导致结构平面严重不规则；楼梯构件与主体结构整浇时，应计入楼梯构件对地震作用及其效应的影响，应进行楼梯构件的抗震承载力验算，宜采取构造措施，减少楼梯构件对主体结构刚度的影响；楼梯间两侧填充墙与柱之间应加强拉结。

4.2.7　基础结构

　　基础结构的抗震设计要求是：在保证上部结构实现抗震耗能机制的前提下，将上部结构在地震作用下形成的最大内力传给地基，保证建筑物在地震时不致由于地基失效而破坏，或者产生过量下沉和倾斜。因此，基础结构应采用整体性好、能满足地基承载力和建筑物容许变形要求，并能调节不均匀沉降的基础形式。

　　根据上部结构类型、层数、荷载及地基承载力，一般可采用单独柱基、交叉梁式基础、筏形基础及箱形基础；当地基承载力或变形不满足设计要求时，可采用桩基或复合地基。基础设计宜考虑与上部结构相互作用的影响。

　　单独柱基适用于层数不多、地基土质好的框架结构；交叉梁式基础以及筏形基础适用于层数较多的框架。为减少基础间的相对位移，减少地震作用引起的柱端弯矩和基础转动，加强基础在地震作用下的整体工作，当框架单独柱基有下列情况之一时，宜沿两个主轴方向设置基础系梁：①一级框架和Ⅳ类场地的二级框架；②各柱基础底面在重力荷载代表值作用下的压应力差别较大；③基础埋置较深，或各基础埋置深度差别较大；④地基主要受力层范围存在软弱黏性土层、液化土层或严重不均匀土层；⑤桩基承台之间。

　　框架-剪力墙结构、板柱-剪力墙结构中的剪力墙基础和部分框支剪力墙结构的落地剪力墙基础，应有良好的整体性和抗转动的能力。主楼和裙房相连宜采用天然地基，多遇地震下主楼基础地面不宜出现零应力区。

■ 4.3　钢筋混凝土框架结构的抗震设计

　　框架结构的抗震设计是一个反复试算、逐步优化的过程。

4.3.1 水平地震作用计算

框架结构是一个由纵横向框架组成的空间结构（图 4-22），应采用空间框架的分析方法进行结构验算。当框架较规则时，可以忽略它们之间的联系，选取具有代表性的纵、横向框架作为计算单元，按平面框架分别进行计算。竖向荷载作用下，一般采用平面结构分析模型，如图 4-22c 所示，阴影部分为计算单元所受竖向荷载的计算范围。水平力作用下，采用平面协同分析模型，取变形缝之间的区段为计算单元。

结构的地震作用，在一般情况下，应至少在结构的两个主轴方向分别考虑水平地震作用，各方向的水平地震作用全部由该方向的抗侧力框架结构承担。对于多层房屋，竖向的地震作用影响很小，可以不予考虑。

计算框架结构的水平地震作用时，可采用底部剪力法或振型分解反应谱法。对于高度不超过 40m、以剪切变形为主，且质量和刚度沿高度分布比较均匀的框架结构、框架-剪力墙结构、剪力墙结构及近似于单质点体系的结构，可采用底部剪力法。计算结构的基本自振周期时，一般采用顶点位移法，按下式计算

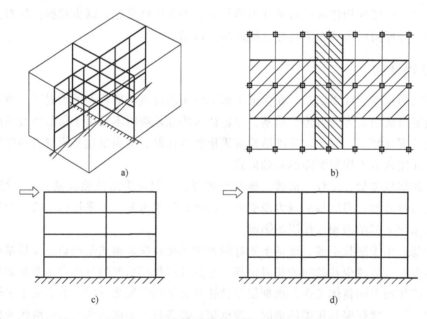

图 4-22　平面框架结构的计算单元与计算简图

$$T_1 = 1.7\psi_T \sqrt{u_T} \tag{4-1}$$

式中，T_1 为结构基本自振周期（s）；u_T 为假想的结构顶点水平位移，即假想把集中在各楼层的重力荷载代表值 G_i 作为该楼层的水平荷载，按弹性方法所求得的结构顶点水平位移（m）；ψ_T 为考虑非承重墙刚度对结构自振周期影响的折减系数（当非承重墙为砌体墙时，框架结构可取 0.6～0.7，框架-剪力墙结构可取 0.7～0.8，框架-核心筒结构可取 0.8～0.9，剪力墙结构可取 0.8～1.0；对于其他结构体系或采用其他非承重墙体时，可根据工程情况确定周期折减系数）。

对于有突出屋面的屋顶间（楼梯间、电梯间、水箱间）等的框架结构房屋，结构顶点

假想位移 u_T 是指主体结构顶点的位移。

对于一些比较规则的高层建筑结构，根据大量的周期实测结果，已归纳出以下一些经验公式用于初步设计：

1）钢筋混凝土框架和框架 - 剪力墙结构基本自振周期经验计算公式为

$$T_1 = 0.25 + 0.53 \times 10^{-3} \frac{H^2}{\sqrt[3]{B}} \tag{4-2}$$

式中，H 为房屋主体结构高度（m）；B 为房屋振动方向的长度（m）。

2）钢筋混凝土剪力墙结构基本自振周期经验计算公式为

$$T_1 = 0.03 + 0.03 \frac{H}{\sqrt[3]{B}} \tag{4-3}$$

4.3.2　框架结构内力及水平位移计算

多高层框架是高次超静定结构，其内力计算的方法很多，如力矩分配法、无剪力分配法、迭代法等，以及实际设计中更为精确、更省人力的计算机程序分析方法（如有限元法）。在初步设计时，或计算层数较少且较规则框架的内力时，可采用下述近似的手算方法，即竖向荷载作用下的分层法、弯矩二次分配法和水平荷载作用下的反弯点法和 D 值法。

计算框架结构内力时，框架柱须按实际截面尺寸分别计算抗侧刚度和线刚度。计算梁截面惯性矩 I_b 时，设计时为简化计算，可取以下增大系数：现浇整体梁板结构边框架梁为 1.5，中框架梁为 2.0；装配整体式楼盖梁边框架梁为 1.2，中框架梁为 1.5。无现浇面层的装配式楼面、开大洞口的楼板则不考虑板的作用。

1. 竖向荷载作用下的内力计算——分层法

力法和位移法的计算结果表明，竖向荷载作用下的多层多跨框架，其侧向位移很小；当梁的线刚度大于柱的线刚度时，在某层梁上施加的竖向荷载，对其他各层杆件内力的影响不大。为简化计算，做以下假设：竖向荷载作用下，多层多跨框架的位移忽略不计；每层梁上的荷载对其他层梁、柱的弯矩、剪力的影响忽略不计。这样，即可将 n 层框架分解成 n 个单层敞口框架，用力矩分配法分别计算，如图 4-23 所示。

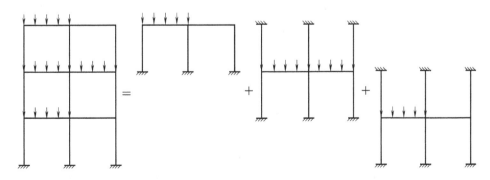

图 4-23　分层法的计算简图

分层计算所得梁的弯矩即为其最后的弯矩。除底层柱外，每一柱均属于上下两层，所以柱的最终弯矩为上下两层计算弯矩之和。上下层柱弯矩叠加后，在刚节点处弯矩可能不平衡，为提高精度，可对节点不平衡弯矩再进行一次分配（只分配，不传递）。

分层法计算框架时，还需注意以下问题：

1）分层后，均假设上下柱的远端为固定端，而实际上除底层为固定外，其他节点处都是转角的，为弹性嵌固。为减小由此引起的计算误差，除底层外，其他层各柱的线刚度均乘以折减系数 0.9，所有上层柱的传递系数取 1/3，底层柱的传递系数仍取 1/2。

2）分层法一般适用于节点梁、柱线刚度比 $\sum i_b / \sum i_c \geqslant 3$，且结构与竖向荷载沿高度分布较均匀的多高层框架，若不满足此条件，则计算误差较大。

2. 竖向荷载作用下结构的内力计算——弯矩二次分配法

此法是对弯矩分配法的进一步简化，在忽略竖向荷载作用下框架节点侧移时采用。具体做法是将各节点的不平衡弯矩同时作分配和传递，并以两次分配为限。其计算步骤如下：

1）计算各节点的弯矩分配系数。

2）计算各跨梁在竖向荷载作用下的固端弯矩。

3）计算框架节点的不平衡弯矩。

4）将各节点的不平衡弯矩同时进行分配，并向远端传递（传递系数均为 1/2），再将各节点不平衡弯矩分配一次后，即可结束。

弯矩二次分配法所得结果与精确法相比，误差甚小，其计算精度已可满足工程设计要求。

3. 竖向荷载的布置

竖向荷载有恒荷载和活荷载两种。恒荷载是长期作用在结构上的重力荷载，因此要按实际布置情况计算其对结构构件的作用效应。对活荷载则要考虑其不利布置。确定活荷载的最不利位置，一般有以下四种方法：

（1）分跨计算组合法　此法是将活荷载逐层、逐跨单独作用在框架上，分别计算结构内力，根据所设计构件的某指定截面组合出最不利的内力。用这种方法求内力，计算简单明了，在运用计算机求解框架内力时，常采用这一方法，但手算时工作量较大，较少采用。

（2）最不利活荷载位置法　这种方法类似于楼盖连续梁、板计算中所采用的方法，即对于每一控制面，直接由影响线确定其最不利活荷载位置，然后进行内力计算。此法虽可直接计算出某控制截面在活荷载作用下的最大内力，但需要独立进行很多最不利荷载位置下的内力计算，计算工作量很大，一般不采用。

（3）分层组合法　此法是以分层法为依据，对活荷载矩阵的最不利布置做以下简化：

1）对于梁，只考虑本层活荷载的不利位置，而不考虑其他层活荷载的影响。因此其布置方法与连续梁的活荷载最不利布置方法相同。

2）对于柱端弯矩，只考虑相邻上下层的活荷载的影响，而不考虑其他层活荷载的影响。

3）对于柱的最大轴力，必须考虑在该层以上所有层中与该柱相邻的梁上活荷载的情况，但对于与柱不相邻的上层活荷载，仅考虑其轴向力的传递，而不考虑其弯矩的作用。

（4）满布荷载法　此法不考虑活荷载的最不利位置，而将活荷载同时作用于各框架梁上进行内力分析。这样求得的结果与按考虑活荷载最不利位置所求得的结果相比，在支座处内力极为接近，在梁跨中则明显偏低。因此，应对梁的跨中弯矩进行调整，通常乘以 1.1~

1.2 的系数。设计经验表明,在高层民用建筑中,当楼面活荷载不大于 4kN/m² 时,活荷载所产生的内力相较于恒荷载和水平荷载产生的内力要小很多,因此采用此法的计算精度可以满足工程设计的要求。

4. 内力调整

竖向荷载作用下梁端负弯矩较大,导致梁端的配筋量较大。钢筋混凝土框架结构属超静定结构,在竖向荷载作用下,可以考虑框架梁端塑性变形内力重分布,对梁端负弯矩乘以调幅系数 β 进行调幅,适当降低梁端负弯矩,以减少梁端负弯矩钢筋的拥挤现象。梁端负弯矩调幅,还可以使框架在破坏时梁端先出现塑性铰,保证柱的绝对安全,以满足"强柱弱梁"的设计原则。对于现浇框架, β 可取 0.8 ~ 0.9;对于装配式整体式框架, β 可取 0.7 ~ 0.8。

支座弯矩调幅降低后,梁跨中弯矩应相应增加。按调幅后梁端弯矩的平均值与跨中弯矩之和不应小于按简支梁计算的跨中弯矩值,即可求得跨中弯矩。如图 4-24 所示,跨中弯矩为

$$M_4 = M_3 + [\, 0.5(M_1 + M_2) - 0.5(\beta M_1 + \beta M_2) \,]$$

$$(4-4)$$

截面设计时,框架梁跨中截面正弯矩设计值不应小于竖向荷载作用下按简支梁计算的跨中弯矩设计值的 50%;应先对竖向载荷作用下框架梁的弯矩进行调幅,再与水平作用产生的框架梁弯矩进行组合。

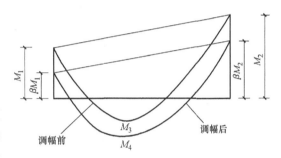

图 4-24 框架梁在竖向荷载作用下的调幅

5. 水平荷载作用下结构的内力计算——反弯点法

水平地震作用一般都可简化为作用于框架节点上的水平力,如图 4-25 所示。多层多跨框架在节点水平力作用下的弯矩图及变形,如图 4-25 及图 4-26 所示,各杆弯矩图均为直线,每杆均有一个弯矩为零但剪力不为零的点。若能确定各杆的剪力和反弯点的位置,就可以求得各柱端弯矩,进而由节点平衡条件求得梁端弯矩及框架结构的其他内力。为此,反弯点法假定:

1)求框架柱抗侧刚度时,假定梁、柱线刚度之比为无穷大,即各柱上、下端都不发生角位移。

2)确定柱的反弯点位置时,假定除底层柱脚处线位移和角位移为零外,其余各柱层的上、下端节点转角均相同。

3)求各柱剪力时,假定楼板平面内刚度无限大,且忽略结构的扭弯变形。根据柱上下端转角为零的假定,可求得第 i 层第 k 框架柱的抗侧刚度 k_{ik} 为

$$k_{ik} = \frac{12i_c}{h_i^2}$$

$$(4-5)$$

式中, i_c 、 h_i 为柱的线刚度和高度。

柱抗侧刚度的物理意义是柱上下两端相对有单位侧移时在柱中产生的剪力。

由假定 2)可知,对一般层柱,反弯点在其 1/2 高度处;对于底层柱,则近似认为反弯点位于距固定支座 2/3 柱高处。

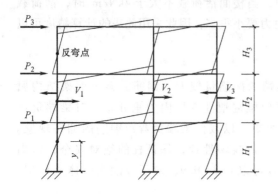

图 4-25　水平荷载作用下的框架弯矩图

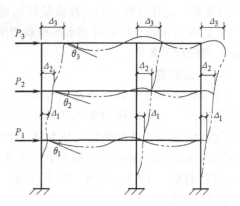

图 4-26　水平荷载作用下的框架变形

假定楼板平面内刚度无限大，楼板将各平面抗侧力结构连接在一起共同承受水平力，当不考虑结构扭转变形时，第 i 层的各框架柱在楼盖、屋盖处有相同的水平位移，该层各柱所承担的地震剪力与其抗侧刚度成正比，即第 i 层第 k 根柱所分配的剪力为

$$V_{ik} = \frac{k_{ik}}{\sum\limits_{k=1}^{m} k_{ik}} V_i, \quad (k = 1, \cdots, m) \tag{4-6}$$

式中，V_i 为采用底部剪力法或振型分解反应谱法求得的第 i 层楼层的地震剪力；k_{ik} 为第 i 层第 k 根柱的抗侧强度，由式（4-5）求得。

求得各柱的剪力和反弯点高度后，便可求出各柱的柱端弯矩；考虑各节点的力矩平衡条件，梁端弯矩之和等于柱端弯矩之和，可求出梁端弯矩之和；按与该节点相连接的梁的线刚度进行分配，从而可求出该节点各梁的梁端弯矩；由梁端弯矩，根据梁的平衡条件，可求出梁的剪力；由梁的剪力，根据节点的平衡条件，可求出柱的轴力。

对于层数较少、楼面荷载较大的多层框架结构，因其柱截面尺寸较小，梁截面尺寸较大，梁、柱线刚度之比较大，实际情况与假定 1）较为符合。一般来说，当梁的线刚度和柱的线刚度之比大于 3 时，节点转角将很小，由上述假定所引起的误差能满足工程设计的精度要求。对于高层框架，由于柱截面加大，梁、柱线刚度比值相应减小，反弯点法的误差较大，此时就需采用改进反弯点法（D 值法）。

6. 改进反弯点法

反弯点法假定节点转角为零，从而求得框架柱的抗侧强度，假定柱的上下端点转角相同，从而确定柱的反弯点高度，这使得框架结构水平荷载作用下的内力计算大为简化。但对于层数较多的框架，梁、柱线刚度比往往较小，节点转角较大，用反弯点法计算的内力误差较大。另外，实际的框架结构中，柱上下端的约束条件不可能完全相同，该条件与梁柱线刚度比、上下层横梁的线刚度比、上下层层高的变化等因素均有关，也就是说，采用柱上下端节点转角相同的假设也会使计算结果产生较大误差。

日本武藤清教授在分析了上述影响因素的基础上，提出了用修正柱的抗侧刚度和调整反弯点高度的方法计算水平荷载下框架的内力，修正后的柱抗侧刚度用 D 表示，故称为 D 值法。该方法近似考虑了框架节点转动对柱的抗侧刚度和反弯点高度的影响，计算步骤与反弯点法相同，计算简便、实用，是目前分析框架内力比较精确的一种近似方法，在多高层建筑结构设计中得到广泛应用。用 D 值法计算框架内力的步骤如下：

1）计算各层柱的抗侧强度 D_{ik}。D_{ik} 为第 i 层第 k 框架柱的抗侧刚度，按下式计算

$$D_{ik} = \alpha_c k_{ik} = \alpha_c \frac{12i_c}{h_i^2} \tag{4-7}$$

式中，i_c、h_i 为柱的线刚度和高度；α_c 为节点转动影响系数，是考虑柱上下端节点弹性约束的修正系数，由梁、柱线刚度确定，按表 4-6 取用。

表 4-6　节点转动影响系数 α_c 的计算公式

楼层	计算简图		$\bar{K}$	α_c
	边柱	中柱		
一般层	i_2　i_c　i_4	i_1　i_2　i_c　i_3　i_4	$\bar{K} = \dfrac{i_1 + i_2 + i_3 + i_4}{2i_c}$	$\alpha_c = \dfrac{\bar{K}}{2 + \bar{K}}$
首层	i_2　i_c	i_1　i_2　i_c	$\bar{K} = \dfrac{i_1 + i_2}{i_c}$	$\alpha_c = \dfrac{\bar{K} + 0.5}{2 + \bar{K}}$

注：边柱情况下，式中 i_1 和 i_3 取 0。

2）计算各柱所分配的剪力 V_{ik}。求得框架柱抗侧刚度 D_{ik} 后，与反弯点法相似，同层各柱所承担的剪力按其刚度进行分配，即

$$V_{ik} = \frac{D_{ik}}{\sum\limits_{j=1}^{m} D_{ij}} V_i \quad (k = 1, 2, \cdots, m) \tag{4-8}$$

式中，V_{ik} 为第 i 层第 k 根柱所分配的剪力；D_{ik} 为第 i 层第 k 根柱的抗侧强度。

3）确定反弯点高度 h'。影响柱子反弯点高度的主要因素是柱上下端的约束条件。当两端的约束条件完全相同时，反弯点在柱中点处。梁端约束刚度不相同时，梁端转角也不相同，反弯点会向约束刚度较小的一端移动。影响柱两端约束刚度的主要因素有结构总层数及该层所在的位置，梁、柱的线刚度比，上层与下层梁的刚度比，上下层层高变化。因此，框架柱的反弯点高度按下式计算

$$h' = yh = (y_0 + y_1 + y_2 + y_3)h \tag{4-9}$$

式中，y_0 为标准反弯点高度比，取决于框架总层数，该柱所在层数及梁、柱线刚度比 $\bar{K}$，均布水平荷载和倒三角分布荷载下的 y_0 分别从表 4-7 和表 4-8 中查得；y_1 为某层上下梁线刚度不同时该层柱反弯点高度比的修正值，其值根据比值 α_1 和梁、柱线刚度比 $\bar{K}$，由表 4-9 查

得〔当 $i_1+i_2<i_3+i_4$，$\alpha_1=(i_1+i_2)/(i_3+i_4)$ 时，反弯点上移，故其取正值；当 $i_1+i_2>i_3+i_4$，$\alpha_1=(i_1+i_2)/(i_3+i_4)$ 时，反弯点下移，故其取负值；对于首层不考虑该值〕；y_2、y_3 为上下层高度与本层高度 h 不同时反弯点高度比的修正值，其值可由表4-10查得〔令上层层高与本层层高之比为 $h_上/h=\alpha_2$，当 $\alpha_1>1$ 时，y_2 为正值，反弯点向上移；当 $\alpha_2<1$ 时，y_2 为负值，反弯点向下移。同理令下层层高与本层层高之比为 $h_下/h=\alpha_3$，可由表4-10查得修正值 y_3〕。

4）计算柱端弯矩 M_c 和梁端弯矩 M_b。由柱剪力 V_{ik} 和反弯点高度 h'，可求出各柱的弯矩。求出所有柱的弯矩后，考虑各节点的力矩平衡，对每个节点，由梁端弯矩之和等于柱端弯矩之和，可求出梁端弯矩之和 $\sum M_b$。把 $\sum M_b$ 按与该节点相连的梁的线刚度进行分配（即某梁所分配到的弯矩与该梁的线刚度成正比），即可求出该节点各梁的梁端弯矩。

5）计算梁端剪力 V_b 和柱轴力 N。根据梁的两端弯矩，可计算出梁端剪力 V_b；由梁端剪力可计算出柱轴力，边柱轴力为各层梁端剪力按层叠加，中柱轴力为柱两侧梁端剪力之差，即按层叠加。

与反弯点法相同，D 值法只适于计算平面结构。D 值法虽然考虑了节点转角，但又假定同层各节点转角相等。推导 D 值及反弯点高度时，也忽略了构件的轴向变形，同时还做了一些假定。因此，D 值法也是一种近似方法，适用于计算规则、均匀的框架结构。

表4-7　规则框架承受均布水平力作用时标准反弯点的高度比 y_0 值

m	n $\overline{K}$	0.1	0.2	0.3	0.4	0.5	0.6	0.7	0.8	0.9	1.0	2.0	3.0	4.0	5.0
1	1	0.80	0.75	0.70	0.65	0.65	0.60	0.60	0.60	0.60	0.55	0.55	0.55	0.55	0.55
2	2	0.45	0.40	0.35	0.35	0.35	0.35	0.40	0.40	0.40	0.40	0.45	0.45	0.45	0.45
	1	0.95	0.80	0.75	0.70	0.65	0.65	0.65	0.60	0.60	0.60	0.55	0.55	0.55	0.50
3	3	0.15	0.20	0.20	0.25	0.30	0.30	0.30	0.35	0.35	0.35	0.40	0.45	0.45	0.45
	2	0.55	0.50	0.45	0.45	0.45	0.45	0.45	0.45	0.45	0.45	0.50	0.50	0.50	0.50
	1	1.00	0.85	0.80	0.75	0.70	0.70	0.65	0.65	0.65	0.60	0.55	0.55	0.55	0.55
4	4	-0.05	0.05	0.15	0.20	0.25	0.30	0.30	0.35	0.35	0.35	0.40	0.45	0.45	0.45
	3	0.25	0.30	0.30	0.35	0.35	0.40	0.40	0.40	0.40	0.45	0.45	0.50	0.50	0.50
	2	0.60	0.55	0.50	0.50	0.45	0.45	0.45	0.45	0.45	0.45	0.50	0.50	0.50	0.50
	1	1.10	0.90	0.80	0.75	0.70	0.70	0.65	0.65	0.65	0.60	0.55	0.55	0.55	0.55
5	5	-0.20	0.00	0.15	0.20	0.25	0.30	0.30	0.30	0.35	0.35	0.40	0.45	0.45	0.45
	4	0.10	0.20	0.25	0.30	0.35	0.35	0.40	0.40	0.40	0.40	0.45	0.45	0.50	0.50
	3	0.40	0.40	0.40	0.40	0.40	0.45	0.45	0.45	0.45	0.45	0.50	0.50	0.50	0.50
	2	0.65	0.55	0.50	0.50	0.50	0.50	0.50	0.50	0.50	0.50	0.50	0.50	0.50	0.50
	1	1.20	0.95	0.80	0.75	0.75	0.70	0.70	0.65	0.65	0.65	0.55	0.55	0.55	0.55
6	6	-0.30	0.00	0.10	0.20	0.25	0.30	0.30	0.30	0.35	0.35	0.40	0.45	0.45	0.45
	5	0.00	0.20	0.25	0.30	0.35	0.35	0.40	0.40	0.40	0.40	0.45	0.45	0.45	0.50
	4	0.20	0.30	0.35	0.35	0.40	0.40	0.40	0.45	0.45	0.45	0.45	0.50	0.50	0.50
	3	0.40	0.40	0.40	0.45	0.45	0.45	0.45	0.45	0.45	0.45	0.50	0.50	0.50	0.50
	2	0.70	0.60	0.55	0.50	0.50	0.50	0.50	0.50	0.50	0.50	0.50	0.50	0.50	0.50
	1	1.20	0.95	0.85	0.80	0.75	0.70	0.70	0.65	0.65	0.65	0.55	0.55	0.55	0.55

（续）

m	n \ $\overline{K}$	0.1	0.2	0.3	0.4	0.5	0.6	0.7	0.8	0.9	1.0	2.0	3.0	4.0	5.0
7	7	−0.35	−0.05	0.10	0.20	0.20	0.25	0.30	0.30	0.35	0.35	0.40	0.45	0.45	0.45
	6	−0.10	0.15	0.25	0.30	0.35	0.35	0.35	0.40	0.40	0.40	0.45	0.45	0.50	0.50
	5	0.10	0.25	0.30	0.35	0.40	0.40	0.40	0.45	0.45	0.45	0.45	0.50	0.50	0.50
	4	0.30	0.35	0.40	0.40	0.40	0.45	0.45	0.45	0.45	0.45	0.50	0.50	0.50	0.50
	3	0.50	0.45	0.45	0.45	0.45	0.45	0.45	0.45	0.45	0.45	0.50	0.50	0.50	0.50
	2	0.75	0.60	0.55	0.50	0.50	0.50	0.50	0.50	0.50	0.50	0.50	0.50	0.50	0.50
	1	1.20	0.95	0.85	0.80	0.75	0.70	0.70	0.65	0.65	0.65	0.55	0.55	0.55	0.55
8	8	−0.35	−0.05	0.10	0.15	0.25	0.25	0.30	0.30	0.35	0.35	0.40	0.45	0.45	0.45
	7	−0.10	0.15	0.25	0.30	0.35	0.35	0.40	0.40	0.40	0.40	0.45	0.50	0.50	0.50
	6	0.05	0.25	0.30	0.35	0.40	0.40	0.40	0.45	0.45	0.45	0.50	0.50	0.50	0.50
	5	0.20	0.30	0.35	0.40	0.40	0.40	0.45	0.45	0.45	0.45	0.50	0.50	0.50	0.50
	4	0.35	0.40	0.40	0.45	0.45	0.45	0.45	0.45	0.45	0.45	0.50	0.50	0.50	0.50
	3	0.50	0.45	0.45	0.45	0.45	0.45	0.45	0.45	0.50	0.50	0.50	0.50	0.50	0.50
	2	0.75	0.60	0.55	0.55	0.55	0.50	0.50	0.50	0.50	0.50	0.50	0.50	0.50	0.50
	1	1.20	1.00	0.85	0.80	0.80	0.75	0.70	0.65	0.65	0.65	0.55	0.55	0.55	0.55
9	9	−0.40	−0.05	0.10	0.20	0.25	0.25	0.30	0.30	0.35	0.35	0.45	0.45	0.45	0.45
	8	−0.15	0.15	0.25	0.30	0.35	0.35	0.35	0.40	0.40	0.40	0.45	0.45	0.50	0.45
	7	0.05	0.25	0.30	0.35	0.40	0.40	0.40	0.45	0.45	0.45	0.50	0.50	0.50	0.50
	6	0.15	0.30	0.35	0.40	0.40	0.45	0.45	0.45	0.45	0.45	0.50	0.50	0.50	0.50
	5	0.25	0.35	0.40	0.40	0.45	0.45	0.45	0.45	0.45	0.45	0.50	0.50	0.50	0.50
	4	0.40	0.40	0.40	0.45	0.45	0.45	0.45	0.45	0.45	0.45	0.50	0.50	0.50	0.50
	3	0.55	0.45	0.45	0.45	0.45	0.45	0.45	0.45	0.50	0.50	0.50	0.50	0.50	0.50
	2	0.80	0.65	0.55	0.55	0.50	0.50	0.50	0.50	0.50	0.50	0.50	0.50	0.50	0.50
	1	1.20	1.00	0.85	0.80	0.75	0.70	0.70	0.65	0.65	0.65	0.55	0.55	0.55	0.55
10	10	−0.40	−0.05	0.10	0.20	0.25	0.30	0.30	0.30	0.35	0.40	0.40	0.45	0.45	0.45
	9	−0.15	0.15	0.25	0.30	0.35	0.35	0.40	0.40	0.40	0.45	0.45	0.45	0.50	0.50
	8	0.00	0.25	0.30	0.35	0.40	0.40	0.40	0.45	0.45	0.45	0.45	0.50	0.50	0.50
	7	0.10	0.30	0.35	0.40	0.40	0.45	0.45	0.45	0.45	0.45	0.50	0.50	0.50	0.50
	6	0.20	0.35	0.40	0.40	0.45	0.45	0.45	0.45	0.45	0.45	0.50	0.50	0.50	0.50
	5	0.30	0.40	0.40	0.45	0.45	0.45	0.45	0.45	0.45	0.50	0.50	0.50	0.50	0.50
	4	0.40	0.40	0.45	0.45	0.45	0.45	0.45	0.45	0.45	0.50	0.50	0.50	0.50	0.50
	3	0.55	0.50	0.45	0.45	0.45	0.50	0.50	0.50	0.50	0.50	0.50	0.50	0.50	0.50
	2	0.80	0.65	0.55	0.55	0.55	0.50	0.50	0.50	0.50	0.50	0.50	0.50	0.50	0.50
	1	1.30	1.00	0.85	0.80	0.75	0.70	0.70	0.65	0.65	0.60	0.60	0.55	0.55	0.55

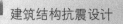

建筑结构抗震设计

（续）

m	n	$\overline{K}$ 0.1	0.2	0.3	0.4	0.5	0.6	0.7	0.8	0.9	1.0	2.0	3.0	4.0	5.0
11	11	−0.40	−0.05	0.10	0.20	0.25	0.30	0.30	0.30	0.35	0.35	0.40	0.45	0.45	0.45
	10	−0.15	0.15	0.25	0.30	0.35	0.35	0.40	0.40	0.40	0.40	0.45	0.45	0.50	0.50
	9	0.00	0.25	0.30	0.35	0.40	0.40	0.40	0.45	0.45	0.45	0.45	0.50	0.50	0.50
	8	0.10	0.30	0.35	0.40	0.40	0.45	0.45	0.45	0.45	0.45	0.50	0.50	0.50	0.50
	7	0.20	0.35	0.40	0.45	0.45	0.45	0.45	0.45	0.45	0.45	0.50	0.50	0.50	0.50
	6	0.25	0.35	0.40	0.45	0.45	0.45	0.45	0.45	0.45	0.45	0.50	0.50	0.50	0.50
	5	0.35	0.40	0.40	0.45	0.45	0.45	0.45	0.45	0.45	0.50	0.50	0.50	0.50	0.50
	4	0.40	0.45	0.45	0.45	0.45	0.45	0.45	0.50	0.50	0.50	0.50	0.50	0.50	0.50
	3	0.55	0.50	0.50	0.50	0.50	0.50	0.50	0.50	0.50	0.50	0.50	0.50	0.50	0.50
	2	0.80	0.65	0.60	0.55	0.55	0.50	0.50	0.50	0.50	0.50	0.50	0.50	0.50	0.50
	1	1.30	1.00	0.85	0.80	0.75	0.70	0.70	0.65	0.65	0.65	0.60	0.55	0.55	0.55
12	↓1	−0.40	−0.05	0.10	0.20	0.25	0.30	0.30	0.30	0.35	0.35	0.40	0.45	0.45	0.45
	2	−0.15	0.15	0.25	0.30	0.35	0.35	0.40	0.40	0.40	0.40	0.45	0.45	0.50	0.50
	3	0.00	0.25	0.30	0.35	0.40	0.40	0.40	0.45	0.45	0.45	0.50	0.50	0.50	0.50
	4	0.10	0.30	0.35	0.40	0.40	0.45	0.45	0.45	0.45	0.45	0.50	0.50	0.50	0.50
	5	0.20	0.35	0.45	0.45	0.45	0.45	0.45	0.45	0.45	0.45	0.50	0.50	0.50	0.50
	6	0.25	0.35	0.40	0.45	0.45	0.45	0.45	0.45	0.45	0.45	0.50	0.50	0.50	0.50
	7	0.30	0.40	0.40	0.45	0.45	0.45	0.45	0.50	0.50	0.50	0.50	0.50	0.50	0.50
	8	0.35	0.40	0.45	0.45	0.45	0.45	0.45	0.50	0.50	0.50	0.50	0.50	0.50	0.50
	中间	0.40	0.40	0.45	0.45	0.45	0.45	0.50	0.50	0.50	0.50	0.50	0.50	0.50	0.50
	4	0.45	0.45	0.45	0.45	0.50	0.50	0.50	0.50	0.50	0.50	0.50	0.50	0.50	0.50
	3	0.60	0.50	0.50	0.50	0.50	0.50	0.50	0.50	0.50	0.50	0.50	0.50	0.50	0.50
	2	0.80	0.65	0.60	0.55	0.55	0.50	0.50	0.50	0.50	0.50	0.50	0.50	0.50	0.50
	↑1	1.30	1.00	0.85	0.80	0.75	0.70	0.70	0.65	0.65	0.65	0.55	0.55	0.55	0.55

表 4-8　规则框架承受倒三角分布水平力作用时标准反弯点的高度比 y_0 值

m	n	$\overline{K}$ 0.1	0.2	0.3	0.4	0.5	0.6	0.7	0.8	0.9	1.0	2.0	3.0	4.0	5.0
1	1	0.80	0.75	0.70	0.65	0.65	0.60	0.60	0.60	0.60	0.55	0.55	0.55	0.55	0.55
2	2	0.50	0.45	0.40	0.40	0.40	0.40	0.40	0.40	0.40	0.45	0.45	0.45	0.45	0.50
	1	1.00	0.85	0.75	0.70	0.70	0.65	0.65	0.65	0.60	0.60	0.55	0.55	0.55	0.55
3	3	0.25	0.25	0.25	0.30	0.30	0.35	0.35	0.35	0.40	0.40	0.45	0.45	0.45	0.50
	2	0.60	0.50	0.50	0.50	0.50	0.45	0.45	0.45	0.45	0.45	0.50	0.50	0.50	0.50
	1	1.15	0.90	0.80	0.75	0.75	0.70	0.70	0.65	0.65	0.65	0.60	0.55	0.55	0.55

（续）

m	n	$\overline{K}$ 0.1	0.2	0.3	0.4	0.5	0.6	0.7	0.8	0.9	1.0	2.0	3.0	4.0	5.0
4	4	0.10	0.15	0.20	0.25	0.30	0.30	0.35	0.35	0.35	0.40	0.45	0.45	0.45	0.45
	3	0.35	0.35	0.35	0.40	0.40	0.40	0.40	0.45	0.45	0.45	0.45	0.50	0.50	0.50
	2	0.70	0.60	0.55	0.50	0.50	0.50	0.50	0.50	0.50	0.50	0.50	0.50	0.50	0.50
	1	1.20	0.95	0.85	0.80	0.75	0.70	0.70	0.70	0.65	0.65	0.55	0.55	0.55	0.55
5	5	−0.05	0.10	0.20	0.25	0.30	0.30	0.35	0.35	0.35	0.35	0.40	0.45	0.45	0.45
	4	0.20	0.25	0.35	0.35	0.40	0.40	0.40	0.40	0.40	0.45	0.45	0.50	0.50	0.50
	3	0.45	0.40	0.45	0.45	0.45	0.45	0.45	0.45	0.45	0.45	0.50	0.50	0.50	0.50
	2	0.75	0.60	0.55	0.55	0.50	0.50	0.50	0.50	0.50	0.50	0.50	0.50	0.50	0.50
	1	1.30	1.00	0.85	0.80	0.75	0.70	0.70	0.65	0.65	0.65	0.65	0.55	0.55	0.55
6	6	−0.15	0.05	0.15	0.20	0.25	0.30	0.30	0.35	0.35	0.35	0.40	0.45	0.45	0.45
	5	0.10	0.25	0.30	0.35	0.35	0.40	0.40	0.40	0.45	0.45	0.45	0.50	0.50	0.50
	4	0.30	0.35	0.40	0.40	0.45	0.45	0.45	0.45	0.45	0.45	0.50	0.50	0.50	0.50
	3	0.50	0.45	0.45	0.45	0.45	0.45	0.45	0.45	0.45	0.50	0.50	0.50	0.50	0.50
	2	0.80	0.65	0.55	0.55	0.55	0.50	0.50	0.50	0.50	0.50	0.50	0.50	0.50	0.50
	1	1.30	1.00	0.85	0.80	0.75	0.70	0.70	0.65	0.65	0.65	0.60	0.55	0.55	0.55
7	7	−0.20	0.05	0.15	0.20	0.25	0.30	0.30	0.35	0.35	0.35	0.45	0.45	0.45	0.45
	6	0.05	0.20	0.30	0.35	0.35	0.40	0.40	0.40	0.40	0.45	0.45	0.50	0.50	0.50
	5	0.20	0.30	0.35	0.40	0.40	0.45	0.45	0.45	0.45	0.45	0.50	0.50	0.50	0.50
	4	0.35	0.40	0.40	0.45	0.45	0.45	0.45	0.45	0.45	0.45	0.50	0.50	0.50	0.50
	3	0.55	0.50	0.50	0.50	0.50	0.50	0.50	0.50	0.50	0.50	0.50	0.50	0.50	0.50
	2	0.80	0.65	0.60	0.55	0.55	0.55	0.50	0.50	0.50	0.50	0.50	0.50	0.50	0.50
	1	1.30	1.00	0.90	0.80	0.75	0.70	0.70	0.70	0.65	0.65	0.60	0.55	0.55	0.55
8	8	−0.20	0.05	0.15	0.20	0.25	0.30	0.30	0.30	0.35	0.35	0.45	0.45	0.45	0.45
	7	0.00	0.20	0.30	0.35	0.35	0.40	0.40	0.40	0.40	0.45	0.45	0.50	0.50	0.50
	6	0.15	0.30	0.35	0.40	0.40	0.45	0.45	0.45	0.45	0.45	0.50	0.50	0.50	0.50
	5	0.30	0.40	0.40	0.45	0.45	0.45	0.45	0.45	0.45	0.45	0.50	0.50	0.50	0.50
	4	0.40	0.45	0.45	0.45	0.45	0.45	0.45	0.45	0.50	0.50	0.50	0.50	0.50	0.50
	3	0.60	0.50	0.50	0.50	0.50	0.50	0.50	0.50	0.50	0.50	0.50	0.50	0.50	0.50
	2	0.85	0.65	0.60	0.55	0.55	0.55	0.50	0.50	0.50	0.50	0.50	0.50	0.50	0.50
	1	1.30	1.00	0.90	0.80	0.75	0.70	0.70	0.70	0.70	0.65	0.60	0.55	0.55	0.55
9	9	−0.25	0.00	0.15	0.20	0.25	0.30	0.30	0.35	0.35	0.40	0.45	0.45	0.45	0.45
	8	0.00	0.20	0.30	0.35	0.35	0.40	0.40	0.40	0.40	0.45	0.45	0.50	0.50	0.50
	7	0.15	0.30	0.35	0.40	0.40	0.45	0.45	0.45	0.45	0.45	0.50	0.50	0.50	0.50
	6	0.25	0.35	0.40	0.40	0.45	0.45	0.45	0.45	0.45	0.50	0.50	0.50	0.50	0.50
	5	0.35	0.40	0.45	0.45	0.45	0.45	0.45	0.45	0.50	0.50	0.50	0.50	0.50	0.50

（续）

m	n	$\bar{K}$ 0.1	0.2	0.3	0.4	0.5	0.6	0.7	0.8	0.9	1.0	2.0	3.0	4.0	5.0
9	4	0.45	0.45	0.45	0.45	0.45	0.50	0.50	0.50	0.50	0.50	0.50	0.50	0.50	0.50
	3	0.60	0.50	0.50	0.50	0.50	0.50	0.50	0.50	0.50	0.50	0.50	0.50	0.50	0.50
	2	0.85	0.65	0.60	0.55	0.55	0.55	0.55	0.50	0.50	0.50	0.50	0.50	0.50	0.50
	1	1.35	1.00	0.90	0.80	0.75	0.75	0.70	0.70	0.65	0.65	0.60	0.55	0.55	0.55
10	10	-0.25	0.00	0.15	0.20	0.25	0.30	0.30	0.35	0.35	0.40	0.45	0.45	0.45	0.45
	9	-0.10	0.20	0.30	0.35	0.35	0.40	0.40	0.40	0.40	0.45	0.45	0.50	0.50	0.50
	8	0.10	0.30	0.35	0.40	0.40	0.40	0.45	0.45	0.45	0.45	0.50	0.50	0.50	0.50
	7	0.20	0.35	0.40	0.40	0.45	0.45	0.45	0.45	0.45	0.50	0.50	0.50	0.50	0.50
	6	0.30	0.40	0.40	0.45	0.45	0.45	0.45	0.45	0.45	0.50	0.50	0.50	0.50	0.50
	5	0.40	0.45	0.45	0.45	0.45	0.45	0.45	0.50	0.50	0.50	0.50	0.50	0.50	0.50
	4	0.50	0.45	0.45	0.45	0.50	0.50	0.50	0.50	0.50	0.50	0.50	0.50	0.50	0.50
	3	0.60	0.55	0.50	0.50	0.50	0.50	0.50	0.50	0.50	0.50	0.50	0.50	0.50	0.50
	2	0.85	0.65	0.60	0.55	0.55	0.55	0.55	0.50	0.50	0.50	0.50	0.50	0.50	0.50
	1	1.35	1.00	0.90	0.80	0.75	0.75	0.70	0.70	0.65	0.65	0.60	0.55	0.55	0.55
11	11	-0.25	0.00	0.15	0.20	0.25	0.30	0.30	0.30	0.35	0.35	0.45	0.45	0.45	0.45
	10	-0.05	0.20	0.25	0.30	0.35	0.40	0.40	0.40	0.40	0.45	0.45	0.50	0.50	0.50
	9	0.10	0.30	0.35	0.40	0.40	0.40	0.45	0.45	0.45	0.45	0.50	0.50	0.50	0.50
	8	0.20	0.35	0.40	0.40	0.45	0.45	0.45	0.45	0.45	0.50	0.50	0.50	0.50	0.50
	7	0.25	0.40	0.40	0.45	0.45	0.45	0.45	0.45	0.45	0.50	0.50	0.50	0.50	0.50
	6	0.35	0.40	0.40	0.45	0.45	0.45	0.45	0.50	0.50	0.50	0.50	0.50	0.50	0.50
	5	0.40	0.45	0.45	0.45	0.45	0.50	0.50	0.50	0.50	0.50	0.50	0.50	0.50	0.50
	4	0.50	0.50	0.50	0.50	0.50	0.50	0.50	0.50	0.50	0.50	0.50	0.50	0.50	0.50
	3	0.65	0.55	0.60	0.50	0.50	0.50	0.50	0.50	0.50	0.50	0.50	0.50	0.50	0.50
	2	0.85	0.65	0.60	0.55	0.55	0.55	0.55	0.50	0.50	0.50	0.50	0.50	0.50	0.50
	1	1.35	1.05	0.90	0.80	0.75	0.75	0.70	0.70	0.65	0.65	0.60	0.55	0.55	0.55
12	↓1	-0.30	0.00	0.15	0.20	0.25	0.30	0.30	0.30	0.35	0.35	0.40	0.45	0.45	0.45
	2	-0.10	0.20	0.25	0.30	0.35	0.40	0.40	0.40	0.40	0.40	0.45	0.45	0.45	0.50
	3	0.05	0.25	0.35	0.40	0.40	0.40	0.45	0.45	0.45	0.45	0.45	0.50	0.50	0.50
	4	0.15	0.30	0.40	0.40	0.45	0.45	0.45	0.45	0.45	0.45	0.45	0.50	0.50	0.50
	5	0.25	0.35	0.50	0.45	0.45	0.45	0.45	0.45	0.45	0.45	0.50	0.50	0.50	0.50
	6	0.30	0.40	0.50	0.45	0.45	0.45	0.45	0.50	0.45	0.50	0.50	0.50	0.50	0.50
	7	0.35	0.40	0.55	0.45	0.45	0.45	0.50	0.50	0.50	0.50	0.50	0.50	0.50	0.50
	8	0.35	0.45	0.55	0.45	0.50	0.50	0.50	0.50	0.50	0.50	0.50	0.50	0.50	0.50
	中间	0.45	0.45	0.55	0.45	0.50	0.50	0.50	0.50	0.50	0.50	0.50	0.50	0.50	0.50
	4	0.55	0.50	0.50	0.50	0.50	0.50	0.50	0.50	0.50	0.50	0.50	0.50	0.50	0.50
	3	0.65	0.55	0.50	0.50	0.50	0.50	0.50	0.50	0.50	0.50	0.50	0.50	0.50	0.50
	2	0.70	0.70	0.60	0.55	0.55	0.55	0.55	0.50	0.50	0.50	0.50	0.50	0.50	0.50
	↑1	1.35	1.05	0.90	0.80	0.75	0.70	0.70	0.70	0.65	0.65	0.60	0.55	0.55	0.55

表 4-9　上下层横梁线刚度比对 y_0 的修正值 y_1

$\overline{K}$ / α_1	0.1	0.2	0.3	0.4	0.5	0.6	0.7	0.8	0.9	1.0	2.0	3.0	4.0	5.0
0.4	0.55	0.40	0.30	0.25	0.20	0.20	0.20	0.15	0.15	0.15	0.05	0.05	0.05	0.05
0.5	0.45	0.30	0.20	0.20	0.15	0.15	0.15	0.10	0.10	0.10	0.05	0.05	0.05	0.05
0.6	0.30	0.20	0.15	0.15	0.10	0.10	0.10	0.10	0.05	0.05	0.05	0.05	0	0
0.7	0.20	0.15	0.10	0.10	0.10	0.05	0.05	0.05	0.05	0.05	0.05	0	0	0
0.8	0.15	0.10	0.05	0.05	0.05	0.05	0.05	0.05	0	0	0	0	0	0
0.9	0.05	0.05	0.05	0.05	0	0	0	0	0	0	0	0	0	0

表 4-10　上下层高度比对 y_0 的修正值 y_2 和 y_3

α_2	α_1	$\overline{K}$ = 0.1	0.2	0.3	0.4	0.5	0.6	0.7	0.8	0.9	1.0	2.0	3.0	4.0	5.0
2.0		0.25	0.15	0.15	0.10	0.10	0.10	0.10	0.10	0.05	0.05	0.05	0.05	0	0
1.8		0.20	0.15	0.10	0.10	0.10	0.05	0.05	0.05	0.05	0.05	0.05	0	0	0
1.6	0.4	0.15	0.10	0.10	0.05	0.05	0.05	0.05	0.05	0.05	0	0	0	0	0
1.4	0.6	0.10	0.05	0.05	0.05	0.05	0.05	0.05	0.05	0	0	0	0	0	0
1.2	0.8	0.05	0.05	0	0	0	0	0	0	0	0	0	0	0	0
1.0	1.0	0	0	0	0	0	0	0	0	0	0	0	0	0	0
0.8	1.2	−0.05	−0.05	−0.05	0	0	0	0	0	0	0	0	0	0	0
0.6	1.4	−0.10	−0.05	−0.05	−0.05	−0.05	−0.05	−0.05	−0.05	0	0	0	0	0	0
0.4	1.6	−0.15	−0.10	−0.05	−0.05	−0.05	−0.05	−0.05	−0.05	−0.05	−0.05	0	0	0	0
	1.8	−0.20	−0.15	−0.10	−0.10	−0.10	−0.05	−0.05	−0.05	−0.05	−0.05	−0.05	0	0	0
	2.0	−0.25	−0.15	−0.15	−0.10	−0.10	−0.10	−0.10	−0.10	−0.05	−0.05	−0.05	0	0	0

4.3.3　内力组合及最不利内力

1. 控制截面及最不利内力

控制截面是指构件某一区段中对截面配筋起控制作用的截面，最不利内力组合就是控制截面处最大的内力组合。

对于框架梁，在竖向荷载作用下，荷载截面一般出现最大负弯矩和最大剪力；在水平荷载作用下，梁的跨中截面附近往往出现最大正弯矩。因此，框架梁通常选取梁端截面和跨中截面作为控制截面。梁端截面要组合最大负弯矩 $-M_{\max}$；跨中截面要组合最大的正弯矩 $M_{\max}$ 或可能出现的负弯矩。

对于框架柱，剪力和轴力值在同一楼层内变化很小，而弯矩最大值在柱的两端，因此可取各层柱的上下端截面作为设计控制截面。框架柱一般为对称配筋的偏心构件，大、小偏压情况都可能出现。其控制截面的最不利内力应同时考虑以下四种情况，分别配筋后选用最大者：

1) $|M_{\max}|$ 及相应的 N、V。

2）N_{max} 及相应的 M、V。

3）N_{min} 及相应的 M、V。

4）｜M｜比较大（不是绝对最大），但 N 比较小或 N 比较大（不是绝对最小或绝对最大）。柱子还要组合最大剪力 V_{max}。

在某些情况下，最大或最小内力不一定是最不利的。对大偏心截面而言，偏心距 $e_0 = M/N$ 越大，截面的配筋越多，因此有时候 M 虽然不是最大，但对应的 N 较小，此时偏心距最大，也能成为最不利内力；对于小偏心截面而言，当 N 可能不是最大，但相应的 M 比较大时，配筋反而需要多一些，会成为最不利内力。因此，组合时常需考虑上述的第四种情况。

需要注意的是，在截面配筋计算时，框架梁应采用柱边截面的内力作为计算内力，框架柱应采用梁上、下边缘处的内力作为计算内力。

2. 内力组合

在进行地震作用下框架结构内力组合时，梁柱控制截面上的内力按式（3-166）组合。

3. 框架结构水平位移验算

框架结构的抗侧刚度小，水平地震作用下位移较大。在多遇地震下，过大的层间位移会使主体结构受损，使填充墙和建筑装修开裂损坏、影响建筑的正常使用；在罕遇地震下，水平侧移过大，则会使主体结构遭受严重破坏甚至倒塌。因此，位移计算是框架结构抗震计算的一个重要内容，框架结构的构件尺寸往往取决于结构的侧移变形要求。按照"三水准、二阶段"的设计思想，框架结构应根据需要进行两方面的侧移验算，即多遇地震作用下的层间弹性位移验算和罕遇地震作用下的层间弹塑性位移验算。

4.3.4 框架结构截面设计

求出构件控制截面的组合内力值后，即可按一般钢筋混凝土结构构件的计算方法进行配筋计算。6度（抗震防裂强度）时不规则结构和建造于Ⅳ类场地上高于40m的钢筋混凝土框架结构，以及7度和7度以上的结构应进行多遇地震下的截面抗震验算，其验算公式为

$$S \leqslant \frac{R}{\gamma_{RE}} \tag{4-10}$$

式中，S 为包含地震作用效应的结构构件内力组合设计值，包括组合的弯矩、剪力和轴向力设计值等；R 为结构构件非抗震设计时的承载力设计值，按有关结构设计规范计算；γ_{RE} 为承载力抗震调整系数，除另有规定外，均按表 4-11 采用（当仅计算竖向地震作用时，各类结构构件承载力抗震调整系数均应采用 1.0）。

地震动具有明显的不确定性，结构地震破坏机理极其复杂，目前对影响结构地震作用计算和承载力计算的诸多不确定和不确知因素难以做到精确分析，抗震计算设计还远未达到严密的科学程度。为了使结构具有尽可能好的抗震性能，除了细致的计算分析和截面承载力计算外，还必须重视基于概念设计的各种抗震措施，包括对地震作用效应的调整和合理地采取抗震构造措施。对于钢筋混凝土框架结构，关键在于做好梁、柱及其节点的延性设计。

表 4-11 承载力抗震调整系数

结构构件类别			γ_{RE}
正截面承载力计算	受弯构件		0.75
	偏心受压柱	轴压比小于 0.15 的柱	0.75
		轴压比不小于 0.15 的柱	0.80
	偏心受压构件		0.85
	剪力墙		0.85
斜截面承载力计算	各类构件及框架节点		0.85
受冲切承载力计算			0.85
局部受压承载力计算			1.0

1. 实现梁铰机制，避免柱铰机制

（1）增大柱端弯矩设计值 柱端弯矩设计值应根据"强柱弱梁"原则进行调整。抗震设计时，一、二、三、四级框架的梁、柱节点处，除框架顶层和柱轴压比小于 0.15 者及框支柱的节点外，柱端组合的弯矩设计值均应符合下式要求

$$\sum M_c = \eta_c \sum M_b \tag{4-11}$$

式中，$\sum M_c$ 为节点上、下柱端截面顺时针或逆时针方向组合的弯矩设计值之和，上、下柱端的弯矩设计值可按弹性分析分配；$\sum M_b$ 为节点左、右梁端截面逆时针或顺时针方向组合的弯矩设计值之和（一级框架节点左、右梁端均为负弯矩时，绝对值较小的弯矩应取零）；η_c 为框架柱端弯矩增大系数（对框架结构，一、二、三、四级可分别取 1.7、1.5、1.3、1.2；其他结构类型的框架，一级可取 1.4，二级可取 1.2，三、四级可取 1.1）。

一级框架结构和 9 度的一级框架可不符合式（4-11）的要求，但应符合下式要求

$$\sum M_c = 1.2 \sum M_{bua} \tag{4-12}$$

式中，$\sum M_{bua}$ 为节点左、右梁端截面逆时针或顺时针方向实配的正截面抗震受弯承载力所对应的弯矩值之和，根据实配钢筋面积（计入梁受压筋和相关楼板钢筋）和材料强度标准值确定。

当反弯点不在柱的层高范围内时，柱端弯矩设计值可直接乘以柱端弯矩增大系数 η_c。

（2）增大柱脚嵌固端弯矩设计值 框架结构计算嵌固端所在层（即底层）的柱下端若过早出现塑性屈服，将会影响整个结构的抗地震倒塌能力。为推迟框架结构柱下端塑性铰的出现，一、二、三、四级框架结构的底层，其柱下端截面组合的弯矩设计值应分别乘以增大系数 1.7、1.5、1.3、1.2。底层柱纵向钢筋宜按上、下端的不利情况配置。

（3）增大角柱的弯矩设计值 地震时角柱受两个方向地震影响，受力状态复杂，需特别加强。框架角柱应按双向偏心受力构件进行正截面设计。一、二、三、四级框架的角柱，经"强柱弱梁""强剪弱弯"及"柱底层弯矩"调整后的弯矩、剪力设计值还应乘以不小于 1.10 的增大系数。

2. 实现弯曲破坏，避免剪切破坏

框架梁、柱抗震设计时，应遵循"强剪弱弯"的设计原则。在大震作用下，构件的塑

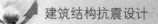

性铰应具有足够的变形能力，保证构件先发生延性的弯曲破坏，避免发生脆性的剪切破坏。

（1）按"强剪弱弯"的原则调整框架梁的截面剪力 一、二、三级框架和剪力墙的梁，其梁端截面组合的剪力设计值应按下式调整

$$V_b = \eta_{vb}(M_b^l + M_b^r)/l_n + V_{Gb} \tag{4-13}$$

一级框架结构和9度的一级框架梁、连梁可不按式（4-13）调整，但应符合下式要求

$$V_b = 1.1(M_{bua}^l + M_{bua}^r)/l_n + V_{Gb} \tag{4-14}$$

式中，l_n 为梁的净跨；V_{Gb} 为梁在重力荷载代表值（9度的高层建筑还应包括竖向地震作用标准值）作用下，按简支梁分析的梁端截面剪力设计值；M_b^l、M_b^r 为梁左、右端逆时针或顺时针方向组合的弯矩设计值，当框架两端弯矩均为负弯矩时，绝对值较小的弯矩应取零；M_{bua}^l、M_{bua}^r 为梁左、右端逆时针弯矩或顺时针方向实配的正截面抗震受弯承载力所对应的弯矩值，根据实配钢筋面积（计入受压钢筋和相关楼板钢筋）和材料强度标准值确定；η_{vb} 为梁端剪力增大系数（一级可取1.3，二级可取1.2，三级可取1.1）。

（2）按"强剪弱弯"的原则调整框架柱的截面剪力 一、二、三、四级框架柱和框支柱组合的剪力设计值应按下式调整

$$V_c = \frac{\eta_{vc}(M_c^t + M_c^b)}{H_n} \tag{4-15}$$

一级框架结构和9度的一级框架可不按式（4-15）调整，但应符合下式要求

$$V_c = \frac{1.2(M_{cua}^t + M_{cua}^b)}{H_n} \tag{4-16}$$

式中，M_c^t、M_c^b 为柱的上、下端顺时针或逆时针方向截面组合的弯矩设计值，应符合前述对柱端弯矩设计值的要求；H_n 为柱的净高；M_{cua}^t、M_{cua}^b 为偏心受压柱的上、下端顺时针或逆时针方向实配的正截面抗震受弯承载力所对应的弯矩值，根据实配钢筋面积、材料强度标准值和轴压力等确定；η_{vc} 为柱剪力增大系数（对框架结构，一、二、三、四级可分别取1.5、1.3、1.2、1.1；对其他结构类型的框架，一级可取1.4，二级可取1.2，三、四级可取1.1）。

（3）按抗剪要求的截面限制条件 截面上平均剪应力与混凝土抗压强度设计值之比，称为剪压比，以 $V/f_c bh_0$ 表示。截面出现斜裂缝之前，构件剪力基本由混凝土抗剪强度来承受，箍筋因抗剪引起的拉应力很小，如果构件截面的剪压比过大，混凝土就会过早发生斜压破坏，因此必须对剪压比加以限制。对剪压比的限制，也就是对构件最小截面的限制。钢筋混凝土结构的梁、柱、剪力墙和连梁，其截面组合的剪力设计值应符合下列要求：

对于跨高比大于2.5的梁和连梁及剪跨比大于2的柱和剪力墙为

$$V_b \leqslant \frac{1}{\gamma_{RE}}(0.20\beta_c f_c bh_0) \tag{4-17}$$

对于跨高比不大于2.5的梁和连梁及剪跨比大于2.5的柱和剪力墙、部分框支剪力墙结构的框支柱和框支梁以及落地剪力墙的底部加强部位为

$$V_b \leqslant \frac{1}{\gamma_{RE}}(0.15\beta_c f_c b h_0) \tag{4-18}$$

剪跨比应按下式计算，即

$$\lambda = \frac{M^c}{V^c h_0} \tag{4-19}$$

式中，λ 为剪跨比（反弯点位于柱高中部的框架柱，该值可按柱净高与 2 倍柱截面高度之比计算）；M^c、V^c 为柱端截面组合的弯矩计算值及对应的截面组合剪力计算值，均取上、下端计算结果的较大值；V_b 为调整后的梁端、柱端或墙端截面组合的剪力设计值；f_c 为混凝土轴心抗压强度设计值；β_c 为混凝土强度影响系数（当混凝土强度等级不大于 C50 时取 1.0；当混凝土强度等级为 C80 时取 0.8；当混凝土强度等级为 C50~C80 时可按线性内插取用）；b 为梁、柱截面宽度或剪力墙墙肢截面宽度，圆形截面柱可按面积相等的方形截面柱计算；h_0 为截面有效高度，剪力墙可取墙肢长度。

（4）框架梁斜截面受剪承载力的验算　矩形、T 形和工字形截面一般框架梁，其斜截面抗震承载力仍采用非地震时梁的斜截面受剪承载力公式形式进行验算，但除应除以承载力抗震调整系数外，还应考虑在反复荷载作用下，钢筋混凝土斜截面强度有所降低。因此，框架梁受剪承载力抗震验算公式为

$$V_b \leqslant \frac{1}{\gamma_{RE}}\left(\alpha_{cv} f_t b h_0 + f_{yv}\frac{A_{sv}}{s}h_0\right) \tag{4-20}$$

式中，f_{yv} 为箍筋抗拉强度设计值；A_{sv} 为配置在同一截面内箍筋各肢的全部截面面积；s 为沿构件长度方向上的箍筋间距。

式（4-20）中，α_{cv} 为截面混凝土受剪承载力系数，对于一般受弯构件取 0.7；对集中荷载作用（包括作用有多种荷载，其中集中荷载对支座截面或节点边缘产生的剪力值占总剪力 75% 以上的情况）下的框架梁，取为

$$\alpha_{cv} = \frac{1.75}{\lambda + 1}, \quad \lambda = \frac{a}{h_0} \tag{4-21}$$

式中，λ 为计算截面的剪跨比；a 为集中荷载作用点至支座截面或节点边缘的距离，$\lambda < 1.5$ 时，取为 1.5，$\lambda > 3$ 取为 3。

（5）框架柱斜截面受剪承载力的验算　在进行框架柱斜截面承载力抗震验算时，仍采用非地震时承载力验算的公式形式，但应除以承载力抗震调整系数，同时考虑地震作用对钢筋混凝土框架柱承载力降低的不利影响，即可得出矩形截面框架柱和框支柱斜截面抗震承载力验算公式为

$$V_c \leqslant \frac{1}{\gamma_{RE}}\left(\frac{1.05}{\lambda + 1}f_t b h_0 + f_{yv}\frac{A_{sv}}{s}h_0 + 0.056N\right) \tag{4-22}$$

式中，λ 为框架柱、框支柱的剪跨比［按式（4-19）时，$\lambda < 1$ 时，取为 1；当 $\lambda > 3$ 时，取为 3］；N 为考虑地震作用组合的框架柱、框支柱轴向压力设计值，当其值大于 $0.3f_c A$ 时，取为 $0.3f_c A$。

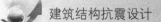

当矩形截面框架柱和框支柱出现拉力时，其斜截面受剪承载力应按下式计算

$$V_c \leqslant \frac{1}{\gamma_{RE}} \left(\frac{1.05}{\lambda+1} f_t b h_0 + f_{yv} \frac{A_{sv}}{s} h_0 - 0.2N \right) \tag{4-23}$$

式中，N 为与剪力设计值 V 对应的轴向拉力设计值，取正值；λ 为框架柱的剪跨比。

当式（4-23）右端括号内的计算值小于 $f_{yv} \dfrac{A_{sv}}{S} h_0$ 时，应取等于 $f_{yv} \dfrac{A_{sv}}{S} h_0$，且 $f_{yv} \dfrac{A_{sv}}{S} h_0$ 的值不应小于 $0.36 f_t b h_0$。

3. 实现强节点核心区、强锚固

在竖向荷载和地震作用下，梁柱节点核心区受力复杂，主要承受压力和水平剪力的组合作用。节点核心区破坏的主要形式是剪压破坏和黏结锚固破坏，节点核心区箍筋配置不足、混凝土强度等级较低是其破坏的主要原因。在地震往复荷载作用下，因受剪承载力不足，节点核心区形成交叉裂缝，混凝土挤压破碎，箍筋屈服，甚至被拉断，纵向钢筋压屈失效，伸入核心区的框架梁纵筋与混凝土之间也随之发生黏结破坏。

剪切破坏和黏结破坏都属于脆性破坏，故核心区不能作为框架的耗能部位。节点破坏后修复困难，还会导致梁端转角和层间位移增大，严重的会引起框架倒塌。因此，框架节点核心区的抗震设计应满足以下设计原则：

1）节点的承载力不应低于其连接构件（梁、柱）的承载力。

2）多遇地震时，节点应在弹性范围内工作。

3）罕遇地震时，节点承载力的降低不得危及竖向荷载的传递。

4）梁柱纵筋在节点区应有可靠的锚固。

为实现"强节点核心区、强锚固"的设计要求，一、二、三级框架的节点核心区应进行抗震验算；四级框架节点核心区可不进行抗震验算，但应符合抗震构造措施的要求。

（1）节点核心区组合剪力设计值　节点核心区应能抵抗其两边梁端出现塑性铰时的剪力。作用于节点的剪力来源于梁、柱纵向钢筋的屈服，甚至超强。对于强柱型节点，水平剪力主要来自框架梁，也包括一部分现浇板的作用。一、二、三级框架梁柱节点核心区组合的剪力设计值应按下式确定

$$V_j = \frac{\eta_{jb} \sum M_b}{h_{b0} - a'_s} \left(1 - \frac{h_{b0} - a'_s}{H_c - h_b} \right) \tag{4-24}$$

式中，V_j 为梁柱节点核心区组合的剪力设计值；h_{b0} 为梁截面的有效高度，节点两侧梁截面高度不等时可采用平均值；a'_s 为梁受压钢筋合力点至受压边缘的距离；H_c 为柱的计算高度，可采用节点上下柱反弯点之间的距离；h_b 为梁的截面高度，节点两侧梁截面高度不等时可采用平均值；η_{jb} 为强节点系数（对于框架结构，一级宜取 1.5，二级宜取 1.35，三级宜取 1.2；对于其他结构中的框架，一级宜取 1.35，二级宜取 1.2，三级宜取 1.1）；$\sum M_b$ 为节点左右梁端逆时针或顺时针方向组合弯矩设计值之和，一级时节点左右梁端均为负弯矩，绝对值较小的弯矩应取零。

一级框架结构和 9 度的一级框架可不按式（4-24）确定，但应符合下式要求

$$V_j = \frac{1.15 \sum M_{bua}}{h_{b0} - a'_s}\left(1 - \frac{h_{b0} - a'_s}{H_c - h_b}\right) \tag{4-25}$$

式中，M_{bua} 为节点左右梁端逆时针或顺时针方向实配的正截面抗震受弯承载力所对应的弯矩值之和；其他符号意义同式（4-24）。

（2）节点剪压比的控制　为防止节点核心区混凝土斜压破坏，要控制剪压比，使节点区的尺寸不致太小。考虑到节点核心周围一般都受到梁的约束，抗剪面积实际比较大，故剪压比限值可适当放宽。节点核心区组合的剪力设计值应符合下式要求

$$V_j \leqslant \frac{1}{\gamma_{RE}}(0.30\eta_j\beta_c f_c b_j h_j) \tag{4-26}$$

$$\begin{cases} b_j = b_c \\ b_j = b_b + 0.5h_c \\ b_j = 0.5(b_b + b_c) + 0.25h_c - e \end{cases} \tag{4-27}$$

式中，η_j 为正交梁的约束影响系数（楼板为现浇、梁柱中线不重合、四侧各梁截面宽度不小于该侧柱截面宽度的 1/2，且正交方向梁高度不小于框架梁高度的 3/4 时，可采用 1.5，9 度、一级时宜采用 1.25，其他情况均采用 1.0）；h_j 为节点核心区的截面高度，可采用验算方向的柱截面高度；γ_{RE} 为承载力抗震调整系数，可采用 0.85；b_j 为节点核心区截面有效验算宽度［当验算方向的梁截面宽度不小于该侧柱截面宽度的 1/2 时，可按式（4-27）的第 1 式计算取值；当小于柱截面宽度的 1/2 时，按式（4-27）的第 1、2 式计算，取较小值；当梁、柱的中线不重合且偏心距不大于柱宽的 1/4 时，按式（4-27）中 1、2、3 式分别计算，取较小值］；b_c 为验算方向的柱截面宽度；h_c 为验算方向的柱截面高度；b_b 为梁截面宽度；e 为梁与柱的中线偏心距。

如不满足式（4-26），则需加大柱截面或提高混凝土强度等级。节点区的混凝土强度等级应与柱的相同。当节点区混凝土与梁板混凝土一起浇筑时，须注意节点区混凝土的强度等级不能降低太多，其与柱混凝土等级相差不应超过 5MPa。

对于圆柱框架的梁柱节点，当梁中线与柱中线重合时，圆柱框架梁柱节点核心区组合的剪力设计值应符合下式要求

$$V_j \leqslant \frac{1}{\gamma_{RE}}(0.30\eta_j f_c A_j) \tag{4-28}$$

式中，η_j 为正交梁的约束影响系数，同式（4-26），其中柱截面宽度按柱直径采用；A_j 为节点核心区有效截面积［梁宽 b_b 不小于柱直径 D 的 1/2 时，取为 $0.8D^2$；梁宽 b_b 小于柱直径 D 的 1/2 且不小于 $0.4D$ 时，取为 $0.8D(b_b + D/2)$］。

（3）框架节点核心区截面抗震受剪承载力的验算　试验表明，节点核心区混凝土初裂前，剪力主要由混凝土承担，箍筋应力很小，节点受力状态类似于一个混凝土斜压杆；节点核心区出现交叉斜裂缝后，剪力由箍筋与混凝土共同承担，节点受力类似于桁架；与柱类似，在一定范围内，随着柱轴向压力的增加，不仅能提高节点的抗裂度，而且能提高节点的极限承载力。另外，垂直于框架平面的正交梁如具有一定的截面尺寸，对核心混凝土将具有明显的约束作用，实质上是扩大了受剪面积，因而也提高了节点的受剪承载力。

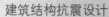

框架节点的受剪承载力可以由混凝土和节点箍筋共同组成。影响受剪承载力的主要因素有柱轴力、正交梁约束、混凝土强度和节点配箍情况等。节点核心区截面抗震受剪承载力应采用下列公式验算

$$V_{\rm j} \leqslant \frac{1}{\gamma_{\rm RE}}\left(0.1\eta_{\rm j}f_{\rm t}b_{\rm j}h_{\rm j}+0.05\eta_{\rm j}N\frac{b_{\rm j}}{b_{\rm c}}+f_{\rm yv}A_{\rm svj}\frac{h_{\rm b0}-a_{\rm s}'}{s}\right) \tag{4-29}$$

$$V_{\rm j} \leqslant \frac{1}{\gamma_{\rm RE}}\left(0.9\eta_{\rm j}f_{\rm t}b_{\rm j}h_{\rm j}+f_{\rm yv}A_{\rm svj}\frac{h_{\rm b0}-a_{\rm s}'}{s}\right)（9度、一级） \tag{4-30}$$

式中，N 为对应于组合剪力设计值的上柱组合轴向压力较小值，其取值不应大于柱的截面面积和混凝土轴心抗压强度设计值乘积的 50%，当为拉力时取为 0；$f_{\rm yv}$ 为箍筋的抗拉强度设计值；$f_{\rm t}$ 为混凝土轴心抗拉强度设计值；$A_{\rm svj}$ 为核心区有效验算宽度范围内同一截面验算方向箍筋的总截面面积；s 为箍筋间距。

对于圆柱框架的梁柱节点，当梁中线与柱中线重合时，圆柱框架梁柱节点核心区截面抗震受剪承载力应采用下列公式验算

$$V_{\rm j} \leqslant \frac{1}{\gamma_{\rm RE}}\left(1.5\eta_{\rm j}f_{\rm t}A_{\rm j}+0.05\eta_{\rm j}\frac{N}{D^2}A_{\rm j}+1.57f_{\rm yv}A_{\rm sh}\frac{h_{\rm b0}-a_{\rm s}'}{s}+f_{\rm yv}A_{\rm svj}\frac{h_{\rm b0}-a_{\rm s}'}{s}\right) \tag{4-31}$$

$$V_{\rm j} \leqslant \frac{1}{\gamma_{\rm RE}}\left(1.2\eta_{\rm j}f_{\rm t}A_{\rm j}+1.57f_{\rm yv}A_{\rm sh}\frac{h_{\rm b0}-a_{\rm s}'}{s}+f_{\rm yv}A_{\rm svj}\frac{h_{\rm b0}-a_{\rm s}'}{s}\right)（9度、一级） \tag{4-32}$$

式中，$A_{\rm sh}$ 为单根圆形箍筋的截面面积；$A_{\rm svj}$ 为同一截面验算方向的拉筋和非圆形箍筋的总截面面积；D 为圆柱截面直径；N 为轴向力设计值，按一般梁柱节点的规定取值。

4.3.5 框架结构构造措施

1. 框架梁

（1）截面尺寸　梁的截面宽度不宜小于 200mm，截面的高宽比不宜大于 4，梁净跨与截面高度之比不宜小于 4。当采用梁宽大于柱宽的扁梁时，楼盖、屋盖应现浇，梁中线宜与柱中线重合，扁梁应双向设置。扁梁的截面尺寸应符合下列要求，并应满足现行有关规范对挠度和裂缝宽度的规定

$$b_{\rm b} \leqslant 2b_{\rm c} \tag{4-33}$$

$$b_{\rm b} \leqslant b_{\rm c}+h_{\rm b} \tag{4-34}$$

$$h_{\rm b} \leqslant 16d \tag{4-35}$$

式中，$b_{\rm c}$ 为柱截面宽度，圆形截面取柱直径的 0.8 倍；$b_{\rm b}$、$h_{\rm b}$ 为梁截面宽度和高度；d 为柱纵向直径。

（2）纵向钢筋　梁的纵向钢筋配置应符合下列各项要求：

1）梁端计入受压钢筋的混凝土受压区高度与有效高度之比，一级不应大于 0.25，二、三级不应大于 0.35。

2）梁端截面的底面和顶面纵向钢筋配筋量的比值，除按计算确定外，一级不应小于

0.5，二、三级不应小于 0.3。

3）梁端纵向受拉钢筋的配筋率不宜大于 2.5%，沿梁全长顶面、底面的配筋，一、二级不应少于 2Φ14，且分别不应少于梁顶面、底面两端纵向配筋中较大截面面积的 1/4，三、四级不应少于 2Φ12。

4）一、二、三级框架梁内贯通中柱的每根纵向钢筋直径，对框架结构不应大于矩形截面柱在该方向截面尺寸的 1/20，或纵向钢筋所在位置圆形截面柱弦长的 1/20；对其他结构类型的框架不宜大于矩形截面柱在该方向截面尺寸的 1/20，或纵向钢筋所在位置圆形截面柱弦长的 1/20。

5）框架梁纵向受拉钢筋配筋率不应小于表 4-12 规定数值的较大值。此外，框架梁的纵向钢筋不应与箍筋、拉筋及预埋件等焊接。

表 4-12　框架梁纵向受拉钢筋最小配筋率 ρ_{min}

抗震等级/级	梁中位置	
	支座	跨中
一	0.40 和 $80f_t/f_y$	0.30 和 $65f_t/f_y$
二	0.30 和 $65f_t/f_y$	0.25 和 $55f_t/f_y$
三、四	0.25 和 $55f_t/f_y$	0.20 和 $45f_t/f_y$

（3）箍筋　震害调查和理论分析表明，在地震作用下，梁端部剪力最大，该处极易产生剪切破坏。因此，在梁端部一定长度范围内，箍筋间距应适当加密。一般称这一范围为箍筋加密区。

梁端加密区的箍筋设置应符合下列要求：

1）加密区的长度、箍筋最大间距和最小直径应按表 4-13 采用；当梁端纵向受拉钢筋配筋率大于 2% 时，表中箍筋最小直径数值应增大 2mm。

2）梁端加密区的箍筋肢距，一级不宜大于 200mm 和 20 倍箍筋直径两者中的较大值，二、三级不宜大于 250mm 和 20 倍箍筋直径两者中的较大值，四级不宜大于 300mm。

表 4-13　梁端箍筋加密区的长度、箍筋最大间距和最小直径　　　（单位：mm）

抗震等级/级	加密区长度（采用较大值）	箍筋最大间距（采用最小值）	箍筋最小直径
一	$2h_b$，500	$6d$，$h_b/4$，100	10
二	$1.5h_b$，500	$8d$，$h_b/4$，100	8
三	$1.5h_b$，500	$8d$，$h_b/4$，150	8
四	$1.5h_b$，500	$8d$，$h_b/4$，150	6

注：1. d 为纵向钢筋直径；h_b 为梁截面高度。
　　2. 箍筋直径大于 12mm、数量不少于 4 肢且肢距不大于 150mm 时，一、二级的最大间距应允许适当放宽，但不得大于 150mm。

框架梁的箍筋还应符合下列构造要求：

1）梁端设置的第一个箍筋应距框架节点边缘不大于 50mm。

2）箍筋应有 135° 弯钩，弯钩端头直段长度不应小于 10 倍的箍筋直径和 75mm 两者中的较大值。

3）在纵向钢筋搭接长度范围内的箍筋间距，钢筋受拉时不应大于搭接钢筋较小直径的5倍，且不应大于100mm；钢筋受压时不应大于搭接钢筋较小直径的10倍，且不应大于200mm。

4）框架梁非加密区箍筋最大间距不宜大于加密区箍筋间距的2倍。

5）框架梁沿梁全长箍筋的面积配筋率ρ_{sv}不应小于表4-14的规定。

表4-14　框架梁沿梁全长箍筋的面积配筋率ρ_{sv}限值

抗震等级	一级	二级	三级	四级
ρ_{sv}	$0.30f_t/f_{yv}$	$0.28f_t/f_{yv}$	$0.26f_t/f_{yv}$	$0.26f_t/f_{yv}$

2. 框架柱

（1）截面尺寸　柱的截面尺寸宜符合下列要求：

1）截面的宽度和高度，四级或不超过2层时不宜小于300mm，一、二、三级且超过2层时不宜小于400mm；圆柱的直径，四级或不超过2层时不宜小于350mm，一、二、三级且不超过2层时不宜小于450mm。

2）剪跨比宜大于2，圆形截面柱可按面积相等的方形截面柱计算。

3）截面长边与短边的边长比不宜大于3。

（2）轴压比的限制　轴压比是指考虑地震作用组合的轴压力设计值N与柱全截面面积bh和混凝土轴心抗压强度设计值f_c乘积的比值，即N/f_cbh。轴压比是影响柱延性的重要因素之一。试验研究表明，柱的延性随轴压比的增大而急剧下降，尤其在高轴压比的条件下，箍筋对柱的变形能力影响很小。因此，在框架抗震设计中，必须限制轴压比，以保证柱有足够的延性。框架柱轴压比不宜超过表4-15的规定。建造于Ⅳ类场地上较高的高层建筑，其柱轴压比限值应适当减小。

表4-15　轴压比限值

结构类型	抗震等级/级			
	一	二	三	四
框架结构	0.65	0.75	0.85	0.90
框架-剪力墙、板柱-剪力墙、框架-核心筒、筒中筒	0.75	0.85	0.85	0.85
部分框支剪力墙	0.60	0.70	—	

注：1. 对规范规定不进行地震作用计算的结构，可取无地震作用组合的轴力设计值计算。

2. 表内限值适用于剪跨比大于2、混凝土强度等级不高于C60的柱；剪跨比不大于2的柱，轴压比限值应降低0.05；剪跨比小于1.5的柱，轴压比限值应专门研究，并采取特殊构造措施。

3. 沿柱全高采用井字复合箍，且箍筋肢距不大于200mm、间距不大于100mm、直径不小于12mm；或沿柱全高采用复合螺旋箍，且螺旋净距不大于100mm、箍筋肢距不大于200mm、直径不小于12mm；或沿柱全高采用连续复合矩形螺旋箍，且螺旋净距不大于80mm、箍筋肢距不大于200mm、直径不小于10mm；轴压比限值均可增加0.10。以上三种箍筋的最小配箍特征值均应按增大的轴压比（表4-21）确定。

4. 在柱的截面中部附加芯柱（图4-27），其中另加的纵向钢筋总面积不少于柱截面面积的0.8%，轴压比限值可增加0.05；此项措施与注3的措施共同采用时，轴压比限值可增加0.15，但钢筋的体积配箍率仍可按轴压比增加0.10的要求确定。

5. 柱轴压比不应大于1.05。

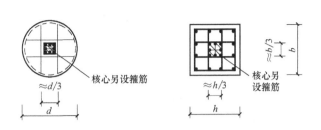

图 4-27 水平荷载作用下的框架弯矩图

（3）纵向钢筋 柱的纵向钢筋配置应符合下列各项要求：

1）纵向钢筋的最小总配筋率应按表 4-16 采用，同时每一侧纵筋配筋率不应小于 0.2%；对建造于Ⅳ类场地且较高的高层建筑，最小总配筋率应增加 0.1%。

2）柱的纵向配筋宜采用对称配置。

3）截面边长大于 400mm 的柱，纵向钢筋间距不宜大于 200mm。

4）柱总配筋率不应大于 5%；剪跨比不大于 2 的一级框架的柱，每侧纵向钢筋配筋率不宜大于 1.2%。

5）边柱、角柱及剪力墙端柱在小偏心受拉时，柱内纵筋总截面面积应比计算值增加 25%。

6）柱纵向钢筋的绑扎接头应避开柱端的箍筋加密区。

7）柱的纵向钢筋不应与箍筋、拉筋及预埋件等焊接。

表 4-16 柱截面纵向钢筋的最小总配筋率

类 别	抗震等级/级			
	一	二	三	四
中柱和边柱	0.9(1.0)	0.7(0.8)	0.6(0.7)	0.5(0.6)
角柱和框支柱	1.1	0.9	0.8	0.7

注：1. 表中括号内数值用于框架结构的柱。

2. 钢筋强度标准值小于 400MPa 时，表中数值应增加 0.1；钢筋强度标准值为 400MPa 时，表中数值应增加 0.05。混凝土强度等级高于 C60 时，上述数值应相应增加 0.1。

（4）箍筋 柱箍筋的形式应根据截面情况合理选取，图 4-28 所示为目前常用的箍筋形式。抗震框架柱一般不用普通矩形箍，圆形箍或螺旋箍由于加工困难，也较少采用，工程上大量采用的是矩形复合箍或拉筋复合箍。箍筋应为封闭式，其末端应做成 135°弯钩，且弯钩末端的平直段长度不应小于 10 倍箍筋直径，且不应小于 75mm。

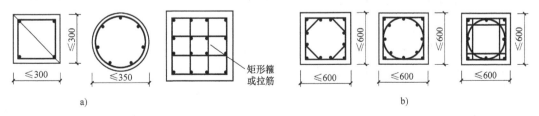

图 4-28 各类箍筋示意图

a）普通箍 b）复合箍

框架柱的箍筋有三个作用，即抵抗剪力、对混凝土提供约束、防止纵筋压屈。加强箍筋约束是提高柱延性和耗能能力的重要措施。震害调查表明，框架柱的破坏主要集中在上下柱端 1.0~1.5 倍柱截面高度范围内；试验表明，当箍筋间距小于 6~8 倍柱纵筋直径时，在受压区混凝土压溃之前，一般不会出现钢筋压屈现象。因此，应在柱上下端塑性铰区及需要提高其延性的重要部位加密箍筋。柱的箍筋加密范围应按下列规定采用：

1）柱端，取截面高度（圆柱直径）、柱净高的 1/6 和 500mm 三者中的最大值。

2）底层柱的下端不小于柱净高的 1/3。

3）刚性地面上下各 500mm。

4）剪跨比不大于 2 的柱、因设置填充墙等形式的柱净高与柱截面高度之比不大于 4 的柱、框支柱、一级和二级框架的角柱，取全高。

5）需要提高变形能力的柱的全高范围。

框架柱箍筋加密区的构造措施应符合下列要求：

1）一般情况下，加密区箍筋的最大间距和最小直径应按表 4-17 采用。

表 4-17　柱箍筋加密区的箍筋最大间距和最小直径

抗震等级/级	箍筋最大间距（采用最小值）/mm	箍筋最小直径/mm
一	6d,100	10
二	8d,100	8
三	8d,150（柱根 100）	8
四	8d,150（柱根 100）	6（柱根 8）

注：d 为柱纵筋最小直径；柱根指底层柱下端箍筋加密区。

2）一级框架柱的箍筋直径大于 12mm 且箍筋肢距不大于 150mm，以及二级框架柱的箍筋直径不小于 10mm 且箍筋肢距不大于 200mm 时，除底层柱下端外，最大间距应允许采用 150mm；三级框架柱的截面尺寸不大于 400mm 时，箍筋最小直径应允许采用 6mm；四级框架柱剪跨比不大于 2 时，箍筋直径不应小于 8mm。

3）框支柱和剪跨比不大于 2 的框架柱，箍筋间距不应大于 100mm。

4）柱箍筋加密区的箍筋肢距，一级不宜大于 200mm，二、三级不宜大于 250mm，四级不宜大于 300mm。至少每隔一根纵向钢筋宜在两个方向有箍筋或拉筋约束；采用拉筋复合箍时，拉筋宜紧靠纵向钢筋，并钩住箍筋。

5）柱箍筋加密区的体积配箍率应符合下式要求

$$\rho_v \geqslant \lambda_v f_c / f_{yv} \qquad (4\text{-}36)$$

式中，ρ_v 为柱箍筋加密区的体积配箍率（一、二、三、四级分别不应小于 0.8%、0.6%、0.4% 和 0.4%；计算复合螺旋箍的体积配箍率时，其非螺旋箍的箍筋体积应乘以换算系数 0.8）；f_c 为混凝土轴心抗压强度设计值，强度等级低于 C35 时，应按 C35 计算；f_{yv} 为箍筋或拉筋抗拉强度设计值；λ_v 为柱最小配箍特征值，宜按表 4-18 采用。

考虑到框架柱在层高范围内剪力不变及可能的扭转影响，为避免箍筋非加密区的受剪能力突然降低很多，导致柱的中段破坏，框架柱箍筋非加密区的箍筋配置应符合下列要求：

1）柱箍筋非加密区的体积配箍率不宜小于加密区的 50%。

表 4-18　柱箍筋加密区的箍筋最小配箍特征值

抗震等级/级	箍筋形式	柱轴压比								
		≤0.3	0.4	0.5	0.6	0.7	0.8	0.9	1.0	1.05
一	普通箍、复合箍	0.10	0.11	0.13	0.15	0.17	0.20	0.23	—	—
	螺旋箍、复合或连续复合矩形螺旋箍	0.08	0.09	0.11	0.13	0.15	0.18	0.21	—	—
二	普通箍、复合箍	0.08	0.09	0.11	0.13	0.15	0.17	0.19	0.22	0.24
	螺旋箍、复合或连续复合矩形螺旋箍	0.06	0.07	0.09	0.11	0.13	0.15	0.17	0.20	0.22
三	普通箍、复合箍	0.06	0.07	0.09	0.11	0.13	0.15	0.17	0.20	0.22
	螺旋箍、复合或连续复合矩形螺旋箍	0.05	0.06	0.07	0.09	0.11	0.13	0.15	0.18	0.20

注：1. 普通箍指单个矩形箍或单个圆形箍；复合箍指由矩形、多边形、圆形箍或拉筋组成的箍筋；复合螺旋箍指由螺旋箍与矩形、多边形、圆形箍或拉筋组成的箍筋；连续复合矩形螺旋箍指用一根通长钢筋加工而成的箍筋。

2. 框支柱宜采用复合螺旋箍或井字复合箍，其最小配箍特征值应比表内数值增加 0.02，且体积配箍率不应小于 1.5%。

3. 剪跨比不大于 2 的柱宜采用复合螺旋箍或井字复合箍，其体积配箍率不应小于 1.2%，9 度、一级时不应小于 1.5%。

2）箍筋间距，一、二级框架柱不应大于 10 倍纵向钢筋直径；三、四级框架柱不应大于 15 倍纵向钢筋直径。

3. 节点核心区

抗震框架的节点核心区必须设置足够量的横向箍筋，其箍筋的最大间距和最小直径宜符合上述柱箍筋加密区的有关规定，一、二、三级框架节点核心区配箍特征值分别不宜小于 0.12、0.10 和 0.08，且箍筋体积配箍率分别不宜小于 0.6%、0.5% 和 0.4%。柱剪跨比不大于 2 的框架节点核心区配箍特征值不宜小于核心区上下柱端配箍特征值中的较大值。

4.3.6　预应力混凝土框架的抗震设计要求

预应力混凝土结构具有抗裂、耐久性能好、能满足较高的工艺和功能要求、综合经济效益好等优点，已成为"高、大、重、特"类土木工程结构中最为重要的技术之一。其中的预应力混凝土框架结构，因其能够提供易于满足现代建筑功能要求的大跨度、大柱网、大空间，且在使用荷载下具有较高的抗裂度和截面刚度，在结构工程界广受青睐，自 20 世纪 80 年代以来，在世界范围内得到了大量的推广和应用。众所周知，我国是一个多地震的国家，地震灾害频繁发生，已建或在建的预应力混凝土结构大多位于地震区，并且将在地震区内不断建造新的预应力混凝土结构。因此，必须深入研究包括预应力混凝土框架结构在内的预应力混凝土结构的抗震性能和设计方法。与普通钢筋混凝土框架结构相比，预应力混凝土框架结构的跨度、柱距及承受的竖向荷载都要大很多，梁、柱尺寸的比例不同，梁的截面尺寸有时比柱还大，抗裂限制条件更严，导致其自振周期相对更长，因而，两者的抗震性能与能力相差较大甚至完全不同，在强地震作用下，自振周期相对较长的预应力混凝土框架结构会产

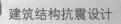
生更大的位移与变形，甚至是严重的破坏。然而，迄今有关预应力混凝土（框架）结构抗震性能与能力的研究成果，主要是在常规远场地震动的基础上取得的，国内外土木工程界对其抗震性能及设计方法仍存在着不少的疑惑与争议。

《建筑抗震设计规范》对于 6、7、8 度时预应力混凝土框架的抗震设计，提出了下列要求（9 度时应做专门研究）。

（1）一般要求　抗震框架的后张预应力构件，框架、门架、转换层的转换大梁，宜采用有黏结预应力筋。无黏结预应力筋可用于采用分散配筋的连续板和扁梁，不得用于承重结构的受拉杆件和抗震等级为一级的框架。

抗侧力的预应力混凝土构件，应采用预应力筋和非预应力筋混合配筋方式。二者的比例应根据抗震等级按有关规定控制，其预应力强度比不宜大于 0.75。

（2）框架梁　在预应力混凝土框架中应采用预应力筋和非预应力筋混合配筋方式，梁端截面配筋，宜符合下式要求

$$A_s \geq \frac{1}{3}\left(\frac{f_{py}h_p}{f_y h_s}\right) A_p \tag{4-37}$$

式中，A_p、A_s 分别为受拉区预应力筋和非预应力筋截面面积；f_{py}、f_y 分别为预应力筋和非预应力筋的抗拉强度设计值。

对二、三级抗震等级的框架-剪力墙、框架-核心筒结构中的后张有黏结预应力混凝土框架，式（4-37）中右端系数 1/3 可改为 1/4。

预应力混凝土框架梁端截面，计入纵向受压钢筋的钢筋混凝土的受压区高度 x，抗震等级为一级时应满足 $x \leq 0.25h_0$，二、三级时应满足 $x \leq 0.35h_0$，并且纵向受拉钢筋按非预应力筋抗拉强度设计值折算的配筋率不应大于 2.5%。

梁端截面的底面非预应力钢筋和顶面非预应力钢筋的配筋量的比值，除按计算确定外，一级抗震等级不应小于 0.5，二、三级不应小于 0.3，同时底面非预应力钢筋配筋量不应低于毛截面面积的 0.2%。

预应力混凝土框架柱可采用非对称配筋方式，其轴压比计算，应计入预应力筋的总有效预应力形成的轴向压力设计值，并符合钢筋混凝土结构中对应框架柱的要求，箍筋宜全高加密。

预应力筋穿过框架节点核心区时，节点核心区的截面抗震验算，应计入总有效预应力以及预应力孔道削弱核心区有效验算宽度的影响。

（3）框架柱和梁柱节点　后张预应力筋的锚具不应位于节点核心区内。

■ 4.4　抗震墙结构的抗震分析

抗震墙结构一般有较好的抗震性能，但也应合理设计。前述抗震设计所遵循的一般原则（如平面布置尽可能对称等）也适用于抗震墙结构。

4.4.1　抗震墙结构的设计要点

抗震墙结构中的抗震墙的设置，宜符合下列要求：

1）较长的抗震墙宜开设洞口，将一道抗震墙分成较均匀的若干墙段，洞口连梁的跨高比宜大于6，各墙段的高度比不应小于3。这主要是使构件（抗震墙和连梁）有足够的弯曲变形能力。

2）墙肢截面的高度沿结构全高不应有突变；抗震墙有较大洞口时，以及一、二级抗震墙的底部加强部位，洞口宜上下对齐。

3）部分框支抗震墙结构的框支层，其抗震墙的截面面积不应小于相邻非框支层抗震墙截面面积的50%；框支层落地抗震墙间距不宜大于24m；框支层的平面布置宜对称，且宜设抗震筒体；底层框架部分承担的地震倾覆力矩，不应大于结构总地震倾覆力矩的50%。

房屋顶层、楼梯间和抗侧力电梯间的抗震墙，端开间的纵向抗震墙和端山墙的配筋应符合关于加强部位的要求。底部加强部位的高度，应从地下室顶板算起。部分框支抗震墙结构的抗震墙，其底部加强部位的高度，可取框支层加框支层以上两层的高度及落地抗震墙总高度的1/10二者的较大值。其他结构的抗震墙，房屋高度大于24m时，底部加强部位的高度可取底部两层和墙体总高度的1/10二者的较大值；房屋高度不大于24m时，底部加强部位可取底部一层。当结构计算嵌固端位于地下一层的底板或以下时，底部加强部位尚宜向下延伸到计算嵌固端。

4.4.2 地震作用的计算

抗震墙结构地震作用的计算，仍可视情况用底部剪力法、振型分解法、时程分析法计算。采用常用的葫芦串模型时，主要是确定抗震墙结构的抗侧刚度。为此，就要对抗震墙进行分类。

1. 抗震墙的分类

单榀抗震墙按其开洞的大小呈现不同的特性。洞口的大小可用洞口系数 ρ 表示。

$$\rho = \frac{\text{墙面洞口面积}}{\text{墙面不计洞口的总面积}} \tag{4-38}$$

另外，抗震墙的特性还与连梁刚度与墙肢刚度之比及墙肢的惯性矩与总惯性矩之比有关。故再引入整体系数 α 和惯性矩比 I_A/I，其中 α 和 I_A 分别定义为

$$\alpha = H \sqrt{\frac{24}{\tau h \sum\limits_{j=1}^{m+1} I_j} \sum\limits_{j=1}^{m} \frac{I_{bj} c_j^2}{a_j^3}} \tag{4-39}$$

$$I_A = I - \sum\limits_{j=1}^{m+1} I_j \tag{4-40}$$

式中，τ 为轴向变形系数，3、4 肢时取为 0.8，5~7 肢时取为 0.85，8 肢以上时取为 0.95；m 为孔洞系数；h 为层高；I_{bj} 为第 j 孔洞连梁的折算惯性矩；a_j 为第 j 孔洞连梁计算跨度的一半；c_j 为第 j 孔洞两边墙肢轴线距离的一半；I_j 为第 j 墙肢的惯性矩；I 为抗震墙对组合截面形心的惯性矩。

第 j 孔洞连梁的折算惯性矩为

$$I_{bj} = \frac{I_{bj0}}{1 + \dfrac{30\mu I_{bj0}}{A_b l_{bj}^2}} \tag{4-41}$$

式中，I_{bj0} 为连梁的抗弯惯性矩；A_b 为连梁的截面面积；l_{bj} 为连梁的计算跨度（取洞口宽度加梁高的一半）。

从而抗震墙可按开洞情况、整体系数和惯性矩比分为以下几类：

1）整体墙即没有洞口或洞口很小的抗震墙（图 4-29a）。当墙面上门窗、洞口等开孔面积不超过墙面面积的 15%（即 $\rho \leqslant 0.15$），且孔洞间净距及孔洞至墙边净距大于孔洞长边时，即为整体墙。这时可忽略洞口的影响，墙的应力可按平截面假定用材料力学公式计算，其变形属于弯曲型。

2）当 $\rho > 0.15$，$\alpha \geqslant 10$，且 $I_A/I \leqslant \xi$ 时为小开口整体墙（图 4-29b），其中 ξ 值见表 4-19。此时，可按平截面假定计算，但所得的应力应加以修正。相应的变形基本属于弯曲型。

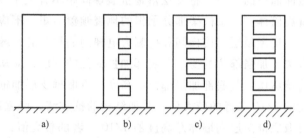

图 4-29 抗震墙的分类

a）整体墙 b）小开口整体墙 c）联肢墙 d）壁式框架

表 4-19 系数 ξ 的取值

α \ 层数	8	10	12	16	20	≥30
10	0.886	0.948	0.975	1.000	1.000	1.000
12	0.886	0.924	0.950	0.994	1.000	1.000
14	0.853	0.908	0.934	0.978	1.000	1.000
16	0.844	0.896	0.923	0.964	0.988	1.000
18	0.836	0.888	0.914	0.952	0.978	1.000
20	0.831	0.880	0.906	0.945	0.970	1.000
22	0.827	0.875	0.901	0.940	0.965	1.000
24	0.824	0.871	0.897	0.936	0.960	0.989
26	0.822	0.867	0.894	0.932	0.955	0.986
28	0.820	0.864	0.890	0.929	0.952	0.982
≥30	0.818	0.861	0.887	0.926	0.950	0.979

3）当 $\rho > 0.15$，$1.0 < \alpha < 10$，且 $I_A/I \leqslant \xi$ 时，为联肢墙（图 4-29c）。此时墙肢截面应力离平面假定所得的应力更远，不能用平截面假定所得到的整体应力加上修正应力来解决。此时可借助于列出微分方程来求解，它的变形已从弯曲型逐渐向剪切型过渡。

4）当洞口很大，$\alpha \geqslant 10$，且 $I_A/I > \xi$ 时，为壁式框架（图 4-29d）。

2. 水平地震作用计算

抗震墙结构一般采用计算机程序计算，在特定情况下，也可采用近似方法计算。

首先采用串联多自由度模型算出地震作用沿竖向的分布，然后把地震作用分配给各榀抗侧力结构。一般假定楼板在其平面内的刚度无穷大，在其平面外的刚度为零。在下面的分析中，假定不考虑整体扭转作用。

　　用简化方法进行内力与位移的计算时，可将结构沿其水平截面的两个正交主轴划分为若干平面抗侧力结构，每一个方向的水平荷载由该方向的平面抗侧力结构承受，垂直于水平荷载方向的抗侧力结构不参加工作。总水平力在各抗侧力结构中的分配，由楼板在其平面内为刚体所导出的协调条件确定。抗侧力结构与主轴斜交时，应考虑抗侧力结构在两个主轴方向上各自的功能。

　　对层数不高、以剪切变形为主的抗震墙结构，可用类似于砌体结构的计算方法计算其地震作用并分配给各片墙。

　　对以弯曲变形为主的高层剪力墙结构，可采用振型分解法或时程分析得出作用于竖向各质点（楼层处）的水平地震作用。整个结构的抗弯刚度等于各片墙的抗弯刚度之和。

　　3. 等效刚度

　　单片墙的抗弯刚度可采用一些近似公式。例如：

$$I_c = \left(\frac{100}{f_y} + \frac{P_u}{f'_c A_g} \right) I_g \tag{4-42}$$

式中，I_c 为单片墙的等效惯性矩；I_g 为墙的毛截面惯性矩；f_y 为钢筋的屈服强度（MPa）；P_u 为墙的轴压力；f'_c 为混凝土的棱柱体抗压强度；A_g 为墙的毛截面面积。上式对应于墙截面外缘出现屈服时的情况。

　　按弹性计算时，沿竖向刚度比较均匀的抗震墙的等效刚度可按下列方法计算。

　　（1）整体墙　等效刚度 $E_c I_{eq}$ 的计算公式为

$$E_c I_{eq} = \frac{E_c I_w}{1 + \frac{9\mu I_w}{A_w H^2}} \tag{4-43}$$

式中，E_c 为混凝土的弹性模量；I_{eq} 为等效惯性矩；H 为抗震墙的总高度；μ 为截面形状系数，对矩形截面取 1.20，I 形截面 μ＝全面积/腹板面积，T 形截面的 μ 值见表 4-20；I_w 为抗震墙的惯性矩，取有洞口和无洞口截面的惯性矩沿竖向的加权平均值。

$$I_w = \frac{\sum I_i h_i}{\sum h_i} \tag{4-44}$$

式中，I_i 为抗震墙沿高度方向各段横截面惯性矩（有洞口时要扣除洞口的影响）；h_i 为相应各段的高度。

　　式（4-43）中的 A_w 为抗震墙折算面积。对小洞口整截面墙取

$$A_w = \gamma_{00} A = \left(1 - 1.25 \sqrt{\frac{A_{0p}}{A_f}} \right) A \tag{4-45}$$

式中，A 为墙截面毛面积；A_{0p} 为墙面洞口面积；A_f 为墙面总面积；γ_{00} 为洞口削弱系数。

表 4-20　T 形截面剪应力不均匀系数 μ

H/t B/t	2	4	6	8	10	12
2	1.383	1.494	1.521	1.511	1.483	1.445
4	1.441	1.876	2.287	2.682	3.061	3.424
6	1.362	1.097	2.033	2.367	2.698	3.026
8	1.313	1.572	1.838	2.106	2.374	2.641
10	1.283	1.489	1.707	1.927	2.148	2.370
12	1.264	1.432	1.614	1.800	1.988	2.178
15	1.245	1.374	1.579	1.669	1.820	1.973
20	1.228	1.317	1.422	1.534	1.648	1.763
30	1.214	1.264	1.328	1.399	1.473	1.549
40	1.208	1.240	1.284	1.334	1.387	1.422

注：B 为翼缘宽度；t 为抗震墙厚度；H 为抗震截面高度。

（2）小开口整体墙　其等效刚度为

$$E_c I_{eq} = \frac{0.8 E_c I_w}{1 + \dfrac{9 \mu I}{AH^2}} \qquad (4\text{-}46)$$

式中，I 为组合截面惯性矩；A 为墙肢面积之和。

（3）单片联肢墙、壁式框架和框架-剪力墙　对这类抗侧力结构，可取水平荷载为倒三角形分布或均匀分布，然后按下式之一计算其等效刚度

$$EI_{eq} = \frac{qH^4}{8u_1} \qquad (\text{均布荷载}) \qquad (4\text{-}47)$$

$$EI_{eq} = \frac{11 q_{max} H^4}{120 u_2} \qquad (\text{倒三角形分布荷载}) \qquad (4\text{-}48)$$

式中，q、q_{max} 分别为均布荷载值和倒三角形分布荷载的最大值（kN/m）；u_1、u_2 分别为均布荷载和倒三角形分布荷载产生的结构顶点水平位移。

4.4.3　地震作用在各剪力墙之间的分配及内力计算

各质点的水平地震作用 F 求出后，就可求出各楼层的剪力 V 和弯矩 M。从而该层第 i 片墙所承受的侧向力 F_i、剪力 V_i 和弯矩 M_i 分别为

$$F_i = \frac{I_i}{\sum I_i} F, \quad V_i = \frac{I_i}{\sum I_i} V, \quad M_i = \frac{I_i}{\sum I_i} M \qquad (4\text{-}49)$$

式中，I_i 为第 i 片墙的等效惯性矩；$\sum I_i$ 为该层墙的等效惯性矩之和。在上述计算中，一般可不计矩形截面墙体在其弱轴方向的刚度。但弱轴方向的墙起到翼缘作用时，在弯矩分配时可取适当的翼缘宽度。每一侧有效翼缘的宽度 $b_f/2$ 可取下列二者中的最小值：墙间距的一半，墙总高的 1/20。每侧翼缘宽度不得大于墙轴线至洞口边缘的距离。在应用式（4-49）

时，若各层混凝土的弹性模量不同，则应以 $E_c I_i$ 替代 I_i。

把水平地震作用分配到各剪力墙后，就可对各剪力墙单独计算内力了。

（1）整体墙　可作为竖向悬臂构件按材料力学公式计算，此时，宜考虑剪切变形的影响。

（2）小开口整体墙　截面应力分布虽然不再是直线关系，但偏离直线不远，可在按直线分布的基础上加以修正。

第 j 墙肢的弯矩为

$$M_j = 0.85M \frac{I_j}{I} + 0.15M \frac{I_j}{\sum I_j} \tag{4-50}$$

式中，M 为外荷载在计算截面所产生的弯矩；I_j 为第 j 墙肢的截面惯性矩；I 为整个剪力墙截面对组合形心的惯性矩；$\sum$ 是对各墙肢求和。

第 j 墙肢的轴力为

$$N_j = 0.85M \frac{A_j y_j}{I} \tag{4-51}$$

式中，A_j 为第 j 墙肢截面积；y_j 为第 j 墙肢截面重心至组合截面重心的距离。

（3）联肢墙　对双肢墙和多肢墙，可把各墙肢间的作用连续化，列出微分方程求解。

当开洞规则而又较大时，可简化为杆件带刚臂的"壁式框架"求解。

上述计算方法，详见有关文献。

当规则开洞进一步大到连梁的刚度可略去不计时，各墙肢又变成相对独立的单榀抗震墙了。

4.4.4　截面设计和构造

1. 体现"强剪弱弯"的要求

一、二、三级的抗震墙底部加强部位，其截面组合的剪力设计值应按下式调整。

$$V = \eta_{vw} V_w \tag{4-52}$$

9 度时的一级可不按上式调整，但应符合下式要求。

$$V = 1.1 \frac{M_{wua}}{M_w} V_w \tag{4-53}$$

式中，V 为抗震墙底部加强部位截面组合的剪力设计值；V_w 为抗震墙底部加强部位截面的剪力计算值；M_{wua} 为抗震墙底部截面按实配纵向钢筋面积、材料强度标准值和轴力设计值计算的抗震承载力所对应的弯矩值：有翼墙时应考虑墙两侧各一倍翼墙厚度范围内的钢筋；M_w 为抗震墙底部截面组合的弯矩设计值；η_{vw} 为抗震墙剪力增大系数，一级可取 1.6，二级可取 1.4，三级可取 1.2。

2. 抗震墙结构构造措施

两端有翼缘或端柱的抗震墙厚度，抗震等级为一、二级时不应小于 160mm，且不应小于层高的 1/20；三、四级不应小于 140mm，且不宜小于层高或无支长度的 1/25。无端柱或翼墙时，一、二级不宜小于层高或无支长度的 1/16，三、四级不宜小于层高或无支长度的

1/20。一、二级时底部加强部位的墙厚不宜小于层高或无支长度的1/16且不应小于200mm，当底部加强部位无端柱或翼墙时，一、二级不宜小于层高或无支长度的1/12，三、四级不宜小于层高或无支长度的1/16。

抗震墙厚度大于140mm时，竖向和横向钢筋应双排布置；双排分布钢筋间拉筋的间距不宜大于600mm，直径不应小于6mm；在底部加强部位，边缘构件以外的拉筋间距应适当加密。

抗震墙竖向、横向分布钢筋的配筋，应符合下列要求：

1）一、二、三级抗震墙的水平和竖向分布钢筋最小配筋率均不应小于0.25%；四级抗震墙不应小于0.20%；间距不宜大于300mm。

2）部分框支抗震墙结构的落地抗震墙底部加强部位墙板的纵向及横向分布钢筋配筋率均不应小于0.3%，钢筋间距不应大于200mm。

3）钢筋直径不宜大于墙厚的1/10且不应小于8mm；竖向钢筋直径不宜小于10mm。

一、二、三级抗震墙在重力荷载代表值作用下墙肢的轴压比，一级时9度不宜大于0.4，7、8度不宜大于0.5；二、三级不宜大于0.6。

抗震墙两端和洞口两侧应设置边缘构件，并应符合下列要求：

1）对于抗震墙结构，底层墙肢底截面的轴压比不大于表4-21规定的一、二、三级抗震墙及四级抗震墙墙肢两端可设置构造边缘构件，其范围可按图4-30采用，其配筋除应满足受弯承载力要求外，并宜符合表4-22的要求。

2）底层墙肢底截面的轴压比大于表4-21规定的一、二、三级抗震墙，以及部分框支抗震墙结构的抗震墙，应在底部加强部位及相邻的上一层设置约束边缘构件，在以上的其他部位可设置构造边缘构件。约束边缘构件沿墙肢的长度、配箍特征值、箍筋和纵向钢筋应符合表4-22的要求。

表4-21　抗震墙设置构造边缘构件的最大轴压比

抗震等级或烈度	一级（9度）	一级（7、8度）	二、三级
轴压比	0.1	0.2	0.3

表4-22　抗震墙约束边缘构件的范围及配筋要求

项目	一级（9度）		一级（8度）		二、三级	
	$\lambda \leq 0.2$	$\lambda > 0.2$	$\lambda \leq 0.3$	$\lambda > 0.3$	$\lambda \leq 0.4$	$\lambda > 0.4$
l_c（暗柱）	$0.20h_w$	$0.25h_w$	$0.15h_w$	$0.20h_w$	$0.15h_w$	$0.20h_w$
l_c（翼墙或端柱）	$0.15h_w$	$0.20h_w$	$0.10h_w$	$0.15h_w$	$0.10h_w$	$0.15h_w$
λ_v	0.12	0.20	0.12	0.20	0.12	0.20
纵向钢筋（取较大值）	$0.012A_c$，$8\phi16$		$0.012A_c$，$8\phi16$		$0.010A_c$，$6\phi16$（三级 $6\phi14$）	
箍筋或拉筋沿竖向间距	100mm		100mm		150mm	

注：1. 抗震墙的翼墙长度小于其3倍厚度或端柱截面边长小于2倍墙厚时，按无翼墙、无端柱查表。

　　2. l_c 为约束边缘构件沿墙肢长度，且不小于墙厚和400mm；有翼墙或端柱不应小于翼墙厚度或端柱沿墙肢方向截面高度加300mm。

　　3. λ_v 为约束边缘构件的配箍特征值，体积配箍率可按本书公式计算，并可适当计入满足构造要求且在墙端有可靠锚固的水平分布配筋的截面面积。

　　4. h_w 为抗震墙墙肢长度。

　　5. λ 为墙肢轴压比。

　　6. A_c 为图4-30中约束边缘构件阴影部分的截面面积。

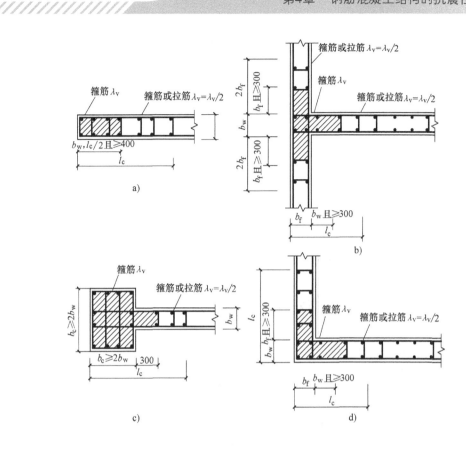

图 4-30　抗震墙的约束边缘构件

a）暗柱　b）有翼墙　c）有端柱　d）转角墙（L 形墙）

抗震墙的约束边缘构件包括暗柱、端柱和翼柱（图 4-31），约束边缘构件应向上延伸到底部加强部位以上不小于约束边缘构件纵向钢筋锚固长度的高度。

抗震墙的构造边缘构件的范围，宜按图 4-31 采用。构造边缘构件的配筋应满足受弯承载力要求，并应符合表 4-23 的要求。

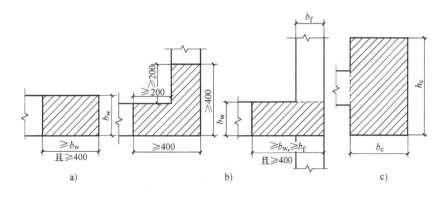

图 4-31　抗震墙的构造边缘构件范围

a）暗柱　b）翼柱　c）端柱

表 4-23　抗震墙构造边缘构件的配筋要求

抗震等级	底部加强部位			其他部位		
	纵向钢筋最小量（取较大值）	箍筋		纵向钢筋最小量（取较大值）	拉筋	
		最小直径/mm	沿竖向最大间距/mm		最小直径/mm	沿竖向最大间距/mm
一	$0.010A_c$,6ϕ16	8	100	$0.008A_c$,6ϕ14	8	150
二	$0.008A_c$,6ϕ14	8	150	$0.006A_c$,6ϕ12	8	200
三	$0.006A_c$,6ϕ12	6	150	$0.005A_c$,4ϕ12	6	200
四	$0.005A_c$,4ϕ12	6	200	$0.004A_c$,4ϕ12	6	250

注：1. A_c 为边缘构件的截面面积。

2. 其他部位的拉筋，水平间距不应大于纵筋间距的 2 倍，转角处宜用箍筋。

3. 当端柱承受集中荷载时，其纵向钢筋、箍筋直径和间距应满足柱的相应要求。

■ 4.5　框架-抗震墙结构的抗震设计

4.5.1　框架-抗震墙结构设计要点

框架-抗震墙结构中的抗震墙设置，宜符合下列要求：①抗震墙宜贯通房屋全高；②楼梯间宜设置抗震墙，但不宜造成较大的扭转效应；③抗震墙的两端（不包括洞口两侧）宜设置端柱或与另一方向的抗震墙相连；④房屋较长时，刚度较大的纵向抗震墙不宜设置在房屋的端开间；⑤抗震墙洞宜上下对齐，洞边距端柱不宜小于 300mm。

框架-抗震墙结构中的抗震墙基础和部分框支抗震墙结构的落地抗震墙基础，应有良好的整体性和抗转动的能力。

框架-抗震墙结构采用装配式楼盖、屋盖时，应采取措施保证楼盖、屋盖的整体性及其与抗震墙的可靠连接；装配整体式楼盖、屋盖采用配筋现浇面层加强时，厚度不宜小于 50mm。

4.5.2　地震作用的计算方法

指整个结构沿其高度的地震作用的计算。可用底部剪力法计算，当用振型反应谱法等进行计算时，若采用葫芦串模型，则得出整个结构沿高度的地震作用；若采用精细的模型时，则直接得出与该模型层次相应的地震内力。有时为简化计算，也可将总地震作用沿结构高度方向按倒三角形分布考虑。

4.5.3　结构内力计算

框架和剪力墙协同工作的分析可用力法、位移法、矩阵位移法和微分方程法。力法和位移法（包括矩阵位移法）是基于结构力学的精确法。抗震墙被简化为受弯杆件，与抗震墙相连的杆件被模型化为带刚域端的杆件。微分方程法是一种较近似的便于手算的方法。以下介绍微分方程法。

1. 微分方程法的基本假定

用微分方程法进行近似计算（手算）时的基本假定如下：①不考虑结构的扭转；②楼

板在自身平面内的刚度为无限大，各抗侧力单元在水平方向无相对变形；③抗震墙只考虑其弯曲变形而不计剪切变形，框架只考虑其整体剪切变形而不计整体弯曲变形（即不计杆件的轴向变形）；④结构的刚度和质量沿高度的分布比较均匀；⑤各量沿房屋高度为连续变化。这样，所有的抗震墙可合并为一个总抗震墙，其抗弯刚度为各抗震墙的抗弯刚度之和；所有的框架可合并为一个总框架，其抗剪刚度为各框架抗剪刚度之和。因而，整个结构就成为一个弯剪型悬臂梁。

这种方法的特点：从上到下，先用较粗的假定形成总体模型，求出总框架和总抗震墙的内力后，再较细致地考虑如何把此内力分到各抗侧力单元。这种方法在逻辑上是不一致的，但却能得到较好的结果，其原因如下：此法所处理的实际上是两个或多个独立的问题，只是后面的问题要用到前面问题的结果。在每个独立问题的内部，逻辑上还是完全一致的。在目前所处理的问题中，列出和求解微分方程是一个独立问题。而数学上的逻辑一致仅要求在一个独立问题内成立。

总抗震墙和总框架之间用无轴向变形的连系梁连接。连系梁模拟楼盖的作用。关于连系梁，根据实际情况，可有两种假定：①若假定楼盖的平面外刚度为零，则连系梁可进一步简化为连杆，如图4-32所示，称为铰接体系；②若考虑连系梁对墙肢的约束作用，则连系梁与抗震墙之间的连接可视为刚接，如图4-33所示，称为刚接体系。

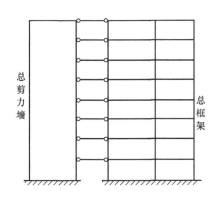

图4-32 结构简化为铰接连杆连系的总抗震墙和总框架

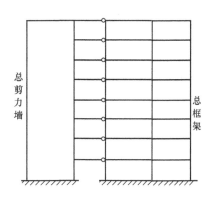

图4-33 结构简化为刚接连杆连系的总抗震墙和总框架

2. 铰接体系的计算

取坐标系如图4-34所示。把所有的量沿高度 x 方向连续化：作用在节点的水平地震作用连续化为外荷载 $p(x)$；总框架和总抗震墙之间的连杆连续化为栅片。沿此栅片切开，则在切开处总框架和总抗震墙之间的作用力为 $p_p(x)$；楼层处的水平位移连续化为 $u(x)$（图4-34）。在下文中，在不致误解的情况下，也称总框架为框架，称总抗震墙为抗震墙。

框架沿高度方向以剪切变形为主，故对框架使用剪切刚度 C_F。抗震墙沿高度方向以弯曲变形为主，故对抗震墙使用弯曲刚度 $E_c I_{eq}$。根据材料力学中的荷载、内力和位移之间的关系，框架部分剪力 Q_F 可表示为

$$Q_F = C_F \frac{du}{dx} \tag{4-54}$$

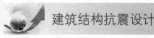
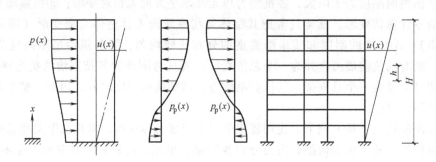

图 4-34　框架-抗震墙的分析

上式也隐含地给出了 C_F 的定义。按图 4-34 所示的符号规则，框架的水平荷载为

$$p_p = -\frac{dQ_F}{dx} = -C_F \frac{\partial^2 u}{\partial x^2} \tag{4-55}$$

类似地，抗震墙部分的弯矩 M_w（以左侧受拉为正）可表示为

$$M_w = E_c I_{eq} \frac{\partial^2 u}{\partial x^2} \tag{4-56}$$

设墙的剪力以绕隔离体顺时针为正，则墙的剪力 Q_w 为

$$Q_w = -\frac{dM_w}{dx} = -E_c I_{eq} \frac{\partial^3 u}{\partial x^3} \tag{4-57}$$

设作用在墙上的荷载 p_w，以图示向右方向作用为正，则墙的荷载 $p_w(x)$ 可表示为

$$p_w = -\frac{dQ_w}{dx} = E_c I_{eq} \frac{\partial^4 u}{\partial x^4} \tag{4-58}$$

由图 4-59 可知，剪力墙的荷载为

$$p_w(x) = p(x) - p_p(x) \tag{4-59}$$

将式（4-59）代入式（4-58），得

$$E_c I_{eq} \frac{\partial^4 u}{\partial x^4} = p(x) - p_p(x) \tag{4-60}$$

把 p_p 的表达式（4-55）代入式式（4-60），得

$$E_c I_{eq} \frac{\partial^4 u}{\partial x^4} - C_F \frac{\partial^2 u}{\partial x^2} = p(x) \tag{4-61}$$

式（4-61）即为框架和抗震墙协同工作的基本微分方程。求解此方程可得结构的变形曲线 $u(x)$，然后由式（4-54）和式（4-57）即可得到框架和抗震墙各自的剪力值。

下面求解方程式（4-61）。记

$$\lambda = H \sqrt{\frac{C_F}{E_c I_{eq}}} \tag{4-62}$$

$$\xi = \frac{x}{h} \tag{4-63}$$

其中，H 为结构的高度，则式（4-61）可写为

$$\frac{\partial^4 u}{\partial x^4} - \lambda^2 \frac{\partial^2 u}{\partial x^2} = \frac{p(x)H^4}{E_c I_{eq}} \tag{4-64}$$

参数 λ 称为结构刚度特征值，与框架的刚度与抗震墙刚度之比有关。λ 值的大小对抗震墙的变形状态和受力状态有重要的影响。

微分方程式（4-64）就是框架-抗震墙结构的基本方程，其形式如同弹性地基梁的基本方程，框架相当于抗震墙的弹性地基，其弹簧常数为 C_F。方程式（4-64）的一般解为

$$u(\xi) = A sh\lambda\xi + B ch\lambda\xi + C_1 + C_2\xi + u_1(\xi) \tag{4-65}$$

式中，A、B、C_1 和 C_2 为任意常数，其值应由边界条件决定；$u_1(\xi)$ 为微分方程的任意特解，由结构承受的荷载类型确定。

边界条件如下。结构底部的位移为零，即

$$u(0) = 0, \quad \xi = 0 \tag{4-66}$$

墙底部的位移为零，即

$$\frac{du}{d\xi} = 0, \quad \xi = 0 \tag{4-67}$$

墙顶部的弯矩为零，即

$$\frac{\partial^2 u}{\partial \xi^2} = 0, \quad \xi = 0 \tag{4-68}$$

在分布荷载作用下，墙顶部的剪力为零，即

$$Q_F + Q_w = C_F \frac{du}{dx} - E_c I_{eq} \frac{\partial^3 u}{\partial x^3} = 0, \quad \xi = H \tag{4-69}$$

在顶部作用有集中水平力 P，即

$$Q_F + Q_w = C_F \frac{du}{dx} - E_c I_{eq} \frac{\partial^3 u}{\partial x^3} = P, \quad \xi = H \tag{4-70}$$

根据上述条件，即可求出在相应荷载作用下的变形曲线 $u(x)$。

对于抗震墙，由 u 的二阶导数可求出弯矩，由 u 的三阶导数可求出剪力；对于框架，由 u 的一阶导数可求出剪力。因此，抗震墙和框架内力及位移的主要计算公式为 u、M_w 和 Q_w 的表达式。

下面分别给出在三种典型水平荷载下的计算公式。

在倒三角形分布荷载作用下，设分布荷载的最大值为 q，则有

$$\begin{cases} u = \dfrac{qH^4}{\lambda^2 E_c I_{eq}}\left[\left(1 + \dfrac{\lambda \sinh\lambda}{2} - \dfrac{\sinh\lambda}{\lambda}\right)\dfrac{\cosh\lambda\xi - 1}{\lambda^2 \cosh\lambda} + \left(\dfrac{1}{2} - \dfrac{1}{\lambda^2}\right)\left(\xi - \dfrac{\sinh\lambda\xi}{\lambda}\right) - \dfrac{\xi^3}{6}\right] \\[3mm] M_w = \dfrac{qH^2}{\lambda^2}\left[\left(1 + \dfrac{\lambda \sinh\lambda}{2} - \dfrac{\sinh\lambda}{\lambda}\right)\dfrac{\cosh\lambda\xi}{\cosh\lambda} - \left(\dfrac{\lambda}{2} - \dfrac{1}{\lambda}\right)\sinh\lambda\xi - \xi\right] \\[3mm] Q_w = \dfrac{-qH}{\lambda^2}\left[\left(1 + \dfrac{\lambda \sinh\lambda}{2} - \dfrac{\sinh\lambda}{\lambda}\right)\dfrac{\lambda \sinh\lambda\xi}{\cosh\lambda} - \left(\dfrac{\lambda}{2} - \dfrac{1}{\lambda}\right)\lambda \cosh\lambda\xi - 1\right] \end{cases} \tag{4-71}$$

在均布荷载 q 的作用下，有

$$\begin{cases} u = \dfrac{qH^4}{\lambda^4 E_c I_{eq}} \left[\left(1 + \dfrac{\lambda \sinh\lambda}{\cosh\lambda} \right)(\cosh\lambda\xi - 1) - \lambda\sinh\lambda\xi + \lambda^2\xi\left(1 - \dfrac{\xi}{2}\right) \right] \\[3mm] M_w = \dfrac{qH^2}{\lambda^2} \left[\left(\dfrac{1+\lambda\sinh\lambda}{\cosh\lambda} \right)\cosh\lambda\xi - \lambda\sinh\lambda\xi - 1 \right] \\[3mm] Q_w = \dfrac{-qH}{\lambda}\left[\lambda\cosh\lambda\xi - \left(\dfrac{1+\lambda\sinh\lambda}{\cosh\lambda} \right)\sinh\lambda\xi \right] \end{cases} \qquad (4\text{-}72)$$

在顶点水平集中荷载 P 的作用下，有

$$\begin{cases} u = \dfrac{PH^3}{E_c I_{eq}} \left[\dfrac{\sinh\lambda}{\lambda^3\cosh\lambda}(\cosh\lambda\xi - 1) - \dfrac{1}{\lambda^3}\sinh\lambda\xi + \dfrac{1}{\lambda^2}\xi \right] \\[3mm] M_w = PH\left(\dfrac{\sinh\lambda}{\lambda\cosh\lambda}\cosh\lambda\xi - \dfrac{1}{\lambda}\sinh\lambda\xi \right) \\[3mm] Q_w = -P\left(\cosh\lambda\xi - \dfrac{\sinh\lambda}{\cosh\lambda}\sinh\lambda\xi \right) \end{cases} \qquad (4\text{-}73)$$

式（4-71）~式（4-73）的符号规则，如图 4-35 所示。根据上述公式，即可求得总框架和总抗震墙作为竖向构件的内力。

3. 刚接体系的计算

对图 4-36 所示的有刚接连系梁的框架-抗震墙结构，若将结构在连系梁的反弯点处切开（图 4-36b），则切开处作用有相互作用水平力 p_{pi} 和剪力 Q_i，后者将对墙产生约束弯矩 M_i（图 4-36c）。p_{pi} 和 M_i 连续化后成为 $p_{pi}(x)$ 和 $m(x)$（图 4-36d）。

刚接连系梁在抗震墙内部分的刚度可视为无限大。故框架-抗震墙刚接体系的连系梁是端部带有刚域的梁（图 4-37）。刚域长度可取从墙肢形心到连梁边的距离减去 1/4 连梁高度。

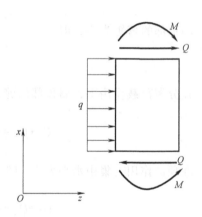

图 4-35　符号规则

对两端带刚域的梁，当梁两端均发生单位转角时，由结构力学可得梁端的弯矩为

$$m_{12} = \frac{6EI(1+a-b)}{l(1-a-b)^3}, \quad m_{21} = \frac{6EI(1+b-a)}{l(1-a-b)^3} \qquad (4\text{-}74)$$

其中各符号的意义如图 4-38 所示。

在上式中，令 $b=0$，则得仅左端带有刚域的梁的相应弯矩为

$$m_{12} = \frac{6EI(1+a)}{l(1-a)^3}, \quad m_{21} = \frac{6EI}{l(1-a)^3} \qquad (4\text{-}75)$$

假定同一楼层内所有节点的转角相等，均为 θ，则连系梁端的约束弯矩为

$$M_{12} = m_{12}\theta, \quad M_{21} = m_{21}\theta \qquad (4\text{-}76)$$

把集中约束弯矩 M_{ij} 简化为沿结构高度的线分布约束弯矩 m'_{ij} 得

$$m'_{ij} = \frac{M_{ij}}{h} = \frac{m_{ij}}{h}\theta \qquad (4\text{-}77)$$

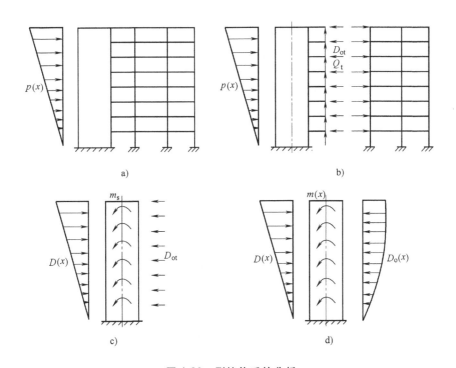

图 4-36　刚接体系的分析

a）框架-抗震墙　b）切开后的受力　c）墙的受力　d）墙受力的连续化

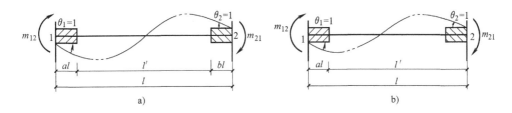

图 4-37　刚接体系中的连系梁是带刚域的梁

a）双肢或多肢抗震墙的连系梁　b）单肢抗震墙与框架的连系梁

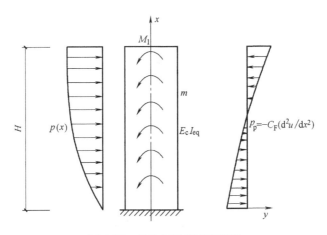

图 4-38　总抗震墙所受的荷载

式中，h 为层高。设同一楼层内有 n 个刚节点与抗震墙相连接，则总的线弯矩 m 为

$$m = \sum_{k=1}^{n} (m'_{ij})_k = \sum_{k=1}^{n} \left(\frac{m_{ij}}{h} \theta \right)_k \tag{4-78}$$

上式中 n 的计算方法是：每根两端有刚域的连系梁有 2 个节点，m_{ij} 是指 m_{12} 或 m_{21}；每根一端有刚域的连系梁有 1 个节点，m_{ij} 是指 m_{12}。

图 4-38 表示了总抗震墙上的作用力。由刚接连系梁约束弯矩在抗震墙 x 高度截面产生的弯矩为

$$M_m = - \int_x^H m \mathrm{d}x \tag{4-79}$$

相应的剪力和荷载分别为

$$Q_m = -\frac{\mathrm{d}M_m}{\mathrm{d}x} = -m = -\sum_{k=1}^{n} \left(\frac{m_{ij}}{h} \right)_k \frac{\mathrm{d}u}{\mathrm{d}x} \tag{4-80}$$

$$p_m = -\frac{\mathrm{d}Q_m}{\mathrm{d}x} = \sum_{k=1}^{n} \left(\frac{m_{ij}}{h} \right)_k \frac{\mathrm{d}^2 u}{\mathrm{d}x^2} \tag{4-81}$$

称 Q_m 和 p_m 分别为"等代剪力"和"等代荷载"。

这样，抗震墙部分所受的外荷载为

$$p_w(x) = p(x) - p_p(x) + p_m(x) \tag{4-82}$$

于是方程式（4-58）成为

$$E_c I_{eq} \frac{\mathrm{d}^4 u}{\mathrm{d}x^4} = p(x) - p_p(x) + p_m(x) \tag{4-83}$$

把式（4-55）和式（4-83）代入上式，得

$$E_c I_{eq} \frac{\mathrm{d}^4 u}{\mathrm{d}x^4} = p(x) + C_F \frac{\mathrm{d}^2 u}{\mathrm{d}x^2} + \sum_{k=1}^{n} \left(\frac{m_{ij}}{h} \right)_k \frac{\mathrm{d}^2 u}{\mathrm{d}x^2} \tag{4-84}$$

把上式加以整理，即得连系梁刚接体系的框架-抗震墙结构协同工作的基本微分方程。

$$\frac{\mathrm{d}^4 u}{\mathrm{d}\xi^4} - \lambda^2 \frac{\mathrm{d}^2 u}{\mathrm{d}\xi^2} = \frac{p(x) H^4}{E_c I_{eq}} \tag{4-85}$$

其中

$$\xi = \frac{x}{H} \tag{4-86}$$

$$\lambda = H \sqrt{\frac{C_F + C_b}{E_c I_{eq}}} \tag{4-87}$$

$$C_b = \sum \frac{m_{ij}}{h} \tag{4-88}$$

式中，C_b 为连系梁的约束刚度。

上述关于连系梁的约束刚度的算法适用于框架结构从底层到顶层层高及杆件截面均不变的情况。当各层的 m_{ij} 有改变时，应取各层连系梁约束刚度关于层高的加权平均值作为连系梁的约束刚度。

$$C_{\mathrm{b}} = \frac{\sum \dfrac{m_{ij}}{h} h}{\sum h} = \frac{\sum m_{ij}}{H} \tag{4-89}$$

可见，式（4-64）与式（4-85）在形式上完全相同。因此式（4-71）至式（4-73）得出的解完全可以用于刚接体系。但是二者有如下不同：

1）二者的 λ 不同。后者考虑了连系梁约束刚度的影响。

2）内力计算的不同。在刚接体系中，由式（4-71）~式（4-73）计算的 Q_{w} 值不是总剪力墙的剪力。在刚接体系中，把由 u 微分三次得到的剪力［由式（4-71）~式（4-73）中第三式求出的剪力］记作 Q'_{w}，则有

$$E_{\mathrm{c}} I_{\mathrm{eq}} \frac{\mathrm{d}^3 u}{\mathrm{d}x^3} = -Q'_{\mathrm{w}} = -Q_{\mathrm{w}} + m(x) \tag{4-90}$$

从而得墙的剪力为

$$Q_{\mathrm{w}}(x) = Q'_{\mathrm{w}}(x) + m(x) \tag{4-91}$$

由力的平衡条件可知，任意高度 x 处的总抗震墙剪力与总框架剪力之和应等于外荷载下的总剪力 Q_{p}，即

$$Q_{\mathrm{p}} = Q'_{\mathrm{w}} + m + Q_{\mathrm{F}} \tag{4-92}$$

定义框架的广义剪力 $\overline{Q}_{\mathrm{F}}$ 为

$$\overline{Q}_{\mathrm{F}} = m + Q_{\mathrm{F}} \tag{4-93}$$

显然有

$$\overline{Q}_{\mathrm{F}} = Q_{\mathrm{p}} - Q'_{\mathrm{w}} \tag{4-94}$$

则有

$$Q_{\mathrm{p}} = Q'_{\mathrm{w}} + \overline{Q}_{\mathrm{F}} \tag{4-95}$$

刚接体系的计算步骤如下：①按刚接体系的 λ 值用式（4-71）~式（4-73）计算 u、M_{w} 和 Q'_{w}；②按式（4-94）计算总框架的广义剪力 $\overline{Q}_{\mathrm{F}}$；③把框架的广义剪力按框架的抗推刚度 C_{F} 和连系梁的总约束刚度的比例进行分配，得到框架总剪力 Q_{F} 和连系梁的总约束弯矩 m，见式（4-96）、式（4-97）；④由式（4-91）计算总抗震墙的剪力 Q_{w}。

$$Q_{\mathrm{F}} = \frac{C_{\mathrm{F}}}{C_{\mathrm{F}} + \sum \dfrac{m_{ij}}{h}} \overline{Q}_{\mathrm{F}} \tag{4-96}$$

$$m = \frac{\sum \dfrac{m_{ij}}{h}}{C_{\mathrm{F}} + \sum \dfrac{m_{ij}}{h}} \overline{Q}_{\mathrm{F}} \tag{4-97}$$

4. 墙系和框架系的内力在各墙和框架单元中的分配

在上述假定下，可按刚度进行分配，即对于框架，第 i 层第 j 柱的剪力 Q_{ij} 为

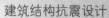

$$Q_{ij} = \frac{D_{ij}}{\sum_{k=1}^{m} D_{ik}} Q_{F} \qquad (4\text{-}98)$$

对于抗震墙，第 i 片抗震墙的剪力 Q_i 为

$$Q_{i} = \frac{E_{ci} I_{eqi}}{\sum_{k=1}^{n} E_{ck} I_{eqk}} Q_{w} \qquad (4\text{-}99)$$

在上两式中，m 和 n 分别为柱和墙的个数。

进一步，在计算中还可考虑抗震墙的剪切变形的影响等因素。其细节可参阅有关文献。

5. 框架剪力的调整

对框架剪力进行调整有两个理由：

1）在框架-剪力墙结构中，若抗震墙的间距较大，则楼板在其平面内是能够变形的。在框架部位，由于框架的刚度较小，楼板的位移会较大，从而使框架的剪力比计算值大。

2）框架墙的刚度较大，承受了大部分地震水平力，会首先开裂，使抗震墙的刚度降低。这使得框架承受的地震力的比例增大，这也使框架的水平力比计算值大。

上述分析表明，框架是框架-抗震墙结构抵抗地震的第二道防线。因此，应提高框架部分的设计地震作用，使其有更大的强度储备。调整的方法如下：①框架总剪力 $V_f \geq 0.2 V_0$ 的楼层可不调整，按计算得到的楼层剪力进行设计；②对 $V_f < 0.2 V_0$ 的楼层，框架部分的剪力应取式（4-100）中的较小值。

$$\begin{cases} V_{f} = 0.2 V_{0} \\ V_{f} = 1.5 V_{fmax} \end{cases} \qquad (4\text{-}100)$$

式中，V_f 为全部框架柱的总剪力；V_0 为结构的底部剪力；V_{fmax} 为计算的框架柱最大层剪力，取 V_f 调整前的最大值。

显然，这种框架内力的调整不是力学计算的结果，只是为保证框架安全的一种人为增大的安全度，所以调整后的内力不再满足，也不需满足平衡条件。

4.5.4 截面设计和配筋构造

框架-抗震墙的截面设计和构造显然与框架和抗震墙的相应要求基本相同。一些特殊要求如下：

1）抗震墙的厚度不应小于 160mm，且不宜小于层高或无支长度的 1/20，底部加强部位的抗震墙厚度不应小于 200mm 且不宜小于层高或无支长度的 1/16。

2）有端柱时，墙体在楼盖处宜设置暗梁，其截面高度不宜小于墙厚和 400mm 的较大值；端柱截面宜与同层框架柱相同；抗震墙底部加强部位的端柱和紧靠抗震墙洞口的端柱宜按柱箍筋加密区的要求沿全高加密箍筋。

3）抗震墙的竖向和横向分布钢筋，配筋率均不宜小于 0.25%，钢筋直径不宜小于 10mm，间距不宜大于 300mm，并应双排布置，双排分布钢筋间应设置拉筋；

4）楼面梁与抗震墙平面外连接时，不宜支承在洞口连梁上；沿轴线方向宜设置与梁连接的抗震墙；梁的纵筋应锚固在墙内；也可在支承梁的位置设置扶壁柱或暗柱，并应按计算确定其截面尺寸和配筋。

习题及思考题

一、填空题

1. 在工程手算方法中，常采用_____和_____进行水平地震作用下框架内力的分析。

2. 竖向荷载下框架内力近似计算可采用_____和_____。

3. 框架结构最佳的抗震机制是_____。

4. 影响梁截面延性的主要因素有_____、_____、_____、_____和_____等。

5. 影响框架柱受剪承载力的主要因素有_____、_____、_____等。

6. 轴压比是影响柱子_____和_____的主要因素之一。

7. 框架节点破坏的主要形式是_____和_____。

8. 框架节点的抗震设计包括_____和_____两方面的内容。

二、选择题

1. 抗震设防区框架结构布置时，梁中线与柱中线之间的偏心距不宜大于（ ）。

A. 柱宽的 1/4　　　　B. 柱宽的 1/8　　　　C. 梁宽的 1/4　　　　D. 梁宽的 1/8

2. 框架柱轴压比过高会使柱产生（ ）。

A. 大偏心受压构件　　　　　　　　B. 小偏心受压构件

C. 剪切破坏　　　　　　　　　　　D. 扭转破坏

3. 钢筋混凝土丙类建筑房屋的抗震等级应根据（ ）查表确定。

A. 抗震设防烈度、结构类型和房屋层数

B. 抗震设防烈度、结构类型和房屋高度

C. 抗震设防烈度、场地类型和房屋层数

D. 抗震设防烈度、场地类型和房屋高度

4. 强剪弱弯是指（ ）。

A. 抗剪承载力 V_u 大于抗弯承载力 M_u

B. 剪切破坏发生在弯曲破坏之后

C. 设计剪力大于设计弯矩

D. 柱剪切破坏发生在梁剪切破坏之后

5. 为体现"强柱弱梁"的设计原则，二级框架柱端弯矩应大于等于同一节点左右梁端弯矩设计值之和的（ ）倍。

A. 1.05　　　　　　B. 1.1　　　　　　C. 1.15　　　　　　D. 1.5

三、简答题

1. 框架结构的震害特点是什么？

2. 为什么限制结构体系的最大高度？

3. 为什么要划分结构的抗震等级？确定结构的抗震等级的影响因素有哪些？

4. 钢筋混凝土结构房屋结构布置的基本原则是什么？

5. 框架结构内力计算的计算假定是什么？

6. 为什么在结构抗震设计中要讨论结构的破坏机制？

7. 结构的最佳破坏机制的判别条件是什么？

8. 什么是"强柱弱梁""强剪弱弯""强节弱杆"？在抗震规范中是怎样体现的？

9. 为什么要限制杆件的截面尺寸？

10. 框架梁纵筋、箍筋配置有哪些要求？

11. 框架柱纵筋、箍筋配置有哪些要求？

12. 梁柱纵筋在节点区有哪些锚固要求？

四、计算题

某框架结构，抗震等级为一级。已知：框架梁截面宽 250mm，高 600mm，$a_s = 35$mm，纵筋采用 HRB335 钢筋，箍筋采用 HPB300 钢筋，梁的两端截面的配筋均为：梁顶 4Φ25，梁底 2Φ25，梁顶相关楼板参加工作的钢筋 4Φ10，混凝土强度等级 C30。梁净跨 $l_n = 5.2$m，重力荷载引起的剪力 $V_b = 135.2$kN。

（1）计算该框架梁的剪力设计值 V_b。

（2）若采用双肢箍筋，试配置箍筋加密区的箍筋。

第 5 章

砌体结构房屋抗震设计

■ 5.1 震害及其分析

砌体房屋是指由烧结普通黏土砖、烧结多孔黏土砖、蒸压砖、混凝土砖或混凝土小型空心砌块等块材，通过砂浆砌筑而成的房屋。砌体结构在我国各类建筑中广泛采用。由于砌体结构材料具有脆性性质，其抗剪、抗拉和抗弯的强度均低，因此，砌体结构房屋的抗震能力差，震害也较易发生。一般传统的砌体结构房屋抗震性能较差，特别是未经抗震设计的多层砌体房屋更是在强震中普遍发生严重破坏。砌体房屋的抗震是比较复杂的问题。它是由多种不同性质的材料和构件组合成不同形式的建筑物，所以它的抗震设计是综合性、整体性的。

然而震害调查发现，在高烈度区，甚至包括 9 度区，也有一些砖砌体结构的房屋震后只受到轻微的破坏，或者基本完好的例子。通过对这些房屋的调查分析，其经验表明，经过合理的抗震设计，加强抗震措施，保证施工质量，砌体结构房屋还是有相当的抗震能力。

砌体结构房屋以砌筑的墙体为主要承重构件。在强烈地震作用下，多层砌体结构房屋的破坏部位，主要是墙身和构件间的连接处，楼盖、屋盖结构本身的破坏较少。从国内外历次地震可以看到砌体结构的主要破坏形式有以下几种。

1. 墙身破坏

在砌体房屋中，与水平地震作用方向平行的墙体是主要承担地震作用的构件。这类墙体往往因为主拉应力强度不足而引起斜裂缝破坏。由于水平地震反复作用，两个方向的斜裂缝组成交叉斜裂缝。这种裂缝在多层砌体房屋中一般规律是下重上轻。这是因多层房屋墙体下部地震剪力较大而容易在地震中遭受剪切破坏。如果底层开洞较少或具有足够的强度，破坏部位会转到上一层。如图 5-1 所示，在地震中墙体产生交叉裂缝。墙身破坏主要表现为墙身出现交叉斜裂缝或墙体压碎。

2. 外纵墙倒塌

在水平及竖向地震作用下，纵横墙连接处受力复杂，应力集中。当纵横墙交接处连接不好时，易出现竖向裂缝，甚至造成外纵墙局部或全部倒塌，如图 5-2 所示。

纵墙倒塌一般是由于砌体强度低，砌筑质量差，纵横墙连接不牢，外墙圈梁不足或横墙间距过大引起。

3. 墙角破坏

结构上受到的地震作用比较复杂，由于墙角位于房屋尽端，房屋对它的约束作用减弱，

a)   b)

图 5-1　墙身破坏

a）窗间墙 X 裂缝　b）窗下墙 X 裂缝

使该处抗震能力相对降低，因此墙角成为抗震薄
弱部位之一而容易发生破坏。此外，在地震过程
中当房屋发生扭转时，墙角处位移反应较房屋其
他部位大，这也是造成墙角破坏的一个原因。其
破坏形态多种多样，有受剪斜裂缝、受压竖向裂
缝、块材被压碎或墙角脱落等。施工质量不合格
往往引起内墙破坏、隔墙移位和局部破坏，如图
5-3所示，这种破坏多发生在上层。

图 5-2　外纵墙全部倒塌

4. 楼梯间墙体的破坏

　　楼梯间一般开间较小，其刚度较大，因而墙
体分配承担的地震剪力较大，而在高度方向上又缺乏有力支撑，稳定性差，故容易造成震害。
而顶层墙体的计算高度又较其他部位的大，其稳定性差，所以也易发生破坏，如图 5-4 所示。

图 5-3　墙角坠落

5. 楼盖、屋盖破坏（图 5-5）

　　由于楼板或梁在墙上支承长度不足，缺乏可靠拉结措施，在地震时造成塌落。

6. 突出屋面的屋顶间等附属结构的破坏

　　在房屋中，突出屋面的屋顶间（电梯机房、水箱间等）、女儿墙、烟囱、塔楼等附属结
构，由于地震"鞭端效应"的影响，所以一般较下部主体结构破坏严重。图 5-6 为顶层突出

部分破坏情形。

图 5-4　楼梯间墙体破坏

图 5-5　楼盖、屋盖破坏

7．其他破坏

在地震中抗震横墙布置不当、平面和竖向体型不规则往往引起多层砌体结构破坏。如图 5-7 所示，唐山地震时某柴油机厂办公楼，由于平面呈扇形，且门厅高度比两翼建筑高出一层，地震中门厅部分的顶层倒塌，两翼建筑也遭到严重破坏。震害调查分析表明，建筑体型复杂、平面立面布置不合理，将导致建筑局部震害加重，甚至倒塌。

图 5-6　顶层突出部分破坏

图 5-7　平立面不规则引起的破坏

多层砌体房屋在地震作用下发生破坏的根本原因是地震作用在结构中产生的效应（内力、应力）超过结构材料的抗力或强度。我们可将上述破坏分为三大类：

1）房屋建筑布置、结构布置不合理造成局部地震作用效应过大，如房屋平立面布置突变造成结构刚度突变，使地震作用异常增大；结构布置不对称引起扭转振动，使房屋两端墙片所受地震作用增大等。

2）房屋构件（墙片、楼盖、屋盖）间的连接强度不足使各构件间的连接遭到破坏，各构件不能形成一个整体而共同工作，当地震作用产生的变形较大时，相互间连接遭到破坏的各构件丧失稳定，发生局部倒塌。

3）砌体墙片抗震强度不足，当墙片所受的地震作用大于墙片的抗震强度时，墙片将会开裂，甚至局部倒塌。

在抗震设计中，应在总结震害经验的基础上，按规范要求，采取合理可靠的抗震对策，

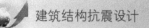

从而有效地提高砌体结构房屋的抗震能力。

■ 5.2 砌体结构房屋抗震设计的一般规定

5.2.1 结构布置

砌体结构的主要承重及抗侧力构件是墙体，砌体结构的承重体系应优先选用横墙承重或纵横墙共同承重的结构体系。纵墙承重体系因横向支承少，纵墙易发生平面外弯曲破坏而导致结构倒塌，应尽量避免采用。结构承重体系中纵横墙的布置宜均匀对称，沿平面内宜对齐，沿竖向应上下连续，同一轴线上窗间墙宽度宜均匀。

教学楼、医院等横墙较少、跨度较大的砌体房屋，宜采用现浇钢筋混凝土楼盖、屋盖。

房屋的平立面布置应尽量简单、规则，避免由于布置不规则（如平面上墙体较大的局部突出和凹进，立面上局部的突出和错层）使结构各部分的质量和刚度分布不均，质量中心与刚度中心不重合而导致震害加重。房屋有下列情况之一时宜设防震缝：房屋立面高差在6m以上；房屋有错层，且楼板高差大于层高的1/4；各部分结构刚度、质量截然不同。

防震缝两侧均应布置墙体，缝宽应根据设防烈度和房屋高度确定，一般可取70~100mm。防震缝应沿房屋全高设置。

楼梯间不宜设置在房屋的尽端和转角处，若必须这样设置时，应在楼梯间四角设置现浇钢筋混凝土构造柱等加强措施。烟道、风道、垃圾道等不应削弱墙体；当墙体被削弱时，应对墙体采取加强措施。不宜采用无竖向配筋的附墙烟囱及出屋面的烟囱。不宜采用无锚固的钢筋混凝土预制挑檐。

5.2.2 房屋适用层高、层数和高宽比

历次地震的宏观经验证明，在不同烈度区内多层砌体房屋的抗震能力与房屋的高度有直接联系。四、五层砖房的震害比二、三层的震害严重得多，六层及六层以上砖房在地震时震害明显加重。在同一地区的相邻房屋，层数多时其严重破坏及倒塌的百分率也高得多。

砌体是脆性材料，变形能力较小，没有抗震后备潜力，在地震动作用下墙体容易发生严重破坏。而墙体一旦开裂，持续的地面运动就有可能使其发生平面错动，从而大幅度地降低墙体的竖向承载力。所以，适当限制砌体承重房屋的高度是减轻地震灾害的一种经济而有效的措施。

多层砌体建筑随着层数和高度的增加，房屋的破坏程度加重，倒塌率增加。因此，对砌体房屋层数和总高度的限制要求如下。

1）一般情况下，房屋的层数和总高度不应超过表5-1的规定。

2）对医院、教学楼等横墙较少（横墙较少指同一楼层内开间大于4.2m的房间占该层总面积的40%以上）的多层砌体房屋，总高度应比表5-1的规定降低3m，层数相应减少一层；各层横墙很少的多层砌体房屋，应再减少一层。

3）横墙较少的多层砖砌体住宅楼，当按规定采取加强措施并满足抗震承载力要求时，其高度和层数仍可按表5-1的规定采用。

4）砖和混凝土小型砌块砌体承重房屋的层高，不应超过3.6m。

表 5-1　房屋的层数和总高度限值　　　　　　　　　　（单位：m）

房屋类型	最小墙厚度/mm	设防烈度											
		6度		7度				8度				9度	
		0.05g		0.10g		0.15g		0.20g		0.30g		0.40g	
		高度	层数	高度	层数	高度	层数	高度	层数	高度	层数	高度	层数
普通砖	240	21	7	21	7	21	7	18	6	15	5	12	4
多孔砖	240	21	7	21	7	18	6	18	6	15	5	9	3
	190	21	7	18	6	15	5	15	5	12	4	—	—
小砌块	190	21	7	21	7	18	6	18	6	15	5	9	3

注：1. 房屋的总高度指室外地面到主要屋面板板顶或檐口的高度，半地下室从地下室室内地面算起，全地下室和嵌固条件好的半地下室可从室外地面算起；对带阁楼的坡屋面应算到山尖墙的1/2高度处。

　　2. 室内外高差大于0.6m时，房屋总高度可比表中数据适当增加，但不应多于1m。

　　3. 乙类的多层砌体房屋应允许按本地区设防烈度查表，但层数应减少一层且总高度应降低3m。

　　4. 本表小砌块砌体房屋不包括配筋混凝土小型空心砌块砌体房屋。

对设有全地下室的房屋，总高度可从室外地面起算。对设有半地下室的房屋，其房屋总高度可从地下室室内地面起算。

房屋高宽比指房屋总高度与建筑平面最小总宽度之比，随着高宽比的增大，房屋易发生整体弯曲破坏。多层砌体结构房屋不做整体弯曲验算。因此，为保证房屋的整体稳定性，多层砌体房屋的总高度与总宽度的最大比值，宜符合表5-2的要求。

表 5-2　房屋最大高宽比

设防烈度	6度	7度	8度	9度
最大高宽比	2.5	2.5	2.0	1.5

注：1. 单面走廊房屋的总宽度不包括走廊宽度。

　　2. 建筑平面接近正方形时，其高宽比宜适当减小。

多层砌体房屋结构一般可以不做整体弯曲验算，但为了保证房屋的稳定性，对其最大高宽比作了限制。应注意，多层砌体房屋以剪切变形为主，所以墙体首先要满足抗剪承载力的要求，只有满足表5-2的限值要求，才可不做整体弯曲验算和抗倾覆稳定性验算。若超过表中的限值要求，则应进行上述两项验算，并采取相应的措施。

表5-2规定，对于单面走廊房屋（包括内偏廊、外偏廊和封闭偏廊等），计算高宽比时，房屋宽度不包括走廊宽度。理由是：在内廊房屋中，由于横墙被内廊分成两片，整体作用差，远不如整片实体横墙；在外廊房屋中，与外廊的砖柱或偏廊的外墙联系的楼板竖向抗弯刚度差，不能有效地参与房屋的抗整体弯曲作用。

5.2.3　抗震墙

多层砌体房屋的纵向尺寸较大，纵向抗震能力优于横向。在房屋横向，横墙是抗侧力构件，承受全部横向的地震作用，所以必须限制横墙间距。同时，纵墙在平面处需要侧向构件支撑，一定间隔的横墙就是纵墙的支撑构件，故其间距不能过大。

抗震横墙的间距直接影响房屋的空间刚度。如果横墙间距过大，则结构的空间刚度减小，不能满足楼盖传递水平地震作用到相邻墙体所需的水平刚度的要求。震害也表明，纵墙出平面的破坏程度，以及纵墙开始出平面破坏时的地震作用临界值，均与楼盖、屋盖的结构类别有关。

多层砌体房屋抗震横墙的最大间距与房屋砌体结构类别，设防烈度以及楼盖、屋盖结构类别等因素有关，具体限值不应超过表 5-3 的要求。

表 5-3　房屋抗震横墙最大间距　　　　　　　　　（单位：m）

楼盖类别	设防烈度			
	6 度	7 度	8 度	9 度
现浇或装配整体钢筋混凝土楼盖、屋盖	15	15	11	7
装配式钢筋混凝土楼盖、屋盖	11	11	9	4
木屋盖	9	9	4	—

注：1. 多层砌体房屋的顶层，最大横墙间距应允许适当放宽，但应采取相应加强措施。
　　2. 多孔砖抗震横墙厚度为 190mm 时，最大横墙间距应比表中数值减小 3m。

5.2.4　房屋局部尺寸限制和对材料的要求

房屋在地震作用下的局部破坏有时并不妨碍结构的整体安全。但某些局部破坏，除可能发生局部塌落外，还将引起整体房屋结构的破坏。根据震害经验，为避免砌体结构房屋出现抗震薄弱部位，防止因局部破坏而引起房屋倒塌，房屋中砌体墙段的局部尺寸限值，应符合表 5-4 的规定。

表 5-4　房屋的局部尺寸的限值　　　　　　　　（单位：m）

部位	设防烈度			
	6 度	7 度	8 度	9 度
承重窗间墙最小宽度	1.0	1.0	1.2	1.5
承重外墙尽端至门窗洞口边的最小距离	1.0	1.0	1.2	1.5
非承重外墙尽端至门窗洞口边的最小距离	1.0	1.0	1.0	1.0
内墙阳角至门窗洞口边的最小距离	1.0	1.0	1.5	2.0
无锚固女儿墙（非出入口处）的最大高度	0.5	0.5	0.5	0.0

注：1. 个别或少数墙段的局部尺寸不足时应采取局部加强措施弥补，且最小宽度不得小于 1/4 层高。
　　2. 出入口处的女儿墙应有锚固。

窗间墙的破坏有 3 种形态：很窄的窗间墙为弯曲型破坏，轻者在窗间墙的上、下端部出现水平裂缝，重者四角压碎崩落；稍宽的窗间墙，轻者出现交叉裂缝，裂缝坡度较陡，重者裂缝两侧的砖块体被压碎甚至崩落，为剪切型破坏；具有一般尺寸的窗间墙，只出现斜率较小的交叉裂缝，严重时裂缝很宽，裂缝附近砌体压碎，除非地震烈度很高，一般较少发生砌体崩落或倒塌，为剪切型破坏。

墙角的破坏在地震中比较常见。在墙角处的约束作用相对较弱，且地震对房屋的扭转作用在墙角处比较显著，故墙角处的受力也比较复杂，易发生应力集中现象。当房屋端部设有较空旷房间，或在房屋转角处设置楼梯间时，墙角的破坏更为严重（图 5-8）。震害调查还表明，多层砖房中的门厅、楼梯间等的室内拐角墙处，地震破坏往往比较严重。由于这些部位的纵墙或横墙中断，为支承上层楼盖荷载须设置的开间梁或进深梁支承于室内拐角墙上，引起这些阳角部位的应力集中，且梁端支承处荷载又较大，如支承长度不足，局部刚度又有变化，则破坏更为显著。为避免这一部位的严重破坏，除在构造上加强整体连接、加长梁的支承长度及墙角适当配置构造钢筋外，要求内墙阳角至洞边要有一定的距离。当在此处设有构造柱时，此尺寸限制也可以放宽。

烧结普通砖和烧结多孔砖的强度等级不应低于 MU10，其砌筑砂浆强度等级不应低于 M5；混凝土小型空心砌块的强度等级不应低于 MU7.5，其砌筑砂浆强度等级不应低于 MU7.5。

图 5-8　墙角的震害

5.3　砌体结构房屋抗震验算

多层砌体房屋的抗震计算，一般可只考虑水平地震作用的影响，而不考虑竖向地震作用的影响。

砌体房屋层数不多，对于平立面布置规则、质量和刚度沿高度分布一般比较均匀，并以剪切变形为主的砌体房屋，在进行结构的抗震计算时，可采用底部剪力法等简化方法计算。

5.3.1　水平地震作用和楼层地震剪力计算

在水平地震作用下，多层砌体房屋的计算简图按下列方法确定：将结构计算单元中重力荷载代表值 G_i 分别集中在各层楼、屋盖结构标高处，简化为下端嵌固，如图 5-9 所示。集中在 i 层楼盖处的重力荷载代表值 G_i，包括 i 层楼盖自重、作用在该层楼面上的可变荷载和以该楼层为中心上下各半层的墙体自重之和。由于这种房屋刚度较大，基本周期较短，$T_1 = 0.2 \sim 0.3 \text{s}$，故水平地震影响系数 $\alpha_1 = \alpha_{\max}$；同时，《建筑抗震设计规范》（GB 50011—2010）规定，对多层砌体房屋，取 $\delta_n = 0$，因此，根据第 3 章底部剪力法计算公式，可采用式（5-1）、式（5-2）分别计算总水平地震作用标准值 F_{Ek} 和各楼层水平地震作用标准值 F_i。

$$F_{\text{Ek}} = \alpha_{\max} G_{\text{eq}} \qquad (5\text{-}1)$$

$$F_i = \frac{G_i H_i}{\sum\limits_{j=1}^{n} G_j H_j} F_{\text{Ek}} \qquad (5\text{-}2)$$

5.3.2　楼层地震剪力在各墙体间的分配

1. 楼层地震剪力

作用于第 i 层的楼层地震剪力标准值 V_i 为第 i 层以上各楼层质点的水平地震作用标准值之和，即

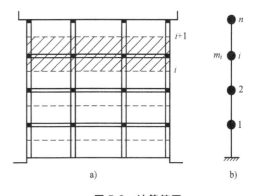

a)　　　　　b)

图 5-9　计算简图

$$V_i = \sum_{i=1}^{n} F_i \qquad (5\text{-}3)$$

抗震验算时，任一楼层的水平地震剪力均应符合最小剪力要求。为考虑突出屋面的屋顶间、女儿墙、烟囱等部位的鞭端效应，这些部位的地震内力宜乘以增大系数 3。增大的倍数不应往下传递，但在设计与该突出部分相连的构件时应予以计入。

2. 楼层地震剪力在各墙体上的分配

（1）横向地震剪力在各墙体上的分配 在多层砌体房屋中，墙体是主要抗侧力构件。沿某一水平方向作用的楼层地震剪力 V_i 由同一层墙体中与该方向平行的各墙体共同承担，通过屋盖和楼盖将其传给各墙体。因此，楼层地震剪力在各墙体间的分配，取决于楼盖、屋盖的水平刚度和各墙体的抗侧力刚度等因素。

1）刚性楼盖。刚性楼盖是指现浇、装配整体式钢筋混凝土等楼盖，即可以假定在横向水平地震作用下楼盖在其自身水平面内刚度无穷大（$EI = \infty$），并假定房屋的刚度中心与质量中心重合，而不发生扭转。于是，各横墙顶部的水平位移 Δ_i 相等。此时各抗震墙所分担的水平地震剪力与其抗侧力刚度成正比。因此，宜按同一层各墙体抗侧力刚度的比例分配，参见图 5-10。

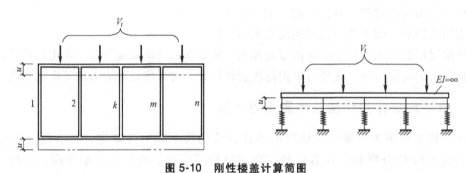

图 5-10 刚性楼盖计算简图

显然，第 i 楼层各横墙所分配的地震剪力 V_{im} 之和应等于该层的总地震剪力 V_i，即

$$\begin{cases} \sum_{m=1}^{n} V_{im} = V_i \\ V_{im} = \Delta_i k_{im} \end{cases} \tag{5-4}$$

式中，k_{im} 为第 i 层第 m 道横墙的侧移刚度，即墙顶发生单位侧移时，在墙顶所施加的力。

设第 i 楼层共有 n 道横墙，则其中第 m 墙所承担的水平地震剪力标准值 V_{im} 为

$$V_{im} = \frac{k_{im}}{\sum_{m=1}^{n} k_{im}} V_i \tag{5-5}$$

可见，要确定刚性楼盖条件下横墙所分配的地震剪力，必须求出各横墙的侧移刚度。实验和理论分析表明，当墙体的高宽比 $h/b < 1$ 时，则墙体以剪切变形为主，弯曲变形影响很小，可忽略不计；当 $1 \leqslant h/b \leqslant 4$ 时，应同时考虑剪切变形和弯曲变形；当 $h/b > 4$ 时，剪切变形影响很小，可忽略不计，只需计算弯曲变形。但由于 $h/b > 4$ 的墙体的侧移刚度比 $h/b \leqslant 4$ 的墙体小得多，可不考虑其分配的地震剪力。下面讨论墙体的抗侧力刚度。

设某墙体如图 5-11 所示，墙体高度、宽度和厚度分别为 h、b 和 t。当其顶端作用有单位侧向力时，产生侧移 δ，称之为该墙体的柔度系数。

当 $h/b < 1$ 时，只考虑墙体的剪切变形，其侧移柔度为

$$\delta = \gamma h = \frac{\tau}{G} h = \frac{\xi h}{GA} \tag{5-6}$$

式中，γ 为剪应变；τ 为剪应力；G 为砌体的剪切模量，$G = 0.4E$，E 为砌体的弹性模量；ξ

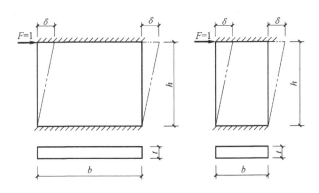

图 5-11　墙肢的侧移柔度

为剪应力不均匀系数，矩形截面 $\xi = 1.2$；A 为墙体横截面面积，$A = bt$。

将上列关系代入式（5-6），并令 $\rho = \dfrac{h}{b}$，得

$$\delta = \frac{3\rho}{Et} \tag{5-7}$$

于是，墙的侧移刚度为

$$k = \frac{Et}{3\rho} \tag{5-8}$$

当 $1 \leqslant h/b \leqslant 4$ 时，需同时考虑剪切变形和弯曲变形的影响，其侧移柔度为

$$\delta = \frac{\xi h}{GA} + \frac{h^3}{12EI} \tag{5-9}$$

式中，I 为墙体的惯性矩，$I = \dfrac{1}{12}b^3 t$。

于是，墙体的侧移刚度

$$k = \frac{Et}{3\rho + \rho^3} \tag{5-10}$$

2）柔性楼盖。木楼盖、木屋盖等柔性楼盖砌体结构房屋，楼盖、屋盖水平刚度小，在横向水平地震作用下楼盖在其自身水平平面内不仅有平移，而且受弯变形，在进行楼层地震剪力分配时，可将楼盖视为支承在横墙上的简支梁（图 5-12）。这样，第 m 道横墙所分配的

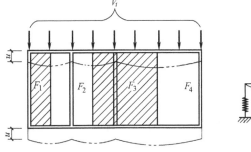

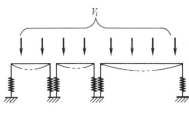

图 5-12　柔性楼盖计算简图

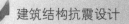

地震剪力，可按第 m 道横墙从属面积上重力荷载代表值的比例分配，即：

$$V_{im} = \frac{G_{im}}{G_i} V_i \qquad (5\text{-}11a)$$

式中，G_{im} 为第 i 楼层第 m 道横墙从属面积上重力荷载代表值；G_i 为第 i 楼层结构重力荷载代表值。

当楼层单位面积上的重力荷载代表值相等时，式（5-11a）可简化为

$$V_{im} = \frac{F_{im}}{F_i} V_i \qquad (5\text{-}11b)$$

式中，F_{im} 为第 i 楼层第 m 道横墙所分配地震作用的建筑面积，参见图 5-12 中阴影面积；F_i 为第 i 楼层的建筑面积。

3）中等刚度楼盖。对于采用装配式钢筋混凝土等中等刚度楼盖房屋，它的横墙所分配的地震剪力，可近似地按刚性楼盖和柔性楼盖房屋分配结果的平均值采用：

$$V_{im} = \frac{1}{2}\left(\frac{k_{im}}{\sum\limits_{m=1}^{n} k_{im}} + \frac{F_{im}}{F_i} \right) V_i \qquad (5\text{-}12a)$$

或

$$V_{im} = \frac{1}{2}\left(\frac{k_{im}}{k_i} + \frac{F_{im}}{F_i} \right) V_i \qquad (5\text{-}12b)$$

式中，k_i 为第 i 楼层各横墙侧移刚度之和，$k_i = \sum\limits_{m=1}^{n} k_{im}$。

（2）纵向地震剪力的分配　在纵向水平地震剪力进行分配时，由于楼盖沿纵向的尺寸一般比横向大得多，其水平刚度很大，各种楼盖均可视为刚性楼盖。因此，纵向地震剪力在各纵墙上的分配，可按纵墙的侧移刚度比例来确定，采用与对刚性楼盖横向水平地震剪力分配相同的式（5-5）分配到各纵墙。

3. 同一道墙各墙段间地震剪力的分配

砌体结构中，每一道纵墙、横墙往往分为若干墙段。同一道墙按以上方法所得的水平地震剪力可按各墙段抗侧力刚度的比例分配到各墙段，以便进一步验算各墙段截面的抗震承载力。

各墙段所分配的地震剪力数值，视各墙段间侧移刚度比例而定。第 m 道墙第 r 墙段所分配的地震剪力 V_{mr} 为

$$V_{mr} = \frac{k_{mr}}{\sum\limits_{r=1}^{s} k_{mr}} V_{im} \qquad (5\text{-}13)$$

式中，V_{im} 为第 i 层第 m 道墙所分配的地震剪力；k_{mr} 为第 m 道墙第 r 墙段侧移刚度。

墙段抗侧力刚度应按下列原则确定：

1）刚度的计算应计及高宽比的影响。这是由于高宽比不同则墙体总侧移中弯曲变形和剪切变形所占的比例不同。高宽比指层高与墙长之比，对门窗洞边的小墙段指洞净高与洞侧墙宽之比。高宽比小于 1 时，可只计算剪切变形，墙段抗侧力刚度按式（5-8）计算；高宽比不大于 4 且不小于 1 时，应同时计算弯曲和剪切变形，墙段抗侧力刚度按式（5-10）计算；高宽比大于 4 时，以弯曲变形为主，此时墙体侧移大，抗侧力刚度小，因而可不考虑其

刚度，不参与地震剪力的分配。

2）墙段宜按门窗洞口划分：对设置构造柱的小开口墙段按毛墙面计算的刚度，可根据开洞率乘以表5-5的墙段洞口影响系数：

表5-5　墙段洞口影响系数

开洞率	0.10	0.20	0.50
影响系数	0.98	0.94	0.88

注：1. 开洞率为洞口水平截面积与墙段水平毛截面积之比，相邻洞口之间净宽小于500mm的墙段视为洞口。

2. 洞口中线偏离墙段中线大于墙段长度的1/4时，表中影响系数值折减0.9；门洞的洞顶高度大于层高80%时，表中数据不适用；窗洞高度大于50%层高时，按门洞对待。

5.3.3　墙体抗震承载力验算

在地震中，多层房屋墙体产生交叉裂缝，是因为墙体中的主拉应力超过砌体的主拉应力强度而引起的。

《建筑抗震设计规范》（GB 50011—2010，下同）根据主拉应力强度理论，将普通砖和多孔砖墙体截面抗震承载力表示为

$$V \leqslant \frac{f_{vE}A}{\gamma_{RE}} \tag{5-14}$$

$$f_{vE} = \zeta_N f_v \tag{5-15}$$

式中，V 为墙体地震剪力设计值；γ_{RE} 为承载力抗震调整系数，对于自承重墙，取 $\gamma_{RE} = 0.75$；A 为墙体横截面面积，多孔砖取毛截面面积；f_{vE} 为砌体沿阶梯截面破坏的抗震抗剪强度设计值；ζ_N 为砌体抗震抗剪强度的正应力影响系数，应按表5-6采用；f_v 为非抗震设计的砌体抗剪强度设计值。

表5-6　砌体强度的正应力影响系数

砌体类别	σ_0/f_v							
	0.0	1.0	3.0	5.0	7.0	10.0	12.0	≥16.0
普通砖，多孔砖	0.80	0.99	1.25	1.47	1.65	1.90	2.05	—
小砌块	—	1.23	1.69	2.15	2.57	3.02	3.32	3.92

注：σ_0 为对应于重力荷载代表值的砌体截面平均压应力。

验算时，可只选择不利情况（即地震剪力较大，墙体截面较小或竖向应力较小的墙段）进行验算，并根据不同的砌体采用相应的公式。

1. 无筋砌体截面抗震承载力验算

1）普通砖、多孔砖墙体的截面抗震受剪承载力，应按式（5-14）进行验算。

2）小砌块墙体的截面抗震受剪承载力，应按下式验算

$$V \leqslant \frac{1}{\gamma_{RE}}[f_{vE}A + (0.3f_t A_c + 0.05f_y A_s)\zeta_c] \tag{5-16}$$

式中，f_t 为芯柱混凝土轴心抗拉强度设计值；A_c 为芯柱截面总面积；A_s 为芯柱钢筋截面总面积；f_y 为芯柱钢筋抗拉强度设计值；ζ_c 为芯柱参与工作系数，可按表5-7采用。

当同时设置芯柱和构造柱时，构造柱截面可作为芯柱截面，构造柱钢筋可作为芯柱钢筋。

表 5-7 芯柱参与工作系数

填孔率 ρ	$\rho<0.15$	$0.15\leqslant\rho<0.25$	$0.25\leqslant\rho<0.5$	$\rho\geqslant0.5$
ζ_c	0.0	1.0	1.10	1.15

注：填孔率指芯柱根数（含构造柱和填实孔洞数量）与孔洞总数之比。

2. 配筋砖砌体截面抗震承载力验算

1）采用水平配筋普通砖、多孔砖墙体的截面抗震受剪承载力应按下式验算

$$V\leqslant\frac{1}{\gamma_{RE}}(f_{vE}A+\zeta_s f_{yh}A_{sh})\tag{5-17}$$

式中，f_{yh} 为水平钢筋抗拉强度设计值；A_{sh} 为层间墙体竖向截面的总水平钢筋面积，其配筋率应不小于 0.07% 且不大于 0.17%；ζ_s 为钢筋参与工作系数，可按表 5-8 采用。

表 5-8 钢筋参与工作系数

墙体高厚比	0.4	0.6	0.8	1.0	1.2
ζ_s	0.10	0.12	0.14	0.15	0.12

2）当按式（5-14）、式（5-17）验算不满足要求时，可计入设置在墙段中部、截面不小于 240mm×240mm（墙厚 190mm 时为 240mm×190mm）且间距不大于 4m 的构造柱对受剪承载力的提高作用，按下列简化方法验算

$$V\leqslant\frac{1}{\gamma_{RE}}\left[\eta_c f_{vE}(A-A_c)+\zeta_c f_t A_c+0.08f_{yc}A_{sc}+\zeta_s f_{yh}A_{sh}\right]\tag{5-18}$$

式中，A_c 为中部构造柱的横截面总面积（对横墙和内纵墙，$A_c>0.15A$ 时，取 $0.15A$；对外纵墙，$A_c>0.25A$ 时，取 $0.25A$）；f_t 为中部构造柱的混凝土轴心抗拉强度设计值；A_{sc} 为中部构造柱的纵向钢筋截面总面积（配筋率不小于 0.6%，大于 1.4% 时取 1.4%）；f_{yh}、f_{yc} 为墙体水平钢筋、构造柱钢筋抗拉强度设计值；ζ_c 为中部构造柱参与工作系数；居中设一根时取 0.5，多于一根时取 0.4；η_c 为墙体约束修正系数；一般情况取 1.0，构造柱间距不大于 3.0m 时取 1.1；A_{sh} 为层间墙体竖向截面的总水平钢筋面积，无水平钢筋时取 0.0。

5.3.4 计算实例

某 5 层砖砌体房屋，采用装配式钢筋混凝土梁板结构（图 5-13），横墙承重。大梁截面尺寸为 200mm×400mm，梁端深入墙内 240mm，大梁间距 3.6m，墙厚均为 240mm，均双面粉刷。砖的强度等级为 MU10，砂浆为 M5 水泥混合砂浆，层高 3m。抗震设防烈度为 7 度（设计基本地震加速度为 0.10g），设计地震分组为第一组，Ⅱ类场地。各层重力荷载代表值：$G_1=4189kN$，$G_2=G_3=G_4=3709kN$，$G_5=3338kN$。试进行抗震抗剪承载力验算。

1. 水平地震作用计算

1）各层重力荷载代表值为

$$G_1=4189kN，G_2=G_3=G_4=3709kN，G_5=3338kN$$

$$\sum G_i=(4189+3\times3709+3338)kN=18654kN$$

2）结构总水平地震作用标准值为

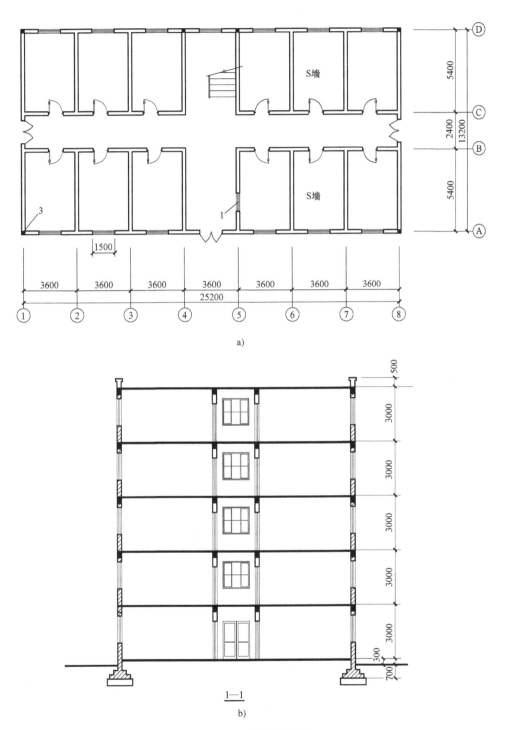

图 5-13　平剖面简图

$$F_{\text{Ek}} = \alpha_1 G_{\text{eq}} = 0.08 \times 0.85 \times 18654\text{kN} = 1268\text{kN}$$

3）各层水平地震作用和地震剪力标准值列于表5-9。

表 5-9　各层水平地震作用和地震剪力标准值

层	G_i/kN	H_i/m	G_iH_i/kN·m	$F_i = \dfrac{G_iH_i}{\sum G_jH_j}$ /kN	$V_{ik} = \sum F_i$ /kN
5	3338	16	53408	373	373
4	3709	13	48217	337	710
3	3709	10	37090	759	969
2	3709	7	25963	182	1151
1	4189	4	16756	117	1268
Σ	18654		181434	1268	

注：首层取基础顶面至楼板中心面的高度。

2. 地震剪力标准值 V_i 的分配

（1）侧移刚度

1）顶层各横墙侧移刚度。对于无洞墙，因 $\rho = \dfrac{3}{5.64} = 0.532 < 1$，其侧移刚度为

$$k = \frac{Et}{3\rho} = \frac{1}{3 \times 0.532} \times 0.24E = 0.150E$$

对于中间开洞墙的⑧轴墙，将墙沿高度分为三段，如图 5-14 所示。

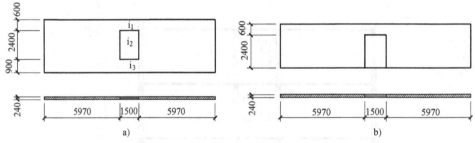

图 5-14　⑧轴开洞墙

i_1 墙，$\rho = \dfrac{0.60}{13.44} = 0.045 < 1$，其柔度系数为

$$\delta_1 = \frac{3\rho_1}{Et} = \frac{3 \times 0.532}{0.24E} = 0.563\frac{1}{E}$$

i_2 墙，$\rho = \dfrac{1.50}{5.97} = 0.251 < 1$，其柔度系数为

$$\delta_2 = \frac{3\rho_2}{2Et} = \frac{3 \times 0.251}{2 \times 0.24E} = 1.569\frac{1}{E}$$

i_3 墙，$\rho = \dfrac{0.90}{13.44} = 0.067 < 1$，其柔度系数为

$$\delta_3 = \frac{3\rho_3}{Et} = \frac{3 \times 0.067}{0.24E} = 0.838\frac{1}{E}$$

总的柔度系数为　$\delta = \sum \delta_j = (0.563 + 1.569 + 0.838)\dfrac{1}{E} = \dfrac{2.97}{E}$

侧移刚度为　　$k = \dfrac{1}{\delta} = \dfrac{E}{2.97} = 0.337E$

同理可确定开洞墙的①轴的侧移刚度为　　$k = 0.325E$

2）底层各横墙侧移刚度。对于无洞墙，因 $\rho = \dfrac{4}{5.64} =$

$0.709 < 1$，其侧移刚度为

$$k = \frac{Et}{3\rho} = \frac{1}{3 \times 0.709} \times 0.24E = 0.113E$$

对于 A～B 轴间的⑤轴墙，如图 5-15 所示。

确定 A～B 轴间的⑤轴墙的侧移刚度：

上段　$\rho_1 = \dfrac{0.80}{5.64} = 0.142 < 1, k_1 = \dfrac{1}{3\rho_1}Et = \dfrac{1}{3 \times 0.142} \times 0.24E$

　　　　$= 0.564E$

中段　$\rho_{2a} = \dfrac{1.50}{1.36} = 1.103 > 1, k_{2a} = \dfrac{Et}{3\rho_{2a} + \rho_{2a}^3} = \dfrac{0.24E}{1.103 \times (1.103^2 + 3)} = 0.052E$

$\rho_{2b} = \dfrac{1.50}{3.08} = 0.487 < 1, k_{2b} = \dfrac{Et}{3\rho_{2b}} = \dfrac{0.24E}{3 \times 0.487} = 0.164E$

下段　$\rho_3 = \dfrac{1.70}{5.64} = 0.301 < 1, k_3 = \dfrac{1}{3\rho_3}Et = \dfrac{1}{3 \times 0.301} \times 0.24E = 0.266E$

柔度系数为

$$\delta = \sum \delta_j = \frac{1}{k_1} + \frac{1}{\sum k_2} + \frac{1}{k_3} = \frac{1}{0.564E} + \frac{1}{0.052E + 0.164E} + \frac{1}{0.266E} = \frac{10.16}{E}$$

侧移刚度为

$$k = \frac{1}{\delta} = \frac{E}{10.16} = 0.098E$$

同理可确定①轴墙，侧移刚度为 $k = 0.25E$，⑧轴的侧移刚度为 $k = 0.25E$。

3）各横墙侧移刚度 k 汇总。各横墙侧移刚度汇总于表 5-10。同一层墙体的弹性模量相同，表中数值均应乘 E。

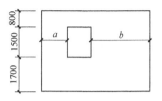

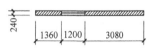

图 5-15　⑤轴开洞墙

表 5-10　横墙侧移刚度汇总

层	各轴墙的侧移刚度 k						$\sum k$
	①	②、③、④	⑤	⑥	⑦	⑧	
标准层	0.325	2×0.150	2×0.150	2×0.150	0.150	0.337	2.312
底层	0.25	2×0.113	0.098+0.113	2×0.113	2×0.113	0.25	1.841

（2）地震剪力标准值 V_i 的分配　本工程为装配式钢筋混凝土梁板结构，楼层地震剪力按中等刚性楼盖计算。

1）顶层。⑦轴在 A～B 轴之间横墙 S 承担的地震剪力较其他横墙承担的地震剪力大，须验算其抗震抗剪承载力，墙 S 所承担的楼层地震剪力标准值为

$$V_{im} = \frac{1}{2} \times \left(\frac{k_{im}}{\sum\limits_{m=1}^{n} k_{im}} + \frac{F_{im}}{F_i} \right) V_i = \frac{1}{2} \times \left(\frac{0.150}{2.312} + \frac{47.52}{333} \right) \times 373\text{kN} = 38.71\text{kN}$$

2）底层。验算⑤轴在 A ~ B 轴之间的墙，其所承担的楼层地震剪力标准值为

$$V_{im} = \frac{1}{2}\left(\frac{k_{im}}{\sum\limits_{m=1}^{n} k_{im}} + \frac{F_{im}}{F_i}\right) V_i = \frac{1}{2}\times\left(\frac{0.098}{1.841} + \frac{23.76}{333}\right)\times 1268\text{kN} = 79\text{kN}$$

地震剪力在各墙肢间的分配：$\sum k_2 = k_{2a} + k_{2b} = 0.052E + 0.164E$；则

$$V_{2a} = \frac{0.052}{0.216}\times 79\text{kN} = 19\text{kN} \qquad V_{2b} = \frac{0.164}{0.216}\times 79\text{kN} = 60\text{kN}$$

3. 截面抗震抗剪承载力验算

（1）顶层　验算⑦轴在 A ~ B 轴之间的墙，该墙段的横截面面积 $A = 240\times 5640\text{mm}^2 = 1.3536\times 10^6\text{mm}^2$。该墙段的层高处水平截面上重力荷载代表值引起的平均竖向压应力为 σ_0。

对于 M5 砌体沿灰缝破坏的抗剪强度设计值 f_v 为 0.12N/mm^2，则

$$\sigma_0 = \frac{(5.67\times 3.60 + 5.24\times 1.50)\times 1000}{1000\times 240}\text{N/mm}^2 = 0.12\text{N/mm}^2$$

$$\frac{\sigma_0}{f_v} = \frac{0.12}{0.12} = 1$$

查表 5-6 得，$\zeta_N = 0.99$，$f_{vE} = \zeta_N f_v = 0.99\times 0.12\text{N/mm}^2 = 0.1188\text{N/mm}^2$

$$\frac{f_{vE}A}{\gamma_{RE}} = \frac{0.1188\times 1.3536\times 10^6}{1.0}\text{N} = 160.8\text{kN}$$

该墙段承担的地震剪力设计值 $V = \gamma_{Eh} V_{im} = 1.3\times 38.71\text{kN} = 50.323\text{kN} < 128.59\text{kN}$，抗震抗剪承载力满足。

（2）底层　验算⑤轴在 A ~ B 轴之间的墙。对于 a 段墙，截面面积 $A = 240\times 1360\text{mm}^2 = 0.3264\times 10^6\text{mm}^2$，承受压力为 $(5.67\times 3.60 + 3.55\times 3.60\times 4)\times\left(1.36 + \dfrac{1.20}{2}\right)\text{kN} + (12 + 0.80)\times$

$\left(1.36 + \dfrac{1.20}{2}\right)\times 5.24\text{kN} + 1.36\times\dfrac{1.50}{2}\times 5.24\text{kN} = 277\text{kN}$

$$\sigma_0 = \frac{277\times 1000}{1360\times 240}\text{N/mm}^2 = 0.85\text{N/mm}^2$$

则 $\dfrac{\sigma_0}{f_v} = \dfrac{0.85}{0.12} = 7.08$，查表 5-6 得，$\zeta_N = 1.70$，$f_{vE} = \zeta_N f_v = 1.70\times 0.12\text{N/mm}^2 = 0.204\text{N/mm}^2$

$$\frac{f_{vE}A}{\gamma_{RE}} = \frac{0.204\times 0.3264\times 10^6}{1.0}\text{N} = 66.59\text{kN}$$

该墙段承担的地震剪力设计值 $V = \gamma_{Eh} V_{im} = 1.3\times 19\text{kN} = 25\text{kN} < 66.59\text{kN}$，抗震抗剪承载力满足。

对于 b 段墙，截面面积 $A = 240\times 3080\text{mm}^2 = 0.7392\times 10^6\text{mm}^2$，承受压力为

$(5.67 + 3.55\times 4)\times 3.60\times\left(\dfrac{1.20}{2} + 3.08\right)\text{kN} + (12 + 0.80)\times\left(\dfrac{1.20}{2} + 3.08\right)\times 5.24\text{kN} +$

$3.08\times\dfrac{1.50}{2}\times 5.24\text{kN} = 522.17\text{kN}$

$$\sigma_0 = \frac{522.17\times 1000}{0.7392\times 10^6}\text{N/mm}^2 = 0.71\text{N/mm}^2$$

则 $\dfrac{\sigma_0}{f_v}=\dfrac{0.71}{0.12}=5.92$，查表 5-6 得，$\zeta_N=1.60$，$f_{vE}=\zeta_N f_v=1.60\times0.12\text{N/mm}^2=0.192\text{N/mm}^2$

$$\frac{f_{vE}A}{\gamma_{RE}}=\frac{0.192\times0.7392\times10^6}{1.0}\text{N}=141.93\text{kN}$$

该墙段承担的地震剪力设计值 $V=\gamma_{Eh}V_{im}=1.3\times60\text{kN}=78\text{kN}<141.93\text{kN}$，抗震抗剪承载力满足。

5.4 砌体房屋抗震构造措施

砌体结构在地震作用下的破坏，归纳起来主要有剪切破坏、弯曲破坏和外墙倾倒三种形态，其中以受剪破坏为主要形态。

弯曲破坏发生在房屋高宽比较大，或者抗震砖墙开洞后形成双肢或多肢墙时。这种破坏由限制房屋的整体高宽比、限制墙段最小尺寸来避免。

外墙倾倒的破坏是由于内外砌筑咬结不良或横墙上的圈梁间距过大引起。这种震害在并不十分强烈的地震时便可能发生，这种破坏可设置构造钢筋来避免。

剪切破坏主要表现为墙体在地震作用下产生斜向交叉裂缝，初始阶段墙体分成上下左右四个部分，继而经反复作用，墙体形成压酥状态，如持续强烈地震，两侧墙体部分受到地震作用反复推移发生脱落，墙体丧失支承上部重力荷载的能力。最后可导致各层楼盖垂直坍塌，楼板层层重叠，引起灾害性震害。

因此，改善多层砌体房屋结构变形能力和耗能能力非常重要，主要是从前述的结构总体布置和下面讨论的细部构造措施等方面来解决。

5.4.1 多层砖砌体房屋抗震构造措施

1. 设置钢筋混凝土构造柱

构造柱是指房屋内外墙（或纵横墙）交接处设置的竖向钢筋混凝土构件。

钢筋混凝土构造柱是唐山地震后总结得到的最重要的工程经验。在砖房中设置构造柱可以很大程度上防止房屋突然倒塌。震害调查表明，设置钢筋混凝土构造柱及圈梁后，可提高砌体的抗剪强度，因而提高墙体的初裂荷载和极限承载力、加强结构的整体性，防止墙体或房屋的倒塌。

各类多层砖砌体房屋，应按下列要求设置构造柱：

1）构造柱设置部位，一般情况下应符合表 5-11 的要求。

2）外廊式和单面走廊式的多层房屋，应根据房屋增加一层的层数，按表 5-11 的要求设置构造柱，且单面走廊两侧的纵墙均应按外墙处理。

3）横墙较少的房屋，应根据房屋增加一层的层数，按表 5-11 的要求设置构造柱。当横墙较少的房屋为外廊式或单面走廊式时，应按第 2）款要求设置构造柱；但 6 度不超过四层、7 度不超过三层和 8 度不超过二层时，应按增加二层后的层数对待。

4）各层横墙很少的房屋，应按增加二层的层数设置构造柱。

5）采用蒸压灰砂砖和蒸压粉煤灰砖的砌体房屋，当砌体的抗剪强度仅达到普通黏土砖

砌体的 70%时，应按增加一层的层数按 1) ~ 4) 款要求设置构造柱；但 6 度不超过四层、7
度不超过三层和 8 度不超过二层时，应按增加二层后的层数对待。

表 5-11　多层砖砌体房屋构造柱设置要求

房屋层数				设置部位	
6 度	7 度	8 度	9 度		
四、五	三、四	二、三		楼梯间、电梯间四角，楼梯斜梯段上下端对应的墙体处 外墙四角和对应转角 错层部位横墙与外纵墙交接处 大房间内外墙交接处 较大洞口两侧	隔 12m 或单元横墙与外纵墙交接处 楼梯间对应的另一侧内横墙与外纵墙交接处
六	五	四	二		隔开间横墙（轴线）与外墙交接处 山墙与内纵墙交接处
七	≥六	≥五	≥三		内墙（轴线）与外墙交接处 内横墙的局部较小墙垛处 内纵墙与横墙（轴线）交接处

注：较大洞口，内墙指不小于 2.1m 的洞口；外墙在内外墙交接处已设置构造柱时应允许适当放宽，但洞侧墙体应加强。

　　构造柱最小截面可采用 180mm×240mm（墙厚 190mm 时为 180mm×190mm），纵向钢筋宜采用 4φ12，箍筋间距不宜大于 250mm，且在柱上下端应适当加密；6、7 度时超过六层、8 度时超过五层和 9 度时，构造柱纵向钢筋宜采用 4φ14，箍筋间距不应大于 200mm；房屋四角的构造柱应适当加大截面及配筋。

　　构造柱与墙连接处应砌成马牙槎，沿墙高每隔 500mm 设 2φ6 水平钢筋和 φ4 分布短筋平面内点焊组成的拉结网片或 φ4 点焊钢筋网片，每边伸入墙内不宜小于 1m。6、7 度时底部 1/3 楼层，8 度时底部 1/2 楼层，9 度时全部楼层，上述拉结钢筋网片应沿墙体水平通长设置。

　　构造柱与圈梁连接处，构造柱的纵筋应在圈梁纵筋内侧穿过，保证构造柱纵筋上下贯通。

　　构造柱可不单独设置基础，但应伸入室外地面下 500mm，或与埋深小于 500mm 的基础圈梁相连。

　　房屋高度和层数接近表 5-1 的限值时，纵、横墙内构造柱间距尚应符合下列要求：

　　1）横墙内的构造柱间距不宜大于层高的两倍；下部 1/3 楼层的构造柱间距适当减小。

　　2）当外纵墙开间大于 3.9m 时，应另设加强措施。内纵墙的构造柱间距不宜大于 4.2m。

2. 设置现浇钢筋混凝土圈梁

在改善房屋结构抗震性能方面，圈梁有以下主要作用。

　　1）加强了纵横墙体的连接，增强房屋的整体性。由于圈梁的约束，能充分发挥各片墙体的平面内抗剪强度。

　　2）形成楼盖的边缘构件后，提高了楼盖的水平刚度，预制楼板之间不致发生错动位移。

　　3）限制墙体斜裂缝的开展和延伸，使墙体斜裂缝局限于两道圈梁之间的墙段内，并减小斜裂缝的水平夹角，充分发挥砌体的抗剪强度。

　　4）减轻地震时地基沉陷对房屋的影响。各层圈梁，特别是屋盖处和基础处的圈梁，对提高房屋的竖向刚度和适应地基不均匀沉降的能力有显著作用，并可以减轻地震时因地表裂缝使房屋开裂分离的震害。

圈梁还可以与构造柱一起，增强房屋的整体性和空间刚度。震害调查表明，合理设置圈梁的房屋，其震害较轻；否则震害相对较重。

多层砖砌体房屋的现浇钢筋混凝土圈梁设置应符合下列要求：

1) 装配式钢筋混凝土楼盖、屋盖或木屋盖的砖房，应按表5-12的要求设置圈梁；纵墙承重时，抗震横墙上的圈梁间距应比表内要求适当加密。

2) 现浇或装配整体式钢筋混凝土楼盖、屋盖与墙体有可靠连接的房屋，应允许不另设圈梁，但楼板沿抗震墙体周边均应加强配筋并应与相应的构造柱钢筋可靠连接。

表5-12 多层砖砌体房屋现浇钢筋混凝土圈梁设置要求

墙 类	烈 度		
	6、7	8	9
外墙和内纵墙	屋盖处及每层楼盖处	屋盖处及每层楼盖处	屋盖处及每层楼盖处
内横墙	同上 屋盖处间距不应大于4.5m 楼盖处间距不应大于7.2m 构造柱对应部位	同上 各层所有横墙，且间距不应大于4.5m 构造柱对应部位	同上 各层所有横墙

多层砖砌体房屋现浇混凝土圈梁的构造应符合下列要求：

1) 圈梁应闭合，遇有洞口圈梁应上下搭接。圈梁宜与预制板设在同一标高处或紧靠板底。

2) 圈梁在表5-12要求的间距内无横墙时，应利用梁或板缝中配筋替代圈梁。

3) 圈梁的截面高度不应小于120mm，配筋应符合表5-13的要求；但在软弱黏性土、液化土、新近填土或严重不均匀土层上的砌体房屋的基础圈梁，截面高度不应小于180mm，配筋不应少于4φ12。

表5-13 多层砖砌体房屋圈梁配筋要求

配筋	烈 度		
	6、7	8	9
最小纵筋	4φ10	4φ12	4φ14
箍筋最大间距/mm	250	200	150

3. 楼梯间应符合的要求

在砌体结构中，楼梯间是结构抗震较为薄弱的部位。所以，楼梯间的震害往往比较严重。在抗震设计时，楼梯间不宜布置在房屋端部的第一开间及转角处，不宜开设过大的窗洞。否则应采取加强措施。同时还要符合以下要求：

1) 顶层楼梯间墙体应沿墙高每隔500mm设2φ6通长钢筋和φ4分布短钢筋平面内点焊组成的拉结网片或φ4点焊网片；7~9度时其他各层楼梯间墙体应在休息平台或楼层半高处设置60mm厚、纵向钢筋不应少于2φ10的钢筋混凝土带或配筋砖带，配筋砖带不少于3皮，每皮的配筋不少于2φ6，砂浆强度等级不应低于M7.5且不低于同层墙体的砂浆强度等级。

2) 楼梯间及门厅内墙阳角处的大梁支承长度不应小于500mm，并应与圈梁连接。

3) 装配式楼梯段应与平台板的梁可靠连接，8、9度时不应采用装配式楼梯段；不应采用墙中悬挑式踏步或踏步竖肋插入墙体的楼梯，不应采用无筋砖砌栏板。

4）突出屋顶的楼梯间、电梯间，构造柱应伸到顶部，并与顶部圈梁连接，所有墙体应沿墙高每隔500mm设2Φ6通长钢筋和Φ4分布短筋平面内点焊组成的拉结网片或Φ4点焊钢筋网片。

4. 加强结构各部位的连接

砌体结构的墙体之间、墙体与楼盖之间及结构其他部位之间连接不牢是造成震害的重要原因。因此，抗震设计规范规定，除设置构造柱（或芯柱）和圈梁之外，在各连接部位的抗震加强构造措施有以下几种：

1）现浇钢筋混凝土楼板或屋面板伸进纵、横墙内的长度，均不应小于120mm。

2）装配式钢筋混凝土楼板或屋面板，当圈梁未设在板的同一标高时，板端伸进外墙的长度不应小于120mm，伸进内墙的长度不应小于100mm或采用硬架支模连接，在梁上不应小于80mm或采用硬架支模连接。

3）当板的跨度大于4.8m并与外墙平行时，靠外墙的预制板侧边应与墙或圈梁拉结。

4）房屋端部大房间的楼盖，6度时房屋的屋盖和7~9度时房屋的楼盖、屋盖，当圈梁设在板底时，钢筋混凝土预制板应相互拉结，并应与梁、墙或圈梁拉结。

5）楼盖、屋盖的钢筋混凝土梁或屋架应与墙、柱（包括构造柱）或圈梁可靠连接；不得采用独立砖柱。跨度不小于6m大梁的支承构件应采用组合砌体等加强措施，并满足承载力要求。

6）6、7度时长度大于7.2m的大房间，以及8、9度时外墙转角及内外墙交接处，应沿墙高每隔500mm配置2Φ6的通长钢筋和Φ4分布短筋平面内点焊组成的拉结网片或Φ4点焊钢筋网片。

5. 坡屋顶房屋屋架的连接

坡屋顶房屋的屋架应与顶层圈梁可靠连接，檩条或屋面板应与墙、屋架可靠连接，房屋出入口处的檐口瓦应与屋面构件锚固。采用硬山搁檩时，顶层内纵墙顶宜增砌支承山墙的踏步式墙垛，并设置构造柱。

6. 丙类的多层砖砌体房屋

丙类的多层砖砌体房屋，当横墙较少且总高度和层数接近或达到表5-1规定限值时，应采取下列加强措施：

1）房屋的最大开间尺寸不宜大于6.6m。

2）同一结构单元内横墙错位数量不宜超过横墙总数的1/3，且连续错位不宜多于两道；错位的墙体交接处均应增设构造柱，且楼面板、屋面板应采用现浇钢筋混凝土板。

3）横墙和内纵墙上洞口的宽度不宜大于1.5m；外纵墙上洞口的宽度不宜大于2.1m或开间尺寸的一半；且内外墙上洞口位置不应影响内外纵墙与横墙的整体连接。

4）所有纵横墙均应在楼盖、屋盖标高处设置加强的现浇钢筋混凝土圈梁，圈梁的截面高度不宜小于150mm，上下纵筋各不应少于3Φ10，箍筋不小于Φ6，间距不大于300mm。

5）所有纵横墙交接处及横墙的中部，均应增设满足下列要求的构造柱：在纵、横墙内的柱距不宜大于3.0m，最小截面尺寸不宜小于240mm×240mm（墙厚190mm时为240mm×190mm），配筋宜符合表5-14的要求。

表 5-14 增设构造柱的纵筋和箍筋设置要求

位置	纵向钢筋			箍筋		
	最大配筋率（%）	最小配筋率（%）	最小直径/mm	加密区范围/mm	加密区间距/mm	最小直径/mm
角柱	1.8	0.8	14	全高	100	6
边柱			14	上端700 下端500		
中柱	1.4	0.6	12			

6）同一结构单元的楼面板、屋面板应设置在同一标高处。

7）房屋底层和顶层的窗台标高处，宜设置沿纵横墙通长的水平现浇钢筋混凝土带；其截面高度不小于 60mm，宽度不小于墙厚，纵向钢筋不少于 2Φ10，横向分布筋的直径不小于 Φ6，间距不大于 200mm。

5.4.2 多层砌块房屋抗震构造措施

1. 设置钢筋混凝土芯柱

为了增加混凝土小砌块房屋的整体性和延性，提高其抗震能力，可结合空心砌块的特点，在墙体的适当部位将砌块竖孔浇筑成钢筋混凝土柱，这样形成的柱就称为芯柱。

多层小砌块房屋应按表 5-15 的要求设置钢筋混凝土芯柱。对外廊式和单面走廊式的多层房屋、横墙较少的房屋、各层横墙很少的房屋，尚应分别按前述关于增加层数的对应要求，按表 5-15 的要求设置芯柱。

表 5-15 多层小砌块房屋芯柱设置要求

房屋层数				设置部位	设置数量
6 度	7 度	8 度	9 度		
四、五	三、四	二、三		外墙转角，楼梯间、电梯间四角，楼梯斜梯段上下端对应的墙体处 大房间内外墙交接处 错层部位横墙与外纵墙交接处 隔12m 或单元横墙与外纵墙交接处	外墙转角，灌实 3 个孔 内外墙交接处，灌实 4 个孔 楼梯斜梯段上下端对应的墙体处，灌实 2 个孔
六	五	四		同上 隔开间横墙（轴线）与外纵墙交接处	
七	六	五	二	同上 各内墙（轴线）与外纵墙交接处 内纵墙与横墙（轴线）交接处和洞口两侧	外墙转角，灌实 5 个孔 内外墙交接处，灌实 4 个孔 内墙交接处，灌实 4～5 个孔 洞口两侧各灌实 1 个孔
	七	≥六	≥三	同上 横墙内芯柱间距不大于 2m	外墙转角，灌实 7 个孔 内外墙交接处，灌实 5 个孔 内墙交接处，灌实 4～5 个孔 洞口两侧各灌实 1 个孔

注：外墙转角、内外墙交接处、楼电梯间四角等部位，应允许采用钢筋混凝土构造柱替代部分芯柱。

芯柱截面尺寸、混凝土强度等级和配筋要求为：

1）小砌块房屋芯柱截面不宜小于 120mm×120mm。

2）芯柱混凝土强度等级，不应低于 Cb20。

3）芯柱的竖向插筋应贯通墙身且与圈梁连接；插筋不应小于 1Φ12，6、7 度时超过五层、8 度时超过四层和 9 度时，插筋不应小于 1Φ14。

4）芯柱应伸入室外地面下 500mm 或与埋深小于 500mm 的基础圈梁相连。

5）为提高墙体抗震受剪承载力而设置的芯柱，宜在墙体内均匀布置，最大净距不宜大于 2.0m。

6）多层小砌块房屋墙体交接处或芯柱与墙体连接处应设置拉结钢筋网片，网片可采用直径 4mm 的钢筋点焊而成，沿墙高间距不大于 600mm，并应沿墙体水平通长设置。6、7 度时底部 1/3 楼层，8 度时底部 1/2 楼层，9 度时全部楼层，上述拉结钢筋网片沿墙高间距不大于 400mm。

小砌块房屋中替代芯柱的钢筋混凝土构造柱，应符合下列要求：

1）构造柱截面不宜小于 190mm×190mm，纵向钢筋宜采用 4Φ12，箍筋间距不宜大于 250mm，且在柱上下端应适当加密；6、7 度时超过五层、8 度时超过四层和 9 度时，构造柱纵向钢筋宜采用 4Φ14，箍筋间距不应大于 200mm；外墙转角的构造柱可适当加大截面及配筋。

2）构造柱与砌块墙连接处应砌成马牙槎，与构造柱相邻的砌块孔洞，6 度时宜填实，7 度时应填实，8、9 度时应填实并插筋。构造柱与砌块墙之间沿墙高每隔 600mm 设置Φ4 点焊拉结钢筋网片，并应沿墙体水平通长设置。6、7 度时底部 1/3 楼层，8 度时底部 1/2 楼层，9 度全部楼层，上述拉结钢筋网片沿墙高间距不大于 400mm。

3）构造柱与圈梁连接处，构造柱的纵筋应在圈梁纵筋内侧穿过，保证构造柱纵筋上下贯通。

4）构造柱可不单独设置基础，但应伸入室外地面下 500mm，或与埋深小于 500mm 的基础圈梁相连。

2. 设置钢筋混凝土圈梁

1）多层小砌块房屋现浇钢筋混凝土圈梁的设置位置应按多层砌体房屋圈梁的要求确定。

2）圈梁宽度不应小于 190mm，混凝土强度等级不应低于 C20。

3）配筋不应小于 4Φ12，箍筋间距不应大于 200mm。

■ 5.5 配筋混凝土小型空心砌块抗震墙房屋抗震设计要点

配筋混凝土小型空心砌块抗震墙是砌体结构中抗震性能较好的一种新型结构体系。这种结构的基本构造形式是，在混凝土小型空心砌块墙体的孔洞中配置竖向钢筋，并灌实混凝土，在水平灰缝或在凸槽砌块中配置水平钢筋，以此形成承受竖向和水平作用的配筋混凝土小型空心砌块抗震墙。国外的研究、工程实践和震害表明，这种结构形式强度高、延性好，受力性能和计算方法与现浇钢筋混凝土抗震墙结构相似，而且具有施工方便、造价较低的特点，在欧美等发达国家已得到较广泛的应用。美国的抗震规范把配筋混凝土砌块剪力墙结构和配筋混凝土剪力墙结构划分为同样的适用范围。我国自 20 世纪 80 年代以来，对配筋混凝土小型空心砌块抗震墙结构开展了一系列的试验研究，并积极进行试点建筑。工程实践表明，对中高层房屋，这种结构形式具有足够的承载能力和规范要求的变形能力，更能体现配筋砌块砌体结构施工和经济方面的优势。在此基础上，并借鉴国外标准，我国抗震设计规范和砌体结构设计规范对配筋混凝土小型空心砌块抗震墙的抗震设计做出了相应的规定。

5.5.1 配筋混凝土小型空心砌块抗震墙房屋抗震设计的一般规定

1. 房屋高度和高宽比限制

配筋混凝土小型空心砌块抗震墙结构房屋的最大高度和最大高宽比，分别不宜超过表5-16和表5-17的规定。

表5-16 配筋混凝土小型空心砌块抗震墙房屋适用的最大高度 （单位：m）

最小墙厚 /mm	6度	7度		8度	9度	
	0.05g	0.10g	0.15g	0.20g	0.30g	0.40g
190	60	55	45	40	30	24

注：1. 房屋高度超过表内高度时，应进行专门研究和论证，采取有效的加强措施。

2. 某层或几层大开间大于6.0m以上的房间建筑面积占相应层建筑面积40%以上时，表中数据相应减少6m。

3. 房屋高度指室外地面到主要屋面板板顶的高度（不包括局部突出屋顶部分）。

表5-17 配筋混凝土小型空心砌块抗震墙房屋最大高宽比

设防烈度	6度	7度	8度	9度
最大高宽比	4.5	4.0	3.0	2.0

注：房屋的平面布置和竖向布置不规则时应当减小最大高宽比。

2. 抗震等级的划分

配筋混凝土小型空心砌块抗震墙结构抗震等级的划分，基于不同烈度和不同房屋高度对结构抗震性能的不同要求，考虑了结构构件的延性和耗能能力。抗震等级一级到四级，依次表示在抗震要求上很严格、严格、较严格和一般。丙类建筑的抗震等级划分标准见表5-18。

表5-18 配筋混凝土小型空心砌块抗震墙结构抗震等级的划分

结构类型	设防烈度						
	6度		7度		8度		9度
高度/m	≤24	>24	≤24	>24	≤24	>24	≤24
抗震等级	四	三	三	二	二	一	一

注：接近或等于高度分界时，可结合房屋不规则程度及场地、地基条件确定抗震等级。

3. 结构选型与布置要求

1）配筋混凝土小型空心砌块抗震墙房屋的结构布置应符合抗震设计规范的有关规定，避免不规则建筑结构方案，并应符合下列要求：

① 平面形状宜简单、规则，凹凸不宜过大；竖向布置宜规则、均匀，避免过大的外挑和内收。

② 楼盖、屋盖宜采用现浇钢筋混凝土结构；抗震等级为四级时，也可采用装配整体式钢筋混凝土楼盖，不宜采用木楼屋盖。

③ 纵横向的抗震墙宜拉通对直，每个独立墙段长度不宜大于8m，且不宜小于墙厚的5倍，墙段的总高度与墙段长度之比不宜小于2。门洞口宜上下对齐、成列布置。

④ 抗震横墙的最大间距在6度、7度、8度、9度时，分别为15m、15m、11m和7m。

⑤ 夹心墙的自承重叶墙的横向支承间距限值：8 度、9 度时不宜大于 3m；7 度时不宜大于 6m；6 度时不宜大于 9m。

2）配筋混凝土小型空心砌块抗震墙房屋的层高应符合下列要求：底部加强部位的层高，一、二级不宜大于 3.2m，三、四级不应大于 3.9m；其他部位的层高，一、二级不应大于 3.9m，三、四级不应大于 4.8m。这里所说的底部加强部位是指高度不小于房屋高度的 1/6 且不小于两层的底部墙体范围，房屋总高度小于 21m 时取一层。

3）因短肢墙的抗震性能相对较差，不应采用全部墙体为短肢墙的配筋混凝土小型空心砌块抗震墙结构，应形成以一般抗震墙为主，短肢抗震墙与一般抗震墙相结合共同抵制水平地震作用的结构。其相关要求见抗震规范。

4. 防震缝的设置

房屋宜选用规则、合理的建筑结构方案，不设防震缝。当必须设置防震缝时，其最小宽度应符合下列要求：当房屋高度不超过 24m 时，可采用 100mm；当超过 24m 时，6 度、7 度、8 度、9 度相应每增加 6m、5m、4m、3m，宜加宽 20mm。

5. 层间弹性位移角限值

配筋混凝土小型空心砌块抗震墙结构应进行多遇地震作用下的抗震变形验算，其楼层内最大的弹性层间位移角底层不宜超过 1/1200，其他楼层不宜超过 1/800。

5.5.2 配筋混凝土小型空心砌块抗震墙抗震计算

1. 地震作用计算和地震剪力分配

配筋混凝土小型空心砌块抗震墙结构应按抗震设计规范的规定进行地震作用计算。一般可只考虑水平地震作用的影响。对于平立面布置规则的房屋，可采用底部剪力法或振型分解反应谱法。

由于此种结构的楼屋盖一般采用现浇钢筋混凝土结构，即使在抗震等级低时（如四级时）至少也要采用装配整体式钢筋混凝土楼屋盖，属于刚性楼屋盖，因此，对于楼层水平地震剪力，应按各墙体的刚度比例在墙体间进行分配。

2. 配筋混凝土小型空心砌块抗震墙抗震承载力验算

（1）墙体抗震承载力验算

1）正截面抗震承载力验算。考虑地震作用组合的配筋混凝土小型空心砌块抗震墙墙体可能是偏心受压构件或偏心受拉构件，其正截面承载力可采用配筋砌块砌体非抗震设计计算公式，但在公式右端应除以承载力抗震调整系数 $\gamma_{RE} = 0.85$。

2）斜截面抗震承载力验算。配筋混凝土小型空心砌块抗震墙抗剪承载力应按下列规定验算：

① 剪力设计值的调整。为提高配筋混凝土小型空心砌块抗震墙的整体抗震能力，防止抗震墙底部在弯曲破坏前发生剪切破坏，保证强剪弱弯的要求，在进行斜截面抗剪承载力验算且抗震等级一、二、三级时应对墙体底部加强区范围内剪力设计值 V 进行调整，按下式取值

$$V = \eta_{vw} V_w \tag{5-19}$$

式中，V_w 为考虑地震作用组合的抗震墙计算截面的剪力计算值；η_{vw} 为剪力增大系数，一级抗震等级取 1.6，二级取 1.4，三级取 1.2，四级取 1.0。

② 配筋混凝土小型空心砌块抗震墙的截面尺寸应符合如下要求：

当剪跨比大于2时

$$V \leqslant \frac{1}{\gamma_{RE}} 0.2f_g bh \qquad (5-20)$$

当剪跨比小于或等于2时

$$V \leqslant \frac{1}{\gamma_{RE}} 0.15f_g bh \qquad (5-21)$$

式中，f_g 为灌孔小砌块砌体的抗压强度设计值；b、h 为抗震墙截面的宽度、高度。

③ 偏心受压配筋混凝土小型空心砌块抗震墙的斜截面受剪承载力按下式计算为

$$V \leqslant \frac{1}{\gamma_{RE}} \left[\frac{1}{\lambda - 0.5} (0.48f_{gv} bh + 0.1N) + 0.72f_{yh} \frac{A_{sh}}{s} h_0 \right] \qquad (5-22)$$

式中，λ 为计算截面的剪跨比，$\lambda = \dfrac{M}{Vh_0}$（$M$ 为考虑地震作用组合的抗震墙计算截面的弯矩设计值；V 为考虑地震作用组合的抗震墙计算截面的剪力设计值），当 $\lambda \leqslant 1.5$ 时，取 $\lambda = 1.5$；当 $\lambda \geqslant 2.2$ 时，取 $\lambda = 2.2$；N 为考虑地震作用组合的抗震墙计算截面的轴向力设计值，当 $N > 0.2f_g bh_0$ 时，取 $N = 0.2f_g bh_0$；f_{gv} 为灌孔砌体的抗剪强度设计值，$f_{gv} = 0.5f_g^{0.55}$；A_{sh} 为配置在同一截面内的水平分布钢筋的全部截面面积；f_{yh} 为水平钢筋的抗拉强度设计值；s 为水平分布钢筋的竖向间距；γ_{RE} 为承载力抗震调整系数。

④ 偏心受拉配筋混凝土小型空心砌块抗震墙的斜截面受剪承载力应按下式计算

$$V \leqslant \frac{1}{\gamma_{RE}} \left[\frac{1}{\lambda - 0.5} (0.48f_{gv} bh - 0.17N) + 0.72f_{gh} \frac{A_{sh}}{s} h_0 \right] \qquad (5-23)$$

注意：当 $0.48f_{gv} bh - 0.17N < 0$ 时，取 $0.48f_{gv} bh - 0.17N = 0$。

（2）连梁抗震承载力验算

1）配筋混凝土小型空心砌块抗震墙跨高比大于2.5的连梁宜采用钢筋混凝土连梁，其截面组合的剪力设计值和斜截面受剪承载力应符合《混凝土结构设计规范》（GB 50010—2010）的有关规定。

2）抗震墙采用配筋混凝土小型空心砌块砌体连梁时，应符合下列要求：

① 连梁的截面尺寸应为

$$V_b \leqslant \frac{1}{\gamma_{RE}} 0.15f_g bh_0 \qquad (5-24)$$

② 连梁的斜截面受剪承载力应按下式计算为

$$V_b < \frac{1}{\gamma_{RE}} \left(0.56f_{gv} bh_0 + 0.7f_{yv} \frac{A_{sv}}{s} h_0 \right) \qquad (5-25)$$

式中，A_{sv} 为配置在同一截面内的箍筋各肢的全部截面面积；f_{yv} 为箍筋的抗拉强度设计值。

5.5.3　配筋混凝土小型空心砌块抗震墙房屋抗震构造措施

1. 墙体钢筋的构造要求

1）配筋混凝土小型空心砌块抗震墙的水平和竖向分布钢筋应符合表5-19和表5-20的要求。横向分布钢筋宜双排布置，双排分布钢筋之间拉结筋的间距不大于400mm，直径不小于6mm；竖向分布钢筋宜采用单排布置，直径不应大于25mm。

2）配筋混凝土小型空心砌块抗震墙内，竖向和水平分布钢筋的搭接长度不应小于48

倍钢筋直径，锚固长度不应小于 42 倍钢筋直径。

表 5-19　抗震墙水平分布钢筋的配筋构造

抗震等级	最小配筋率（%）		最大间距/mm	最小直径/mm
	一般部位	加强部位		
一级	0.13	0.15	400	Φ8
二级	0.13	0.13	600	Φ8
三级	0.11	0.13	600	Φ6
四级	0.10	0.10	600	Φ6

注：9 度时配筋率不应小于 0.2%；在顶部或底部加强部位，最大间距不应大于 400mm。

表 5-20　抗震墙竖向分布钢筋的配筋构造

抗震等级	最小配筋率（%）		最大间距/mm	最小直径/mm
	一般部位	加强部位		
一级	0.15	0.15	400	Φ12
二级	0.13	0.13	600	Φ12
三级	0.11	0.13	600	Φ12
四级	0.10	0.10	600	Φ12

注：9 度时配筋率不应小于 0.2%；在顶部或底部加强部位，最大间距应适当减小。

2. 轴压比要求

配筋混凝土小型空心砌块抗震墙在重力荷载代表值作用下的轴压比，应符合下列要求：

1）一般墙体的底部加强部位，一级（9 度）不宜大于 0.4，一级（8 度）不宜大于 0.5，二、三级不宜大于 0.6；一般部位均不宜大于 0.6。

2）短肢墙体全高范围，一级不宜大于 0.5，二、三级不宜大于 0.6；对于无翼缘的一字形短肢墙，其轴压比限值应相应降低 0.1。

3）各向墙肢截面均为 $3b<h<5b$ 的小墙肢，一级不宜大于 0.4，二、三级不宜大于 0.5；对于无翼缘的一字形独立小墙肢，其轴压比限值应相应降低 0.1。

3. 墙体边缘构件的设置

配筋混凝土小型空心砌块抗震墙墙肢端部应设置边缘构件，底部加强部位的轴压比，一级大于 0.2，二级大于 0.3 时应设置约束边缘构件。

构造边缘构件的配筋范围：无翼缘端部为 3 孔配筋；L 形转角节点为 3 孔配筋；T 形转角节点为 4 孔配筋；边缘构件范围内应设置水平箍筋，最小配筋率应符合表 5-21 的要求。

表 5-21　抗震墙边缘构件配筋要求

抗震等级	每孔竖向钢筋最小配筋量		水平箍筋最小直径和最大间距
	底部加强部位	一般部位	
一级	1Φ20	1Φ18	Φ8@200
二级	1Φ18	1Φ16	Φ6@200
三级	1Φ16	1Φ14	Φ6@200
四级	1Φ14	1Φ12	Φ6@200

注：1. 边缘构件水平箍筋宜采用搭接点焊网片形式。
　　2. 一、二、三级时，边缘构件箍筋采用不低于 HRB335 级的热轧钢筋。
　　3. 二级轴压比大于 0.3 时，底部加强部位水平箍筋的最小直径不应小于 8mm。

约束边缘构件的范围应沿受力方向比构造边缘构件增加 1 孔，水平箍筋应相应加强，也可采用混凝土边框柱加强。

4. 连梁构造要求

配筋混凝土小型空心砌块抗震墙当采用混凝土连梁时，应符合混凝土强度的有关规定以及《混凝土结构设计规范》（GB 50010—2010）中有关地震区连梁的构造要求；当采用配筋砌块砌体连梁时，除应符合配筋砌块砌体连梁的一般规定外，尚应符合下列要求：

1）连梁上下水平钢筋锚入墙体内的长度，一、二级抗震等级不应小于 $1.15\,l_a$，三级抗震等级不应小于 $1.05\,l_a$，四级抗震等级不应小于 l_a；且均不应小于 600mm。

2）连梁的箍筋应沿梁长设置；箍筋直径，一级不小于 10mm，二、三、四级不小于 8mm；箍筋间距，一级不大于 75mm，二级不大于 100mm，三级不大于 120mm。

3）顶层连梁在伸入墙体的纵向钢筋范围内应设置间距不大于 200mm 的构造钢筋，其直径应与该连梁的配筋直径相同。

4）跨高比小于 2.5 的连梁，在自梁底以上 200mm 至梁顶以上 200mm 范围内，每隔 200mm 增设水平分布钢筋，当一级抗震时，不小于 2Φ12，二、三、四级抗震时为 2Φ10，水平分布钢筋伸入墙内的长度不小于 $30d$ 和 300mm。

5）连梁不宜开洞，当需要开洞时，应在跨中梁高 1/3 处预埋外径不大于 200mm 的钢套管，洞口上下的有效高度不应小于 1/3 梁高，且不应小于 200mm，洞口处应配补强钢筋并在洞周边浇筑灌孔混凝土，被洞口削弱的截面应进行受剪承载力验算。

5. 钢筋混凝土圈梁的设置

配筋混凝土小型空心砌块抗震墙房屋的楼盖、屋盖处，均应按下列规定设置钢筋混凝土圈梁：

1）圈梁混凝土抗压强度不应小于相应灌孔小砌块砌体的强度，且不应小于 C20。

2）圈梁的宽度宜为墙厚，高度不宜小于 200mm；纵向钢筋直径不应小于墙中水平分布钢筋的直径，且不宜小于 4Φ12；箍筋直径不应小于Φ8，间距不大于 200mm。

■ 5.6 底层框架-抗震墙砌体房屋的抗震设计

5.6.1 概述

底部框架-抗震墙砌体房屋主要指结构底层或底部两层采用钢筋混凝土框架-抗震墙的多层砌体房屋。这类结构类型主要用于底部需要大空间，而上面各层采用较多纵横墙的房屋，如底层设置商店、餐厅的多层住宅、旅馆、办公楼等建筑。

这类房屋因底部刚度小、上部刚度大，竖向刚度急剧变化，抗震性能较差。地震时往往在底部出现变形集中、产生过大侧移而严重破坏，甚至倒塌。为了防止底部因变形集中而发生严重的震害，在抗震设计中必须在结构底部加设抗震墙，不得采用纯框架布置。

底层框架-抗震墙砌体房屋是指底层为钢筋混凝土全框架的抗震墙，二层和二层以上为砌体的多层房屋，简称为框架砌体房屋。主要用于底层需要大空间，而上方各层允许布置较多纵、横墙的房屋。图 5-16 为底层框架-抗震墙砌体房屋的示意图，与底部框架-抗震墙相邻的上一层砌体楼层称为过渡层，在地震时该处破坏严重。

底层框架-抗震墙砌体房屋是由两种不同材料建造的混合承重房屋，两种材料抗震性能

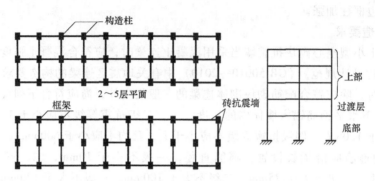

图 5-16　底层框架-抗震墙砌体房屋的示意图

不同，底部框架-抗震墙结构为刚柔性结构，主要依靠框架来承受竖向重力荷载，钢筋混凝土墙或砌体墙来承受水平地震力。上部砌体结构是刚性结构，依靠砌体（脆性材料）来进行抗剪。上部结构的地震水平力，要通过过渡层底板传递给下部的抗震墙，完成上下层剪力的重新分配，协调两种材料的侧向变形，因此要求过渡层底板具有足够的水平刚度和平面内抗弯强度。不会因其平面内弯曲变形过大，使框架产生无法承受的柱顶位移，而导致框架结构失效。

震害表明，底层框架-抗震墙砌体房屋的抗震性能较差。在高烈度区，其抗震性能甚至低于同高度的多层砖房。由于房屋的竖向刚度在底层和二层之间发生突变，在底层产生变形集中，震害多发生于底层，表现出"上轻下重"的震害特点。

底部框架-抗震墙的破坏状态一般为延性破坏，上部砌体部分的破坏状态为脆性破坏。一般来说，底层框架-抗震墙结构为房屋的薄弱层，但是由于底层结构的延性优于上部砌体部分，因而当底层与第二层的刚度相近时，有可能由于第二层延性较差而出现薄弱层向第二层转移的情况。

底部框架-抗震墙房屋抗震墙的数量，应依据第二层与底层的纵横向侧移刚度比值要求来确定。在 6、7 度时这一比值不应大于 2.5，8 度和 9 度时不应大于 2，且均不应小于 1。对于底部两层框架-抗震墙砌体房屋，底层与底部第二层侧移刚度应接近，第三层与底部第二层侧移刚度的比值，6、7 度时不应大于 2，8、9 度时不应大于 1.5，且均不宜小于 1。底部抗震横墙的间距应符合表 5-22 的要求。抗震墙应采用钢筋混凝土墙，6 度和 7 度时也可采用嵌砌于框架之间的黏土墙或混凝土小砌块墙。

表 5-22　底部抗震墙最大间距　　　　　　　　　　　　　　　（单位：m）

6 度	7 度	8 度	9 度
18	15	11	—

底部框架-抗震墙砌体房屋的总高度和层数应遵循《建筑抗震设计规范》的规定。

5.6.2　抗震计算

底部框架-抗震墙砌体房屋的抗震计算可采用底部剪力法。计算中取地震影响系数 $\alpha_1 = \alpha_{\max}$，顶部附加地震影响系数 $\delta_n = 0$。为了减轻底部的薄弱程度，《建筑抗震设计规范》规定，底层框架-抗震墙砌体房屋的底层地震剪力设计值应将底部剪力法所得底层地震剪力再

乘以增大系数，即

$$V_1 = \xi \alpha_{\max} G_{eq} \tag{5-26}$$

式中，ξ 为地震剪力增大系数，与第二层与底层侧移刚度之比 γ 有关，可取

$$\xi = \sqrt{\gamma} \tag{5-27}$$

按式（5-27）算得 $\xi<1.2$ 时，取 $\xi=1.2$；$\xi>1.5$ 时，取 $\xi=1.5$。

同理，对于底部两层框架房屋的底层与第二层，其纵、横向地震剪力设计值也均应乘以增大系数 ξ。

底部框架中的框架柱与抗震墙的设计，可按两道防线的思想进行设计，即在结构弹性阶段，不考虑框架柱的抗剪贡献，而由抗震墙承担全部纵横向的地震剪力；在结构进入弹塑性阶段后，考虑到抗震墙的损伤，由抗震墙和框架柱共同承担地震剪力。根据试验研究结果，钢筋混凝土抗震墙开裂后的刚度约为初始弹性刚度的 30%，砖抗震墙约为 20%。据此可确定框架柱所承担的地震剪力为

$$V_c = \frac{k_c}{0.3\sum k_{wc}+0.2\sum k_{wm}+\sum k_c} V_1 \tag{5-28}$$

式中，k_{wc}、k_{wm}、k_c 分别为一片混凝土抗震墙、一片砖抗震墙、一根钢筋混凝土框架柱的弹性侧移刚度。

此外，框架柱的设计尚需考虑地震倾覆力矩引起的附加轴力。作用于整个房屋底层的地震倾覆力矩为（参考图 5-17）

$$M_f = \sum_{i=2}^{n} F_i(H_i - H_1) \tag{5-29}$$

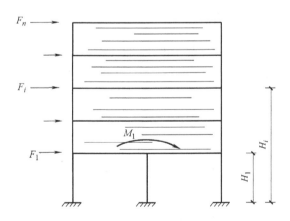

图 5-17　底部框架的抗震墙

每榀框架所承担的地震倾覆力矩，可按底层抗震墙和框架的转动刚度比例分配。一榀抗震墙承担的倾覆力矩为

$$M_w = \frac{k_w'}{\sum k_w' + \sum k_f'} M_1 \tag{5-30}$$

一榀框架承担的倾覆力矩为

$$M_f = \frac{k'_f}{\sum k'_w + \sum k'_f} M_1 \qquad (5\text{-}31)$$

上述式中，k'_w 为底层一片抗震墙的平面转动刚度，k'_f 为一榀框架沿自身平面的转动刚度，分别按下式计算

$$k'_w = \frac{1}{\dfrac{h}{EI} + \dfrac{1}{C_\varphi I_\varphi}} \qquad (5\text{-}32)$$

$$k'_f = \frac{1}{\dfrac{h}{E \sum A_i x_i^2} + \dfrac{1}{C_z \sum F_i x_i^2}} \qquad (5\text{-}33)$$

式中，I、I_φ 为抗震墙水平截面和基础底面的转动惯量；C_z、C_φ 为地基抗压和抗弯刚度系数；A_i、F_i 为一榀框架中第 i 根柱子的水平截面面积和基础底面积；x_i 为第 i 根柱子到所在框架中和轴的距离。

倾覆力矩 M_f 在框架中产生的附加轴力

$$N_{ci} = \pm \frac{A_i x_i}{\sum A_i x_i^2} M_f \qquad (5\text{-}34)$$

底部框架-抗震墙砌体房屋框架层以上结构的抗震计算与多层砌体结构房屋相同。

【例 5-1】 将 5.3.4 节中的多层砖房改为底层框架房屋，上部各层均不变，底层平面改动如下：撤除底层②，③，⑥，⑦轴线上的横墙，在各轴线交叉点设置框架柱，柱截面尺寸为 400mm×400mm，混凝土强度等级为 C20。试求底层横向设计地震剪力和框架柱所承担的地震剪力。

【解】 （1）计算二层与底层的侧移刚度比

底层框架柱单元的侧移刚度（近似按两端完全嵌固计算）

$$k_c = \frac{12EI}{H^3} = \frac{12 \times 2.55 \times 10^7 \times 0.4^4}{3.0^3 \times 12} \text{kN/m} = 24178 \text{kN/m}$$

单片砖抗震墙的侧移刚度（不考虑带洞墙体）

①，⑧轴线上 $\quad k_{wm,1} = \dfrac{GA}{\xi H} = \dfrac{0.4 \times 1500 \times 1.58 \times 10^3 \times 1.97}{1.2 \times 3} \text{kN/m} = 5.19 \times 10^5 \text{kN/m}$

④，⑤轴线上 $\quad k_{wm,1} = \dfrac{GA}{\xi H} = \dfrac{0.4 \times 1500 \times 1.58 \times 10^3 \times 1.31}{1.2 \times 3} \text{kN/m} = 3.45 \times 10^5 \text{kN/m}$

故底层横向侧移刚度为

$$k_1 = 36k_c + 4(k_{wm,1} + k_{wm,2}) = 4.33 \times 10^6 \text{kN/m}$$

二层横向侧移刚度为

$$k_2 = \frac{G \sum A_i}{\xi H} = \frac{0.4 \times 1500 \times 1.58 \times 10^3 \times 21.99}{1.2 \times 3} \text{kN/m} = 5.79 \times 10^6 \text{kN/m}$$

$$\gamma_2 = \frac{k_2}{k_1} = 1.33$$

（2）求横向设计地震剪力

结构底层做出题设变动后，$G_1 = 4189\text{kN}$，$G = 18654\text{kN}$ 故

$$V_1 = \sqrt{\gamma}\, \alpha_{\max} G_{\text{eq}} = 1.2 \times 0.08 \times 0.85 \times 18654\text{kN/m} = 1522.2\text{kN/m}$$

（3）计算框架柱所承担的地震剪力

$$V_c = \frac{k_c}{0.2\sum k_{\text{wm}} + \sum k_c} V_1 = \frac{24178 \times 1522.2}{0.2 \times 3.456 \times 10^6 + 7.74 \times 10^5}\text{kN/m} = 25.12\text{kN/m}$$

5.6.3 抗震构造措施

底层框架-抗震墙砌体房屋的上部结构的构造措施同一般多层砌体房屋。底部框架应采用现浇或现浇柱、预制梁结构，并宜双向刚性连接。底层楼盖应采用现浇钢筋混凝土板，板厚不应小于120mm。当楼板洞口尺寸大于800m时，洞口周边应设置圈梁。底层框架柱因受水平剪力和竖向压力共同作用，常沿斜截面发生破坏。因此，宜加大构造箍筋的直径、减少间距，必要时可采用螺旋箍筋或焊接封闭箍筋。

底部框架-抗震墙房屋的上部各层应按表5-11要求设置钢筋混凝土构造柱，过渡层尚应在底部框架柱对应位置处设置构造柱。构造柱的截面，不宜小于240mm×240mm。构造柱的纵向钢筋不宜少于4Φ14，箍筋间距不宜大于200mm。过渡层构造柱的纵向钢筋，6、7度时不宜小于4Φ16，8度时不宜小于4Φ18。一般情况下，构造柱的纵向钢筋应锚入下部的框架柱内；当纵向钢筋锚固在框架梁内时，框架梁的相应位置应加强。构造柱应与每层圈梁连接或与现浇楼板可靠拉结。

钢筋混凝土托墙梁的截面宽度不应小于300mm，梁的截面高度不应小于跨度的1/10。箍筋的直径不应小于8mm，间距不应大于200mm；梁端在1.5倍梁高且不小于1/5梁净跨范围内，以及上部墙体的洞口处和洞口两侧各500mm且不小于梁高的范围内，箍筋间距不应大于100mm。沿梁高应设腰筋，数量不应少于2Φ14，间距不应大于200mm。梁的主筋和腰筋应按受拉钢筋的要求锚固在柱内，且支座上部的纵向钢筋在柱内的锚固长度应符合钢筋混凝土框支梁的有关要求。

钢筋混凝土抗震墙周边应设置梁（或暗梁）和边框柱（或框架柱）组成的边框；边框梁的截面宽度不宜小于墙板厚度的1.5倍，截面高度不宜小于墙板厚度的2.5倍；边框柱的截面高度不宜小于墙板厚度的2倍。抗震墙墙板的厚度不宜小于160mm，且不应小于墙板净高的1/20；抗震墙宜开设洞口形成若干墙段，各墙段的高度比不宜小于2。抗震墙的竖向和横向分布钢筋配筋率均不应小于0.3%，并应采用双排布置；双排分布钢筋间拉筋的间距不应大于600mm，直径不应小于6mm。

底部抗震墙若采用嵌、砌于框架之间的砖砌抗震墙时，应先砌墙后浇柱。砖墙至少厚240mm，砂浆强度等级应不小于M10，且应沿框架柱每隔0.3m配置2Φ8拉结钢筋和Φ4点焊钢筋网片，并沿砖墙全长设置。在墙体半高处尚应设置与框架柱相连的钢筋混凝土水平系梁。

底部框架的抗震等级可分别采用四级（6度）、三级（7度）、二级（8度）和一级（9度）。钢筋混凝土抗震墙按三级采用。抗震构造应满足相应等级要求。

习题及思考题

一、填空题

1. 防止砌体结构房屋的倒塌主要是从_____和_____等抗震措施方面着手。

2. 多层砌体房屋的抗震设计中，在处理结构布置时，根据设防烈度限制房屋高宽比目的是_____，根据房屋类别和设防烈度限制房屋抗震横墙间距的目的是_____。

3. 多层砌体房屋楼层地震剪力在同一层各墙体间的分配主要取决于_____和_____。

4. 多层砌体房屋的结构体系应优先采用_____或_____的结构体系。

5. 多层砌体结构房屋在地震作用下会发生墙体开裂、破坏，产生裂缝。其墙体裂缝的形式主要有_____、斜裂缝、交叉裂缝、_____。

二、选择题

1. 多层砖房抗侧力墙体的楼层水平地震剪力分配（   ）。

A. 与楼盖刚度无关　　　　　　　　B. 与楼盖刚度有关

C. 仅与墙体刚度有关　　　　　　　D. 仅与墙体质量有关

2. 关于多层砌体房屋设置构造柱的作用，下列说法错误的是（   ）。

A. 可增强房屋整体性，避免开裂墙体倒塌

B. 可提高砌体抗变形能力

C. 可提高砌体的抗剪强度

D. 可抵抗由于地基不均匀沉降造成的破坏

3. 砌体结构房屋在进行地震剪力分配和截面验算时，以下确定墙段的层间抗侧力刚度的原则正确的是（   ）。

A. 可只考虑弯曲变形的影响

B. 可只考虑剪切变形的影响

C. 高宽比大于4时，应同时考虑弯曲和剪切变形的影响

D. 高宽比小于1时，可以只考虑剪切变形的影响

三、简答题

1. 多层砌体结构房屋的震害现象有哪些规律？

2. 抗震设计对于砌体结构的结构方案与布置有哪些主要要求？

3. 为什么要限制多层砌体房屋的总高度和层数？为什么要控制房屋最大高厚比？

4. 简述多层砌体结构房屋抗震设计计算的步骤。

5. 多层砌体房屋的计算简图如何选取？地震作用如何确定？

6. 楼层水平地震剪力的分配主要与哪些因素有关？水平地震剪力怎样分配到各片墙和墙肢上？

7. 在进行墙体抗震验算时，怎样选择和判断最不利墙段？

8. 多层砌体结构房屋的抗震构造措施包括哪些方面？

9. 圈梁和构造柱、芯柱对砌体结构的抗震作用是什么？有哪些相应的规定？

10. 配筋混凝土小型空心砌块抗震墙房屋与传统的多层砌体结构相比，在抗震性能和设计要求、设计方法等方面有哪些不同？与钢筋混凝土多高层结构相比有哪些不同？

四、计算题

五层底层框架砖房，底层平面布置如图 5-18 所示。框架柱截面尺寸为 400mm×400mm，底层砖抗震墙厚为 240mm，混凝土抗震墙为 200mm。混凝土强度等级为 C25，砖强度等级为 MU10，砂浆强度等级为 M7.5，二层以上的横墙除与一层处抗震墙对齐外，还在首层设有纵向抗震墙的开间两侧设有抗震横墙。结构总的重力荷载为 28422kN，底层层高 4.8m，二层及以上均为 2.8m。试计算底层横向设计地震剪力及框架柱所承受的剪力。

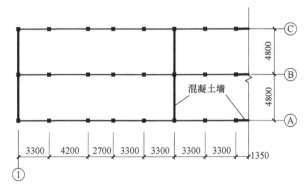

图 5-18　底层平面布置图

下篇

提高篇

第6章

单层厂房抗震设计

单层厂房在工业建筑中的应用十分广泛，其最常见的结构形式是排架结构。根据排架柱的材料可将单层厂房分为钢筋混凝土柱厂房、钢结构厂房、砖柱厂房等，其中，单层钢筋混凝土柱厂房应用最为普遍，本章将重点介绍单层钢筋混凝土厂房的抗震设计。

6.1 震害及分析

唐山、汶川等大地震的震害表明，凡是经过抗震设计的单层厂房，在7度地区，除少数围护砖墙开裂外，主体结构基本保持完好；在8~9度地区，由于地震作用比较大，主体结构开始有不同程度的破坏，连接不好的围护砖墙大面积倒塌，围护墙外移或倒塌会使钢筋混凝土柱的柱根弯矩增大而出现水平裂缝，严重者酥碎，一些厂房的屋盖塌落；在10~11度地区，一些厂房发生倾倒。若在抗震设计中认真执行规范，上述震害还会减轻。

从震害调查结果来看，单层钢筋混凝土厂房存在着屋盖连接差、支撑弱、构件承载力不足等薄弱环节。

1. 屋盖系统

主要表现为屋面板塌落、错动，以及屋架（梁）与柱连接处的破坏。前者主要因为屋面板与屋架的焊接数量不足或焊接不牢，板间没有灌缝或灌缝质量很差所致。后者主要为构件和支承长度不够，施焊简单，或预埋件自构件内拔出所形成。π形天窗架处于厂房最高部位，由于"鞭端效应"的影响，地震作用较大，而连接构造又过于单薄，支撑过稀，尤其在纵向焊接强度不足时，极易发生倾斜，严重的甚至倒塌（图6-1）。

图6-1 屋盖垮塌

2. 柱

凡经过正规设计的厂房排架柱，在7~9度地震区震害调查中，很少发现有折断倾倒的实例；在10~11度区也只有部分发生倾倒。但是它的局部震害还是存在的，有时甚至是严重的。钢筋混凝土牛腿柱，上柱柱身在牛腿附近因弯曲受拉出现水平裂缝、酥裂或折断，上柱柱头由于屋架与柱连接不牢，连接件被拔出或松动引起劈裂或酥碎。下柱由于弯矩或剪力过大、承载力不足，在柱根附近产生水平裂缝或环裂，震害严重时可发生酥碎、错位甚至折断（图6-2）。有柱间支撑的厂房，在柱间支撑与柱的连接部位，由于支撑的顶压作用和应力集中的影响，可有水平裂缝出现。平腹杆双肢柱，多数在平腹杆两端有环形裂缝。预制拼装的工字形柱，多数在腹板孔间产生交叉裂缝。

3. 墙

单层工业厂房的围护砖墙、封檐墙或山墙，大都未经抗震设防。这些墙体较高，与柱及屋盖锚固较差，加之高跨厂房的高振型效应等影响，地震时最容易开裂外闪，连同圈梁大面积倒塌。

图 6-2　柱根破坏

特别是高低跨处的封檐墙倒塌，更易砸坏低跨屋面，砸毁厂房设备，造成严重次生灾害。这是单层工业厂房设计中应予高度重视的问题。

4. 支撑

在一般情况下，支撑只按构造设置，间距过大，支撑数量不足，形式不合理，刚度偏弱，强度偏低等，地震时即出现压屈等现象。如支撑节点的构造单薄，在地震作用下，则节点极易扭折，或焊缝被撕开，或拉脱锚件，拉断锚筋，致使支撑失效，造成主体结构错位倾倒。

5. 厂房与生活间相连处的破坏

钢筋混凝土单层厂房为柔性结构体系，生活间常是砌体结构的刚性结构体系，两者刚度相差悬殊，地震时振动频率和变形很不一致。在设计生活间时又常常利用厂房的山墙或侧墙（纵墙）作为生活间的墙的一边，有的梁或板就直接伸入该墙。因此地震时该处的破坏很普遍。破坏现象主要表现为山墙与生活间脱开或互撞，生活间的承重构件（梁或板）拔出，山墙上有通长或局部的水平裂缝等。

■ 6.2 单层厂房结构的抗震措施

单层厂房在地震作用下，除了由于构件承载力不足、节点或连接强度不足、支承薄弱而造成大量震害外，还有不少是由于结构布置、构件选型及构造上的不合理引起的。因此，对结构的抗震设计，除了进行必要的抗震强度验算外，还必须在结构抗震布置等方面采取有效措施，以提高厂房的抗震性能。历次震害调查表明，合理的抗震概念设计往往能减轻震害。

6.2.1 结构布置和选型

单层厂房的平面布置应注意体型简单、规则，各部分结构刚度、质量均匀对称，尽量避免曲折复杂，尽可能选用长方形平面体型。当生产工艺确有必要采用较复杂的平面布置时，应用防震缝将其分成体型简单的独立单元。

厂房的竖向布置，体型也应简单，尽可能避免局部突出和设置高低跨。对钢筋混凝土多层厂房，当高差小于2m时，宜做成等高，否则应考虑高振型的影响。在厂房两端不宜采用无端屋架的山墙承重方案。两个主厂房之间的过渡跨至少应有一侧采用防震缝与主厂房

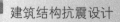

脱开。

多跨厂房宜等高和等长，高低跨厂房不宜采用一端开口的结构布置。厂房的贴建房屋和建筑物，不宜布置在厂房角部和紧邻防震缝处。厂房内上起重机的铁梯不应靠近防震缝设置；多跨厂房各跨上起重机的铁梯不宜设置在同一横向轴线附近。

厂房体型复杂或有贴建的房屋和构筑物时，宜设防震缝；在厂房纵横跨交接处、大柱网厂房或不设柱间支撑的厂房，防震缝宽度可采用100~150mm，其他情况可采用50~90mm。

厂房内的工作平台、刚性工作间宜与厂房主体结构脱开。厂房的同一结构单元内，不应采用不同的结构形式；厂房端部应设屋架，不应采用山墙承重；厂房单元内不应采用横墙和排架混合承重。厂房柱距宜相等，各柱列的侧移刚度宜均匀，当有抽柱时，宜采取抗震加强措施。

6.2.2 屋盖体系

宜采用轻屋盖体系。由于屋盖重量减轻，从而减小厂房结构所承受的地震作用，并避免支撑体系、连接接头及承重结构构件在地震中遭受严重破坏。厂房宜采用钢屋架或重心较低的预应力混凝土、钢筋混凝土屋架。跨度不大于15m时，可采用钢筋混凝土屋面梁。跨度大于24m，或8度Ⅲ、Ⅳ类场地和9度时，应优先采用钢屋架。

柱距为12m时，可采用预应力混凝土托架（梁）；当采用钢屋架时，也可采用钢托架（梁）。有凸出屋面天窗架的屋盖不宜采用预应力混凝土或钢筋混凝土空腹屋架。

屋盖主要承重构件（屋架、托架、梁）与柱的连接必须牢靠，在满足强度要求的同时，应注意提高柱头的延性。如在柱顶区段采用螺旋箍筋；屋架与柱顶的连接宜采用螺栓连接，加设垫板，以起到铰接作用，从而减少地震作用对柱子的冲击，在柱顶处做成牛腿以增加屋架搁置长度等。

6.2.3 天窗架

针对天窗架刚度差、承载力低、连接弱、重心高的缺点，在有条件的地区应尽量推广使用横向天窗、井式天窗及采光罩，以代替凸出屋面的天窗架。天窗宜采用凸出屋面较小的避风型天窗，有条件或9度时宜采用下沉式天窗。

凸出屋面的天窗宜采用钢天窗架；6~8度时，可采用矩形截面杆件的钢筋混凝土天窗架。

天窗架不宜从厂房结构单元第一开间开始设置；8度和9度时，天窗架宜从厂房单元端部第三柱间开始设置。天窗屋盖、端壁板和侧板，宜采用轻型板材；不应采用端壁板代替端天窗架。

6.2.4 柱

对于一般的单层厂房或较高大的厂房均可以采用钢筋混凝土柱。按抗震进行设计的钢筋混凝土柱具有足够的抗剪能力，震害也证明了这一点。但需要指出的是，在设计柱子时，要提高其延性，使其在进入弹塑性工作阶段后仍具有足够的变形能力。在确定柱子截面时，要选取合适刚度，过大的抗侧向刚度对厂房抗震并不一定有利，相反会影响厂房的横向变形能力和导致地震作用的增大。

在8、9度地区，柱截面宜采用矩形、工字形或斜腹杆双肢柱，不宜采用薄壁工字形柱、腹板开孔工字形柱、预制腹板的工字形柱和管柱。因这些形式的柱子其抗剪能力较差，震害较重。柱底至室内地坪以上500mm范围内和阶形柱的上柱宜采用矩形截面。

山墙抗风柱，应在柱顶处设预埋板与端屋架上弦（屋面架上翼缘）连接，连接节点应具有传递纵向地震作用的足够强度和变形能力。

6.2.5 支撑系统

装配式钢筋混凝土厂房的整体性主要是靠构件之间的良好连接和合理的支撑系统来保证的，厂房的整体性则是抵抗地震作用十分重要的条件。过去由于对厂房支撑系统的作用估计不足，在支撑布置上存在一些问题，震害调查，特别是唐山地震的震害表明，没有完善支撑系统的厂房，一般均遭到了较严重的破坏。这证明支撑系统对于保证厂房的整体性，增强其抗震能力具有重要作用，特别是对于地震区的高大厂房，纵向地震作用主要是靠支撑系统传递，故应合理布置支撑。在总结以往大量震害经验的基础上，《建筑抗震设计规范》对各类屋盖支撑和柱间支撑都做了具体规定，现分述如下。

1. 钢筋混凝土屋盖支撑

屋盖支撑是保证屋盖结构整体刚度的重要条件，虽然其刚度与大型屋面板相比，所占比重很少，但是当屋面板与屋架的焊接不能满足抗震强度而出现破坏时，屋盖支撑将是提供屋盖刚度保证的第二道防线，它能有效地保证屋盖的整体刚度，即使出现屋面板的局部塌落，也不会导致整个屋盖的倒塌。

单层钢筋混凝土厂房的屋盖常采用有檩与无檩体系两大类。有檩屋盖的支撑布置宜遵守表6-1的规定，并应注意檩条与屋架（梁）焊接牢靠，满足搁置长度的要求。檩条上的槽瓦、波形瓦等应与檩条拉牢。实际震害表明，在大型屋面板与屋架无可靠焊接的情况下，大型屋面板难以保证屋盖的整体作用。现有的大型屋面板屋盖体系，必须从屋盖支撑系统上做更合理的布置和适当加强，增强屋盖支撑以便有效地提高厂房纵向抗震能力。为此，规范给出无檩屋盖的支撑布置情况，见表6-2、表6-3。

表6-1 有檩屋盖的支撑布置

支撑名称		烈度		
		6、7	8	9
屋架支撑	上弦横向支撑	单元端开间各设一道	单元端开间及单元长度大于66m的柱间支撑开间各设一道 天窗开洞范围的两端各增设局部的支撑一道	单元端开间及单元长度大于42m的柱间支撑开间设一道 天窗开洞范围的两端各增设局部的上弦横向支撑一道
	下弦横向支撑	同非抗震设计		
	跨中竖向支撑			
	端部竖向支撑	屋架端部高度大于900mm时，单元端开间及柱间支撑开间各设一道		
天窗架支撑	上弦横向支撑	单元天窗端开间各设一道	单元天窗端开间及每隔30m各设一道	单元天窗端开间及每隔18m各设一道
	两侧竖向支撑	单元天窗端开间及每隔36m各设一道		

表6-2　无檩屋盖的支撑布置

支撑名称		烈度		
		6、7	8	9
屋架支撑	上弦横向支撑	屋架跨度小于18m时同非抗震设计,跨度不小于18m时在厂房单元端开间各设一道	单元端开间及柱间支撑开间各设一道,天窗开洞范围的两端各增设局部的支撑一道	
	上弦通长水平系杆	同非抗震设计	沿屋架跨度不大于15m设一道,但装配整体式屋面可仅在天窗开洞范围内设置围护墙在屋架上弦高度有现浇圈梁时,其端部处可不另设	沿屋架跨度大于12m设一道,但装配整体式屋面可仅在天窗开洞范围内设置围护墙在屋架上弦高度有现浇圈梁时,其端部处可不另设
	下弦横向支撑		同非抗震设计	同上弦横向支撑
	跨中竖向支撑			
	两端竖向支撑 屋架端部高度≤900mm	单元端开间各设一道	单元端开间各设一道	单元端开间及每隔48m各设一道
	两端竖向支撑 屋架端部高度>900mm		单元端开间及柱间支撑开间各设一道	单元开间、柱间支撑开间及每隔30m各设一道
天窗架支撑	天窗两侧竖向支撑	厂房单元天窗端开间及每隔30m各设一道	厂房单元天窗端开间及每隔24m各设一道	厂房单元天窗端开间及每隔18m各设一道
	上弦横向支撑	同非抗震设计	天窗跨度≥9m时,单元天窗端开间及柱间支撑开间各设一道	单元端开间及柱间支撑开间各设一道

表6-3　中间井式天窗无檩屋盖支撑布置

支撑名称		6、7度	8度	9度
上弦横向支撑 下弦横向支撑		厂房单元端开间各设一道	厂房单元端开间及柱间支撑开间各设一道	
上弦通长水平系杆		天窗范围内屋架跨中上弦节点处设置		
下弦通长水平系杆		天窗两侧及天窗范围内屋架下弦节点处设置		
跨中竖向支撑		有上弦横向支撑开间设置,位置与下弦通长系杆相对应		
两端竖向支撑	屋架端部高度≤900mm	同非抗震设计		有上弦横向支撑开间,且间距不大于48m
	屋架端部高度>900mm	厂房单元端开间各设一道	有上弦横向支撑开间,且间距不大于48m	有上弦横向支撑开间,且间距不大于30m

2. 柱间支撑

柱间支撑是保证厂房纵向刚度和承受纵向地震作用的重要抗侧力构件,不设支撑或柱间支撑过弱,地震时将会导致柱列纵向变位过大,柱子沿纵向开裂,使整个厂房的纵向震害加重,强震时还会引起倒塌;如支撑设置不当或支撑刚度过大,则可能引起柱身和柱顶连接的破坏。所以柱间支撑的设置是必不可少的,而且要使刚度适宜。设防烈度为8度和9度时柱间支撑应符合以下要求:

柱间支撑按厂房单元布置,对于有起重机的厂房,除在厂房单元中段位置上设上、下柱间支撑外,还应在厂房单元两端增设上柱支撑。这样可以较好地将屋盖传来的纵向地震作用分散到上柱支撑，并传到下柱支撑上，避免应力集中造成柱间支撑连接节点和柱顶的连接破坏。如果厂房的纵向较短，可以根据地震作用的传递需要，确定是否增设上柱支撑；当厂房单元较长时，也可采取在单元两端设上柱柱间支撑的方案，但温度应力的影响在设计中须加以考虑。为了使强烈地震时支撑传递的水平地震作用不致在柱内引起过大的纵向弯矩和剪力，下柱支撑的下节点应设置在靠近基础顶面处，并使力的作用线汇交于基础面以下，或增设柱底系杆，并使系杆、支撑斜杆与基础三者轴线交于一点，否则应考虑支撑作用力对基础的不利影响。8度Ⅲ、Ⅳ类场地和9度时，必须采取措施将力直接传给基础。

为了有利于厂房纵向地震作用的传递，8度且跨度大于18m的多跨厂房的中柱柱顶宜设置纵向水平压杆。9度时，多跨厂房的所有柱顶均宜设置通长水平压杆。震害实践表明，柱间支撑开间的柱子往往出现较重的开裂和节点连接处混凝土压酥等破坏。这是因为厂房的纵向地震作用最后都集中到刚度最大的柱间支撑开间柱子上所致。为了减轻柱间支撑开间柱子的负担，防止出现柱子与连接点的破坏，应在柱间支撑开间的柱顶设置水平压杆，使传到柱间支撑开间的地震作用可同时由两根柱子传给支撑斜杆来承受，以避免因只有一根柱子上的支撑连接点传力，造成节点受力过大而破坏的震害。

6.2.6　围护墙的布置

1）宜采用现浇钢筋混凝土墙梁。当用预制墙梁时，要防止各层墙顶部因填砌不密实造成实际的悬臂自由端，致使地震时发生平面外倒塌。为此要求对每层墙顶面必须与上面的墙梁底面用连接钢筋或钢板互相牢固拉结。预制墙梁与柱也应妥善锚固拉结。位于厂房转角处的墙梁相互还应牢固连接。

2）闭合圈梁能增加厂房的整体性，限制墙体的开裂破坏，减轻砖墙震害。为此规范在总结震害经验的基础上提出，砖围护墙圈梁沿平面必须闭合。圈梁在厂房转角处应增设水平斜筋加强，以防止由于厂房角部应力集中而造成的圈梁角部斜面拉裂或断开（图6-3）。

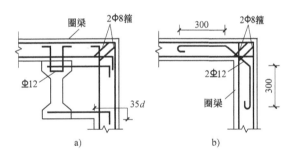

图6-3　墙梁及圈梁构造

3）隔墙与柱之间应采用贴靠柱边砌筑的柔性连接，不宜采用柱间嵌砌。

4）当采用钢筋混凝土大型墙板时，墙板与厂房柱和屋面梁间宜采用柔性连接，6、7度区也可采用型钢互焊的刚性连接。

■ 6.3　单层厂房横向抗震计算

单层厂房的抗震计算可分别在横向和纵向两个方向进行。本节先讨论横向抗震计算。当属于设防烈度7度，Ⅰ、Ⅱ类场地且柱高不超过10m的单跨及等高多跨厂房（锯齿形厂房除外），可不进行横向及纵向截面抗震验算，但应符合构造措施要求。

厂房在横向地震作用下的分析，可以采用考虑屋盖平面的弹性变形，按多质点空间结构分析。目前国内许多设计院已拥有按空间结构分析厂房内力的电算程序。另一种是不考虑扭转，按平面铰接排架计算的方法，这是一种简化计算法，和静力计算一样，便于手算。本书介绍此种方法。由于厂房横向排架并非理想铰接，在地震作用下各排架的位移反应并非完全相同，即具有空间工作性质，所以按照铰接排架计算得到的厂房自振周期和地震作用还须按规范的有关规定予以修正。

6.3.1 计算简图和重力荷载代表值的计算

进行单层厂房横向抗震计算时，与静力计算一样，取单榀排架作为计算单元。由于在计算周期和计算地震作用时采用的简化假定各不相同，故其计算简图和重力荷载集中方法分别给出。

1. 确定自振周期时的计算简图和重力荷载集中

确定厂房自振周期时，可根据厂房类型和质量分布的不同，将重力集中在不同标高的下端固定于基础顶面的竖直弹性杆顶端。对于单跨和等高度多跨厂房可简化为单质点体系（图6-4a），两跨不等高厂房可简化为二质点体系（图6-4b）。

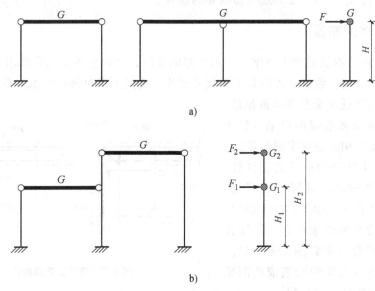

图6-4 横向体系计算简图

a) 等高排架计算简图 b) 不等高排架计算简图

集中于第 i 屋盖处的重力荷载代表值可按下式计算

$$G_i = 1.0G_{屋盖} + 0.5G_{雪} + 0.5G_{积灰} + 1.0G_{悬挂} + 0.5G_{起重机梁} +$$
$$0.25G_{柱} + 0.25G_{纵墙} + 1.0G_{半悬墙} \quad (i = 1, 2, 3) \tag{6-1}$$

式中，$1.0G_{屋盖}$、$1.0G_{悬挂}$、$0.5G_{雪}$、$0.5G_{积灰}$ 为屋盖结构自重、屋盖悬挂荷载和乘以荷载折减系数后的雪荷载、屋盖积灰荷载；$0.5G_{起重机梁}$、$0.25G_{柱}$、$0.25G_{纵墙}$ 为乘以能量等效换算系数（0.5，0.25）的起重机梁自重、柱自重和外纵墙自重[⊖]；$1.0G_{半悬墙}$ 为高低跨处的悬墙重，假定上下各半，分别集中到高跨和低跨的屋盖处。对于不等高厂房，高跨的起重机

⊖ 把沿厂房高度分布的重力按"动能等效"的原则集于屋盖处的换算系数的推导，可参考"结构动力学"中的"等效质量法"。

梁重力如集中到相邻低跨屋盖处，则式（6-1）中应取 $1.0\,G_{起重机梁}$。

根据实测分析和理论计算的比较可知，在同一个厂房横向计算单元内，当有起重机桥架时，桥架对横向排架起撑杆作用，使结构计算简图改变，横向刚度增大，自振周期变短；而桥架的重力却使自振周期增长。这两者的综合影响，使有起重机桥架单元的横向自振周期等于或略小于无起重机桥架单元的自振周期。计算厂房的横向周期时，若考虑桥架的重力，则必须同时考虑其撑杆作用。若只计入起重机重力，会使计算周期变长而偏于不安全。一般可不考虑起重机重力的影响。

2. 计算厂房地震作用时的计算简图和重力荷载集中

对于设有桥式起重机的厂房，除了把厂房质量集中于屋盖标高处外，还要考虑起重机重力对柱子的不利影响。一般是把起重机的重力布置于该跨任一个柱子的起重机梁顶面处。如两跨不等高厂房每跨皆设有桥式起重机，则确定其地震作用应按四个集中质点考虑，计算简图如图6-5所示。

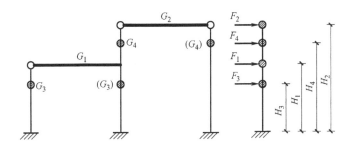

图6-5　桥式起重机计算简图

集中于 i 屋盖处的重力荷载代表值可按下式计算

$$G_i = 1.0G_{屋盖}+0.5G_{雪}+0.5G_{积灰}+1.0G_{悬挂}+0.75G_{起重机梁}+$$

$$0.5G_{柱}+0.5G_{纵墙}+1.0G_{半悬墙} \tag{6-2}$$

式中，$0.5\,G_{柱}$、$0.5\,G_{纵墙}$为乘以弯矩等效换算系数（0.5）的柱和纵墙的重力。

计算厂房地震作用时，软钩起重机不考虑吊重，硬钩起重机应考虑吊重。集中于起重机梁顶面处的起重机重力（图6-5中G_3、G_4），对于柱距为12m或12m以下的厂房，单跨时应取一台，多跨时不超过两台。

6.3.2　横向自振周期计算

在确定厂房的横向地震作用时，其横向基本周期可根据与厂房结构相应的合理计算简图，采用理论计算确定。

1. 单跨和等高多跨厂房

计算排架的自振周期时，不考虑起重机桥架的重力。因此，这类厂房可简化为单质点体系（图6-6），其自振周期为

$$T_i = 2\pi\sqrt{\frac{G_1\delta_{11}}{g}} \approx 2\sqrt{G_1\delta_{11}} \tag{6-3}$$

式中，G_1 为假定集中于屋盖处的重力荷载代表值（kN）；g 为重力加速度（m/s^2）；δ_{11} 为作用于排架顶部的单位水平力引起的顶部水平位移（m/kN）。

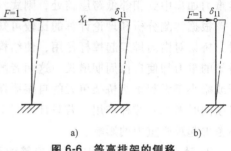

图 6-6　等高排架的侧移

2. 两跨不等高厂房

计算这类厂房的自振周期时，可简化为二质点体系（图6-7），用能量法求得其基本周期的公式为

$$T_1 \approx 2\sqrt{\dfrac{\sum\limits_{i=1}^{n} G_i \Delta_i^2}{\sum\limits_{i=1}^{n} G_i \Delta_i}} \tag{6-4}$$

$$T_1 \approx 2\sqrt{\dfrac{G_1 \Delta_1^2 + G_2 \Delta_2^2}{G_1 \Delta_1 + G_2 \Delta_2}} \tag{6-5}$$

$$\begin{cases} \Delta_1 = G_1 \delta_{11} + G_2 \delta_{12} \\ \Delta_2 = G_1 \delta_{21} + G_2 \delta_{22} \end{cases} \tag{6-6}$$

式中，G_1、G_2 为质点1、2的重力荷载代表值，按式（6-1）计算；δ_{11} 为 $F_1 = 1$ 作用于屋盖1处时在该处产生的侧移；δ_{12}、δ_{21} 为 $F_1 = 1$ 分别作用于屋盖2和1处使屋盖1和2引起的侧移，$\delta_{12} = \delta_{21}$；$\delta_{22}$ 为 $F_1 = 1$ 作用于屋盖2处时在该处所产生的侧移。

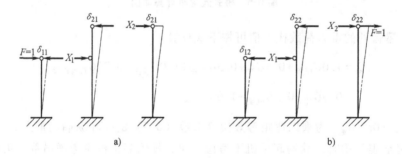

图 6-7　两跨不等高排架的侧移

3. 三跨不对称带升高跨厂房

计算这类厂房的自振周期时，可简化为三质点（图6-8），用能量法求得其自振周期的公式为

$$T_1 = 2\sqrt{\dfrac{G_1 \Delta_1^2 + G_2 \Delta_2^2 + G_3 \Delta_3^2}{G_1 \Delta_1 + G_2 \Delta_2 + G_3 \Delta_3}} \tag{6-7}$$

$$\left. \begin{aligned} \Delta_1 &= G_1 \delta_{11} + G_2 \delta_{12} + G_3 \delta_{13} \\ \Delta_2 &= G_1 \delta_{21} + G_2 \delta_{22} + G_3 \delta_{23} \\ \Delta_3 &= G_1 \delta_{31} + G_2 \delta_{32} + G_3 \delta_{33} \end{aligned} \right\} \tag{6-8}$$

式中，G_i 为集中于第 i 层屋盖处的重力荷载代表值（$i = 1, 2, 3$）；δ_{ij} 为单位力 $F_j = 1$ 作用于

排架第 i 柱顶的水平位移（$i=1$，2，3；$j=1$，2，3）。

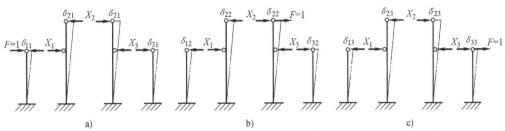

图 6-8 三跨不等高厂房的侧移

6.3.3 横向排架地震作用的计算

1. 结构底部剪力

单层厂房可按底部剪力法计算地震作用。作用于排架的底部剪力即总水平地震作用为

$$F_{Ek} = \alpha_1 G_{eq} \tag{6-9}$$

式中，α_1 为相应于结构基本周期 T_1 的地震影响系数 α 值；G_{eq} 为结构等效总重力荷载，单质点取 G_E，多质点取 $0.85G_E$；G_E 为结构的总重力荷载代表值，$G_E = \sum\limits_{i=1}^{n} G_i$；$G_i$ 为集中于第 i 点的重力荷载代表值。

2. 水平地震作用沿高度的分布

当为多质点体系时，沿高度作用于质点 i 的水平地震作用为

$$F_i = \frac{G_i H_i}{\sum\limits_{i=1}^{n} G_i H_i} F_{Ek} \tag{6-10}$$

式中，H_i 为质点 i 的高度；其他符号意义同前。

6.3.4 天窗架的横向水平地震作用

凸出屋面的钢筋混凝土天窗架，在历次地震中遭到破坏。根据对实际震害的进一步研究和理论分析，天窗架在地震中的横向与纵向反差较大，《建筑抗震设计规范》规定，凸出屋面且带有斜腹杆的三铰拱式钢筋混凝土天窗架，其横向地震作用按结构底部剪力法计算，但跨度大于9m或9度时，天窗架的地震作用效应应乘以1.5的增大系数。

其他情况下天窗架的横向水平地震作用可采用振型分解反应谱法。

6.3.5 排架内力分析及组合

1. 排架内力分析

按式（6-10）求得地震作用后，便可将作用于排架上的 F_i 视为静力荷载，作用于相应的 i 点，即排架横梁和起重机梁顶面处，如图6-9所示。然后按结构力学的方法，进行内力分析，求出各柱需要验算截面

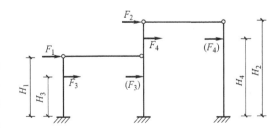

图 6-9 排架地震作用计算简图

的地震作用效应，并按照规范要求对各柱的地震作用效应分别进行调整。

2．对排架柱地震作用效应的调整

1）考虑空间作用及扭转影响对柱地震作用效应调整，采用钢筋混凝土屋盖的单层厂房，屋面板与屋架有一定的焊接要求，整个屋盖还要设置足够的支撑，因此整个厂房具有一定的空间作用，在地震作用下将产生整体振动。显然，只有当厂房两端无山墙（中间也无横墙）时，厂房的整体振动（第一振型）才接近单片排架的平面振动，如图 6-10a 所示。当将钢筋混凝土屋盖视为具有很大水平刚度，支承在若干弹性支承上的连续梁，在横向水平地震作用下，只要各弹性支承（即排架）的刚度相同，屋盖沿纵向质量分布也较均匀时，各排架有同样的柱顶位移 u_0，屋盖以剪切变形为主，可以认为无空间作用影响。当厂房两端有山墙时，如图 6-10b 所示，山墙在其平面内的刚度很大，作用于屋盖平面内的地震作用将部分地通过屋盖传至山墙，而厂房排架所受到的地震作用有所减少，这时山墙屋盖处的侧移可近似地视为零，厂房各排架的侧移将不等，中间排架处的柱顶侧移 u_1 最大，但 $u_1 < u_0$，山墙的间距越小，u_1 较 u_0 小得越多，即厂房存在空间工作。此时各排架实际承受的地震作用将比按平面排架计算的小。当排架处在弹性阶段工作时，排架承受的地震作用正比于柱顶侧移，即在有空间作用时排架的柱顶侧移 u_1 小于无空间作用时的柱顶侧移 u_0，因此，对按平面排架简图求得的排架地震作用应进行调整。为此《建筑抗震设计规范》规定，厂房按平面铰接排架进行横向地震作用分析时，对钢筋混凝土屋盖的等高厂房排架柱和不等高厂房除高低跨交接处的上柱以外的全部排架柱，各截面的地震作用效应（弯矩和剪力），应考虑空间作用及扭转的影响加以调整，系数按表 6-4 采用。

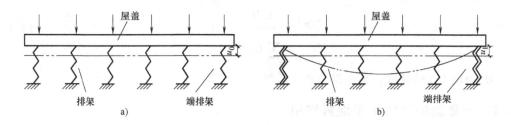

图 6-10　厂房屋架的变形

a）无山墙的情况　b）有山墙的情况

表 6-4　钢筋混凝土柱（除高低跨交接处上柱外）考虑空间工作和扭转影响的效应调整系数

屋盖	山墙		屋盖长度/m											
			≤30	36	42	48	54	60	66	72	78	84	90	96
钢筋混凝土无檩屋盖	两端山墙	等高厂房	—	—	0.75	0.75	0.75	0.80	0.80	0.80	0.85	0.85	0.85	0.90
		不等高厂房	—	—	0.85	0.85	0.85	0.90	0.90	0.90	0.95	0.95	0.95	1.00
	一端山墙		1.05	1.15	1.20	1.25	1.30	1.30	1.30	1.30	1.35	1.35	1.35	1.35

（续）

屋盖	山墙		屋盖长度/m											
			≤30	36	42	48	54	60	66	72	78	84	90	96
钢筋混凝土有檩屋盖	两端山墙	等高厂房	—	—	0.80	0.85	0.90	0.95	0.95	1.00	1.00	1.05	1.05	1.10
		不等高厂房	—	—	0.85	0.90	0.95	1.00	1.00	1.05	1.05	1.10	1.10	1.15
	一端山墙		1.00	1.05	1.10	1.10	1.15	1.15	1.15	1.20	1.20	1.20	1.25	1.25

按表 6-4 考虑空间作用调整的地震作用效应时，尚应符合下列条件：

① 设防烈度不高于 8 度。根据震害调查资料，8 度区的单层厂房，山墙一般完好，此时山墙承受横向地震作用是可靠的。在 9 度区，厂房山墙破坏严重，有的还有倒塌，说明这时地震作用已不能传给山墙，因此在高于 8 度的地震区，不能考虑厂房空间作用。

② 山墙（横墙）的间距 L_t 与厂房总宽度 B 之比 $L_t/B \leq 8$ 或 $B > 12$ m；当厂房仅一端有山墙（或横墙）时，L_t 取所考虑排架至山墙（或横墙）的距离。对不等高厂房，当高低跨度相差较大时，低跨度可以不予考虑，即总跨度可不包括低跨。由实测可知，当 $B > 12$ m 或 $B < 12$ m 但 $L_t/B \leq 8$ 时，屋盖的横向刚度较大，能保证屋盖横向变形以剪切为主并将横向地震作用通过屋盖传给山墙。

③ 山墙（或横墙）的厚度不小于 240mm，开洞所占的水平截面积不超过总面积 50%，并与屋盖系统有良好的连接。对山墙厚度和孔洞削弱的限制，主要是保证地震作用由屋盖传给山墙时，山墙有足够的强度不致破坏。

④ 柱顶高度不大于 15m。对于 7 度、8 度区高度大于 15m 厂房山墙的抗震经验不多，考虑到厂房较高时山墙的稳定性和山墙与纵墙转角处应力分布复杂，为此对厂房高度给予限制，以保证安全。

应该说明的是，表 6-4 给出的调整系数，并非真实的空间作用系数，包含了一端有山墙情况下产生的扭转效应的综合影响。

2）不等高厂房高低跨交接处的柱，在支承低跨屋盖的牛腿以上的截面，按底部剪切法求得地震作用效应（弯矩和剪力），并应乘以增大系数 η，其值按下式计算

$$\eta = \zeta_0 \left(1 + 1.7 \frac{n_h}{n_0} \frac{G_{E1}}{G_{Eh}} \right) \tag{6-11}$$

式中，ζ_0 为钢筋混凝土屋盖不等高厂房高低跨交接处空间工作影响系数，按表 6-5 采用；n_h 为高跨跨数；n_0 为计算跨数，仅一侧有低跨时应取总跨数，两侧均有低跨应取总跨数和高跨数之和；G_{Eh} 为集中在高跨柱顶高处的总等效重力荷载代表值；G_{E1} 为集中在该交接处一侧各低跨屋盖标高处的总重力荷载代表值。

增大系数 η 是一个综合效应系数，首先它包含高低跨厂房高振型影响，用以修正按底部剪切法的计算结果。高振型影响主要与其两侧屋盖的重力比 G_{E1}/G_{Eh}、两侧屋盖的相对抗剪刚度比 n_h/n_0 有关。其次，η 值中又引入了空间工作系数 ζ_0，考虑了具有不同山墙设置和不同山墙间距对不同屋盖形式的空间作用。当山墙间距超过一定范围，考虑空间作用的排架地震作用效应是放大而不是折减。

3）对有起重机的厂房，起重机梁顶面高处的上柱截面，应将起重机桥架引起的地震作

用效应乘以表6-6的效应增大系数。因为在单层厂房中，起重机桥架是一个较大的移动质量，地震时它将引起厂房的强烈局部振动，从而使起重机桥架所在排架的地震作用效应突出地加大，造成局部严重破坏。为了防止这种灾害的发生，将起重机桥架引起的作用效应予以放大，以修正按简化法采用平面排架计算简图所得柱子地震作用效应，以利安全。

表 6-5　高低跨交接处钢筋混凝土上柱空间工作影响系数 ζ_0

屋盖	山墙	屋盖长度/m										
		≤36	42	48	54	60	66	72	78	84	90	96
钢筋混凝土无檩屋盖	两端山墙	—	0.70	0.76	0.82	0.88	0.94	1.00	1.06	1.06	1.06	1.06
	一端山墙	1.25										
钢筋混凝土有檩屋盖	两端山墙	—	0.90	1.00	1.05	1.10	1.10	1.15	1.15	1.15	1.20	1.20
	一端山墙	1.05										

表 6-6　桥架引起的地震剪力和弯矩增大系数

屋盖类型	山墙	边柱	高低跨柱	其他中柱
钢筋混凝土无檩屋盖	两端山墙	2.0	2.5	3.0
	一端山墙	1.5	2.0	2.5
钢筋混凝土有檩屋盖	两端山墙	1.5	2.0	2.5
	一端山墙	1.5	2.0	2.0

3. 排架内力组合

内力组合是指地震作用引起的内力（即作用效应，考虑到地震作用是往复作用，故内力符号可正可负）和与其相应的竖向荷载（即结构自重、雪荷载和积灰荷载，有起重机时还应考虑起重机的竖向荷载）引起的内力，根据可能出现的最不利荷载组合情况，进行组合。

进行厂房排架的地震作用效应并与其相应的其他荷载效应组合时，可不考虑风荷载效应，不考虑起重机的横向水平制动力引起的效应，也不必考虑竖向地震作用。其组合效应的一般表述式可写成

$$S = \gamma_G C_G C_E + \gamma_{Eh} C_{Eh} E_{hk} \tag{6-12}$$

式中，γ_G 为重力荷载分项系数，一般情况下可取 1.2；γ_{Eh} 为水平地震作用分项系数，可取 1.3；C_G、C_{Eh} 为重力荷载作用与地震作用下的效应系数，按《建筑结构可靠度设计统一标准》（GB 50068—2001）确定，并乘以各相应的效应增大系数或调整系数；C_E 为重力荷载代表值；E_{hk} 为水平地震作用标准值。

6.3.6　截面强度验算

对于单层钢筋混凝土厂房，验算钢筋混凝土柱的抗震强度，也应满足下列一般表达式的要求

$$S \leqslant R/\gamma_{RE} \tag{6-13}$$

式中，R 为抗力，按《混凝土结构设计规范》（GB 50010—2010）所列偏心受压构件的强度计算公式规定计算（不考虑抗震）；γ_{RE} 为抗力的抗震调整系数，一般情况下，偏心受压构

件取 $\gamma_{RE} = 0.8$，对于 $x \leqslant 2a'$ 的大偏心受压构件可取 $\gamma_{RE} = 0.75$。

6.3.7　厂房横向抗震验算的其他问题

1）对于侧向水平变位受约束（如有嵌砌内隔墙，有侧边贴建坡屋，靠山墙的端排架角柱等）处于短柱工作状态的钢筋混凝土柱，可按下式进行柱头的截面抗震验算：

$$V \leqslant (0.42b_c h_0 f_c + A_{sw}f_{yv} + 0.054N)\frac{1}{\gamma_{RE}} \tag{6-14}$$

式中，V 为柱顶设计剪力；N 为与柱顶设计剪力相对应的柱顶轴压力；A_{sv} 为柱顶以下 500mm 范围内的全部箍筋截面面积；f_{yv} 为箍筋抗拉强度设计值；γ_{RE} 为抗力的抗震调整系数，取 1.0；f_c 为混凝土抗压强度设计值；b_c、h_0 为柱顶截面的宽度和有效高度。

2）在重力荷载和水平地震同时作用下不等高厂房支承低跨屋盖的柱牛腿（$a < h_0$），其水平受拉钢筋截面积应按下式确定

$$A_s \geqslant \left(\frac{N_G a}{0.85 h_0 f_y} + 1.2\frac{N_E}{f_y} \right) \gamma_{RE} \tag{6-15}$$

式中，N_G 为柱牛腿面上承受的重力荷载代表值产生的压力设计值；N_E 为柱牛腿面上承受的水平地震作用产生的水平拉力设计值；a 为重力荷载作用点至下柱近侧的距离，当 $a < 0.3h_0$ 时，取 $a = 0.3h_0$；h_0 为牛腿最大竖向截面的有效高度；γ_{RE} 为抗力的抗震调整系数，取 1.0；f_y 为钢筋的抗拉强度设计值。

■ 6.4　单层厂房纵向抗震计算

历次大地震震害表明，单层厂房的纵向抗震能力较弱、破坏较重，在抗震设计中须认真考虑。单层厂房的纵向振动是十分复杂的。对于质量和刚度分布均匀的等高厂房，在纵向地震作用下，其上部结构仅产生纵向平动振动，扭转作用可略去不计；而对于质量和刚度分布不均匀，质心与刚心不重合的不等高厂房，在纵向地震作用下，厂房将产生平动振动和扭转振动的耦联作用。大量震害表明，地震期间厂房产生侧移、扭转振动的同时，屋盖还产生了纵、横向的水平变形，纵向围护墙参与工作，致使纵向各柱列的破坏程度不等。所以，建立合理的力学模式和计算简图进行厂房纵向抗震分析是必要的。

抗震规范规定，钢筋混凝土无檩和有檩屋盖及有较完整支撑系统的轻型屋盖厂房，其纵向抗震验算可采用下列方法：①一般情况下，宜考虑屋盖的纵向弹性变形、围护墙与隔墙的有效刚度、扭转的影响，按多质点进行空间结构分析；②柱顶标高不大于 15m 且平均跨度不大于 30m 的单跨或等高多跨的钢筋混凝土柱厂房，宜采用修正刚度法计算；③纵向质量和刚度基本对称的钢筋混凝土屋盖等高厂房，可不考虑扭转的影响，采用振型分解反应谱法计算。

6.4.1　空间分析法

空间分析法适用于任何类型的厂房。屋盖模型化为有限刚度的水平剪切梁，各质量均堆聚成质点，堆聚的程度视结构的复杂程度及需要计算的内容而定。一般需用计算机进行数值计算。

同一柱列的柱顶纵向水平位移相同，且仅关心纵向水平位移时，则可对每一纵向柱列只取一个自由度，把厂房连续分布的质量分别按周期等效原则（计算自振周期时）和内力等效原则（计算地震作用时）集中至各柱列柱顶处，并考虑柱、柱间支撑、纵墙等抗侧力构件的纵向刚度和屋盖的弹性变形，形成"并联多质点体系"的简化的空间结构计算模型，如图 6-11 所示。

一般的空间结构模型，其结构特性由质量矩阵 M、代表各自由度处的位移矢量 X 和相应的刚度矩阵 K 表示。可用前面讲过的振型分解法求解其地震作用。

下面对图 6-11 所示的简化的空间结构计算模型，给出其用振型分解法求解的步骤。

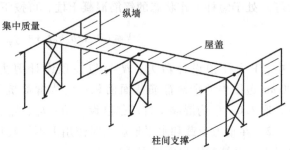

图 6-11　简化的空间结构计算模型

（1）柱列的侧移刚度和屋盖的剪切刚度　由图 6-11 的计算简图，可得柱列的侧移刚度为

$$K_i = \sum_{j=1}^{m} K_{cij} + \sum_{j=1}^{n} K_{bij} + \psi_k \sum_{j=1}^{q} K_{wij} \tag{6-16}$$

式中，K_i 为第 i 柱列的柱顶纵向侧移刚度；K_{cij} 为第 i 柱列第 j 柱的纵向侧移刚度；K_{bij} 为第 i 柱列第 j 片柱间支撑的侧移刚度；K_{wij} 为第 i 柱列第 j 柱间纵墙的纵向侧移刚度；m、n、q 为第 i 柱列中柱、柱间支撑、柱间纵墙的数目。

式（6-16）中的 ψ_k 为贴砌砖墙的刚度降低系数，对地震烈度为 7 度、8 度和 9 度，ψ_k 的值可分别取 0.6、0.4 和 0.2。

1）柱的侧移刚度。等截面柱的侧移刚度 K_c 为

$$K_c = \mu \frac{3E_c I_c}{H^3} \tag{6-17}$$

式中，E_c 为柱混凝土的弹性模量；I_c 为柱在所考虑方向的截面惯性矩；H 为柱的高度；μ 为屋盖、起重机梁等纵向构件对柱侧移刚度的影响系数，无起重机梁时，$\mu = 1.1$，有起重机梁时，$\mu = 1.5$。

变截面柱侧移刚度的计算公式参见有关设计手册，但需注意考虑 μ 的影响。

2）纵墙的侧移刚度。对于砌体墙，若弹性模量为 E，厚度为 t，墙的高度为 H，墙的宽度为 B，并取 $\rho = H/B$，同时考虑弯曲和剪切变形，则对其顶部作用水平力的情况，相应的侧移刚度为

$$K_w = \frac{Et}{\rho^3 + 3\rho} \tag{6-18}$$

根据此公式，可对图 6-12 所示的受两个水平力作用的开洞砖墙计算其刚度矩阵。在这种情况下，洞口把砖墙分为侧移刚度不同的若干层。在计算各层墙体的侧移刚度时，对无窗洞的层可只考虑剪切变形（也可同时考虑弯曲变形）。只考虑剪切变形时，式（6-18）变为

$$K_w = \frac{Et}{3\rho} \tag{6-19}$$

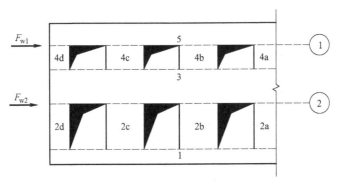

图 6-12　开洞砖墙的刚度计算

对有窗洞的楼层，各窗间墙的侧移刚度可按式（6-20）计算，即第 i 层和第 j 段窗间墙的侧移刚度为

$$K_{wij} = \frac{E t_{ij}}{\rho_{ij}^3 + 3\rho_{ij}} \qquad (6\text{-}20)$$

式中，t_{ij} 和 ρ_{ij} 为相应墙的厚度和高宽比。

第 i 层墙的刚度为 $K_{wi} = \sum\limits_j K_{wij}$，该层在单位水平力作用下的相对侧移为 $\delta_i = \dfrac{1}{K_{wi}}$，因此，墙体在单位水平力作用下的侧移等于有关各层砖墙的侧移之和，从而可得

$$\delta_{11} = \sum_{i=1}^{4} \delta_i \qquad (6\text{-}21)$$

$$\delta_{22} = \delta_{21} = \delta_{12} = \sum_{i=1}^{2} \delta_i \qquad (6\text{-}22)$$

对此柔度矩阵求逆，即可得相应的刚度矩阵。

3）柱间支撑的侧移刚度。柱间支撑桁架系统是由型钢斜杆和钢筋混凝土柱和起重机梁等组成，是超静定结构。为了简化计算，通常假定各杆相交处均为铰接，从而得到静定铰接桁架的计算简图。同时略去截面应力较小的竖杆和水平杆的变形，只考虑型钢斜杆的轴向变形。在同一高度的两根交叉斜杆中一根受拉，另一根受压；受压斜杆与受拉斜杆的应力比值因斜杆的长细比不同而不同。当斜杆的长细比 $\lambda > 200$ 时，压杆将较早地受压失稳而退出工作，所以此时可仅考虑拉杆的作用。当 $\lambda < 200$ 时，压杆与拉杆的应力比值将是 λ 的函数；显然，λ 越小，压杆参加工作的程度就越大。

因此，在计算上可认为 $\lambda > 150$ 时为柔性支撑，此时不计压杆的作用；$40 \leqslant \lambda \leqslant 150$ 时为半刚性支撑，此时可以认为压杆的作用是使拉杆的面积增大为原来的（$1+\varphi$）倍，并且除此之外不再计及压杆的其他影响，其中 φ 为压杆的稳定系数，$\lambda < 40$ 时为刚性支撑，此时压杆与拉杆的应力相同。据此，考虑柱间支撑有 n 层（图 6-13 示出了三层的情况），设柱间支撑所在柱间的净距为 L，从上面数起第 i 层的斜杆长度为 L_i，斜杆的面积为 A_i，斜杆的弹性模量为 E，斜压杆的稳定系数为 φ_i，则可得出如下的柱间支撑系统的柔度和刚度的计算公式。

① 柔性支撑的柔度和刚度（$\lambda > 150$）。如图 6-13 所示，此时斜压杆不起作用。相应于力 F_1 和 F_2 作用处的坐标（F_1 和 F_2 分别作用在顶层和第二层的顶面），第 i 层拉杆的力为 $P_{il} = L_i/L$，从而可得支撑系统的柔度矩阵的各元素为

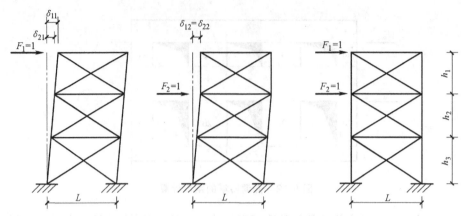

图 6-13　柱间支撑的柔度和刚度

$$\delta_{11} = \frac{1}{EL^2} \sum_{i=1}^{n} \frac{L_i^3}{A_i} \tag{6-23}$$

$$\delta_{22} = \delta_{21} = \delta_{12} = \frac{1}{EL^2} \sum_{i=2}^{n} \frac{L_i^3}{A_i} \tag{6-24}$$

相应的刚度矩阵可由此柔度矩阵求逆而得。

② 半刚性支撑（$40 \leqslant \lambda \leqslant 150$）。此时斜拉杆的等效面积为 A_i 的 $(1+\varphi_i)$ 倍，除此之外，表观上不再计算斜压杆的影响。在顶部单位水平力作用下，显然有

$$\delta_{11} = \frac{1}{EL^2} \sum_{i=1}^{n} \frac{L_i^3}{(1+\varphi_i)A_i} \tag{6-25}$$

$$\delta_{22} = \delta_{21} = \delta_{12} = \frac{1}{EL^2} \sum_{i=2}^{n} \frac{L_i^3}{(1+\varphi_i)A_i} \tag{6-26}$$

③ 刚性支撑（$\lambda < 40$）。此时有 $\varphi = 1$，故一个柱间支撑系统的柔度矩阵的元素为

$$\delta_{11} = \frac{1}{2EL^2} \sum_{i=1}^{n} \frac{L_i^3}{A_i} \tag{6-27}$$

$$\delta_{22} = \delta_{21} = \delta_{12} = \frac{1}{2EL^2} \sum_{i=2}^{n} \frac{L_i^3}{A_i} \tag{6-28}$$

4）屋盖的纵向水平剪切刚度。屋盖的纵向水平剪切刚度为

$$k_i = k_{i0} \frac{L_i}{l_i} \tag{6-29}$$

式中，k_i 为第 i 跨屋盖的纵向水平剪切刚度；k_{i0} 为单位面积屋盖沿厂房纵向的水平等效剪切刚度基本值，当无可靠数据时，对钢筋混凝土无檩屋盖为 $2 \times 10^4 \text{kN/m}$，对钢筋混凝土有檩屋盖可取 $6 \times 10^3 \text{kN/m}$；$L_i$ 为厂房第 i 跨部分的纵向长度或防震缝区段长度；l_i 为第 i 跨屋盖的跨度。

（2）结构的自振周期和振型　结构按某一振型振动时，其振动方程为

$$-\omega^2 mX + KX = 0 \tag{6-30}$$

或写成下列形式

$$K^{-1}mX = \lambda X \tag{6-31}$$

式中，$X = (X_1 \ X_2 \cdots X_n)$，为质点纵向相对位移幅值列矢量，$n$ 为质点数；$m = \mathrm{diag}(m_1 \ m_2 \cdots m_n)$，为质量矩阵；$\lambda = 1/\omega^2$，为矩阵 $K^{-1}m$ 的特征值，ω 为自由振动圆频率；K 为刚度矩阵。

刚度矩阵 K 可表示为

$$K = \overline{K} + k \tag{6-32}$$

$$\overline{K} = \mathrm{diag}(K_1, K_2, \cdots, K_n) \tag{6-33}$$

$$k = \begin{pmatrix} k_1 & -k_1 & & & 0 \\ -k_1 & k_1+k_2 & -k_2 & & \\ \vdots & \vdots & \vdots & \vdots & \\ & & -k_{n-2} & k_{n-2}+k_{n-1} & -k_{n-1} \\ 0 & & & -k_{n-1} & k_{n-1} \end{pmatrix} \tag{6-34}$$

式中，K_i 为第 i 柱列（与第 i 质点相应的）所有柱的纵向侧移刚度之和；$\overline{K}$ 为由柱列侧移刚度 K_i 组成的刚度矩阵；k 为由屋盖纵向水平剪切刚度 k_i 组成的刚度矩阵。

求解式（6-30）即可得自振周期矢量 T 和振型矩阵 X

$$T = 2\pi(\sqrt{\lambda_1} \ \sqrt{\lambda_2} \ \cdots \ \sqrt{\lambda_n}) \tag{6-35}$$

$$X = (X_1 \ X_2 \cdots X_n) = \begin{bmatrix} X_{11} & X_{12} & \cdots & X_{1n} \\ X_{21} & X_{22} & \cdots & X_{2n} \\ \vdots & \vdots & \vdots & \vdots \\ X_{n1} & X_{n2} & \cdots & X_{nn} \end{bmatrix} \tag{6-36}$$

（3）各阶振型的质点水平地震作用　各阶振型的质点水平地震作用可用一个矩阵 F 表示，按下式计算

$$F = gmX\alpha\gamma \tag{6-37}$$

$$\alpha = \mathrm{diag}(a_1 \ a_2 \cdots a_s)$$

$$\gamma = \mathrm{diag}(\gamma_1 \ \gamma_2 \cdots \gamma_s)$$

式中，g 为重力加速度；α 为相应于自振周期 T_i 的地震影响系数，s 为需要组合的振型数；F 为第 i 个列矢量为第 i 振型各质点的水平地震作用，$i = 1，2，\cdots，s$；γ_j 为各振型的振型参与系数，其表达式为

$$\gamma_j = \frac{\displaystyle\sum_{i=1}^{n} m_i X_{ji}}{\displaystyle\sum_{i=1}^{n} m_i X_{ji}^2} \tag{6-38}$$

在式（6-37）中，X 的表达式为

$$X = (X_1 \ X_2 \cdots X_n) = \begin{pmatrix} X_{11} & X_{21} & \cdots & X_{s1} \\ X_{12} & X_{22} & \cdots & X_{s2} \\ \vdots & \vdots & \vdots & \vdots \\ X_{1n} & X_{2n} & \cdots & X_{sn} \end{pmatrix} \tag{6-39}$$

（4）各阶振型的质点侧移　各阶振型的质点侧移显然可表示为

$$D = K^{-1}F \qquad (6\text{-}40)$$

式中，D 为第 i 个列矢量的第 i 振型各质点的水平侧移，$i=1$，2，$\cdots$，s。

（5）柱列脱离体上各阶振型的柱顶地震力　各阶振型的质点侧移求出后，由各构件或各部分构件的刚度，就可求出该构件或该部分构件所受的地震力。例如，各柱列中由柱所承受的地震力 $\overline{F}$ 为

$$\overline{F} = \overline{K}\Delta \qquad (6\text{-}41)$$

式中，$\overline{F}$ 为第 i 行第 j 列的元素的第 j 振型第 i 质点柱列中所有柱承受的水平地震作用。

（6）各柱列柱顶处的水平地震力　把所考虑的各振型的地震力进行组合（SRSS 方法），即得最后所求的柱列柱顶处的纵向水平地震力。

对于常见的两跨或三跨对称厂房，可以利用结构的对称性把自由度的数目减至 2（图 6-14），从而可用手算进行纵向抗震分析。

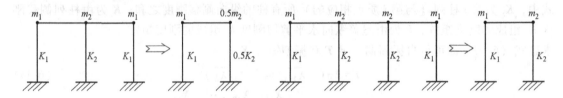

图 6-14　利用对称性减少结构的自由度数目

其他基于振型分解法的方法，与上述基本相似。

6.4.2　修正刚度法

此法是把厂房纵向视为一个单自由度体系，求出总地震作用后，再按各柱列的修正刚度，把总地震作用分配到各柱列。此法适用于单跨或等高多跨钢筋混凝土无檩和有檩屋盖厂房。

1. 厂房纵向的基本自振周期

（1）按单质点系确定　把所有的重力荷载代表值按周期等效原则集中到柱顶得结构的总质量。把所有的纵向抗侧力构件的刚度加在一起得到厂房纵向总侧向刚度。再考虑屋盖的变形，引入修正系数 ψ_T，得计算纵向基本自振周期 T_1 的公式为

$$T_1 = 2\pi\psi_T \sqrt{\frac{\sum G_i}{g\sum K_i}} \approx 2\psi_T \sqrt{\frac{\sum G_i}{\sum K_i}} \qquad (6\text{-}42)$$

式中，i 为柱列序号；G_i 为第 i 柱列集中到柱顶标高处的等效重力荷载代表值；K_i 为第 i 柱列的侧移刚度，可按式（6-16）计算；ψ_T 为厂房的自振周期修正系数，按表 6-7 采用。

G_i 的表达式为

$$G_i = 1.0G_{屋盖} + 0.25(G_柱 + G_{山墙}) + 0.35G_{纵墙} + 0.5(G_{起重机梁} + G_{起重机桥}) \qquad (6\text{-}43)$$

（2）按抗震规范方法确定　抗震规范规定，在计算单跨或等高多跨的钢筋混凝土柱厂房纵向地震作用时，在柱顶标高不大于 15m 且平均跨度不大于 30m 时，纵向基本周期 T_1 可

表 6-7　厂房纵向基本自振周期修正系数

屋盖类型	钢筋混凝土无檩屋盖		钢筋混凝土有檩屋盖	
	边跨无天窗	边跨有天窗	边跨无天窗	边跨有天窗
砖、墙	1.45	1.50	1.60	1.65
无墙、石棉瓦、挂板	1.00	1.00	1.00	1.00

按下列公式确定。

1）砖围护墙厂房，可按下式计算

$$T_1 = 0.23 + 0.00025\psi_1 l\sqrt{H^3} \tag{6-44}$$

式中，ψ_1 为屋盖类型系数，大型屋面板钢筋混凝土屋架可取 1.0，对钢屋架可取 0.85；l 为厂房跨度（m），多跨厂房可取各跨的平均值；H 为基础顶面到柱顶的高度（m）。

2）敞开、半敞开或墙板与柱子柔性连接的厂房，可按式（6-44）进行计算，并乘以围护墙影响系数 ψ_2，ψ_2 按下式计算

$$\psi_2 = 2.6 - 0.002l\sqrt{H^3} \tag{6-45}$$

当算出的 ψ_2 小于 1.0 时应采用 1.0。

2. 柱列地震作用的计算

自振周期算出后，即可按底部剪力法求出总地震作用 F_{Ek}，即

$$F_{Ek} = \alpha_1 G_{eq} \tag{6-46}$$

然后，把 F_{Ek} 按各柱列的刚度分配给各柱列。这时，为考虑屋盖变形的影响，需将侧移较大的中柱列的刚度乘以大于 1 的调整系数，将侧移较小的边柱列的刚度乘以小于 1 的调整系数。这些调整系数是根据对多种屋盖、跨度、跨数、有无砖墙等大量工况的对比计算结果确定的，并且在大致保持原结构总刚度不变的前提下，对中柱列偏于安全地加大了刚度调整系数，对边柱列应考虑砖围护墙的潜力较大，适当减小刚度的调整系数。因此，对等高多跨钢筋混凝土屋盖的厂房，各纵向柱列的柱顶标高处的地震作用标准值为

$$F_i = F_{Ek}\frac{K_{\partial i}}{\sum K_{\partial i}} \tag{6-47}$$

$$K_{\partial i} = \psi_3 \psi_4 K_i \tag{6-48}$$

式中，F_i 为第 i 柱列柱顶标高处的纵向地震作用标准值；α_1 为相应于厂房纵向基本自振周期的水平地震影响系数；G_{eq} 为厂房单元柱列总等效重力荷载代表值；K_i 为第 i 柱列柱顶的总侧移刚度，按式（6-17）计算；$K_{\partial i}$ 为第 i 柱列柱顶的调整侧移刚度；ψ_3 为柱列侧移刚度的围护墙影响系数，可按表 6-8 采用，有纵向砖围护墙的四跨或五跨厂房，由边柱列数起的第三柱列可按表内相应数值的 1.15 倍采用；ψ_4 为柱列侧移刚度的柱间支撑影响系数，纵向为砖围护墙时，边柱列可采用 1.0，中柱列可按表 6-9 采用。

厂房单元柱列总等效重力荷载代表值 G_{eq}，应包括屋盖的重力荷载代表值、70%纵墙自重、50%横墙与山墙自重及折算的柱自重（有起重机时采用 10%柱自重，无起重机时采用50%柱自重）。用公式表示时，对无起重机厂房

$$G_{eq} = 1.0G_{屋盖} + 0.5G_{柱} + 0.7G_{纵墙} + 0.5(G_{山墙} + G_{纵墙}) \tag{6-49}$$

对有起重机厂房

$$G_{eq} = 1.0G_{屋盖} + 0.1G_{柱} + 0.7G_{纵墙} + 0.5(G_{山墙} + G_{纵墙}) \tag{6-50}$$

表 6-8 围护墙影响系数 ψ_3

围护墙类别和烈度		柱列和屋盖类别				
		边柱列	中柱列			
			无檩屋盖		有檩屋盖	
240mm 厚砖墙	370mm 厚砖墙		边跨无天窗	边跨有天窗	边跨无天窗	边跨有天窗
	7度	0.85	1.7	1.8	1.8	1.9
7度	8度	0.85	1.5	1.6	1.6	1.7
8度	9度	0.85	1.3	1.4	1.4	1.5
9度		0.85	1.2	1.3	1.3	1.4
无墙、石棉瓦或挂板		0.90	1.1	1.1	1.2	1.2

表 6-9 纵向采用砖围护墙的中柱列柱间支撑影响系数 ψ_4

厂房单元内设置下柱支撑的柱间数	中柱列下柱支撑斜杆的长细比					中柱列无支撑
	≤40	41~80	81~120	121~150	>150	
一柱间	0.90	0.95	1.00	1.10	1.25	1.40
二柱间			0.90	0.95	1.00	

有起重机的等高多跨钢筋混凝土屋盖厂房，根据地震作用沿厂房高度呈倒三角形分布的假定，柱列各起重机梁顶标高处的纵向地震作用标准值，可按下式确定

$$F_{ci} = \alpha_1 G_{ci} \frac{H_{ci}}{H_i} \tag{6-51}$$

$$G_{ci} = 0.4G_{柱} + 1.0(G_{起重机梁} + G_{起重机桥}) \tag{6-52}$$

式中，F_{ci} 为第 i 柱列起重机梁顶标高处的纵向地震作用标准值；G_{ci} 为集中于第 i 柱列起重机梁顶标高处的等效重力荷载代表值；H_{ci} 为第 i 柱列起重机梁顶高度；H_i 为第 i 柱列柱顶高度。

3. 构件地震作用的计算

柱列的地震作用算出后，就可将此地震作用按刚度比例分配给柱列中的各个构件。

（1）作用在柱列柱顶高度处水平地震作用的分配 按式（6-47）算出的第 i 柱列柱顶高度处的水平地震作用 F_i 可按刚度分配给该柱列中的各柱、支撑和砖墙。前面已算出柱列 i 的总刚度为 K_i，则可得如下公式。

在第 i 柱列中，刚度为 K_{cij} 的柱 j 所受的地震力 F_{cij} 为

$$F_{cij} = \frac{K_{cij}}{K_i} F_i \tag{6-53}$$

刚度为 K_{bij} 的第 j 柱间支撑所受的地震力 F_{bij} 为

$$F_{bij} = \frac{K_{bij}}{K_i} F_i \tag{6-54}$$

刚度为 K_{wij} 的第 j 纵墙所受的地震力 F_{wij} 为

$$F_{wij} = \frac{\psi_k K_{wij}}{K_i} F_i \tag{6-55}$$

式中，ψ_k 为贴砌砖墙的刚度降低系数。

（2）柱列起重机梁顶标高处的纵向水平地震作用的分配　第 i 柱列作用于起重机梁顶标高处的纵向水平地震作用 F_{ci} 因偏离砖墙较远，故不计砖墙的贡献，并认为主要由柱间支撑承担。为简化计算，对中小型厂房，可近似取相应的柱刚度之和等于 0.1 倍柱间支撑刚度之和。由此可得如下公式。

对于第 i 柱列，一根柱子所分得的起重机梁顶标高处的纵向水平地震作用 F_{ci1} 为（n 为振子的根数，并且认为各柱所分得的值相同）

$$F_{ci1} = \frac{1}{1.1n}F_{ci} \tag{6-56}$$

刚度为 K_{bj} 的一片柱间支撑所分担的起重机梁顶标高处的纵向水平地震作用 F_{bi1} 为

$$F_{bi1} = \frac{K_{bj}}{1.1\sum K_{bj}}F_{ci} \tag{6-57}$$

式中，$\sum K_{bj}$ 为第 i 柱列所有柱间支撑的刚度之和。

6.4.3　拟能量法

对于不等高的钢筋混凝土屋盖厂房，由于形式变化多，目前尚无恰当的实测周期公式，需提供简化的周期公式。不等高厂房沿纵向也是整体振动的，如果能恰当地确定作用于各柱列的等效集中质量，运用能量法的原则，就可以近似地求得厂房的基本周期和相应的地震作用。通过对多种高度、跨度、跨数的各种不同形式的不等高厂房，按空间结构剪扭振动力学模式，利用计算机分析得出的杆件地震内力与能量法计算结果相比较后，提出对周期与柱列质量予以调整，从而得到精度较好的"拟能量法"。

1. 基本周期

纵向计算以一个抗震缝区段为计算单元，整个柱列的各项计算重力都就近集中到该柱的屋盖高度处。考虑厂房的空间作用，对柱列顶部的计算重力进行调整，将各集中重力视为水平力，求出水平力作用下的柱列侧移，如图 6-15 所示，按能量法求出基本周期。

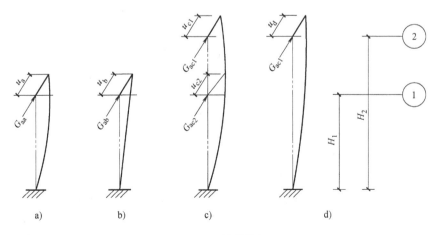

图 6-15　计算简图

厂房的纵向基本周期由下式确定

$$T_1 = 2\psi_T \sqrt{\frac{\sum_s G_{as} u_s^2}{\sum_s G_{as} u_s}} \qquad (6\text{-}58)$$

$$G_s = 1.0 G_{屋盖} + 0.5 G_{雪} + 0.5 G_{灰} + \beta_c G_{柱} + 0.5 G_{横墙} + 0.7 G_{纵墙} \qquad (6\text{-}59)$$

式中，s 为屋盖与柱顶连接点处质点的序号；ψ_T 为周期折减系数，无围护墙时，$\psi_T = 0.9$，有围护墙（砖墙、挂板、石板瓦、石棉瓦、瓦楞铁）时，$\psi_T = 0.8$；G_{as} 为按厂房空间作用进行重力调整后，第 s 柱列柱顶质点的等效重力荷载（kN）；对于靠近边跨的第一中柱列 $G_{as} = \zeta_s G_{sf}$，对于其他中柱列 $G_{as} = 1.0 G_s$，对于边柱列 $G_{as} = G_s + (1 - \zeta_s) G_{sf}$；$G_s$、$G_{sf}$ 为第 s 柱列、靠边跨的第一中柱列换算集中到柱顶的等效重力荷载（kN）；β_c 为柱的等效系数，对有、无起重机的厂房分别为 0.1、0.5；ζ_s 为靠边跨第一中柱列质量调整系数，按表 6-10 取值；u_s 为第 s 柱列作为脱离体，在本柱列各 G_{as} 当作纵向侧力作用下，各 G_{as} 作用点处的纵向位移（m），如图 6-15 所示。

表 6-10　柱列质点重力调整系数 ζ_s 的值

240mm 厚砖墙	370mm 厚砖墙	钢筋混凝土无檩屋盖		钢筋混凝土有檩屋盖	
		边跨无天窗	边跨有天窗	边跨无天窗	边跨有天窗
	7 度	0.55	0.60	0.65	0.70
7 度	8 度	0.65	0.70	0.75	0.80
8 度	9 度	0.70	0.75	0.80	0.85
9 度		0.75	0.80	0.85	0.90
	无墙、石棉瓦、瓦楞铁或挂板	0.90	0.90	1.00	1.00

2. 柱列地震作用

1）作用于第 s 柱列柱顶标高处的纵向水平地震作用。

一般柱列

$$F_s = \alpha_1 G_{as} \qquad (6\text{-}60)$$

高低跨柱列

$$F_{si} = \alpha_1 (G_{as1} + G_{as2}) \frac{G_{asi} H_{si}}{G_{as1} H_{s1} + G_{as2} H_{s2}} \quad (i = 1, 2) \qquad (6\text{-}61)$$

2）对于有起重机厂房，作用于第 s 柱列起重机梁顶标高处的纵向水平地震作用

$$f_s = \alpha_1 g_s \frac{h_s}{H_s} \qquad (6\text{-}62)$$

$$g_s = 0.4 G_{柱} + 1.0 (G_{起重机梁} + G_{起重机}) \qquad (6\text{-}63)$$

式中，g_s 为确定地震作用换算集中到第 s 柱列起重机梁顶标高处的等效重力荷载（kN）；h_s 为第 s 柱列左、右起重机所在跨的起重机梁顶高度；H_s 为第 s 柱列的柱顶高度。

应该说明，关于墙、柱等支承结构换算集中到屋盖高度处的等效重力，计算周期时按动能等效原则确定，计算构件地震作用时按内力等效原则确定，两者在数值上是不相等的。但为减少手算工作量，在计算周期和地震作用时统一，按内力等效原则确定。并根据与精确周期值的比较得出了计算周期的修正系数。此外，屋盖的空间作用使中柱列的地震作用减小，扭转又使高低跨柱列内力有所增加，重力调整系数 ζ_s 为两种效应的综合，是通过计算机和

手算结果对比得出的。

3. 构件地震作用

在求得柱列地震作用之后，对于无起重机和有起重机厂房均可按第 s 柱列中各柱、柱间支撑和砖墙的刚度比分配柱列地震作用，从而得到构件的地震作用。

4. 柱间支撑的抗震验算及设计

柱间支撑的截面验算是单层厂房纵向抗震计算的主要目的。规范规定，斜杆长细比不大于 200 的柱间支撑在单位侧向力作用下的水平位移，可按下式确定

$$u = \sum \frac{1}{1+\varphi_i} u_{ti} \tag{6-64}$$

式中，u 为单位侧向力作用点的侧向位移；φ_i 为第 i 节间斜杆的轴心受压稳定系数，按《钢结构设计标准》（GB 50017—2017）采用；u_{ti} 为在单位侧向力作用下第 i 节间仅考虑拉杆受力的相对位移。

对于长细比小于 200 的斜杆截面，可仅按抗拉要求验算，但应考虑压杆的卸载影响。验算公式为

$$N_t \leqslant \frac{A_i f}{\gamma_{RE}} \tag{6-65}$$

$$N_t = \frac{l_i}{(1+\varphi_i \psi_c) S_c} V_{bi} \tag{6-66}$$

式中，N_t 为第 i 节间支撑斜杆抗拉验算时的轴向拉力设计值；l_i 为第 i 节间斜杆的全长；ψ_c 为压杆卸载系数（压杆长细比为 60、100 和 200 时，可分别采用 0.7、0.6 和 0.5）；V_{bi} 为第 i 节间支撑承受的地震剪力设计值；S_c 为支撑所在柱间的净距。

无贴砌墙的纵向柱列，上柱支撑与同列下柱支撑宜等强设计。

柱间支撑端节点预埋板的锚件宜采用角钢加端板（图 6-16）。此时，其截面抗震承载力宜按下式验算

$$N \leqslant \frac{0.7}{\gamma_{RE} \left(\frac{\sin\theta}{V_{u0}} + \frac{\cos\theta}{\psi N_{u0}} \right)} \tag{6-67}$$

$$V_{u0} = 3n \zeta_r \sqrt{W_{min} b f_a f_c} \tag{6-68}$$

$$N_{u0} = 0.8 n f_a A_s \tag{6-69}$$

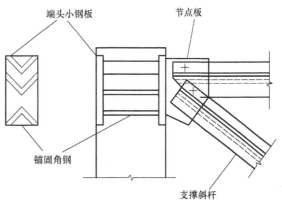

图 6-16　支撑与柱的连接

式中，N 为预埋板的斜向拉力，可采用按全截面屈服强度计算的支撑斜杆轴向力的 1.05 倍；γ_{RE} 为承载力抗震调整系数，可采用 1.0；θ 为斜向拉力与其水平投影的夹角；n 为角钢根数；b 为角钢肢宽；W_{min} 为与剪力方向垂直的角钢最小截面模量；A_s 为一根角钢的截面积；f_a 为角钢抗拉强度设计值。

柱间支撑端节点预埋板的锚件也可采用锚筋。此时，其截面抗震承载力宜按下式验算

$$N \leqslant \frac{0.8 f_y A_s}{\gamma_{RE} \left(\dfrac{\cos\theta}{0.8 \zeta_m \psi} + \dfrac{\sin\theta}{\zeta_r \zeta_v} \right)} \tag{6-70}$$

$$\psi = \frac{1}{1 + \dfrac{0.6 e_0}{\zeta_r s}} \tag{6-71}$$

$$\zeta_m = 0.6 + 0.25 \frac{t}{d} \tag{6-72}$$

$$\zeta_v = (4 - 0.08 d) \sqrt{\frac{f_c}{f_y}} \tag{6-73}$$

式中，A_s 为锚筋总截面面积；e_0 为斜向拉力对锚筋合力作用线的偏心距，应小于外排锚筋之间距离的 20%（mm）；ψ 为偏心影响系数；s 为外排锚筋之间的距离（mm）；ζ_m 为预埋板弯曲变形影响系数；t 为预埋板厚度（mm）；d 为锚筋直径（mm）；ζ_r 为验算方向锚筋排数的影响系数，二、三和四排可分别采用 1.0、0.9 和 0.85；ζ_v 为锚筋的受剪影响系数，大于 0.7 时应采用 0.7。

5. 凸出屋面天窗架的纵向抗震计算

凸出屋面的天窗架的纵向抗震计算，一般情况下可采用空间结构分析法，考虑屋盖平面弹性变形和纵墙的有效刚度。

对柱高不超过 15m 的单跨和等高多跨钢筋混凝土无檩屋盖厂房的凸出屋面的天窗架，可采用底部剪力法计算其地震作用，但此地震作用效应应乘以效应增大系数。效应增大系数 η 的取值如下。

1）对单跨、边跨屋盖或有纵向内隔墙的中跨屋盖，取

$$\eta = 1 + 0.5 n \tag{6-74}$$

2）对其他中跨屋盖，取

$$\eta = 0.5 n \tag{6-75}$$

式中，n 为厂房跨数，超过四跨时取四跨。

■ 6.5　抗震构造措施和连接的计算要求

1. 屋盖

有檩屋盖构件的连接应符合下列要求：①檩条应与混凝土屋架（屋面梁）焊牢，并应有足够的支承长度；②双脊檩应在跨度 1/3 处相互拉结；③压型钢板应与檩条可靠连接，瓦楞铁、石棉瓦等应与檩条拉结。

无檩屋盖构件的连接，应符合下列要求：①大型屋面板应与混凝土屋架（屋面梁）焊牢，靠柱列的屋面板与屋架（屋面梁）的连接焊缝长度不宜小于 80mm，焊缝厚度不宜小于 6mm；②6 度和 7 度时，有天窗厂房单元的端开间，或 8 度和 9 度时各开间，宜将垂直屋架方向两侧相邻的大型屋面板的顶面彼此焊牢；③8 度和 9 度时，大型屋面板端头底面的预埋件宜采用带槽口的角钢并与主筋焊牢；④非标准屋面板宜采用装配整体式接头，或将板四角切掉后与混凝土屋架（屋面梁）焊牢；⑤屋架（屋面梁）端部顶面预埋件的锚筋，8 度时

不宜少于4φ10，9度时不宜少于4φ12。

屋盖支撑桁架的腹杆与弦杆连接的承载力，不宜小于腹杆的承载力。屋架竖向支撑桁架应能传递和承受屋盖的水平地震作用。

凸出屋面的钢筋混凝土天窗架，其两侧墙板与天窗立柱宜采用螺栓连接（图6-17）。采用焊接等刚性连接方式时，由于缺乏延性，会造成应力集中而加重震害。

钢筋混凝土屋架的截面和配筋，应符合下列要求：①屋架上弦第一节间和梯形屋架端竖杆的配筋，6度和7度时不宜少于4φ12，8度和9度时不宜少于4φ14；②梯形屋架的端竖杆截面宽度宜与上弦宽度相同；③拱形和折线形屋架上弦端部支撑屋面板的小立柱的截面不宜小于200mm×200mm，高度不宜大于

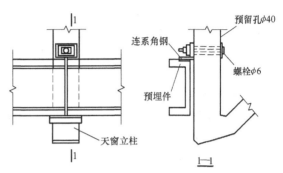

图6-17　侧板与天窗立柱的螺栓柔性连接

500mm，主筋宜采用Ⅱ形，6度和7度时不宜少于4φ12，8度和9度时不宜少于4φ14；箍筋可采用φ6，间距宜为100mm。

2. 柱

厂房柱子，在下列范围内的箍筋应加密：①柱头，取柱顶以下500mm并不小于柱截面长边尺寸；②上柱，取阶形柱自牛腿面至起重机梁顶面以上300mm高度范围内；③牛腿（柱肩），取全高；④柱根，取下柱柱底至室内地坪以上500mm；⑤柱间支撑与柱连接节点和柱变位受到平台等约束部位，到节点上、下各300mm。

加密区箍筋间距不应大于100mm，箍筋肢距和最小直径应符合表6-11的规定。

表6-11　柱加密区箍筋最大肢距和最小箍筋直径

烈度和场地类别		6度和7度Ⅰ、Ⅱ类场地	7度Ⅲ、Ⅳ类场地和8度Ⅰ、Ⅱ类场地	8度Ⅲ、Ⅳ类场地和9度
箍筋最大肢距/mm		300	250	200
箍筋最小直径/mm	一般柱头和柱根	φ6	φ8	φ8（φ10）
	角柱柱头	φ8	φ10	φ10
	上柱、牛腿和有支撑的柱根	φ8	φ8	φ10
	有支撑的柱头和柱变位受约束部位	φ8	φ10	φ12

注：括号内的数值用于柱根。

山墙抗风柱的配筋，应符合下列要求：①抗风柱柱顶以下300mm和牛腿（柱肩）面以上300mm范围内的箍筋，直径不宜小于6mm，间距不应大于100mm，肢距不宜大于250mm；②抗风柱的变截面牛腿（柱肩）处，宜设置纵向受拉钢筋。

大柱网厂房柱的截面和配筋构造，应符合下列要求：①柱截面宜采用正方形或接近正方形的矩形，边长不宜小于柱全高的1/18～1/16；②重屋盖厂房考虑地震组合的柱轴压比，6、7度时不宜大于0.8，8度时不宜大于0.7，9度时不宜大于0.6；③纵向钢筋宜沿柱截面周边对称配置，间距不宜大于200mm，角部宜配置直径较大的钢筋；④柱头和柱根的箍筋应加密，并应符合下列要求：加密范围，柱根取基础顶面至室内地坪以上1m，且不小于柱全

高的 1/6，铰头取柱顶以下 500mm，且不小于柱截面长边尺寸；⑤箍筋末端应设 135°弯钩，且平直段的长度不应小于箍筋直径的 10 倍。

当铰接排架侧向受约束，且约束点至柱顶的长度 l 不大于柱截面在该方向边长的两倍（排架平面 $l \leqslant 2h$；垂直排架平面 $l \leqslant 2b$）时，柱顶预埋钢板和柱顶箍筋加密区的构造尚应符合下列要求：①柱顶预埋钢板沿排架平面方向的长度，宜取柱顶的截面高度 h，但在任何情况下不得小于 $h/2$ 及 300mm；②柱顶轴向力在排架平面内的偏心距 e_0 在 $h/6 \sim h/4$ 时，柱顶箍筋加密区的箍筋体积配筋率不宜小于下列规定：一级抗震等级为 1.2%，二级抗震等级为 1.0%，三、四级抗震等级为 0.8%。

3. 柱间支撑

厂房柱间支撑的构造，应符合下列要求：①柱间支撑应采用型钢，支撑形式宜采用交叉式，其斜杆与水平面的交角不宜大于 55°；②支撑杆件的长细比，不宜超过表 6-12 的规定；③下柱支撑的下节点位置和构造措施，应保证将地震作用直接传给基础（图 6-18），当 6 度和 7 度不能直接传给基础时，应考虑支撑对柱和基础的不利影响；④交叉支撑在交叉点应设置节点板，其厚度不应小于 10mm，斜杆与交叉节点应焊接，与端节点板宜焊接。

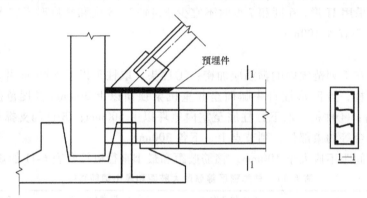

图 6-18 支撑下节点设在基础顶系梁

表 6-12 交叉支撑斜杆的最大长细比

位置	烈度			
	6 度和 7 度 Ⅰ、Ⅱ类场地	7 度Ⅲ、Ⅳ类场地 和 8 度Ⅰ、Ⅱ类场地	8 度Ⅲ、Ⅳ类场地和 9 度Ⅰ、Ⅱ类场地	9 度Ⅲ、Ⅳ 类场地
上柱支撑	250	250	200	150
下柱支撑	200	150	120	120

4. 连接节点

屋架（屋面梁）与柱顶的连接有焊接、螺栓连接和钢板铰连接三种形式。焊接连接（图 6-19a）的构造接近刚性，变形能力差。故 8 度时宜采用螺栓（图 6-19b），9 度时宜采用钢板铰（图 6-19c），也可采用螺栓；屋架（屋面梁）端部支承垫板的厚度不宜小于 16mm。

柱顶预埋件的锚筋，8 度时不宜少于 4Φ14，9 度时不宜少于 4Φ16，有柱间支撑的柱子，柱顶预埋件尚应增设抗剪钢板（图 6-20）。

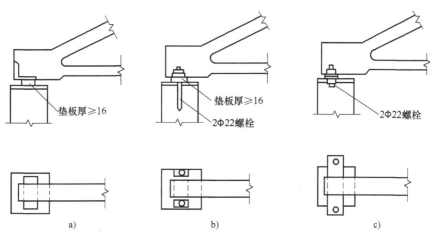

图 6-19 屋架与柱的连接构造

a）焊接连接 b）螺栓连接 c）板铰连接

　　山墙抗风柱的柱顶，应设置预埋板，使柱顶与端屋架上弦（屋面梁上翼缘）可靠连接。连接部位应在上弦横向支撑与屋架的连接点处，不符合时可在支撑中增设次腹杆或设置型钢横梁，将水平地震作用传至节点部位。

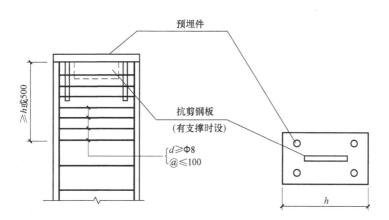

图 6-20 柱顶预埋件构造

　　支承低跨屋盖的中柱牛腿（柱肩）的预埋件，应与牛腿（柱肩）中按计算承受水平拉力部分的纵向钢筋焊接，且焊接的钢筋，6 度和 7 度时不应少于 2Φ12，8 度时（或二级抗震等级时）不应少于 2Φ14，9 度时不应少于 2Φ16（图 6-21）。

　　柱间支撑与柱连接节点预埋件的锚接，8 度Ⅲ、Ⅳ类场地和 9 度时，宜采用角钢加端板，其他情况可采用不低于 HRB335 级钢筋，但锚固长度不应小于 30 倍锚筋直径或

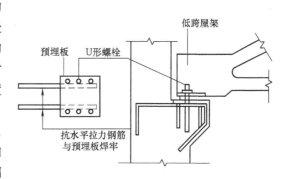

图 6-21 低跨屋盖与柱牛腿的连接

增设端板。

柱间支撑端部的连接，对单角钢支撑应考虑强度折减，8、9度时不得采用单面偏心连接；交叉支撑有一杆中断时，交叉节点板应予以加强，使其承载力不小于1.1倍杆件承载力。

厂房中的起重机走道板、端屋架与山墙间的填充小屋面板、天沟板、天窗端壁板和天窗侧板下的填充砌体等构件应与支承结构有可靠的连接。

基础梁的稳定性较好，一般不需采用连接措施。但在8度Ⅲ、Ⅳ类场地和9度时，相邻基础梁之间应采用现浇接头，以提高基础梁的整体稳定性。

5. 隔墙和围护墙

单层钢筋混凝土柱厂房的砌体隔墙和围护墙应符合下列要求：

1）内嵌式砌体隔墙与柱宜脱开或柔性连接，并应采取措施使墙体稳定，但墙顶部应设现浇钢筋混凝土压顶梁。

2）厂房的砌体围护墙宜采用外贴式并与柱（包括抗风柱）可靠拉结，一般墙体应沿墙高每隔500mm与柱内伸出的$2\phi6$水平钢筋拉结，柱顶以上墙体应与屋架端部、屋面板和天沟板等可靠拉结，厂房角部的砖墙应沿纵横两个方向与柱拉结（图6-22）；不等高厂房的高跨封墙和纵横向厂房交接处的悬墙采用砌体时，不应直接砌在低跨屋盖上。

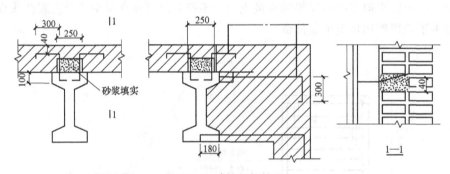

图6-22　砖墙与柱拉结

3）砌体围护墙在下列部位应设置现浇钢筋混凝土圈梁：①梯形屋架端部上弦和柱顶标高处应各设一道，但屋架端部高度不大于900mm时可合并设置；②8度和9度时，应按上密下稀的原则每隔4m左右在屋顶增设一道圈梁，不等高厂房的高低跨封墙和纵横跨交接处的悬墙，圈梁的竖向间距不应大于3m；③山墙沿屋面应设钢筋混凝土卧梁，并应与屋架端部上弦标高处的圈梁连接。圈梁宜闭合，其截面宽度宜与墙厚相同，截面高度不应小于180mm；圈梁的纵筋，6~8度时不应少于$4\phi12$，9度时不应少于$4\phi14$，特殊部位的圈梁的构造详见抗震规范。

围护砖墙上的墙梁应尽可能采用现浇。当采用预制墙梁时，除墙梁应与柱可靠锚拉外，梁底还应与砖墙顶牢固拉结，以避免梁下墙体由于处于悬臂状态而在地震时倾倒。厂房转角处相邻的墙梁应相互可靠连接。

■ 6.6　计算实例

三跨不等高钢筋混凝土厂房，其尺寸如图6-23所示。低跨柱上柱的高度为$H_1=3m$，低

跨柱的全高为 $H_2=8.5$ m；高跨柱上柱的高度为 $H_3=3.7$ m，高跨柱的全高 $H_4=12.5$ m，$\Delta H = H_4-H_2=4$ m。图中各惯性矩的值为：$I_1=2.13\times10^9$ mm^4，$I_2=5.73\times10^9$ mm^4，$I_3=4.16\times10^9$ mm^4，$I_4=15.8\times10^9$ mm^4。混凝土弹性模量 $E=2.55\times10^4$ N/mm^2。柱距为 6m，两端有山墙（墙厚 240mm），山墙间距为 60m，屋盖为钢筋混凝土无檩屋盖。高跨各跨均设有一台 15/3t 起重机，中级工作制。每台起重机总重为 350kN，起重机轮距为 4.4m。低跨设有一台 5t 起重机，该起重机总重为 127.1kN，起重机轮距为 3.5m。

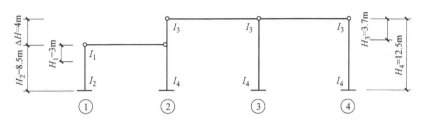

图 6-23　不等高排架计算

各项荷载如下：

屋盖自重：低跨 2.5kN/m^2；高跨 3.0kN/m^2。

雪荷载：0.3kN/m^2。积灰荷载：0.3kN/m^2。

①轴纵墙：每 6m 柱距 101.1kN；①轴柱：23.4kN/根。

②轴封墙：每 6m 柱距 46.6kN；②轴上柱：11.5kN/根。

④轴纵墙：每 6m 柱距 147.7kN；②轴下柱：37.4kN/根。

③～④轴柱：48.9kN/根。

起重机梁：高跨（梁高 1m）：53.3kN/根；低跨（梁高 0.8m）：38.6kN/根。

厂房位于一区，设计烈度为 8 度，场地类别为 Ⅱ 类。试按底部剪力法求横向地震内力。

1. 确定抗震计算简图

抗震计算简图为二质点体系，如图 6-24 所示，其中 G_1 为集中在低跨柱顶的重力，G_2 为集中在高跨柱顶的重力。

2. 柱顶质点处重力荷载计算

（1）计算自振周期时

图 6-24　计算简图

$G_1=0.25$（柱①+柱②下柱）+0.25纵墙①+0.5低跨起重机梁+1.0柱②高跨一侧起重机梁+1.0（低跨屋盖+0.5雪+0.5灰）+0.5（柱②上柱+封墙）=［0.25×（23.4+37.4）+0.25×101.1+0.5×38.6×2+1.0×53.3+1.0×（2.5+0.5×0.3+0.5×0.3）×6×15+0.5×（11.5+46.6）］kN=413.43kN

$G_2=0.25$（柱③+柱④）+0.25纵墙④+0.5柱③、④起重机梁+1.0（高跨屋盖+0.5雪+0.5灰）+0.5（柱②上柱+封墙）=［0.25×（48.9×2）+0.25×147.7+0.5×（53.3×3）+1.0×（3.0+0.5×0.3+0.5×0.3）×6×48+0.5×（11.5+46.6）］kN=1120.78kN

（2）计算地震作用时

$\overline{G}_1=[0.5\times(23.4+37.4)+0.5\times101.1+0.75\times38.6\times2+1.0\times53.3+1.0\times(2.5+0.5\times0.3+0.5\times0.3)\times6\times$

15+0. 5×(11. 5+46. 6)]kN = 473. 2kN

$$\overline{G}_2 = [0.5 \times (48.9 \times 2) + 0.5 \times 147.7 + 0.75 \times (53.3 \times 3) + 1.0 \times (3.0 + 0.5 \times 0.3 + 0.5 \times 0.3) \times 6 \times$$
48+0. 5×(11. 5+46. 6)]kN = 1222. 13kN

在 G_1 和 G_2 中未包括起重机桥架的重力，这是因为起重机桥架自重是局部荷载，它对厂房横向自振周期的影响很小。在 $\overline{G}_1$ 和 $\overline{G}_2$ 中也未包括起重机桥架荷载，这是由于起重机桥架地震效应有其独立的效应调整系数，只能独立另行计算。由于同样的原因，起重机梁也不便与起重机桥架合并计算地震效应。本例为简化计算，将起重机梁自重折算至屋盖标高处，和屋盖自重等合并计算其地震作用效应。

3. 排架侧移柔度系数计算

如图 6-25 所示，为求柔度矩阵，把单位水平力分别作用在低跨柱顶（坐标编号为 1）和高跨柱顶（坐标编号为 2）处。柱③和柱④此时可合并为一个柱。把低跨横杆在坐标 1 和坐标 2 处作用单位水平力时的内力分别记为 X_{11} 和 X_{12}，把高跨横杆在坐标 1 和坐标 2 处作用单位水平力时的内力分别记为 X_{21} 和 X_{22}。

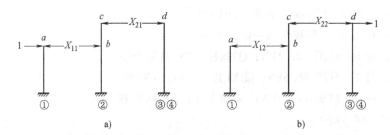

图 6-25　求柔度矩阵

a) 坐标 1 处作用单位水平力　b) 坐标 2 处作用单位水平力

对图 6-25a 可列出力法方程组：

$$\begin{cases} \delta_a(1-X_{11}) = \delta_b X_{11} - \delta_{bc} X_{21} \\ \delta_{cb} X_{11} - \delta_c X_{21} = \delta_d X_{21} \end{cases} \tag{6-76}$$

对图 6-25b 可列出力法方程组：

$$\begin{cases} \delta_a X_{12} = -\delta_b X_{12} + \delta_{bc} X_{22} \\ -\delta_{cb} X_{12} + \delta_c X_{22} = \delta_d(1-X_{22}) \end{cases} \tag{6-77}$$

在上两式中，δ_a 为在 a 点作用单位水平力时相应的位移，δ_{bc} 为在 c 点作用单位水平力时 b 点的水平位移，其余类推。此处这些单柱的柔度均取正值，其值计算如下。

$$\delta_a = \frac{H_1^3}{3EI_1} + \frac{H_2^3 - H_1^3}{3EI_2}$$

$$= \left(\frac{3000^3}{3 \times 2.55 \times 10^4 \times 2.13 \times 10^9} + \frac{8500^3 - 3000^3}{3 \times 2.55 \times 10^4 \times 5.73 \times 10^9} \right) \text{mm/N}$$

$$= 0.001505 \text{mm/N} = 0.001505 \text{m/kN}$$

$$\delta_b = \frac{H_2^3}{3EI_4} = \left(\frac{8500^3}{3 \times 2.55 \times 10^4 \times 15.8 \times 10^9} \right) \text{mm/N} = 0.0005081 \text{m/kN}$$

$$\delta_{cb} = \delta_{bc} = \frac{H_2^3}{3EI_4} + \frac{H_2^2 \Delta H}{2EI_4} = \frac{1}{3 \times 2.55 \times 10^4 \times 4.16 \times 10^9} \times \left(\frac{8500^3}{3} + \frac{8500^3 \times 4000}{2} \right) \text{mm/N}$$

$$= 0.0008667 \text{m/kN}$$

$$\delta_c = \frac{H_3^3}{3EI_3} + \frac{H_4^3 - H_3^3}{3EI_4} = \left(\frac{3700^3}{3 \times 2.55 \times 10^4 \times 4.16 \times 10^9} + \frac{12500^3 - 3700^3}{3 \times 2.55 \times 10^4 \times 15.8 \times 10^9} \right) \text{mm/N}$$

$$= 0.001733 \text{m/kN}$$

$$\delta_d = \frac{1}{2} \left(\frac{H_3^3}{3EI_3} + \frac{H_4^3 - H_3^3}{3EI_4} \right) = \frac{1}{2} \delta_c = \frac{0.001733}{2} \text{m/kN} = 0.000866 \text{m/kN}$$

上面求出的单柱的柔度系数代入方程式（6-76）和式（6-77），可解得

$$X_{11} = \frac{\delta_a}{\delta_a + \delta_b - \delta_{bc} \delta_{cb} / (\delta_c + \delta_d)} = \frac{0.001505}{0.001505 + 0.0005081 - 0.0008667^2 / (0.001733 + 0.000866)}$$

$$= 0.8729$$

$$X_{21} = \frac{\delta_{cb}}{\delta_c + \delta_d} X_{11} = \frac{0.000867}{0.001733 + 0.000866} \times 0.8729 = 0.2910$$

$$X_{22} = \frac{\delta_d}{\delta_c + \delta_d - \delta_{bc} \delta_{cb} / (\delta_a + \delta_b)} = \frac{0.0008666}{0.001733 + 0.000866 - 0.0008667^2 / (0.001505 + 0.0005081)}$$

$$= 0.3892$$

$$X_{12} = \frac{\delta_{bc}}{\delta_a + \delta_b} X_{11} = \frac{0.000867}{0.001505 + 0.0005081} \times 0.3892 = 0.1676$$

上面解出的 X_{11}、X_{12}、X_{21}、X_{22} 经验证满足式（6-76）和式（6-77）。从而可得出排架的对应于坐标 1 和坐标 2 的柔度系数为

$$\delta_{11} = \delta_a (1 - X_{11}) = 0.001505 \times (1 - 0.8729) \text{m/kN} = 0.0001913 \text{m/kN}$$

$$\delta_{21} = \delta_d X_{21} = 0.0008666 \times 0.2910 \text{m/kN} = 0.0002522 \text{m/kN}$$

$$\delta_{12} = \delta_a X_{12} = 0.001505 \times 0.1676 \text{m/kN} = 0.0002522 \text{m/kN}$$

$$\delta_{22} = \delta_d (1 - X_{22}) = 0.0008666 \times (1 - 0.3892) \text{m/kN} = 0.0005293 \text{m/kN}$$

4. 按底部剪力法计算排架地震内力

（1）基本周期（周期折减系数 $\psi_T = 0.8$） 由式（6-3），并考虑周期折减系数，可得基本周期 T_1 的计算式为

$$T_1 = 2\pi \psi_T \sqrt{\frac{\sum_{i=1}^{2} G_i u_i^2}{g \sum_{i=1}^{2} G_i u_i}}$$

其中，g 为重力加速度，u_i 为在全部水平力 G_i 的作用下（$i = 1, 2$）第 i 质点的水平位移。

$$u_1 = \delta_{11} G_1 + \delta_{12} G_2 = (0.0001913 \times 413.43 + 0.0002522 \times 1120.78) \text{m} = 0.3617 \text{m}$$

$$u_2 = \delta_{21} G_1 + \delta_{22} G_2 = (0.0002522 \times 413.43 + 0.0005293 \times 1120.78) \text{m} = 0.6975 \text{m}$$

$$T_1 = 2\pi \times 0.8 \times \sqrt{\frac{413.43 \times 0.3617^2 + 1120.78 \times 0.6975^2}{9.81 \times (413.43 \times 0.3617 + 1120.78 \times 0.6975)}} \text{s} = 1.2875 \text{s}$$

（2）一般重力荷载引起的水平地震作用和内力

1）底部总地震剪力。一区，Ⅱ类场地，可查得场地的特征周期为 $T_g = 0.35 \text{s}$。$T/T_g =$

$1.2875/0.35 = 3.6786$。设防烈度为 8 度，可查得水平地震影响系数的最大值为 $\alpha_{max} = 0.16$。从而可得

$$\alpha_1 = \left(\frac{T_g}{T_1}\right)^{0.9}\alpha_{max} = \left(\frac{0.35}{1.2875}\right)^{0.9} \times 0.16 = 0.04955$$

底部总地震剪力 F_{Ek} 为

$$F_{Ek} = 0.85\,\alpha_1 \sum \overline{G}_i = 0.85 \times 0.04955 \times (473.2 + 1222.13)\,kN = 71.403\,kN$$

2）各质点处的地震作用。

$$\sum \overline{G}_i H_i = (473.2 \times 8.5 + 1222.13 \times 12.5)\,kN \cdot m = (4022.2 + 15276.63)\,kN \cdot m$$
$$= 19298.83\,kN \cdot m$$

$$F_1 = \frac{\overline{G}_1 H_1}{\sum \overline{G}_i H_i}F_{Ek} = \frac{4022.2}{19298.83} \times 71.403\,kN = 14.882\,kN$$

$$F_2 = \frac{\overline{G}_2 H_2}{\sum \overline{G}_i H_i}F_{Ek} = \frac{15276.63}{19298.83} \times 71.403\,kN = 56.521\,kN$$

3）横杆内力（以拉为正）。按图 6-25 所示的计算简图，低跨横杆的内力 X_1 为

$$X_1 = -X_{11}F_1 + X_{12}F_2 = (-0.8729 \times 14.882 + 0.1676 \times 56.521)\,kN = -3.5176\,kN$$

高跨横杆的内力 X_2 为

$$X_2 = -X_{21}F_1 + X_{22}F_2 = (-0.2910 \times 14.882 + 0.3892 \times 56.521)\,kN = 17.6673\,kN$$

4）排架柱内力。根据题意，本例厂房符合空间工作的条件，故按底部剪力法计算的平面排架地震内力应乘以相应的调整系数。由表 6-4 可查得，除高低跨交接处上柱以外的钢筋混凝土柱，其截面地震内力调整系数为 $\eta' = 0.9$。高低跨交接处上柱的内力调整系数 η 按式 (6-11) 为

$$\eta = 0.88 \times \left(1 + 1.7 \times \frac{2}{3} \times \frac{473.2}{1222.13}\right) = 1.2662$$

从而可得各柱控制截面的内力如下。

a. 柱①：

上柱底：

$$剪力\ V_1' = (F_1 + X_1)\eta' = (14.882 - 3.5176) \times 0.9\,kN = 10.228\,kN$$
$$弯矩 M_1' = 10.228 \times 3\,kN \cdot m = 30.684\,kN \cdot m$$

下柱底：

$$剪力\ V_1 = 10.228\,kN$$
$$弯矩 M_1 = 10.228 \times 8.5\,kN \cdot m = 86.938\,kN \cdot m$$

b. 柱②：

上柱底：

$$V_2' = X_2\eta = 17.6673 \times 1.2662\,kN = 22.3703\,kN$$
$$M_2' = 22.3703 \times 3.7\,kN \cdot m = 82.7701\,kN \cdot m$$

下柱底：

$$V_2 = (X_2 - X_1)\eta' = (17.6673 + 3.5176) \times 0.9\,kN = 19.0664\,kN$$

$$M_2 = (17.6673 \times 12.5 + 3.5176 \times 8.5) \times 0.9 \text{kN} \cdot \text{m} = 225.6668 \text{kN} \cdot \text{m}$$

c. 柱③：

上柱底：
$$V_3' = 0.5(F_2 - X_2)\eta' = 0.5 \times (56.521 - 17.6673) \times 0.9 \text{kN} = 17.4842 \text{kN}$$
$$M_3' = 17.4842 \times 3.7 \text{kN} \cdot \text{m} = 64.6915 \text{kN} \cdot \text{m}$$

下柱底：
$$V_3 = 17.4842 \text{kN}$$
$$M_3 = 17.4842 \times 12.5 \text{kN} \cdot \text{m} = 218.5525 \text{kN} \cdot \text{m}$$

d. 柱④：同柱③。

柱弯矩如图6-26所示。

（3）起重机桥自重引起的水平地震作用与内力

1）一台起重机对一根柱产生的最大重力荷载。

低跨
$$G_{c1} = \frac{127.1}{4} \times \left(1 + \frac{6-3.5}{6}\right) \text{kN} = 45.015 \text{kN}$$

高跨
$$G_{c2} = \frac{350}{4} \times \left(1 + \frac{6-4.4}{6}\right) \text{kN} = 110.833 \text{kN}$$

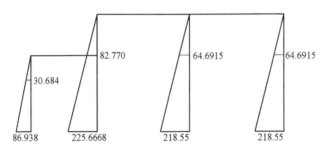

图6-26 柱弯矩图（单位：kN·m）

2）一台起重机对一根柱产生的水平地震作用。

低跨 $F_{c1} = \alpha_1 G_{c1} \frac{h_2}{H_2} = 0.04955 \times 45.015 \times \frac{8.5-3+0.8}{8.5} \text{kN} = 1.6532 \text{kN}$

高跨 $F_{c2} = \alpha_1 G_{c2} \frac{h_4}{H_4} = 0.04955 \times 110.833 \times \frac{12.5-3.7+1.0}{12.5} \text{kN} = 4.3056 \text{kN}$

3）起重机水平地震作用产生的地震内力。起重机水平地震作用是局部荷载，故可近似地假定屋盖为柱的不动铰支座，并且算出的上柱截面内力还应乘以相应的增大系数。

柱①的计算简图如图6-27所示。图中支座反力为$R_1 = C_5 F_{c1}$。

下面计算C_5。柱①的有关参数：
$$n = I_{上柱}/I_{下柱} = I_1/I_2 = 2.13/5.73 = 0.3717$$
$$\lambda = H_1/H_2 = 3/8.5 = 0.3529$$

水平地震作用力至柱顶的距离记为y，则
$$\frac{y}{H_1} = \frac{3-0.8}{3} = 0.7333$$

由排架计算手册，可算出相应的 $C_5 = 0.5846$，从而可得

$$R_1 = 0.5846 \times 1.6532 kN = 0.9665 kN$$

由表 6-6 可查得，对柱①，相应的效应增大系数 $\eta_c = 2.0$。乘以此增大系数后，柱①由起重机引起的各控制截面的弯矩如下。

集中水平力作用处弯矩为

$$M'_{1F} = -R_1 y \eta_c = -0.9665 \times 2.2 \times 2 kN \cdot m = -4.2526 kN \cdot m$$

上柱底部的弯矩为

$$\begin{aligned} M'_{1c} &= [-R_1 H_1 + F_{c1}(H_1 - y)] \eta_c \\ &= [-0.9665 \times 3 + 1.6532 \times (3 - 2.2)] \times 2 kN \cdot m \\ &= -3.1539 kN \cdot m \end{aligned}$$

柱底部的弯矩为

$$\begin{aligned} M_{1c} &= -R_1 H_2 + F_{c1}(H_2 - y) \\ &= [-0.9665 \times 8.5 + 1.6532 \times \\ &\quad (8.5 - 2.2)] kN \cdot m \\ &= 2.1999 kN \cdot m \end{aligned}$$

地震弯矩图如图 6-27 所示。

柱②的计算简图如图 6-28a 所示。这是一个连续梁模型。取上杆截面的惯性矩为 I_3，下杆截面的惯性矩为 I_4，则可解得其弯矩如图 6-28b 所示。由表 6-6 可查得，对柱②，相应的效应增大系数为 $\eta_c = 2.5$。上柱截面乘以此增大系数后的弯矩图如图 6-28c 所示。

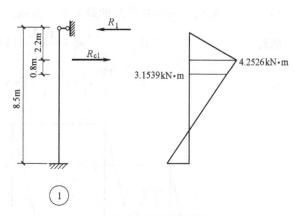

图 6-27 起重机引起的柱①的内力

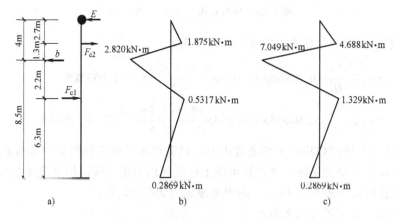

图 6-28 起重机引起的柱②的内力

柱③的计算方法与柱①相同。其计算简图也为下端固定上端铰支。此柱有两台起重机施加水平地震作用，上端铰支座的反力为

$$R_3 = 2 C_5 F_{c2}$$

柱③的有关参数为

$$n = I_{上柱}/I_{下柱} = I_1/I_2 = 4.16/15.8 = 0.263$$
$$\lambda = H_3/H_4 = 3.7/12.5 = 0.296$$

水平地震作用力至柱顶的距离记为 y，则

$$\frac{y}{H_3} = \frac{3.7-1}{3.7} = 0.7297$$

由排架计算手册，可算出相应的 $C_5 = 0.6419$，从而可得

$$R_1 = 2 \times 0.6419 \times 4.3056\text{kN} = 5.5275\text{kN}$$

由表 6-6 可查得，对柱③，相应的效应增大系数为 $\eta_c = 3.0$。乘以此增大系数后，柱③由起重机桥引起的各控制截面的弯矩如下。

集中水平力作用处弯矩为

$$M'_{3F} = -R_3 y \eta_c = -5.5275 \times 2.7 \times 3\text{kN} \cdot \text{m} = -44.7728\text{kN} \cdot \text{m}$$

上柱底部的弯矩为

$$M'_{3c} = [-R_3 H_3 + 2F_{c2}(H_4-y)]\eta_c$$
$$= [-5.5275 \times 3.7 + 2 \times 4.3056 \times (3.7-2.7)] \times 3\text{kN} \cdot \text{m}$$
$$= -35.5217\text{kN} \cdot \text{m}$$

柱底部的弯矩为

$$M_{3c} = -R_3 H_4 + 2F_{c2}(H_4-y)$$
$$= [-5.5275 \times 12.5 + 2 \times 4.3056 \times (12.5-2.7)]\text{kN} \cdot \text{m} = 15.296\text{kN} \cdot \text{m}$$

柱④只有一台起重机作用其上，柱顶不动铰反力系数同柱③，且柱④是边柱，故增大系数 $\eta_c = 2.0$，则柱顶不动铰反力为

$$R_4 = C_5 F_{c2} = 0.6419 \times 4.3056\text{kN} = 2.7639\text{kN}$$

集中水平力作用处弯矩为

$$M'_{4F} = -R_4 y \eta_c = -2.7638 \times 2.7 \times 2\text{kN} \cdot \text{m} = -14.9245\text{kN} \cdot \text{m}$$

上柱底部的弯矩为

$$M'_{4c} = [-R_4 H_3 + F_{c2}(H_3-y)]\eta_c$$
$$= [-2.7638 \times 3.7 + 4.3056 \times (3.7-2.7)] \times 2\text{kN} \cdot \text{m}$$
$$= -11.8409\text{kN} \cdot \text{m}$$

柱底部的弯矩为

$$M_{4c} = -R_4 H_4 + F_{c2}(H_4-y)$$
$$= [-2.7638 \times 12.5 + 4.3056 \times (12.5-2.7)]\text{kN} \cdot \text{m}$$
$$= 7.6474\text{kN} \cdot \text{m}$$

至此，在地震作用下的全部内力已求出。按规定的方式进行内力组合后即可进行截面设计。

习题及思考题

1. 单层厂房主要有哪些地震破坏现象？

2. 单层厂房质量集中的原则是什么？

3. "无起重机单层厂房有多少不同的屋盖标高，就有多少个集中质量"，这种说法对吗？

4. 在什么情况下考虑起重机桥架的质量？为什么？

5. 什么情况下可不进行厂房横向和纵向的截面抗震验算？

6. 单层厂房横向抗震计算一般采用什么计算模型？

7. 单层厂房横向抗震计算应考虑哪些因素进行内力调整？

8. 单层厂房纵向抗震计算有哪些方法？试简述各种方法的步骤与要点。

9. 柱列法的适用条件是什么？

10. 柱列的刚度如何计算？其中用到哪些假定？

11. 简述厂房柱间支撑的抗震设置要求。

12. 为什么要控制柱间支撑交叉斜杆的最大长细比？

13. 屋架（屋面梁）与柱顶的连接有哪些形式？各有何特点？

14. 墙与柱如何连接？其中考虑了哪些因素？

15. 两跨不等高单层钢筋混凝土厂房如图 6-29 所示。低跨跨度为 15m，高跨跨度为 24m。柱的混凝土强度等级为 C25。屋盖结构采用预应力混凝土槽板、檩条和屋架，高、低跨屋盖的结构重力分别为 1.60kN/m² 和 1.45kN/m²。围护结构采用 240mm 厚的砖墙（下设基础梁）。基本雪压为 0.30kN/m²。Ⅱ 类场地，设计地震分组为第一组，设计烈度为 8 度。高、低跨一根起重机梁重分别为 68.0kN 和 31.6kN。高、低跨起重机桥架重分别为 440.0kN 和 157.0kN。试对横向地震作用计算该厂房柱的设计内力。

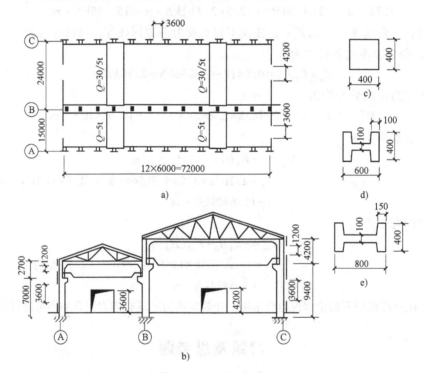

图 6-29　习题 15 图

a) 厂房平面图　b) 厂房剖面图　c) 上柱截面　d) A柱下柱截面　e) B、C 下柱截面

16. 两跨不等高单层钢筋混凝土厂房与习题 15 相同。该厂房的柱间支撑布置如图 6-30 所示。试对纵向地震作用计算该厂房柱的设计内力，并验算柱间支撑的承载力。

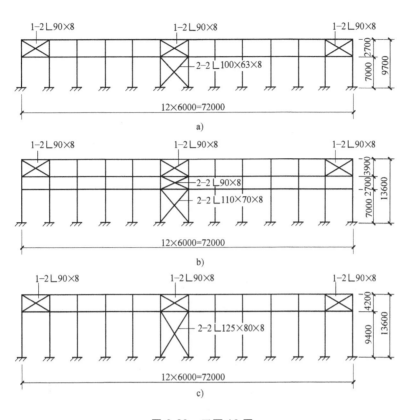

图 6-30 习题 16 图

a) A 柱列　b) B 柱列　c) C 柱列

第7章

多层和高层钢结构房屋抗震设计

7.1 概述

我国钢铁工业的快速发展，丰富了钢材的品种、产量及型钢的规格，大大推动了民用建筑钢结构在我国的发展，从最初主要应用于厂房、屋盖、平台等工业结构中，到 20 世纪 80 年代初期开始大规模地应用于民用建筑，近 30 年掀起了建设高层建筑钢结构的热潮。同时，钢结构体系也呈多样化发展，纯框架结构、框架中心支撑结构、框架偏心支撑结构、框架抗震墙结构、筒中筒结构、带加强层的框筒结构以及巨型框架结构等各种钢结构建筑都相继在我国建成。与混凝土结构相比，钢结构具有韧性好、强度与重量比高的优点，具有优越的抗震性能。但是，如果钢结构房屋在设计、材料选用、施工制作和维护上出现问题，则其优良的钢材特性将得不到充分的发挥，在地震作用下同样会造成结构的局部破坏或整体倒塌。

7.2 震害及其分析

钢结构一直被认为具有卓越的抗震性能，在历次的地震中经受了考验，很少发生整体破坏或坍塌现象。但是在 1994 年美国北岭特大地震和 1995 年日本阪神大地震中，钢结构出现了大量的局部破坏（如梁柱节点破坏、柱子脆性断裂、腹板裂缝和翼缘屈曲等），在日本阪神地震中甚至发生了钢结构建筑整个中间楼层被震塌的现象。根据钢结构在地震中的破坏特征，将结构的破坏形式分为以下几类。

1. 结构倒塌

结构倒塌是地震中结构破坏最严重的形式。在 1995 年阪神特大地震中，不仅许多多层钢结构在首层发生了整体破坏，还有不少多层钢结构在中间层发生了整体破坏。究其原因，主要是楼层屈服强度系数沿高度分布不均匀，造成了结构薄弱层的形成。图 7-1 为地震作用下某多层钢框架房屋首层柱发生破坏而导致整体结构倒塌。

2. 构件破坏

在以往所有的地震中，梁柱构件的局部破坏都

图 7-1 钢柱破坏导致整体结构倒塌

较多。对于框架柱来说，主要有翼缘的屈曲、拼接处的裂缝、节点焊缝处裂缝引起的柱翼缘层状撕裂，甚至框架柱的脆性断裂，如图7-2a所示。对于框架梁而言，主要有翼缘屈曲、腹板屈曲和裂缝、截面扭转屈曲等破坏形式，如图7-2b所示。支撑的破坏形式主要是轴向受压失稳。

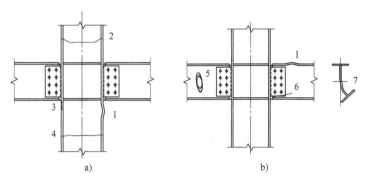

图7-2　框架柱的主要破坏形式

1—翼缘屈曲　2—拼接处的裂缝　3—柱翼缝层状撕裂　4—柱的
脆性断裂　5—腹板屈曲　6—腹板裂缝　7—截面扭转屈曲

3. 节点域破坏

节点域的破坏形式比较复杂，主要有加劲板的屈曲和开裂、加劲板焊缝出现裂缝、腹板的屈曲和裂缝，如图7-3所示。

4. 节点破坏

节点破坏是地震中发生最多的一种破坏形式，尤其是1994年美国北岭大地震和1995年日本阪神大地震中，钢框架梁-柱连接节点遭受广泛和严重破坏。这些地震中的梁柱节点脆性破坏，主要出现在梁柱节点的下翼缘，上翼缘的破坏要相对少很多。根据现场观察到的梁柱节点破坏，可分为八类模式，如图7-4所示。

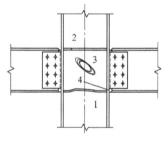

图7-3　节点域的主要破坏形式

1—加劲板屈曲　2—加劲板开裂
3—腹板屈曲　4—腹板开裂

梁柱刚性连接裂缝或断裂破坏的原因有：

1）焊缝缺陷，如裂纹、欠焊、夹渣和气孔等。这些缺陷将成为裂缝开展直至断裂的起源。

2）三轴应力影响。分析表明，梁柱连接的焊缝变形由于受到梁和柱约束，施焊后焊缝残存三轴拉应力，使材料变脆。

3）构造缺陷。出于焊接工艺的要求，梁翼缘与柱连接处设有垫条，实际工程中垫条在焊接后就留在结构上，这样垫条与柱翼缘之间就形成一条"人工"裂缝（图7-5），成为连接裂缝发展的起源。

4）焊缝金属冲击韧性低。美国北岭地震前，焊缝采用E70T-4或E70T-7自屏蔽药芯焊条，这种焊条对冲击韧性无规定，实验室试件和从实际破坏的结构中取出的连接试件在室温下的试验表明，其冲击韧性往往只有10～15J，这样低的冲击韧性使得连接很易产生脆性破坏，成为引发节点破坏的重要因素。

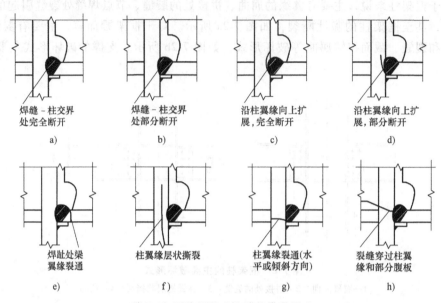

图 7-4　梁柱焊接连接处的失效模式

5. 基础锚固破坏

钢结构与基础的锚固破坏主要表现为柱脚处的地脚螺栓脱开，混凝土破碎导致锚栓失效、连接板断裂等，这种破坏形式曾发生多起。图 7-6 为土耳其地震中钢柱脚出现的锚固破坏。

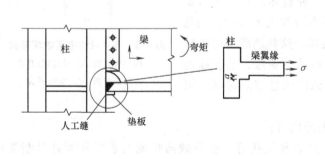

图 7-5　构造缺陷

图 7-6　钢柱脚破坏

根据对上述多层和高层钢结构房屋的震害特征的分析，总结其破坏原因，主要有如下几点：①结构的层屈服强度系数和抗侧刚度沿高度分布不均匀造成底层或中间某层形成薄弱层，从而发生薄弱层的整体破坏现象；②构件的截面尺寸和局部构造如长细比、板件宽厚比设计不合理，造成构件的脆性断裂、屈曲和局部的破裂等；③焊缝尺寸设计不合理或施工质量不过关造成许多焊缝处都出现裂缝；④梁柱节点的设计、构造以及焊缝质量等方面的原因造成大量的梁柱节点脆性破坏。

■ 7.3 抗震设计一般规定

7.3.1 钢结构房屋的结构体系及抗震性能

钢结构房屋的结构体系有纯框架结构、框架-支撑（剪力墙板）结构、筒体结构及巨型结构等。各种体系的抗侧力功能均由框架和支撑（剪力墙板）部分构成，在实际工程中需要综合考虑多种因素确定合适的结构体系。

1. 纯钢框架

纯钢框架结构体系早在19世纪末就已出现，它是高层建筑中最早出现的结构体系。这种结构整体刚度均匀，构造简单，制作安装方便。大震作用下具有较大的延性和一定的耗能能力，但是在弹性状况下的抗侧刚度较小。在水平力作用下，当楼层较少时，结构的侧向变形主要由框架柱的弯曲变形和节点的转角所引起，为剪切型；当层数较多时，结构的侧向变形除了由框架柱的弯曲变形和节点转角造成外，框架柱的轴向变形所造成的结构整体弯曲而引起的侧移随结构层数的增多而增大，为弯剪型。由此可见，纯框架结构的抗侧移能力主要决定于框架柱和梁的抗弯能力，当层数较多时要提高结构的抗侧移刚度只有加大梁和柱的截面，使框架失去其经济合理性，主要适用于二十几层以下的钢结构房屋。

2. 钢框架-支撑（抗震墙板）结构的抗震性能

纯框架结构靠梁柱的抗弯刚度来抵抗水平力，不能有效地利用构件的强度，当层数较多时，就很不经济。当建筑物超过二十几层或纯框架结构在风或地震作用下的侧移不符合要求时，可在纯框架结构中增加抗侧移构件，构成钢框架-抗剪结构体系。根据抗侧移构件的不同，又分为框架-支撑结构体系（中心支撑和偏心支撑）和框架-抗震墙板结构体系。

（1）框架-支撑结构体系　框架-支撑结构就是在框架的一跨或几跨沿竖向布置支撑而构成，其中支撑桁架部分起着类似框架-剪力墙结构中剪力墙的作用。与纯框架结构相比，这种结构形式大大提高了结构的抗侧移刚度。支撑的布置可分为中心支撑和偏心支撑两大类，如图7-7和图7-8所示。中心支撑框架是指支撑的两端都直接连接在梁柱节点上，而偏心支撑就是支撑至少有一端偏离了梁柱节点，直接连在梁上，支撑于柱之间的一段梁即为消能梁段。

中心支撑框架体系在大震作用下支撑易屈曲失稳，造成刚度及耗能能力急剧下降，直接

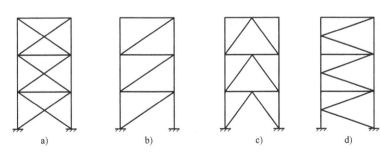

图 7-7　中心支撑

a）交叉支撑　b）单斜杆支撑　c）人字支撑　d）K形支撑

影响结构的整体性能；但在小震作用下抗侧移刚度很大，构造相对简单，实际工程应用较多。

偏心支撑框架结构是一种新型的结构形式，它较好地结合了纯框架和中心支撑框架两者的长处。与纯框架相比，它具有更大的抗侧移刚度及极限承载力。与中心支撑框架相比，在大震作用下，消能梁段发生剪切屈服，保证支撑的稳定，使得结构延性较好，

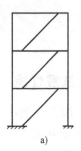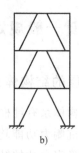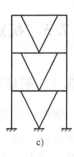

图 7-8　偏心支撑
a）D 形偏心支撑　b）K 形偏心支撑　c）V 形偏心支撑

具有良好的耗能能力。近年来，在美国的高烈度地震区，已被数十栋高层建筑采用作为主要抗震结构，我国北京中国工商银行总行（图 7-9a）也采用了这种结构体系。

（2）框架-抗震墙板结构体系　这里的抗震墙板包括带竖缝墙板、内藏钢支撑混凝土墙板和钢抗震墙板等。带竖缝墙板最早由日本在 20 世纪 60 年代研制，并成功应用到日本第一栋高层建筑钢结构霞关大厦。这种带竖缝墙板就是通过在钢筋混凝土墙板中按一定间距设置竖缝而形成的，同时在竖缝中设置了两块重叠的石棉纤维作隔板，这样既不妨碍竖缝剪切变形，还能起到隔声等作用。它在小震作用下处于弹性，刚度较大；在大震作用下进入塑性状态，能吸收大量的地震能量并保证其承载力。我国北京的京广中心大厦（图 7-9b）的结构体系采用的就是带竖缝墙板的钢框架-抗震墙板结构。内藏钢板支撑剪力墙构件就是一种以钢板为基本支撑、外包钢筋混凝土墙板的预制构件，它只在支撑节点处与钢框架相连，而且混凝土墙板与框架梁柱之间留有间隙，因此实际上仍然是一种支撑。钢抗震墙板就是一种用钢板或带有加劲肋的钢板制成的墙板，这种构件在我国应用很少。

3. 简体结构的抗震性能

简体结构体系是在超高层建筑中应用较多的一种，按简体的位置、数量等分为框简、简中简、带加强层的简体和束简等几种结构体系。

（1）钢框架-核心简结构体系　钢框架-核心简结构体系将抗剪结构做成四周封闭的核心简，用以承受全部或大部分水平荷载和扭转荷载。外围框架可以使铰接钢结构或钢骨混凝土结构，主要承受自身的重力荷载，也可以设计成抗弯框架，承担一部分水平荷载。核心简的布置随建筑的面积和用途不同而有很大的变化，它可以是设于建筑物核心的单简，也可以是几个独立的简位于不同的位置。

（2）简中简结构体系　简中简结构体系就是集外围框简和核心简为一体的结构形式，其外围多为密柱深梁的钢框简，核心为钢结构构成的简体。内、外简通过楼板连接成一个整体，大大提高结构的总体刚度，有效地抵抗水平外力。与钢框架-核心简结构体系相比，由于外围框架简的存在，整体刚度远大于它；与外框简结构体系相比，由于核心内简参与抵抗水平外力，不仅提高结构抗侧移刚度，还使框简结构的剪力滞后现象得到改善。这种结构体系在工程中应用较多，我国建于 1989 年的 39 层高 155m 的北京国贸中心大厦（图 7-9c）就采用了全钢简中简结构体系。

（3）带加强层的简体结构体系　对于钢框架-核心简结构，其外围柱与中间的核心简仅通过跨度较大的连系梁连接。在水平地震作用下，外围框架柱不能与核心简共同形成一个有

效的抗侧力整体，而是核心筒几乎独自抗弯，外围柱的轴向刚度不能很好地利用，结构的抗侧移刚度有限，建筑高度受到限制。带水平加强层的筒体结构体系就是通过在设备层或避难层设置刚度较大的加强层，加强核心筒与周边框架柱的联系，充分利用周边框架柱的轴向刚度形成的反弯矩来减少内筒体的倾覆力矩，从而减少结构在水平荷载作用下的侧移。由于外围框架梁的竖向刚度有限，不足以让未与水平加强层直接相连的其他周边柱子参与结构的整体抗弯，一般在水平加强层的楼层沿结构周边外圈还要设置周边环带桁架。设置水平加强层后，抗侧移效果显著。

（4）束筒结构体系　束筒结构就是将多个单元框架筒体相连在一起而组成的组合筒体，是一种抗侧刚度很大的结构形式。这些单元筒体本身就有很高的强度，它们可以在平面和立面上组合成各种形状，并且各个筒体可终止于不同高度。曾经是世界最高的建筑——位于芝加哥的 110 层高 442m 的西尔斯大厦（图 7-9d）所采用的就是这种结构形式。

（5）巨型结构　巨型结构又称超级结构体系，是一种新型的超高层建筑结构体系，它的提出起源于 20 世纪 60 年代末，是由不同于通常梁柱概念的大型构件组成的主结构和由常规结构构件组成的次结构共同工作的一种结构体系。主结构中巨型柱的尺寸常超过一个普通框架的柱间距，形式上可以是巨大的实腹钢骨混凝土柱、空间格构式桁架或筒体；巨型梁大多数采用的是高度在一层以上的平面或空间格构式桁架，一般隔若干层才设置一道。在主结构中，有时也设置跨越好几层的支撑或斜向布置剪力墙。

巨型钢结构的主结构通常为主要的抗侧力体系，承受全部的水平荷载和次结构传来的各

a)

b)

c)

d)

e)

图 7-9　钢结构房屋的结构体系

a）北京中国工商银行总行　b）京广中心大厦　c）北京国贸中心大厦　d）西尔斯大厦　e）香港中国银行

种荷载；次结构承担竖向荷载，并负责将力传给主结构。巨型结构按其主要受力体系可分为：巨型桁架（包括筒体）、巨型框架、巨型悬挂结构和巨型分离式筒体四种基本类型。而且由上述四种基本类型和其他常规体系还可组合出许多种其他性能优越的巨型钢结构体系。这种新型的结构形式正越来越引起国际建筑业的关注。近年来巨型结构在我国已取得了进展，其中比较典型的有 1990 年建成的 70 层高 369m 的香港中国银行（图 7-9e）。

7.3.2 钢结构房屋结构布置

钢结构房屋应尽量避免采用不规则的建筑方案。平面布置宜简单、规则和对称，并应具有良好的整体性，同时使结构各层的抗侧刚度中心与质量中心接近或重合；立面和竖向布置宜规则，竖向抗侧力构件的截面尺寸和材料强度宜自下而上逐渐减小，结构的质量和抗侧刚度沿竖向分布宜均匀变化，避免抗侧力结构的侧向刚度和承载力突变。

钢结构房屋一般不宜设防震缝，薄弱部位应采取措施提高抗震能力。当结构体型复杂、平立面特别不规则，必须设置防震缝时，可在适当部位设置防震缝，形成多个较规则的抗侧力结构单元，防震缝缝宽应不小于相应钢筋混凝土结构房屋的 1.5 倍。

7.3.3 钢结构的最大适用高度、高宽比及抗震等级

表 7-1 所列为《建筑抗震设计规范》（GB 50011—2010，下同）规定的各种不同结构类型钢结构房屋的最大适用高度，根据结构总体高度和抗震设防烈度确定。表中所列的各项取值是在研究各种结构体系的结构性能和造价的基础之上，按照安全、经济的原则确定的。如果某工程设计高度超过表中所列的限值时，须按住房城乡建设部的规定进行超限审查。

表 7-1　钢结构房屋适用的最大高度　　　　　　　　（单位：m）

结构类型	6、7 度 (0.10g)	7 度 (0.15g)	8 度		9 度 (0.40g)
			(0.20g)	(0.30g)	
框架	110	90	90	70	50
框架-中心支撑	220	200	180	150	120
框架-偏心支撑（延性墙板）	240	220	200	180	160
筒体（框筒，筒中筒，桁架筒，束筒）和巨型框架	300	280	260	240	180

注：1. 房屋高度指室外地面到主要屋面板板顶的高度（不包括局部突出屋顶部分）。
　　2. 超过表内高度的房屋，应进行专门研究和论证，采取有效的加强措施。
　　3. 表内的筒体不包括混凝土筒。

结构的高宽比是影响结构整体稳定性和抗震性能的重要参数，它对结构刚度、侧移和振动形式有直接影响。高宽比指房屋总高度与平面较小宽度之比。高宽比值较大时，不仅使结构产生较大的水平位移及 P-Δ 效应，还由于倾覆力矩使柱产生很大的轴向力。因此，需要对钢结构房屋的最大高宽比制定限值。表 7-2 所列为钢结构民用房屋适用的最大高宽比。

表 7-2　钢结构民用房屋的最大高宽比

烈　　度	6、7 度	8 度	9 度
最大高宽比	6.5	6.0	5.5

注：1. 计算高宽比的高度从室外地面算起。
　　2. 塔形建筑的底部有大底盘时，高宽比可按大底盘以上计算。

地震作用下，钢结构的地震反应具有下列特点：①设防烈度越大，地震作用越大，房屋的抗震要求越高；②房屋越高，地震反应越大，其抗震要求越高。所以，在不同的抗震设防烈度地区、不同高度的结构，其地震作用效应在与其他荷载效应组合中所占比重不同，在小震作用下，各结构均能保持弹性，但在中震和大震作用下，结构所具有的实际抗震能力会有较大的差别，结构可能进入弹塑性状态的程度也是不同的，即不同设防烈度区、不同高度的结构的延性要求也不一样。因此，综合考虑设防类别、设防烈度和房屋高度等因素，划分抗震等级进行抗震设计。表 7-3 所列为《建筑抗震设计规范》规定的丙类建筑抗震等级划分。

表 7-3　钢结构房屋的抗震等级

房屋高度	烈度			
	6	7	8	9
≤50m	—	四	三	二
>50m	四	三	二	一

注：1. 高度接近或等于高度分界时，应允许结合房屋不规则程度和场地、地基条件确定抗震等级。

　　2. 一般情况，构件的抗震等级应与结构相同；当某个部位各构件的承载力均满足 2 倍地震作用组合下的内力要求时，7~9 度的构件抗震等级应允许按降低一度确定。

7.3.4　支撑、加强层的设置要求

在框架结构中增加中心支撑或偏心支撑等抗侧力构件时，应遵循抗侧力刚度中心与水平地震作用合力接近重合的原则，在两个方向上均宜对称布置。同时，支撑框架之间楼盖的长宽比不宜大于 3，以保证抗侧刚度沿长度方向分布均匀。

中心支撑框架在小震作用下具有较大的抗侧刚度，同时构造简单；但是在大震作用下，支撑易受压失稳，造成刚度和耗能能力的急剧下降。偏心支撑在小震作用下具有与中心支撑相当的抗侧刚度，在大震作用下还具有与纯框架相当的延性和耗能能力，但构造相对复杂。所以，对于三、四级且高度不大于 50m 的钢结构宜采用中心支撑，有条件时可以采用偏心支撑、屈曲约束支撑等消能支撑。超过 50m 或 9 度区的钢结构宜采用偏心支撑框架。

中心支撑可以采用交叉支撑、人字支撑或单斜杆支撑，但不宜采用图 7-7 所示的 K 形支撑。因为 K 形支撑在地震力作用下可能因受压斜杆屈曲或受拉斜杆屈服，引起较大的侧移使柱发生屈曲甚至倒塌，故抗震设计中不宜采用。当采用只能受拉的单斜杆支撑时，必须设置两组不同倾斜方向的支撑，且每组中不同方向单斜杆的截面面积在水平方向的投影面积之差不应大于 10%，以保证结构在两个方向具有同样的抗侧能力。对于不超过 50m 钢结构可优先采用交叉支撑，按拉杆设计，相对经济。具体布置时，其轴线应交汇于梁柱构件的轴线交点，确有困难时偏离中心不应超过支撑杆件宽度，并应计入由此产生的附加弯矩。

偏心支撑框架根据其支撑的设置情况分为 D 形、K 形和 V 形，如图 7-8 所示。无论采用何种形式的偏心支撑框架，每根支撑至少有一端偏离梁柱节点，直接与框架梁连接，在梁支撑节点与梁柱节点之间或梁支撑节点与另一梁支撑节点之间形成消能梁段。

采用屈曲约束支撑时，宜采用人字支撑、成对布置的单斜杆支撑等形式，不应采用 K 形或 X 形，支撑与柱的夹角宜为 35°~55°。屈曲约束支撑受压时，其设计参数、性能检验和作为一种消能部件的计算方法可按相关要求设计。

钢框架支撑（钢框架-核心支撑框架）体系，在层数较多、高度较高时，侧向刚度较弱，当需要增强刚度、减小位移，又不能增加支撑数量时，可设置水平加强层，即在结构的某些层柱间设垂直桁架（伸臂桁架和周边桁架）与支撑框架构成侧向刚度较大的结构层，水平加强层的位置选择一般与设备层、避难层结合，宜设在房屋总高度的中部和顶层。设计中可根据计算比较选择设置的楼层。

由垂直桁架（外框与内筒的伸臂桁架及周边桁架）构成竖向刚度很大的楼层，使垂直桁架与所连接的柱子（如外框架柱）增加共同抗弯作用的效果，相对减小了支撑框架（内筒）所承担的倾覆力矩。同时，由于加强层的刚度较大，减小了结构整体侧向位移。

水平加强层的刚度大大超过上下各层，属于竖向不规则结构，造成在水平加强层的邻近上下层相交的柱子受力很复杂，在设计中需加强该部位的计算及构造，必要时应进行弹塑性时程分析，检验该处薄弱部位的受力性能，因此，一般水平加强层用于非抗震结构，减小风荷载作用下的水平位移。

7.3.5 楼盖设置要求

楼盖工程量比重大，对结构的整体工作、使用性能、造价及施工速度等都有重要影响。设计中确定楼盖形式时，主要考虑以下几点：①保证楼盖有足够的平面整体刚度，使得结构各抗侧力构件在水平地震作用下具有相同的侧移；②较轻的楼盖结构自重和较薄的楼盖结构厚度；③有利于现场快速施工和安装；④较好的防火、隔声性能，便于敷设动力、设备及通信等管线设施。

目前，楼板的做法主要有压型钢板现浇钢筋混凝土组合楼板、装配整体式预制钢筋混凝土楼板、装配式预制钢筋混凝土楼板、普通现浇混凝土楼板或其他楼板。从性能上比较，压型钢板现浇钢筋混凝土组合楼板和普通现浇混凝土楼板的平面整体刚度更好；从施工速度上比较，压型钢板现浇钢筋混凝土组合楼板、装配整体式预制钢筋混凝土楼板和装配式预制钢筋混凝土楼板都较快；从造价上比较，压型钢板现浇钢筋混凝土组合楼板也相对较高。

综合比较各种因素，多高层钢结构宜采用压型钢板现浇钢筋混凝土组合楼板，因为当压型钢板现浇钢筋混凝土组合楼板与钢梁有可靠连接时，具有很好的平面整体刚度，同时不需要现浇模板，提高了施工速度。对于6、7度时不超过50m的钢结构，尚可采用装配整体式钢筋混凝土楼板，也可采用装配式楼板或其他轻型楼板，但应将楼板预埋件与钢梁焊接，或采取其他保证楼盖整体性的措施。对转换层楼盖或楼板有大洞口等情况，必要时可设置水平支撑，保证传递水平力。

7.3.6 地下室设置要求

超过50m的钢结构房屋应设置地下室。当设置地下室时，其基础形式应根据上部结构及地下室情况、工程地质条件、施工条件等因素综合考虑确定。地下室和基础作为上部结构连续的锚伸部分，应具有可靠的埋置深度和足够的承载力及刚度。当采用天然地基时，其基础埋置深度不宜小于房屋总高度的1/15；当采用桩基时，桩承台埋置深度不宜小于房屋总高度的1/20。

钢结构房屋设置地下室时，为了增强刚度并便于连接构造，框架-支撑（抗震墙板）结构中竖向连续布置的支撑（或抗震墙板）应延伸至基础，并且支撑的位置不可因建筑的要求而在地下室移动位置。框架柱应至少延伸至地下一层。

■ 7.4　抗震验算

多高层钢结构房屋的抗震设计，采用两阶段设计法。第一阶段为多遇地震作用下的弹性分析，验算构件的承载力和稳定以及结构的层间侧移；第二阶段为罕遇地震下的弹塑性分析，验算结构的层间侧移。主要包括以下内容：①计算模型的选取；②根据设防要求确定地震动参数，如地震影响系数；③根据结构特点确定结构参数，如阻尼比；④选择合适的方法进行地震作用计算；⑤地震作用下结构的变形计算，进行变形校核；⑥各构件内力和强度计算；⑦节点、连接的承载力验算。

7.4.1　计算模型

1. 计算模型的选用

当结构布置规则、质量及刚度沿高度分布均匀、不计扭转效应时，可采用平面结构计算模型；当结构平面或立面不规则、体型复杂、无法划分成平面抗侧力单元的结构，或为筒体结构等时，应采用空间结构计算模型。

2. 抗侧力构件的模拟

在框架-支撑（抗震墙板）结构的计算分析中，其计算模型中部分构件单元模型可做适当的简化。支撑斜杆构件的两端连接节点虽然按刚接设计，但在大量的分析中发现，支撑构件两端承担的弯矩很小，计算模型中支撑构件可按两端铰接模拟。内藏钢支撑钢筋混凝土墙板构件是以钢板为基本支撑，外包钢筋混凝土墙板的预制构件，它只在支撑节点处与钢框架相连，而且混凝土墙板与框架梁柱间留有间隙，因此实际上仍是一种支撑，则计算模型中可按支撑构件模拟。对于带竖缝混凝土抗震墙板，可按只承受水平荷载产生的剪力、不承受竖向荷载产生的压力的杆件来模拟。

3. 阻尼比的取值

阻尼比是计算地震作用的重要参数。根据实测结果，多层钢结构（高度不大于50m）可取0.04；高度大于50m且小于200m的高层钢结构，可取0.03；高度不小于200m的高层钢结构，宜取0.02；当偏心支撑框架部分承担的地震倾覆力矩大于结构总地震倾覆力矩的50%时，其阻尼比可比普通钢结构相应增加0.005。在罕遇地震作用下，考虑结构进入弹塑性，不同层数的钢结构阻尼比都取0.05（弹塑性分析的阻尼比可适当增加，采用等效线性化方法时不宜大于0.05）。

4. 重力二阶效应的考虑方法（罕遇地震下应计入重力二阶效应）

由于钢结构的抗侧刚度相对较弱，随着建筑物高度的增加，重力二阶效应的影响也越来越大。当结构在地震作用下的重力附加弯矩 M_a 与初始弯矩 M_0 之比符合式（7-1）时，应计入重力二阶效应的影响。

$$\theta_i = \frac{M_a}{M_0} = \frac{\sum G_i \cdot \Delta u_i}{V_i h_i} > 0.1 \tag{7-1}$$

式中，θ_i 为稳定系数；$\sum G_i$ 为 i 层以上全部重力荷载计算值；Δu_i 为第 i 层楼层质心处的弹性或弹塑性层间位移；V_i 为第 i 层地震剪力计算值；h_i 为第 i 层层间高度。

7.4.2　侧移验算

多高层钢结构房屋应限制并控制侧移，使其不超过一定的数值，避免在多遇地震作用下（弹性阶段）由于层间变形过大而造成非结构构件的破坏，在罕遇地震下（弹塑性阶段）因变形过大而造成结构的破坏或倒塌。

1. 节点域对结构侧移的影响

研究表明，节点域剪切变形对框架-支撑体系影响较小，对钢框架结构体系影响较大，在纯钢框架结构体系中，当采用工字形截面柱且层数较多时，节点域的剪切变形对框架位移的影响可达 10%~20%；当采用箱形柱或层数较小时，节点域的剪切变形对框架位移的影响不到 1%。《建筑抗震设计规范》规定，对工字形截面柱，宜计入梁柱节点域剪切变形对结构侧移的影响；对箱形柱框架、中心支撑框架和不超过 50m 的钢结构，其层间位移计算可不计入梁柱节点域剪切变形的影响，近似按框架轴线进行分析。

2. 多遇地震作用和罕遇地震作用侧移验算

多高层钢结构的抗震变形验算按多遇地震和罕遇地震两个阶段分别验算。

所有的钢结构都要进行多遇地震作用下的抗震变形验算，并且楼层内最大的弹性层间位移 Δu_e 应符合下列要求

$$\Delta u_e \leqslant h/250 \qquad (7\text{-}2)$$

式中，h 为计算楼层层高。

甲类建筑和 9 度时乙类建筑中的钢结构，高度超过 150m 的钢结构必须进行罕遇地震作用下薄弱层的弹塑性变形验算；7 度 Ⅲ、Ⅳ 类场地和 8 度时乙类建筑中的钢结构，高度不大于 150m 的钢结构，宜进行弹塑性侧移验算。此时，楼层内最大的弹塑性层间位移 Δu_p 应符合下列要求：

$$\Delta u_p \leqslant h/50 \qquad (7\text{-}3)$$

7.4.3　地震作用下的内力调整

为体现抗震设计中多道设防、强柱弱梁原则，保证结构在大震作用下按照理想的屈服形式屈服，设计中通过调整结构中不同部分的地震效应或不同构件的内力设计值（即乘以地震作用调整系数或内力增大系数）来实现。

1. 结构不同部分的剪力分配

钢框架-支撑结构这种双重抗侧力体系结构，不但要求支撑、内藏钢支撑钢筋混凝土墙板等这些抗侧力构件具有一定的刚度和强度，还要求框架部分有一定独立的抗侧力能力，以发挥框架部分的二道设防作用。钢框架-支撑结构设计时，框架部分按刚度分配计算得到的地震层剪力应乘以调整系数，达到不小于结构底部总地震剪力的 25% 和框架部分计算最大层剪力 1.8 倍二者的较小值。

2. 框架-中心支撑结构构件内力设计值调整

在钢框架-中心支撑结构中，斜杆轴线偏离梁柱轴线交点不超过支撑杆件的宽度时，仍可按中心支撑框架分析，但应考虑支撑偏离对框架梁造成的附加弯矩。

3. 框架-偏心支撑结构构件内力设计值调整

为了实现偏心支撑框架在屈服时的非弹性变形主要集中在各消能梁段上的设计目的，要

选择合适的消能梁段的长度和梁柱支撑截面，为此，偏心支撑框架构件的内力设计值应通过乘以增大系数进行调整。

1）支撑斜杆的轴力设计值，应取与支撑斜杆相连接的消能梁段达到受剪承载力时支撑斜杆轴力与增大系数的乘积；其增大系数，一级不应小于1.4，二级不应小于1.3，三级不应小于1.2。

2）位于消能梁段同一跨的框架梁内力设计值，应取消能梁段达到受剪承载力时框架梁内力与增大系数的乘积；其增大系数，一级不应小于1.3，二级不应小于1.2，三级不应小于1.1。

3）框架柱的内力设计值，应取消能梁段达到受剪承载力时柱内力与增大系数的乘积；其增大系数，一级不应小于1.3，二级不应小于1.2，三级不应小于1.1。

4. 其他内力调整问题

对框架梁，可不按柱轴线处的内力而按梁端内力设计。钢结构转换构件下的钢框架柱，地震内力应乘以1.5的增大系数。带竖缝钢筋混凝土墙板可仅承受水平荷载产生的剪力，不承受竖向荷载产生的压力。

7.4.4 抗震承载力和稳定性验算

1. 框架柱的抗震验算

框架柱截面抗震验算包括强度验算、平面内和平面外的整体稳定性验算，分别按式（7-4）、式（7-5）和式（7-6）进行验算。

$$\frac{N}{A_n}+\frac{M_x}{\gamma_x W_{nx}}+\frac{M_y}{\gamma_y W_{ny}}\leqslant\frac{f}{\gamma_{RE}} \tag{7-4}$$

$$\frac{N}{\varphi_x A}+\frac{\beta_{mx}M_x}{\gamma_x W_x(1-0.8N/N'_{Ex})}+\eta\frac{\beta_{ty}M_y}{\varphi_{by}W_y}\leqslant\frac{f}{\gamma_{RE}} \tag{7-5}$$

$$\frac{N}{\varphi_y A}+\eta\frac{\beta_{tx}M_x}{\varphi_{bx}W_x}+\frac{\beta_{my}M_y}{\gamma_y W_y(1-0.8N/N'_{Ey})}\leqslant\frac{f}{\gamma_{RE}} \tag{7-6}$$

式中，N、M_x、M_y分别为构件的设计轴力和弯矩；A_n、A分别为构件的净截面和毛截面面积；γ_x、γ_y为构件截面塑性发展系数，按《钢结构设计标准》（GB 50017—2017，下同）规定取值；W_{nx}、W_{ny}分别为对x轴和y轴的净截面模量；φ_x、φ_y分别为对强轴和弱轴的轴心受压构件稳定系数；W_x、W_y分别为对强轴和弱轴的毛截面模量，按《钢结构设计标准》计算；β_{mx}、β_{my}分别为两个方向的平面内的等效弯矩系数，按《钢结构设计标准》规定取值；β_{tx}、β_{ty}分别为两个方向的平面外的等效弯矩系数，按《钢结构设计标准》规定取值；N'_{Ey}为构件的欧拉临界力；φ_{bx}、φ_{by}为均匀弯曲的受弯构件整体稳定性系数，按《钢结构设计标准》规定取值；η为截面影响系数，闭口截面$\eta=0.7$，其他截面$\eta=1.0$；f为钢材的抗弯强度设计值；γ_{RE}为框架柱承载力抗震调整系数，强度验算时取0.75，稳定性验算时取0.80。

2. 框架梁的抗震验算

框架梁抗震验算包括抗弯强度和抗剪强度验算，分别按式（7-7）、式（7-8）和式（7-9）验算。

$$\frac{M_x}{\gamma_x W_{nx}} \leqslant \frac{f}{\gamma_{RE}} \tag{7-7}$$

$$\tau = \frac{VS}{It_w} \leqslant \frac{f_v}{\gamma_{RE}} \tag{7-8}$$

框架梁端部截面的抗剪强度

$$\tau = \frac{V}{A_{wn}} \leqslant \frac{f_v}{\gamma_{RE}} \tag{7-9}$$

除了设置刚性铺板的情况外，框架梁还要按式（7-10）进行梁的稳定性验算。

$$\frac{M_x}{\varphi_b W_x} \leqslant \frac{f}{\gamma_{RE}} \tag{7-10}$$

式中，M_x 为梁对 x 轴的弯矩设计值；W_{nx}、W_x 分别为梁对 x 轴的净截面模量和毛截面模量；V 为计算截面沿腹板平面作用的剪力；A_{wn} 为梁端腹板的净截面面积；γ_x 为构件截面塑性发展系数，按《钢结构设计标准》规定取值；φ_b 为梁的整体稳定系数，按《钢结构设计标准》规定取值；S 为计算剪应力处以上毛截面对中和轴的面积矩；I 为截面的毛截面惯性矩；t_w 为腹板厚度；f 为钢材的抗弯强度设计值；f_v 为钢材的抗剪强度设计值；γ_{RE} 为框架梁承载力抗震调整系数，强度验算时取 0.75，稳定性验算时取 0.80。

3. 中心支撑框架结构中支撑斜杆的受压承载力验算

支撑斜杆在地震反复拉压荷载作用下承载力要降低，设计中采用一个与长细比有关的强度降低系数来考虑承载力的下降。具体设计时支撑斜杆的受压承载力按以下公式验算

$$N/(\varphi A_{br}) \leqslant \psi f/\gamma_{RE} \tag{7-11}$$

$$\psi = 1/(1+0.35\lambda_n) \tag{7-12}$$

$$\lambda_n = (\lambda/\pi)\sqrt{f_{ay}/E} \tag{7-13}$$

式中，N 为支撑斜杆的轴向力设计值；A_{br} 为支撑斜杆的截面面积；φ 为轴心受压构件的稳定系数；ψ 为受循环荷载时的强度降低系数；λ、λ_n 为支撑斜杆的长细比和正则化长细比；E 为支撑斜杆钢材的弹性模量；f、f_{ay} 分别为钢材强度设计值和屈服强度；γ_{RE} 为支撑稳定破坏承载力抗震调整系数，取 0.80。

4. 中心支撑框架结构中人字支撑和 V 形支撑的横梁验算

人字形支撑或 V 形支撑的斜杆受压屈曲后，承载力将急剧下降，则拉压两支撑斜杆将在支撑与横梁连接处引起不平衡力。对于人字形支撑而言，这种不平衡力将引起楼板的下陷；对于 V 形支撑而言，这种不平衡力将引起楼板的向上隆起。为了避免这种情况的出现，应对横梁进行承载力验算。验算时横梁按中间无支座的简支梁考虑，荷载包括楼面重力荷载和上述由受压支撑屈曲后产生的不平衡集中力。此不平衡力可取受拉支撑的竖向分量减去受压支撑屈曲压力竖向分量的 30% 来计算。必要时，人字支撑和 V 形支撑可沿竖向交替设置或采用拉链柱，如图 7-10 所示。

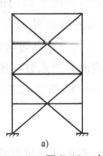
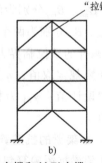

图 7-10　人字支撑和 V 形支撑
a）人字和 V 形支撑交替布置　b）"拉链柱"

5. 偏心支撑框架中消能梁段的受剪承载力验算

消能梁段是偏心支撑框架中的关键部位，偏心支撑框架在大震作用下的塑性变形就是通过消能梁段良好的剪切变形能力实现的。由于消能梁段长度短，高跨比大，承受着较大的剪力。由于当轴力较大时，对梁的抗剪承载力有一定的影响，所以消能梁段的抗剪承载力要分轴力较小和较大两种情况分别验算：

当 $N \leq 0.15Af$ 时

$$V \leq \phi V_l / \gamma_{RE} \tag{7-14}$$

$V_l = 0.58A_w f_{ay}$ 或 $V_l = 2M_{lp}/a$，取较小值

$$A_w = (h - 2t_f)t_w; M_{lp} = fW_p$$

当 $N > 0.15Af$ 时

$$V \leq \phi V_{lc} / \gamma_{RE} \tag{7-15}$$

$V_{lc} = 0.58A_w f_{ay}\sqrt{1 - [N/(Af)]^2}$，或 $V_{lc} = 2.4M_{lp}[1 - N/(Af)]/a$，取较小值

式中，N、V 分别为消能梁段的轴力设计值和剪力设计值；V_l、V_{lc} 分别为消能梁段受剪承载力和计入轴力影响的受剪承载力；M_{lp} 为消能梁段的全塑性受弯承载力；A、A_w 分别为消能梁段的截面面积和腹板截面面积；W_p 为消能梁段的塑性截面模量；a、h 分别为消能梁段的净长和截面高度；t_w、t_f 分别为消能梁段的腹板厚度和翼缘厚度；f、f_{ay} 分别为消能梁段钢材的抗压强度设计值和屈服强度；ϕ 为系数，可取 0.9；γ_{RE} 为消能梁段承载力抗震调整系数，取 0.75。

6. 钢框架梁柱节点处抗震承载力验算

"强柱弱梁"是抗震设计的基本原则之一，除了分别验算梁、柱构件的截面承载力外，还要对节点的左右梁端和上下柱端的全塑性承载力进行验算。为了保证"强柱弱梁"的实现，要求交汇节点的框架柱受弯承载力之和应大于梁的受弯承载力之和，即满足式（7-16）和式（7-17）。

等截面梁　$\sum W_{pc}(f_{yc} - N/A_c) \geq \eta \sum W_{pb}f_{yb} \tag{7-16}$

端部翼缘变截面的梁　$\sum W_{pc}(f_{yc} - N/A_c) \geq \sum(\eta W_{pb1}f_{yb} + V_{pb}s) \tag{7-17}$

式中，W_{pc}、W_{pb} 分别为交汇于节点的柱和梁的塑性截面模量；W_{pb1} 为梁塑性铰所在截面的梁塑性截面模量；f_{yc}、f_{yb} 分别为柱和梁的钢材屈服强度；N 为地震组合的柱轴力；A_c 为框架柱的截面面积；η 为强柱系数，一级取 1.15，二级取 1.10，三级取 1.05；V_{pb} 为梁塑性铰剪力；s 为塑性铰至柱面的距离，塑性铰可取梁端部变截面翼缘的最小处。

当柱所在楼层的受剪承载力比相邻上一层的受剪承载力高出 25%，或柱轴压比不超过 0.4，或 $N_2 \leq \varphi A_c f$（N_2 为 2 倍地震作用下的组合轴力设计值）以及与支撑斜杆相连的节点，可不按上式验算。

7. 节点域的抗剪强度、稳定性验算和屈服承载力

节点域抗剪承载力　$(M_{b1} + M_{b2})/V_p \leq (4/3)f_v/\gamma_{RE} \tag{7-18}$

节点域的稳定性　$t_w \geq (h_b + h_c)_v/90 \tag{7-19}$

节点域的屈服承载力　　$\phi(M_{pb1}+M_{pb2})/V_p \leqslant (4/3)f_{yv}$ 　　　　　　　(7-20)

工字形截面柱　　$V_p = h_{b1}h_{c1}t_w$

箱形截面柱　　$V_p = 1.8h_{b1}h_{c1}t_w$

圆管截面柱　　$V_p = (\pi/2)h_{b1}h_{c1}t_w$

式中，M_{pb1}、M_{pb2}分别为节点域两侧梁的全塑性受弯承载力；M_{b1}、M_{b2}分别为节点域两侧梁的弯矩设计值；V_p 为节点域的体积；ϕ 为折减系数，三、四级取 0.6，一、二级取 0.7；h_{b1}、h_{c1}分别为梁翼缘厚度中点间的距离和柱翼缘（或钢管直径线上管壁）厚度中点间的距离；t_w 为柱在节点域的腹板厚度；f_v 为钢材的抗剪强度设计值；f_{yv}为钢材的屈服抗剪强度，取钢材屈服强度的 0.58 倍；γ_{RE}为节点域承载力抗震调整系数，取 0.75。

8. 钢结构构件连接抗震承载力验算

钢材具有很好的延性性能，但材料的延性并不能保证结构的延性。钢结构优良的塑性变形能力还需要强大的节点来保证，即"强节点，弱构件"的设计原则。钢结构构件连接首先要按地震组合内力进行弹性设计，然后进行极限承载力验算。

（1）梁柱连接的承载力验算　　梁柱连接弹性设计按翼缘和腹板分别验算，其中剪力由腹板独自承担，弯矩由翼缘和腹板按各自的截面惯性矩共同承担。极限受弯、受剪承载力验算应符合下列要求

$$M_u^j \geqslant \eta_j M_p \tag{7-21}$$

$$V_u^j \geqslant 1.2(\textstyle\sum M_p/l_n)+V_{Gb} \tag{7-22}$$

（2）支撑与框架的连接及支撑拼接的极限承载力　　支撑与框架的连接及支撑拼接的极限承载力验算应符合下列要求

$$N_{ubr}^j \geqslant \eta_j A_{br}f_y \tag{7-23}$$

（3）梁、柱构件拼接的承载力验算　　梁、柱构件拼接的弹性设计时，腹板应计入弯矩，同时腹板的受剪承载力不应小于构件截面受剪承载力的 50%。拼接的极限承载力应符合下列要求

$$M_{ub,sp}^j \geqslant \eta_j M_p \tag{7-24}$$

$$M_{uc,sp}^j \geqslant \eta_j M_{pc} \tag{7-25}$$

（4）柱脚与基础的连接极限承载力验算　　柱脚与基础的连接极限承载力验算应符合下列要求

$$M_{u,base}^j \geqslant \eta_j M_{pc} \tag{7-26}$$

式中，M_p、M_{pc}分别为梁的塑性受弯承载力和考虑轴力影响时柱的塑性受弯承载力；V_{Gb}为梁在重力荷载代表值（9 度时高层建筑尚应包括竖向地震作用标准值）作用下，按简支梁分析的梁端截面剪力设计值；l_n 为梁的净跨；A_{br}为支撑杆件的截面面积；f_y 为支撑钢材的屈服强度；M_u^j、V_u^j 分别为连接的极限受弯、受剪承载力；N_{ubr}^j、$M_{ub,sp}^j$、$M_{uc,sp}^j$分别为支撑连接和拼接、梁、柱拼接的极限受压（拉）、受弯承载力；$M_{u,base}^j$为柱脚的极限受弯承载力；η_j 为连接系数，可按表 7-4 采用，当梁腹板采用改进型过焊孔时，梁柱刚性连接的连接系数可乘以不小于 0.9 的折减系数。

表 7-4　钢结构抗震设计的连接系数

母材牌号	梁柱连接		支撑连接，构件拼接		柱脚	
	焊接	螺栓连接	焊接	螺栓连接		
Q235	1.40	1.45	1.25	1.30	埋入式	1.2
Q345	1.30	1.35	1.20	1.25	外包式	1.2
Q345GJ	1.25	1.30	1.15	1.20	外露式	1.1

注：1. 屈服强度高于 Q345 的钢材，按 Q345 的规定采用。

2. 屈服强度高于 Q345GJ 的 GJ 钢材，按 Q345GJ 的规定采用。

3. 翼缘焊接腹板栓接时，连接系数分别按表中连接形式取用。

7.5　抗震构造措施

7.5.1　钢框架结构抗震构造

1. 框架柱的构造措施

1）框架柱的长细比关系到结构的整体稳定性，《建筑抗震设计规范》规定：一级不应大于 $60\sqrt{235/f_{ay}}$，二级不应大于 $80\sqrt{235/f_{ay}}$，三级不应大于 $100\sqrt{235/f_{ay}}$，四级时不应大于 $120\sqrt{235/f_{ay}}$。

2）框架柱板件的宽厚比限值。板件的宽厚比限制是构件局部稳定性的保证，按"强柱弱梁"的设计思想，要求塑性铰出现在梁上，框架柱一般不出现塑性铰。因此梁的板件宽厚比限值要求满足塑性设计要求，相对严些，框架柱的板件宽厚比相对松点。规范规定柱的板件宽厚比应符合表 7-5 规定。

表 7-5　框架柱板件宽厚比限值

板件名称		抗震等级			
		一级	二级	三级	四级
柱	工字形截面翼缘外伸部分	10	11	12	13
	工字形截面腹板	43	45	48	52
	箱形截面壁板	33	36	38	40

注：表列数值适用于 Q235 钢，采用其他牌号钢材时，应乘以 $\sqrt{235/f_{ay}}$。

3）框架柱板件之间的焊缝构造。框架节点附近和框架柱接头附近的受力比较复杂。为了保证结构的整体性，规范对这些区域的框架柱板件之间的焊缝构造都进行了规定。梁柱刚性连接时，柱在梁翼缘上下各 500m 的节点范围内，工字形截面柱的翼缘与柱腹板间或箱形柱的壁板之间的连接焊缝，都应采用全熔透坡口焊缝。框架柱的柱拼接处，上下柱的对接接头应采用全熔透焊缝，柱拼接接头上下各 100m 范围内，工字形截面柱的翼缘与柱腹板间或箱形柱的壁板之间的连接焊缝，都应采用全熔透焊缝。

4）其他规定。框架柱接头宜位于框架梁的上方 1.3m 附近。柱构件受压翼缘应根据需要设置侧向支撑。在柱出现塑性铰的截面处，其上下翼缘均应设置侧向支撑。相邻两支承点间构件长细比，按《钢结构设计标准》关于塑性设计的有关规定。

2. 框架梁的构造措施

1）《建筑抗震设计规范》规定，当框架梁的上翼缘采用抗剪连接件与组合楼板连接时，可不验算地震作用下的整体稳定性，故对梁的长细比限值无特殊要求。

2）规范规定框架梁的板件宽厚比应符合表 7-6 的规定。

表 7-6　框架梁板件宽厚比限值

板件名称		抗震等级			
		一级	二级	三级	四级
梁	工字形截面和箱形截面翼缘外伸部分	9	9	10	11
	箱形截面翼缘在两腹板之间部分	30	30	32	36
	工字形截面和箱形截面腹板	$72-120N_b/(Af) \leqslant 60$	$72-100N_b/(Af) \leqslant 65$	$80-110N_b/(Af) \leqslant 70$	$85-120N_b/(Af) \leqslant 75$

注：1. 表列数值适用于 Q235 钢，采用其他牌号钢材时，应乘以 $\sqrt{235/f_{ay}}$。
　　2. $N_b/(Af)$ 为）梁轴压比。

3）其他规定。同柱构件一样，梁构件受压翼缘应根据需要设置侧向支撑。在出现塑性铰的截面处，上下翼缘均应设置侧向支撑。相邻两支承点间的构件长细比，按《钢结构设计标准》关于塑性设计的有关规定。

3. 梁柱连接的构造

梁柱节点的破坏除了设计计算上的原因外，很多是由于构造上的原因。规范在国内外研究工作的基础上对节点的构造也做了详细的规定。

（1）基本原则

1）梁与柱的连接宜采用柱贯通型。

2）柱在两个互相垂直的方向都与梁刚接时，宜采用箱形截面。当仅在一个方向与梁刚接时，可采用工字形截面，并将柱的强轴方向置于刚接框架平面内。

3）框架梁采用悬臂梁段与柱刚性连接时，悬臂梁段与柱应预先采用全焊接连接，梁的现场拼接可采用翼缘焊接腹板螺栓连接（图 7-11a）或全部螺栓连接（图 7-11b）。

4）一和二级时，梁柱刚性连接宜采用能将塑性铰自梁端外移的端部扩大形连接、梁端

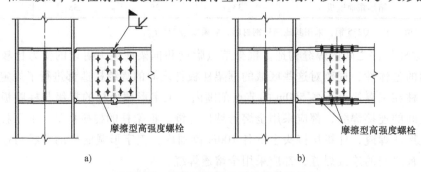

摩擦型高强度螺栓　　　　　摩擦型高强度螺栓

a)　　　　　　　　　b)

图 7-11　带悬臂梁段的梁柱刚性连接

a）翼缘焊接腹板螺栓连接　b）翼缘、腹板全部螺栓连接

加盖板或狗骨式连接（图7-12）。

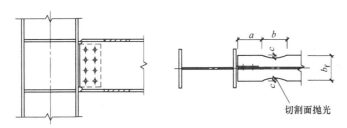

切割面抛光

图 7-12 狗骨式节点

（2）细部构造 工字形柱（绕强轴）和箱形柱与梁刚接时，应符合下列要求。

1）梁腹板宜采用摩擦型高强度螺栓通过连接板与柱连接；腹板角部宜设置扇形切角，其端部与梁翼缘和柱翼缘间的全熔透坡口焊缝完全隔开（图7-13）。

2）下翼缘焊接衬板的反面与柱翼缘或壁板相连处，应采用角焊缝连接；角焊缝应沿衬板全长焊接，焊角尺寸宜取6mm（图7-13）。

3）梁翼缘与柱翼缘间应采用全熔透坡口焊缝（图7-13）；一、二级时，应检验焊缝的V形切口冲击韧性，其夏比冲击韧性在$-20℃$时不低于27J。

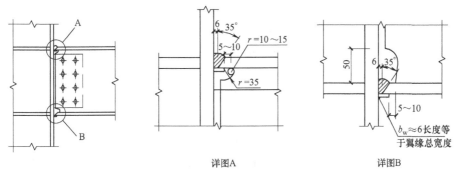

详图A   详图B

图 7-13 钢框架梁柱刚性连接的典型构造

4）柱在梁翼缘对应位置应设置横向加劲肋或隔板，且加劲肋或隔板厚度不应小于梁翼缘厚度，强度与梁翼缘相同；工字形柱的横向加劲肋与柱翼缘应采用全熔透对接焊缝连接，与腹板可采用角焊缝连接；箱形截面柱与梁翼缘对应位置设置的隔板应采用全熔透对接焊缝与壁板相连。

5）腹板连接板与柱的焊接，当板厚不大于16mm时应采用双面角焊缝，焊缝有效高度应满足等强度要求，且不小于5mm，板厚大于16mm时采用K形坡口对接焊缝，且板端应绕焊。

4．其他规定

当节点域的抗剪强度、屈服强度及稳定性不能满足式（7-18）~式（7-20）的规定时，应采取加厚节点域或贴焊补强板的措施。补强板的厚度及其焊缝应按传递补强板所分担剪力的要求设计。

钢结构刚接柱脚宜采用埋入式，也可采用外包式，6、7度且高度不超过50m时也可采用外露式，如图7-14所示。

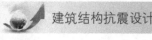
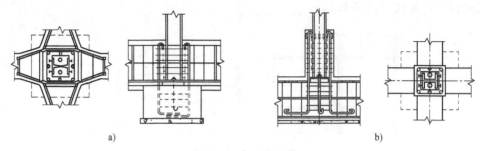

图 7-14　刚接柱脚

a) 埋入式　b) 外包式

7.5.2　钢框架-中心支撑结构抗震构造

1. 框架部分的构造措施

当房屋高度不高于 100m 且框架部分承担的地震作用不大于结构底部总地震剪力的 25% 时，一、二、三级的抗震构造措施可按框架结构降低一度的相应要求采用；其他情况下框架部分的构造措施仍按纯框架结构的抗震构造措施的规定。

2. 中心支撑杆件的构造措施

（1）支撑杆件的布置原则　当中心支撑采用只能受拉的单斜杆体系时，应同时设置不同倾斜方向的两组斜杆，且每组中不同方向单斜杆的截面面积在水平方向的投影面积之差不得大于 10%。

（2）支撑杆件的截面选择　一、二、三级，支撑宜采用轧制 H 型钢。一级和二级采用焊接工字形截面支撑时，其翼缘与腹板的连接宜采用全熔透连续焊缝。

（3）支撑杆件的长细比限值　按压杆设计时，支撑杆件的长细比不应大于 $120\sqrt{235/f_{ay}}$；一、二、三级中心支撑不得采用拉杆设计，四级采用拉杆设计时，其长细比不应大于 180。

（4）支撑杆件的板件宽厚比限值　支撑杆件的板件宽厚比不宜大于表 7-7 所列值。

表 7-7　钢结构中心支撑板件宽厚比限值

板件名称	一级	二级	三级	四级
翼缘外伸部分	8	9	10	13
工字形截面腹板	25	26	27	33
箱形截面壁板	18	20	25	30
圆管外径与壁厚比	38	40	40	42

注：表列数值适用于 Q235 钢，采用其他牌号钢材应乘以 $\sqrt{235/f_{ay}}$，圆管应乘以 $235/f_{ay}$。

3. 中心支撑节点的构造措施

1）支撑两端与框架可采用刚接构造，梁柱与支撑连接处应设置加劲肋。

2）支撑与框架连接处，支撑杆端宜做成圆弧。

3）梁在其与 V 形支撑或人字支撑相交处，应设置侧向支承；该支承点与梁端支承点间的侧向长细比（λ_y）以及支承力，应符合《钢结构设计标准》关于塑性设计的规定。

4）若支撑与框架采用节点板连接，应符合《钢结构设计标准》关于节点板在连接杆件每侧有不小于 30° 夹角的规定；同时为了减轻大震作用对支撑的破坏，一、二级时，支撑端部至节点板最近嵌固点在沿支撑杆件轴线方向保留一个小距离（由节点板与框架构件焊缝的起点垂直于支撑杆轴线的直线至支撑端部的距离），这个距离不应小于节点板厚度的 2 倍。

7.5.3 钢框架-偏心支撑结构抗震构造

1. 框架部分的构造措施

当房屋高度不高于 100m 且框架部分承担的地震作用不大于结构底部总地震剪力的 25% 时，一、二、三级的抗震构造措施可按框架结构降低一度的相应要求采用；其他情况下框架部分的构造措施仍按纯框架结构的抗震构造措施的规定。

2. 偏心支撑杆件的构造措施

偏心支撑框架的支撑杆件的长细比不应大于 $120\sqrt{235/f_{ay}}$，支撑杆件的板件宽厚比不应超过《钢结构设计标准》规定的轴心受压构件在弹性设计时的宽厚比限值。

3. 消能梁段的构造措施

1）基本规定。偏心支撑框架消能梁段的钢材屈服强度不应大于 345MPa。消能梁段的腹板不得贴焊补强板，也不得开洞。

2）消能梁段及与消能梁段同一跨内的非消能梁段，其板件的宽厚比不应大于表 7-8 规定的限值。

表 7-8　偏心支撑框架梁的板件宽厚比限值

板件名称		宽厚比限值
翼缘外伸部分		8
腹板	当 $N/(Af) \leqslant 0.14$ 时	$90[1-1.65N/(Af)]$
	当 $N/(Af) > 0.14$ 时	$33[2.3-N/(Af)]$

注：表列数值适用于 Q235 钢，当材料为其他钢号时应乘以 $\sqrt{235/f_{ay}}$，$N/(Af)$ 为梁轴压比。

3）消能梁段的长度应符合下列规定：

当 $N > 0.16Af$ 时

当 $\rho(A_w/A) < 0.3$ 时　　$a < 1.6M_{lp}/V_l$ 　　　　　　　　　　　　　　　　　　　(7-27)

当 $\rho(A_w/A) \geqslant 0.3$ 时　　$a \leqslant [1.15-0.5\rho(A_w/A)]1.6M_{lp}/V_l$ 　　　　　　(7-28)

$$\rho = N/V \tag{7-29}$$

式中，a 为消能梁段的长度；ρ 为消能梁段轴向力设计值与剪力设计值之比。

4）消能梁段腹板的加劲肋设置要求。

① 消能梁段与支撑连接处，应在其腹板两侧配置加劲肋，加劲肋的高度应为梁腹板高度，一侧的加劲肋宽度不应小于（$b_f/2-t_w$），厚应不应小于 $0.75t_w$ 和 10mm 的较大值。

② 当 $a \leqslant 1.6M_{lp}/V_l$ 时，加劲肋间距不大于 $30t_w-h/5$。

③ 当 $2.6M_{lp}/V_l < a \leqslant 5M_{lp}/V_l$ 时，应在距消能梁段端部 $1.5b_f$ 处配置中间加劲肋，且中间加劲肋间距不应大于 $52t_w-h/5$。

④ 当 $1.6M_{lp}/V_l < a \leqslant 2.6M_{lp}/V_l$ 时，中间加劲肋的间距宜在上述二者之间线性插入。

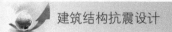

⑤ 当 $a>5M_{lp}/V_l$ 时，可不配置中间加劲肋。

⑥ 腹板上中间加劲肋应与消能梁段的腹板等高，当消能梁段截面高度不大于 640mm 时，可配置单侧加劲肋，消能梁段截面高度大于 640mm 时，应在两侧配置加劲肋，一侧加劲肋的宽度不应小于 $(b_f/2-t_w)$，厚度不应小于 t_w 和 10mm 中的较大值。

4. 消能梁段与柱连接的构造措施

1）消能梁段与柱连接时，其长度不得大于 $1.6M_{lp}/V_l$，且应满足承载力验算规定。

2）消能梁段翼缘与柱翼缘之间应采用坡口全熔透对接焊缝连接，消能梁段腹板与柱之间应采用角焊缝连接，角焊缝的承载力不得小于消能梁段腹板的轴力、剪力和弯矩同时作用时的承载力。

3）消能梁段与柱腹板连接时，消能梁段翼缘与横向加劲板间应采用坡口全熔透焊缝，其腹板与柱连接板间应采用角焊缝连接；角焊缝的承载力不得小于消能梁段腹板的轴力、剪力和弯矩同时作用时的承载力。

5. 侧向稳定性构造

消能梁段两端上下翼缘应设置侧向支撑，支撑的轴力设计值不得小于消能梁段翼缘轴向承载力设计值（翼缘宽度、厚度和钢材受压承载力设计值三者的乘积）的 6%。

偏心支撑框架梁的非消能梁段上下翼缘，应设置侧向支撑，支撑的轴力设计值不得小于梁翼缘轴向承载力设计值（翼缘宽度、厚度和钢材受压承载力设计值三者的乘积）的 2%。

■ 7.6　多层与单层钢结构厂房的抗震设计

7.6.1　单层钢结构厂房的抗震设计

1. 单层钢结构厂房抗震设计的一般规定

（1）厂房布置　单层钢结构厂房的平面、总体布置应使结构的质量和刚度分布均匀，受力合理，变形协调。

（2）结构体系

1）厂房的横向抗侧力体系，可采用屋盖横梁与柱顶刚接或铰接的框架、门式刚架或者其他结构体系。厂房纵向抗侧力体系，8、9 度应采用柱间支撑，6、7 度宜采用柱间支撑，条件限制时也可采用刚接框架。

2）厂房内设有桥式起重机时，起重机梁系统的构件与厂房框架柱的连接应能可靠地传递纵向水平地震作用。

3）屋盖应设置完整的屋盖支撑系统。屋盖横梁与柱顶铰接时，宜采用螺栓连接。

2. 地震作用计算和截面抗震验算

（1）地震作用计算模型的选取　单层钢结构厂房地震作用计算应根据等高、不等高及起重机设置、屋盖类别等情况分别采取适合地震作用反应特点的单质点、双质点和多质点的计算模型。等高钢结构厂房可采用底部剪力法，不等高钢结构厂房只能按振型分解反应谱法进行计算。单层钢结构厂房的阻尼比可依据屋盖和围护墙的类型，取 0.045～0.05。

（2）单层钢结构厂房地震作用计算时围护墙自重与刚度的取值　可根据墙体类别和与柱的拉结情况确定：当为轻质墙板或与柱柔性连接的预制混凝土墙板时，应计入墙体的全部自重，但不考虑其刚度影响；当为与柱紧贴且拉结的砖围护墙时，应计入墙体的全部自重，在纵向计算时可计入其折算刚度。

（3）单层钢结构厂房的横向抗震计算　可分别采用以下两种方法计算：

一般情况下，宜计入屋盖变形进行空间分析；平面规则、抗侧刚度均匀的轻型屋盖厂房，可按平面排架或框架计算。

（4）单层钢结构厂房的纵向抗震计算　可根据围护墙的情况分为两种类型：

1）采用轻质墙板或与柱柔性连接的大型墙板的厂房，可采用底部剪力法，根据屋盖刚度在计算中采用不同方法确定厂房各柱列的纵向地震作用。

① 轻型屋盖，视为柔性。不考虑各柱列间的横向制约和联系，按单柱列进行计算，可按柱列承受的重力荷载代表值的比例分配。作用在第 s 柱列顶标高处的纵向水平地震作用为

$$F_s = \alpha_s \overline{G}_s \qquad (7\text{-}30)$$

式中，α_s 为相应于第 s 柱列纵向基本周期 T_s 的水平地震影响系数，按《建筑抗震设计规范》规定反应谱计算确定；$\overline{G}_s$ 为确定纵向水平地震作用时换算集中到第 s 柱列柱顶标高处的等效重力荷载；各柱列支承的屋盖重力荷载按跨度中线沿纵向切开所分配的荷载面积采用。

当按上述方法计算柱列的纵向水平地震作用时，所得的柱列纵向基本周期 T_s 对于中柱列是偏长的，因此应对计算所得的中柱列纵向基本周期 T_s 进行修正。对钢结构厂房，这一修正系数可近似采用 0.8。

② 钢筋混凝土无檩屋盖，视为无限刚。各柱列的纵向地震作用按柱列的刚度进行分配；作用于第 s 柱列标高处的纵向水平地震作用为

$$F_s = \alpha_1 G_{eq} \frac{K_s}{\sum_s K_s} \qquad (7\text{-}31)$$

式中，α_1 为相应于厂房纵向基本周期 T_1 的水平地震影响系数，按《建筑抗震设计规范》规定反应谱确定；G_{eq} 为厂房单元各柱列的总等效重力荷载，$G_{eq} = \sum_s G_s$，G_s 为确定纵向水平地震作用时按厂房跨度中线划分的换算集中到第 s 柱列柱顶标高处的等效重力荷载（柱列柱顶标高处的等效重力荷载按以下规定取值：屋盖重力荷载取 100%；雪取 50%；柱自重取 40%；山墙自重取 50%，纵墙自重取 70%）；K_s 为第 s 柱列的纵向刚度，由柱与柱间支撑的刚度组成，对有紧贴砖墙的边柱列，则还应考虑纵墙刚度的 40%。

③ 钢筋混凝土有檩屋盖，视为中等刚性，可取上述两种分析方法的平均值。

2）采用与柱贴砌的烧结普通黏土砖围护墙厂房，一般应用多质点空间分析方法，并应计入屋盖的纵向弹性变形、围护墙与隔墙的有效刚度等，仅纵墙对称布置的单跨和轻型屋盖的多跨厂房，可按柱列分片独立计算。

（5）支撑系统的计算

1）屋盖支撑系统。

① 屋盖竖向支撑承受屋盖自重产生的地震力，还要将其传给主框架，杆件截面需由计算确定；竖向支撑桁架的腹杆还应能承受和传递屋盖的水平地震作用，其连接的承载力应大于腹杆的承载力，并满足构造要求。

② 屋盖横向水平支撑、纵向水平支撑的交叉斜杆均可按拉杆设计，并取相同的截面

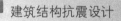

面积。

③ 8、9 度时，支承跨度大于 24m 的屋盖横梁的托架及设备荷重较大的屋盖横梁，均应计算其竖向地震作用。

④ 按长细比决定截面的支撑构件，其与弦杆的连接可不要求等强度连接，只要大于构件的内力即可。

2）柱间交叉支撑。柱间 X 形支撑、V 形支撑、∧ 形支撑应考虑拉压杆共同作用，其地震作用和截面验算可按拉杆计算，并计及相交受压杆的影响，考虑压杆的卸载影响，采用式（7-32）计算支撑杆件拉力。交叉支撑端部的连接，对单角支撑应计入强度折减，8、9 度时不得采用单面偏心连接；交叉支撑有一杆中断时，交叉节点应予以加强，其承载力小于 1.1 倍杆件承载力。支撑杆件的截面应力比不宜大于 0.75。

$$N_t = \frac{l_i}{(1+\psi_c\varphi_i)s_c}V_{bi} \tag{7-32}$$

式中，N_t 为 i 节间支撑斜杆抗拉验算时的轴向拉力设计值；l_i 为 i 节间斜杆的全长；ψ_c 为压杆卸载系数，取 0.3；φ_i 为 i 节间斜杆轴心受压稳定系数，按《钢结构设计标准》采用；V_{bi} 为 i 节间支撑承受的地震剪力设计值；s_c 为支撑所在柱间的净距。

（6）厂房结构构件连接的承载力计算

1）框架上柱的拼接位置应选择弯矩较小区域，其承载力不应小于按上柱两端呈全截面塑性屈服状态计算的拼接处的内力，且不得小于柱全截面受拉屈服承载力的 0.5 倍。

2）刚接框架屋盖横梁的拼接，当位于横梁最大应力区以外时，宜按与被拼接截面等强度设计。

3）实腹屋面梁与柱的刚性连接、梁端梁与梁的拼接，应采用地震组合内力进行弹性阶段设计。梁柱刚性连接、梁与梁拼接的极限受弯承载力应符合下列要求：

① 一般情况，可考虑连接系数按式（7-21）~式（7-25）进行验算。其中，当最大应力区在上柱时，全塑性受弯承载力应取实腹梁、上柱二者的较小值。

② 当屋面梁采用钢结构弹性设计阶段的板件宽厚比时，梁柱刚性连接和梁与梁拼接，应能可靠传递设防烈度地震组合内力或按①项验算。刚接框架的屋架上弦与柱相连的连接板，在设防地震下不宜出现塑性变形。

4）柱间支撑与构件的连接，不应小于支撑杆件塑性承载力的 1.2 倍。

3. 抗震构造措施

单层钢结构厂房的抗震构造措施主要有三部分，一是加强屋盖的整体性和空间刚度；二是保证柱子的整体稳定和柱截面的抗震稳定，以及提高柱脚的抗震能力；三是减轻围护墙对于厂房地震作用的影响。

（1）屋盖支撑　钢结构厂房屋屋盖支撑的布置与钢筋混凝土柱厂房屋盖支撑的布置基本相同，又有其自身的特点。其布置和构造应保证：屋盖的整体稳定性，屋盖横梁平面外的稳定性，屋盖和山墙水平地震作用传递路线的合理、简捷，且不中断。

无檩屋盖和有檩屋盖的布置详见表 7-9、表 7-10 的要求。当轻型屋盖采用实腹屋面梁、柱刚性连接的刚架体系时，屋盖水平支撑可布置在屋面梁的上翼缘平面。屋面梁下翼缘应设置隔撑侧向支承，隔撑的另一端可与屋面檩条连接。屋盖横向支撑、纵向天窗架支撑的布置可参照表 7-9、表 7-10 的要求。

表 7-9　无檩屋盖的支撑系统布置

支撑名称			烈　度		
			6,7	8	9
屋架支撑	上弦横向支撑		屋架跨度小于 18m 时同非抗震设计；屋架跨度不小于 18m 时，在厂房单元端开间各设一道	厂房单元端开间及上柱支撑开间各设一道；天窗开洞范围内的两端各增设局部上弦支撑一道；当屋架端部支承在屋架上弦时，其下弦横向支撑同非抗震设计	
	上弦通长水平系杆			在屋脊处、天窗架竖向支撑处、横向支撑节点处和屋架两端处设置	
	下弦通长水平系杆			屋架竖向支撑节点处设置；当屋架与柱刚接时，在屋架端节点处按控制下弦平面外长细比不大于 150 设置	
	竖向支撑	屋架跨度小于 30m	同非抗震设计	厂房单元两端开间及上柱支撑各开间屋架端部各设一道	同 8 度，且每隔 42m 在屋架端部设置
		屋架跨度大于等于 30m		厂房单元的端开间，屋架 1/3 跨度处和上柱支撑开间内的屋架端部设置，并与上、下弦横向支撑相对应	同 8 度，且每隔 36m 在屋架端部设置
纵向天窗架支撑	上弦横向支撑		天窗架单元两端开间各设一道	天窗架单元端开间及柱间支撑开间各设一道	
	竖向支撑	跨中	跨度不小于 12m 时设置，其道数与两侧相同	跨度不小于 9m 时设置，其道数与两侧相同	
		两侧	天窗架单元端开间及每隔 36m 设置	天窗架单元端开间及每隔 30m 设置	天窗架单元端开间及每隔 24m 设置

表 7-10　有檩屋盖的支撑系统布置

支撑名称		烈　度		
		6,7	8	9
屋架支撑	上弦横向支撑	厂房单元端开间及每隔 60m 各设一道	厂房单元端开间及上柱柱间支撑开间各设一道	同 8 度，且天窗开洞范围内的两端各增设局部上弦横向支撑一道
	下弦横向支撑	同非抗震设计；当屋架端部支承在屋架下弦时，同上弦横向支撑		
	跨中竖向支撑	同非抗震设计		屋架跨度大于等于 30m 时，跨中增设一道
	两侧竖向支撑	屋架端部高度大于 900mm 时，厂房单元端开间及柱间支撑开间各设一道		
	下弦通长水平系杆	同非抗震设计	屋架两端和屋架竖向支撑处设置；与柱刚接时，屋架端节间处按控制下弦平面外长细比不大于 150 设置	
纵向天窗架支撑	上弦横向支撑	天窗架单元两端开间各设一道	天窗架单元两端开间及每隔 54m 各设一道	天窗架单元两端开间及每隔 48m 各设一道
	两侧竖向支撑	天窗架单元端开间及每隔 42m 各设一道	天窗架单元端开间及每隔 36m 各设一道	天窗架单元端开间及每隔 24m 各设一道

屋盖纵向水平支撑的布置，尚应符合下列规定：

1) 当采用托架支承屋盖横梁的屋盖结构时，应沿厂房单元全长设置纵向水平支撑。

2) 对于高低跨厂房，在低跨屋盖横梁端部支承处，应沿屋盖全长设置纵向水平支撑。

3) 纵向柱列局部柱间采用托架支承屋盖横梁时，应沿托架的柱间及向其两侧至少各延伸一个柱间设置屋盖纵向水平支撑。

4) 当设置沿结构单元全长的纵向水平支撑时，应与横向水平支撑形成封闭的水平支撑体系。多跨厂房屋盖纵向水平支撑的间距不宜超过两跨，不得超过三跨；高跨和低跨宜按各自的标高组成相对独立的封闭支撑体系。

支撑杆宜采用型钢；设置交叉支撑时，支撑杆的长细比限值可取350。

钢结构厂房屋面板与屋架的连接、檩条与屋架的连接，以及屋面板相互间的拉结，要求均同钢筋混凝土柱厂房。但当屋面为压型钢板时，板与屋面檩条的连接应采用每隔一波用自锁螺栓进行固定的做法。

（2）钢柱的抗震构造

1) 钢柱的长细比。为了防止钢柱在地震作用下的失稳，需要控制钢柱的长细比，长细比与钢材的屈服强度有关。轴压比小于0.2时不宜大于150，轴压比不小于0.2时，不宜大于 $120\sqrt{235/f_{ay}}$ （f_{ay}为钢材抗拉强度标准值）。

2) 钢柱脚。钢柱脚宜采取能可靠传递柱身承载力的插入式、埋入式或外包式柱脚。6、7度时也可采用外露式刚性柱脚。

① 实腹式钢柱采用埋入式、插入式柱脚的埋入深度，应由式（7-33）计算确定，且不得小于钢柱截面高度的2.5倍。

$$d \geqslant \sqrt{6M/b_f f_c} \tag{7-33}$$

式中，d为柱脚埋深；M为柱脚全截面屈服时的极限弯矩；b_f为柱在受弯方向截面的翼缘宽度；f_c为基础混凝土轴心受压强度设计值。

② 格构式柱采用插入式柱脚的埋入深度，应由计算确定，其最小插入深度不得小于单肢截面高度（或外径）的2.5倍，且不得小于柱总宽度的0.5倍。

③ 采用外包式柱脚时，实腹H形截面柱的钢筋混凝土外包高度不宜小于2.5倍的钢结构截面高度，箱形截面柱或圆管截面柱的钢筋混凝土外包高度不宜小于3.0倍的钢结构截面高度或圆管截面直径。

④ 采用外露式柱脚时，柱脚承载力不宜小于柱截面塑性屈服承载力的1.2倍。柱脚锚栓不宜用以承受柱底水平剪力，柱底剪力应由钢底板与基础间的摩擦力或设置抗剪键及其他措施承担。柱脚底板与基础顶面间的灌浆应密实，可采用流动性无收缩水泥砂浆，以保证柱脚与基础面吻合良好和固定。柱脚锚栓采用材质优良和螺纹加工精细的锚栓，锚栓应可靠锚固。

（3）柱间支撑的构造　柱间支撑对整个厂房的纵向刚度、自振特性、塑性铰产生部位都会有影响，柱间支撑的布置应合理确定其间距，合理选择和配置其刚度以减少厂房整体扭转。

1) 钢结构厂房柱间支撑的布置原则与钢筋混凝土柱厂房相同，厂房单元的各纵向柱列，应在厂房单元中部布置一道下柱柱间支撑。由于钢结构厂房的单元长度一般都比较大，可超过100m，所以柱间支撑的布置应结合厂房单元长度用地震作用的大小确定。当7度厂房单元长度大于120m（采用轻型围护材料时为150m）、8度和9度厂房单元大于90m（采用轻型围护材料时为 120m）时，应在厂房单元 1/3 区段内各布置一道下柱支撑；当柱距数不超过 5 个且厂房长度小于 60m 时，也可在厂房单元的两端布置下柱支撑。上柱柱间支撑应布置在厂房单元两端和具有下柱支撑的柱间。

2）柱间支撑宜采用 X 形支撑，条件限制时也可采用 V 形、∧ 形及其他形式的支撑。X 形支撑斜杆与水平面的夹角不宜大于 55°，在交叉点应设置节点板，其厚度不应小于 10mm，斜杆与交叉节点板应焊接，与端节点板宜焊接。

3）柱间支撑杆件的长细比限值，应符合《钢结构设计标准》的规定，即下柱柱间支撑长细比不大于 150，其余支撑不大于 200。

4）柱间支撑宜采用整根型钢，不要拼接，以免形成薄弱环节。当热轧型钢超过材料最大长度规格时，可采用拼接等强接长。柱间支撑与柱的连接节点宜采用焊接，且焊缝必须根据计算确定。

5）有条件时，可采用消能支撑。

（4）单层钢框架柱、梁截面板件　为防止钢结构构件的局部失稳，对单层钢结构厂房的梁、柱截面板件宽厚比进行限值。重屋盖厂房，板件宽厚比限值见表 7-5、表 7-6，7、8、9 度的抗震等级可分别按四、三、二级采用。轻屋盖厂房，塑性耗能区板件宽厚比限值可根据其承载力的高低按性能目标确定。塑性耗能区外的板件宽厚比限值，可按《钢结构设计标准》弹性设计阶段的板件宽厚比限值。腹板的宽厚比，可通过设置纵向加劲肋减小。

7.6.2　多层钢结构厂房的抗震设计

1. 多层钢结构厂房的结构形式

根据纵、横两个方向抗侧力体系的不同，多层钢结构厂房的结构形式可分为以下四种主要形式：

1）纯刚接框架体系：结构的纵横两个方向均采用刚接的框架作为抗侧力结构。多用于纵、横方向均为单跨且设置支撑有困难的工业建筑物中。这种结构形式耗钢量较多，节点连接复杂。

2）刚接框架-支撑式结构体系：结构的横向采用刚接的框架，纵向采用梁柱铰接，并设置支撑作为抗侧力结构的结构体系，这是多层工业厂房中的主要结构形式。

3）支撑式结构体系，就是在纵横两个方向均采用梁柱铰接的钢骨架，并在钢骨架之间设置竖向支撑的抗侧力结构体系。

4）混合结构体系：由于设备布置和生产操作的需要，在纵横两个方向同时采用刚接框架和支撑式结构作为抗侧力构件的结构体系。

2. 多层钢结构厂房抗震设计的一般规定

（1）厂房布置　多层钢结构厂房平面布置应尽量使纵、横两个方向的总刚度中心接近总水平力的合力中心，同时应使传力路径明确合理，空间刚度可靠，节点构造简单，并减少构件类型。抗侧结构的抗侧刚度沿高度方向宜均匀变化，避免刚度突变，避免错层。在确定结构布置时，应与工艺密切配合，使重型设备尽可能低位布置，减轻工艺荷载，降低质心位置；笨重设备应尽可能布置在框架正中，质量和刚度宜分布均匀、对称；避免较长的悬臂结构，更不能在悬臂上放置重型设备。厂房内的工作平台结构与厂房框架结构宜采用防震缝脱开布置。当与厂房结构连接成整体时，平台结构的标高宜与厂房框架的相应楼层标高一致。

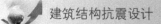
（2）防震缝的设置　当厂房平面形状复杂、各部分构架高度差别较大、楼层荷载相差悬殊、刚度变化突出、厂房水平变形悬殊，应考虑设防震缝划分为外形比较规则、刚度均匀的结构单元。防震缝一般设置在厂房的纵横跨相接处，沿厂房纵向的结构横向抗侧移刚度差异很大处，厂房纵向屋面的高低落差处，主厂房与附属建筑交接处，以及需设置温度伸缩缝或沉降缝处。防震缝处一般采用双排承重结构，将上部结构完全分开，缝的净宽度宜根据设防烈度、场地类别及厂房高度等因素综合考虑。其宽度应不小于相应混凝土结构房屋的1.5倍。

当设备重力直接由基础承受，且设备竖向需要穿过楼层时，厂房楼层应与设备分开。设备与楼层之间的缝宽，不得小于防震缝的宽度。楼层上的设备不应跨越防震缝布置，当运输机、管线等长条设备必须穿越防震缝布置时，设备应具有适应地震时结构变形的能力或防止断裂的措施。

（3）围护结构、楼盖形式及水平支撑的设置

1）多层钢结构厂房的围护结构宜优先采用如压型钢板等轻质墙面板材。当设防烈度为8度及以下时，也可采用与框架柔性连接的钢筋混凝土墙板、轻质骨架墙或轻质砌体等。

2）多层钢结构的各层楼盖和屋盖对水平地震力的分配及空间稳定性都起着重要作用，应设计成水平刚性盘体，使得结构各抗侧力构件在水平地震作用下具有相同的侧移，一般宜采用压型钢板与现浇混凝土的组合楼板，也可采用装配式整体式楼盖或密肋钢铺板。混凝土楼盖应与钢梁有可靠连接。

3）当各榀框架侧向刚度相差较大、柱间支撑布置又不规则时，采用钢铺板的楼盖，应设置楼盖水平支撑；有抽柱的结构，应适当增加相近楼层、屋面的水平支撑，并在相邻柱间设置竖向支撑；当楼板的刚度不足或因工艺需要在楼面上开设孔洞，应采取可靠措施保证楼板传递地震作用，如在楼面梁翼缘处布置水平支撑、加强洞口等。

4）框排架结构应设置完整的屋盖支撑。同时，排架的屋盖横梁与多层框架的连接支座的标高，宜与多层框架相应楼层标高一致，并应沿单层与多层相连柱列全长设置屋盖纵向水平支撑。高跨和低跨宜按各自的标高组成相对独立的封闭支撑体系。

（4）柱间支撑　柱间支撑宜布置在荷载较大的柱间，且在同一柱间上下贯通，如因工艺、设备布置等原因无法贯通时，应在紧邻柱间连续布置并宜适当增加相近楼层或屋面的水平支撑，或柱间支撑搭接一层，确保支撑承担的水平地震作用能可靠传递至基础。设置柱间支撑后，应保证各柱列纵向刚度相等或接近。支撑的形式一般可采用交叉形、人字形、V字形等，当采用单斜杆中心支撑时则应对称设置。对9度区的多层钢结构厂房，可采用带支撑的框架结构，其支撑可采用偏心支撑。柱间支撑杆件应采用整根材料，超过材料最大长度规格时可采用对接焊缝等强拼接；柱间支撑与构件的连接，不应小于支撑杆件塑性承载力的1.2倍。

（5）抗震等级　考虑多层厂房受力复杂，其抗震等级的高度分界可比民用建筑有所降低，可按多层钢结构房屋的规定降低10m，单层部分可按单层钢结构厂房规定。

3. 多层钢结构厂房地震作用计算和截面抗震验算

多层钢结构厂房与多层钢结构房屋有很多共同之处，同时，由于多层钢结构厂房在工艺、设备等方面的特殊要求，其抗震计算除了满足多层钢结构房屋的一些基本规定外，还应满足以下规定。

（1）地震作用的计算

1）计算模型。一般情况下，宜采用空间结构模型分析，尚应考虑附加的扭转影响。当结构布置规则，质量分布均匀时，也可分别沿结构横向和纵向进行验算，此时可按以下规定划分计算单元：

① 厂房的横向计算单元：当厂房内有较大抗侧刚度的构件时（如带支撑框架或支撑构件等），应按此构件间距划分；如全部为纯框架结构时，则按框架间距划分。

② 厂房的纵向计算单元：可取结构单元的宽度作为计算单元宽度。

2）重力荷载代表值。地震作用计算时，重力荷载代表值的计算除了和多层钢结构房屋一样，应取结构和构配件自重标准值和各可变荷载组合值之和外，尚应根据行业的特点，考虑楼面检修荷载、成品或原料堆积楼面荷载、设备和料斗及管道内的物料等，采用相应的组合值系数。

3）阻尼比取值。多遇地震下，结构阻尼比可采用 0.03～0.04；罕遇地震下，阻尼比可采用 0.05。

4）设备产生的地震作用。直接支承设备和料斗的构件及其连接，应计入设备等产生的地震作用：

① 设备与料斗对支承构件及其连接产生的水平地面振动作用，可按下式确定

$$F_s = \alpha_{max}(1.0 + H_x/H_n)G_{eq} \tag{7-34}$$

式中，F_s 为设备或料斗重心处的水平地震作用标准值；α_{max} 为水平地震影响系数最大值；G_{eq} 为设备或料斗的重力荷载代表值；H_x 为设备或料斗重心至室外地坪的距离；H_n 为厂房高度。

② 该水平地震作用对支承构件产生的弯矩、扭矩，取该水平地震作用乘以设备或料斗重心至支承构件形心距离来计算。

（2）地震作用效应的调整

1）重要构件的地震效应增大系数。由于附加地震作用或传力重要性的要求，对表 7-11 中所列的构件应将其地震反应分析中所得的地震作用效应，乘以地震作用效应增大系数 η 后，再进行内力设计值的组合，以及构件截面验算和节点的设计。

表 7-11　地震作用效应增大系数 η

序号	结构或构件	增大系数	备注
1	多层框架的角柱及两个方向均设支撑的共用柱	1.3	
2	多层框架中的托柱梁	1.5	
3	柱间支撑 交叉支撑、单斜杆支撑 人字形支撑、门形支撑	1.2 1.4	仅指中心支撑，不包括偏心支撑
4	支承于屋面或平台上的烟囱、放散管、管道及其支架，当按双质点体系底部剪力法简化计算其地震作用效应时： 烟囱、放散管 管道及其支架	3.0 1.5	

2）支撑框架结构中框架部分地震作用效应调整系数。多层钢结构厂房的带支撑框架结构体系中，确定框架所承担的总地震剪力时，考虑支撑刚度退化及多道设防的抗震设计原

则，框架应能独立承担至少 25% 的底部设计剪力，当不符合此条件时，框架部分的所有梁柱构件的地震效应都应乘以地震效应调整系数，取 $0.25V_0/V_F$ 和 0.18 的较小者，再进行构件内力设计值的组合和验算，使得框架部分的抗剪承载力不小于结构底部总地震剪力的 25% 和框架部分地震剪力最大值 1.8 倍二者的较小者。

3）内力设计值增大系数。多层钢结构厂房结构中其他构件的内力设计值增大系数（如支撑的内力设计值增大系数）均同多高层钢结构房屋的有关规定。

（3）构件和节点的抗震承载力验算　多层钢结构厂房中构件的抗震承载力（强度、稳定性以及极限承载力）验算，首先将各构件的地震作用效应、重力荷载代表值效应及相应的其他的效应都乘以相应的地震效应调整系数、增大系数及组合系数等系数后得到各构件的最后内力设计值，然后按照《钢结构设计标准》和多高层钢结构房屋的有关规定进行构件和节点的抗震承载力验算。

1）按式（7-16）和式（7-17）验算节点左右梁端和上下柱端的全塑性承载力时，框架柱的强柱系数，一级和地震作用控制时，取 1.25；二级和 1.5 倍地震作用控制时，取 1.20；三级和 2 倍地震作用控制时，取 1.10。

2）单层框架的柱顶或多层框架顶层的柱顶。

3）不满足《建筑抗震设计规范》式（8.2.5）的框架柱沿验算方向的受剪承载力总和小于该楼层框架受剪承载力的 20%；且该楼层每一柱列不满足《建筑抗震设计规范》式（8.2.5）的框架柱受剪承载力总和小于本柱列全部框架柱受剪承载力总和的 33%。

4）柱间支撑杆件设计内力与其承载力设计值之比不宜大于 0.8；当柱间支撑承担不小于 70% 的楼层剪力时，不宜大于 0.65。

4. 多层钢结构厂房抗震构造措施

1）框架柱的长细比不宜大于 150；当轴压比大于 0.2 时，不宜大于 $125（1-0.8N/Af）\sqrt{235/f_y}$。

2）单层部分和总高度不大于 40m 的多层部分，同单层钢结构厂房规定；多层部分总高度大于 40m 时，同多层钢结构房屋规定。

3）框架柱的最大应力区，不得突然改变翼缘截面，其上下翼缘均应设置侧向支承，此支承点与相邻支承点之间距应符合《钢结构设计标准》中塑性设计的有关要求。

4）框架梁采用高强度螺栓摩擦型拼接时，其位置宜避开最大应力区（1/10 梁净跨和 1.5 倍梁高的较大值）。梁翼缘拼接时，在平行于内力方向的高强度螺栓不宜少于 3 排，拼接板的截面模量应大于被拼接截面模量的 1.1 倍。

5）厂房柱脚应能保证传递柱的承载力，宜采用埋入式、插入式或外包式柱脚，并应符合单层钢结构厂房相应规定。

6）柱间支撑和屋面水平支撑。

①纵向柱间支撑一般宜设置在柱列中部附近（图7-15a），使厂房结构在温度变化时能从支撑向两侧伸缩，以减少支撑、柱子与纵向构件的温变应力。在纵向柱列数较小时，因布置需要也可在两端设置（图7-15b）。

②屋面的横向水平支撑和顶层的柱间支撑，宜设置在厂房单元端部的同一柱间内（图7-16a）；当厂房单元较长时，应每隔 3~5 个柱间支撑设置一道（图7-16b）。

③多层框架部分的柱间支撑，宜与框架横梁组成 X 形或其他有利抗震的形式，其长细

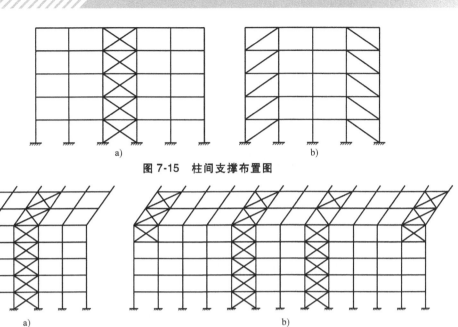

图 7-15　柱间支撑布置图

图 7-16　屋面水平支撑和柱间支撑布置图

比不宜大于 150。支撑杆件的板件宽厚比应符合单层钢结构厂房相应规定。

7）楼盖支撑。

① 水平支撑可设在次梁底部，但支撑杆端部应与楼层轴线上主梁的腹板和下翼缘同时相连。

② 楼层水平支撑的布置应与柱间支撑的位置相协调。

③ 楼层轴线上的主梁可作为水平支撑系统的弦杆，斜杆与弦杆夹角宜为 30°～60°。

④ 在柱网区格内次梁承受较大的设备荷载时，应增设刚性系杆，将设备重力的地震作用传到水平支撑弦杆（轴线上的主梁）或节点上。

习题及思考题

1. 多高层钢结构房屋在地震作用下的破坏有何特点？

2. 钢框架-中心支撑结构和钢框架-偏心支撑结构的抗震工作机理各有何特点？

3. 为什么要对钢结构房屋的最大高宽比制定限值？

4. 为什么要对钢结构房屋的地震作用效应进行调整？

5. 钢框架结构、钢框架-中心支撑结构、钢框架-偏心支撑结构、钢框架-抗震墙板结构多道抗震防线的设计思路是什么？

6. 对于框架-支撑结构体系，为什么要求框架任一楼层所承担的地震剪力不得小于一定的数值？

7. 为什么骨形连接技术可以提高梁柱构件的抗震能力？

8. 钢框架-中心支撑结构的抗震设计应注意哪些问题？

9. 钢框架-偏心支撑结构的抗震设计应注意哪些问题？

10. 为什么骨形连接和开口式连接技术可以提高梁柱构件的抗震能力？两种连接方式的工作机理有何不同？

第8章

隔震与消能减震设计

■ 8.1 结构振（震）动控制概述

隔震与消能减震是一种积极主动的结构设计理念，属于结构控制范畴。除隔震与消能减震结构外，结构控制方法还有质量调谐减振（震）、主动控制减振（震）及混合控制减振（震）。

隔震是通过设置某种隔离装置，使结构周期大大增加，并使其远离地面运动的卓越周期，从而降低地震对结构的激励作用。隔震按隔离装置设置原理分为基底隔震、悬挂隔震两大类型。目前基底隔震技术方法比较成熟，已经大范围应用于实际工程，我国也已有专门的设计规程。由于要求基底隔震器承受上部建筑物的重力，一般基底隔震结构适用于水平刚度较大、高度相对较低的多层结构。设置隔离装置后，结构系统的周期比原结构周期大大加长，地震作用可显著降低。

消能减震结构是通过附加消能减震装置与原结构组成一个新的结构系统，原结构和附加的消能减震装置均为这一新结构系统的子结构。这一新结构系统的动力特性和消能能力与原结构相比有较大变化，附加的消能减震装置使得原结构承受的地震作用显著减小，从而达到控制结构地震反应的目的，减轻主结构的损伤程度。

质量调谐减振（震）是在原结构上附加一具有质量、刚度和阻尼的子结构，并使该子结构系统的自振频率与主结构的基本频率和激振频率接近，使得在结构系统受激振动时子结构产生的惯性力与主结构振动方向相反，从而减小主结构的振动响应。质量调谐减振（震）适用于主振型比较明显和稳定的多高层和超高层建筑的风振控制。

消能减震、隔震减震和质量调谐减振（震）控制技术，均无须外部能源输入，统称为被动减振（震）控制。被动减振（震）控制技术较为简单、实用、可靠，且较为经济易行，但其减振（震）效果有限。

主动控制减振（震）是在结构受激振动时，通过检测到的结构振动信号或地震动信号，快速计算分析并反馈给附加在结构上的作动装置，使其对结构施加一个与振动方向相反的作用力来减小结构的振动响应。作动装置提供的作动力需要外界能源。主动控制减振（震）是一种具有智能功能的减振（震）控制技术，理论上可以获得十分显著的减振（震）效果，但由于其控制系统较为复杂，并要求具备很高的可靠性，且提供的作动力要足够大，在具体工程实践上尚存在一定困难。近年来，采用智能材料（如磁流变体）的半主动控制技术发展受到关注，该项技术只需利用很小的能源，根据结构的动力响应和地震激励信号反馈，迅速调整阻尼器的阻尼力，使阻尼耗能作用得到更有效的发挥。

混合控制减振（震）是在一个结构上同时采用被动减振（震）与主动减振（震）的控制系统，它结合了两种控制技术的优点，以获得更加合理、可靠和经济的减振（震）效果。我国在南京电视塔工程中就采用质量调谐减振（震）和主动控制减振（震）的混合控制技术，用以控制其风振响应。

结构减振（震）控制技术是近年来发展起来并逐渐成熟的新技术，随着技术的不断进步和造价的不断降低，在工程实践中将得到越来越多的应用。本章内容主要介绍隔震与消能减震结构的设计。

■ 8.2　隔震结构设计

8.2.1　隔震减震原理

1. 基本概念

传统抗震结构的设计思想是：在小中震时保证建筑功能基本完好；大震时利用结构自身的承载力与塑性变形能力，吸收地震输入的能量，防止建筑物倒塌，保证生命安全。然而，经过实际地震检验之后，允许结构损伤的设计方法暴露出很多问题：尽管建筑结构没有倒塌，但由于建筑物内过大的加速度、速度和层间变形，建筑功能在震后严重丧失，且修复费用高昂。建筑功能丧失大致表现为：顶棚、填充墙等非结构构件破坏严重，家具、电器等室内物品损失惨重，门窗变形过大导致逃生路线被封锁，以及发生煤气泄漏、水电中断等地震次生灾害等。

历次地震灾害及其研究表明，抗震结构在进行设计时，除了应满足安全性（即结构不能倒塌）的要求外，还应考虑建筑不能丧失使用功能。对于特殊建筑，如医院、大型计算中心、核设施、救灾指挥中心等，功能性与安全性同等重要。隔震结构就是一种可以从根本上解决这些问题的新型抗震结构。

隔震结构的思想是：如果把上部结构与地面隔离开，即使发生比较大的地震，结构也不会受到影响。为了实现这一构想，通过在基础结构与上部结构之间设置隔震层，将上部结构与水平地震动隔开。隔震层中主要设置有隔震支座与阻尼器。隔震支座有较大的竖向刚度与承载力，水平方向则刚度小、变形能力大；阻尼器用于吸收地震输入能量。图 8-1 给出了抗震结构与隔震结构对比示意图。

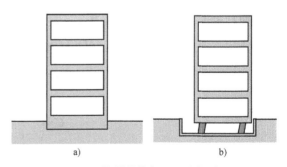

图 8-1　抗震结构与隔震结构对比

a）传统抗震结构　b）隔震结构

一般来说，遭遇罕遇地震时，隔震建筑的上部结构承受的地震作用比一般结构有显著降低，提高了结构的安全性，为建筑设计提供了很大的自由度；隔震结构可以有效控制上部结构的速度与加速度，结构变形比较小，可有效避免非结构构件的破坏，防止建筑内部物品的翻倒和移动，保证了建筑的使用功能。

2. 隔震减震力学原理

本节利用振型分解反应谱法理解隔震的基本原理。将隔震结构的上部结构考虑一个质量 m、侧向刚度 k、侧向阻尼 c 的线弹性单自由度体系（图 8-2a）。当加入侧向刚度 k_b、侧向阻尼 c_b 隔震层，并在隔震层上设置质量为 m_b、刚度较大的基础梁后，整个体系可看作一个两自由度体系（图 8-2b）。

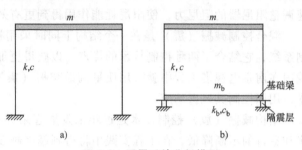

图 8-2　隔震系统分析模型
a）固定基础结构　b）隔震结构

对于原结构，由结构动力学可得其特征参数。

$$\omega_f = \sqrt{\frac{k}{m}} \tag{8-1a}$$

$$T_f = \frac{2\pi}{\omega_f} \tag{8-1b}$$

$$\xi_f = \frac{c}{2m\omega_f} \tag{8-1c}$$

式中，ω_f、T_f、ξ_f 分别为单自由度体系的固有频率、固有周期和阻尼比。

对于图 8-2b 所示的隔震结构，假设上部结构为刚体，引入如下参数描述隔震系统。ω_b、T_b、ξ_b 分别为隔震系统的固有频率、固有周期和阻尼比。

$$\omega_b = \sqrt{\frac{k_b}{m+m_b}} \tag{8-2a}$$

$$T_b = \frac{2\pi}{\omega_b} \tag{8-2b}$$

$$\xi_b = \frac{c_b}{2(m+m_b)\omega_b} \tag{8-2c}$$

该两自由度体系的运程方程为

$$M\ddot{u} + C\dot{u} + Ku = -M1\ddot{u}_g(t) \tag{8-3a}$$

式中

$$M = \begin{pmatrix} m_b & \\ & m \end{pmatrix} \tag{8-3b}$$

$$C = \begin{pmatrix} c_b+c & -c \\ -c & c \end{pmatrix} \tag{8-3c}$$

$$K = \begin{pmatrix} k_b+k & -k \\ -k & k \end{pmatrix} \tag{8-3d}$$

其特征方程为

$$(K - \omega_n^2 M)\phi_n = 0 \tag{8-4}$$

求解式（8-4）即可得结构的自振频率与振型。

一般来说，隔震层的侧向阻尼与上部结构的侧向阻尼相差较大，即 $c_b > c$，该组合体系的阻尼是非经典阻尼，严格分析需要求解耦联方程组。尽管采用振型分解法、忽略非经典阻尼影响的结果不完全准确，但对于阐明隔震结构的基本原理是足够的。以下分析采用强行解耦的方式，使用振型分解反应谱法进行研究，即先获取结构的动力特性，通过反应谱分析得到各阶振型对应的地震反应，再通过振型组合得到结构的总地震反应。

为方便说明，假定如下特定体系：$T_f = 0.4s$，$\xi_f = 2\%$，$m_b = 2m/3$，$T_b = 2s$，$\xi_b = 10\%$。由此可计算得到隔震结构的周期与振型（图8-3）。

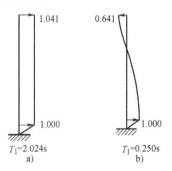

图8-3 周期与振型
a）一阶模态 b）二阶模态

在第一阶振型中，隔震层发生了较大变形，上部结构变形很小，基本像刚体，因此该振型称为"隔震振型"，其周期 T_1 略大于隔震系统周期 T_b。第二振型涉及隔震层及上部结构的变形，结构变形较大，该振型称为"结构振型"，其周期 T_2 远小于上部结构特征周期 T_f。

振型阻尼比可以通过下式确定

$$\xi_n = \frac{C_n}{2M_n\omega_n} \tag{8-5a}$$

式中

$$M_n = \boldsymbol{\phi}_n^T \boldsymbol{M} \boldsymbol{\phi}_n, \quad C_n = \boldsymbol{\phi}_n^T \boldsymbol{C} \boldsymbol{\phi}_n \tag{8-5b}$$

对于该体系，计算得出

$$\xi_1 = 9.65\%, \quad \xi_2 = 5.06\% \tag{8-6}$$

隔震振型的阻尼比 ξ_1 非常接近隔震系统的阻尼比 ξ_b，结构阻尼比 ξ_f 几乎没有影响，这是由于上部结构的行为非常类似于刚体。由于隔震层参与结构振型的振动，其振型阻尼比 ξ_2 远大于上部结构阻尼比 ξ_f。

利用振型分解法，考察地震作用与动力反应的模态参与程度。将有效地震作用分布 $\boldsymbol{s} = \boldsymbol{M}\boldsymbol{1}$ 按下式进行振型展开。

$$\boldsymbol{s} = \sum_{n=1}^{N} \boldsymbol{s}_n = \sum_{n=1}^{N} \Gamma_n \boldsymbol{M} \boldsymbol{\phi}_n \tag{8-7}$$

式中，$\boldsymbol{s}_n$ 为第 n 阶振型的贡献；$\Gamma_n = \sum_{j=1}^{N} m_j \phi_{jn} / M_n$ 为第 n 阶振型的振型参与系数。

同样，可将位移 $\boldsymbol{u}(t)$ 按振型展开。

$$\boldsymbol{u}(t) = \sum_{n=1}^{N} \boldsymbol{\phi}_n q_n(t) = \sum_{n=1}^{N} \boldsymbol{u}_n(t) \tag{8-8}$$

代入式（8-3a），并引入特征周期 ω_n、振型质量 M_n、振型阻尼比 ξ_n。

$$\ddot{q}_n + 2\xi_n\omega_n\dot{q}_n + \omega_n^2 q_n = -\Gamma_n \ddot{u}_g(t) \tag{8-9}$$

对比多自由度体系第 n 阶振型的振动方程

$$\ddot{D}_n + 2\xi_n\omega_n\dot{D}_n + \omega_n^2 D_n = -\ddot{u}_g(t) \tag{8-10}$$

可得

$$q_n(t) = \Gamma_n D_n(t) \tag{8-11}$$

从而可得模态位移，并进行等代变换。

$$
\begin{aligned}
\boldsymbol{u}_n(t) &= \Gamma_n \boldsymbol{\phi}_n D_n(t) \\
&= \frac{\Gamma_n \boldsymbol{\phi}_n}{\omega_n^2} \cdot \omega_n^2 D_n(t) \\
&= \boldsymbol{u}_n^{st} \cdot A_n(t)
\end{aligned}
\tag{8-12}
$$

式中，$\boldsymbol{u}_n^{st} = \Gamma_n \boldsymbol{\phi}_n / \omega_n^2 = \boldsymbol{K}^{-1} \boldsymbol{s}_n$ 为模态地震作用产生的静力位移；$A_n(t) = \omega_n^2 D_n(t)$ 为拟加速度。继而可得模态内力

$$
V_n(t) = V_n^{st} \cdot A_n(t)
\tag{8-13}
$$

式中，V_n^{st} 为模态地震作用下的静内力。计算得

$$
V_{b1}^{st} = 1.015m, \quad V_{b2}^{st} = 0.015m
\tag{8-14a}
$$

$$
\omega_1^2 u_{b1}^{st} = 0.976, \quad \omega_2^2 u_{b2}^{st} = 0.024
\tag{8-14b}
$$

$$
\Gamma_1 = 98\%, \quad \Gamma_2 = 2\%
\tag{8-14c}
$$

如图 8-4 所示，结构的地震响应几乎完全由第一阶振型（隔震振型）控制，第二阶振型（结构振型）几乎没有贡献。

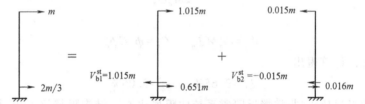

图 8-4　有效地震力振型展开与基座剪力的振型静态反应

第 n 阶振型对基底剪力 V_b 和隔震层变形 u_b 贡献的峰值为

$$
V_{bn} = V_{bn}^{st} A_n
\tag{8-15a}
$$

$$
u_{bn} = (\omega_n^2 u_{bn}^{st}) D_n
\tag{8-15b}
$$

式中，$A_n = A_n(T_n, \xi_n)$ 是阻尼比为 ξ_n 的拟加速度谱对应周期为 T_n 时的值；$D_n = A_n / \omega_n^2$ 是相应位移谱的值。图 8-5 给出了一组不同阻尼比对应的典型加速度反应谱。

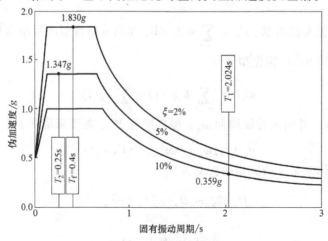

图 8-5　设计谱与谱值

图 8-6 给出了非隔震结构及隔震结构各阶振型的地震力。隔震结构第一阶振型显著延长，S_a 显著减小，因此振型地震力明显减小；第二阶振型对地震反应贡献非常小，因此振型地震力几乎可以忽略不计。经过 SRSS 组合，可以得到最终的结构剪力与位移分布（图 8-7）。

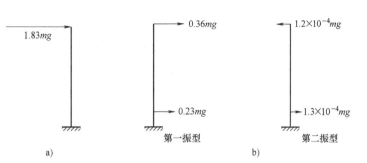

图 8-6 各振型地震力

a）传统结构 b）隔震结构

尽管采取隔震措施后结构位移增大，但剪力和变形大大减小，仅为基础固定结构的 1/5。

通过以上分析，采取基底隔震措施后，第一振型为隔震层振动，上部结构类似刚体运动，延长了结构的基本振动周期，加速度反应减小，有效降低了结构所承受的地震作用；结构振动的振型转化为高阶振型，尽管其加速度反应大，但对于地震反应贡献很小。

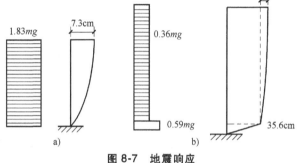

图 8-7 地震响应

a）传统结构 b）隔震结构

隔震系统中的阻尼是降低结构反应的次要因素，但对于减小隔震层位移有着重要作用，因此在设计时需要在隔震层中设置比较大的阻尼。

3. 隔震结构的发展与应用

"隔震"的思想是在抵抗地震灾害时自然而然产生的。在我国古代建筑中，可以看到一些使用砂、滚木、石墨等天然材料经简单加工后制作而成的隔震层，将上部结构与基础分隔开，从而减小地震动向上传播，对上部结构起到了保护的作用。图 8-8 给出了一些传统的隔

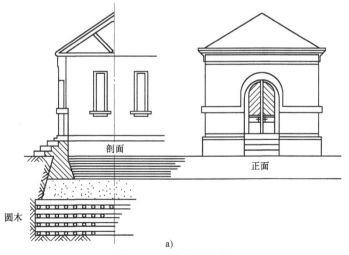

图 8-8 传统隔震结构

a）滚轴垫层

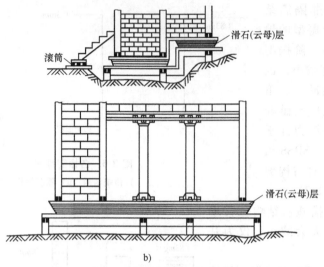

滑石(云母)层

滚筒

滑石(云母)层

b)

图 8-8 传统隔震结构（续）

b）石墨垫层

震结构做法。

由于传统的天然隔震层的性能不稳定，无法进行良好的设计，尽管隔震思想很早就产生了，并在一些结构中得到了应用，隔震结构并未真正在工程实践中得到普遍使用。直到叠层橡胶支座的出现，才使隔震结构真正成为一种可以应用于工程设计的结构形式。自此之后，多种隔震支座被陆续开发出来；同时，隔震结构在美国、日本等地得到了广泛使用，并表现出良好的抗震性能。美国北岭地震（1994）中，采用抗震结构的 Olive View 医院，尽管建筑结构基本完好，但内部设备翻倒、管线破裂，医院无法正常运转；而采用隔震结构的南加利福尼亚大学医院，震后该医院可正常运行。日本北海道地震（2003）中，某采用隔震结构的建筑经受住了地震考验。图 8-9 给出了该隔震结构中传感器的布置及在地震中测得的结构不同部位的加速度。测量数据表明，隔震后楼层水平加速度仅为地面加

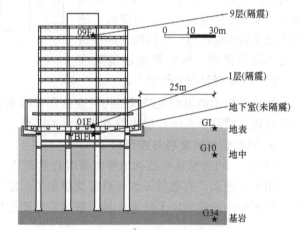

9层(隔震)

09F

0   10   30m

1层(隔震)

25m

地下室(未隔震)

01F

GL 地表

B1F

G10 地中

G34 基岩

a)

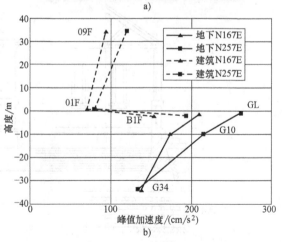

图 8-9 日本北海道某隔震结构

a）结构剖面　b）实测峰值加速度数据

速度的 1/3 左右；而传统的抗震结构，上部结构加速度反应通常是地面加速度的 2~3 倍。因此隔震结构可以显著减小建筑内部的晃动，大大增加了建筑内部的安全性。

1991 年，我国第一栋采用现代隔震技术的建筑在广东汕头建成，为 8 层钢筋混凝土框架结构住宅楼。此后，在全国各地先后兴建了多栋隔震建筑，《建筑抗震设计规范》（GB 50011—2001）中增加了隔震结构设计的相关内容，同时修订了相关的技术规程。

8.2.2　隔震装置简介

目前使用最多的隔震结构如图 8-10 所示。通过隔震构件，将上部结构与基础柔软连接。

在隔震装置中，隔震支座占有重要地位。通过将不同元件的功能进行组合，或选取不同的设计参数，可以得到多种多样的隔震支座。

隔震支座要求有较大的竖向承载力与竖向刚度，以保证承受上部结构的自重；水平方向上则较为柔软，以保证隔震支座的隔震效果，即应有使建筑物恢复到原位置的刚度，同时应注意保证水平方向有较大的变形能力，以充分发挥隔震效果。除

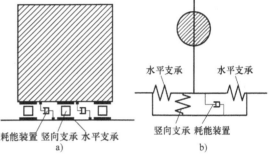

图 8-10　隔震装置示意
a）真实结构　b）简化结构

了良好的力学性能，隔震支座还要有良好的耐久性与稳定的质量，以保证能够长期稳定地承受荷载。为了确保隔震支座的性能正常发挥，应当重视隔震支座的后期维护工作，及时维护、更换。

目前技术比较成熟、有较多工程应用的隔震支座主要有叠层橡胶隔震支座、摩擦摆隔震支座、摩擦滑移隔震支座及弹簧隔震支座。下面对上述常见的隔震支座进行介绍。

1. 叠层橡胶支座

叠层橡胶支座由夹层薄钢板和薄橡胶片相互交错叠置组合而成（图 8-11），是使用最为广泛的隔震支座。

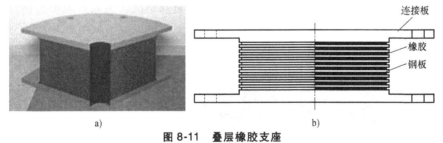

图 8-11　叠层橡胶支座
a）工程产品　b）剖面图

如图 8-12 所示，橡胶是一种不可压缩材料（泊松比约为 0.5）。优质橡胶有很好的弹性，使支座可以复位，且变形能力与耐久性优良。在竖向荷载下，若仅使用橡胶材料，橡胶会产生较大的竖向压缩变形，同时会向侧面膨胀，不利于承担竖向荷载；叠层橡胶支座受压时，由于受到内部钢板的约束，橡胶内中心处于三向受压状态，因此整体上具有非常大的竖向刚度，承受的竖向荷载可高达 $2 \times 10^4 kN$。当橡胶层与钢板之间有可靠胶结时，支座在竖向

压力下的极限状态是内部钢板受拉破坏导致橡胶层失去约束，支座因此破坏，故支座的极限承载力取决于内部钢板的强度。

当叠层橡胶支座受到剪力作用时，内部钢板不约束橡胶层的剪切变形，因此橡胶片可以充分发挥自身柔软的水平特性，从而产生隔震效果。当上下有一定重叠面积时，叠层橡胶隔震支座可以产生非常大的水平变形而不破坏。

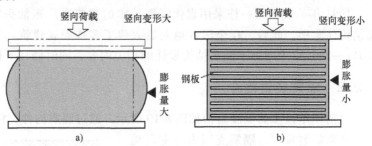

图 8-12　钢板对橡胶层进行约束
a）纯橡胶支座　b）叠层橡胶支座

决定叠层橡胶支座性能的主要参数有直径 D、单层橡胶厚度 t_R 和橡胶层数 n。由这些参数可以求出第 1 形状系数 S_1 和第 2 形状系数 S_2，其定义式分别为

$$S_1 = \frac{橡胶受约束面积（受压面积）}{单层橡胶的自由表面积（侧面积）} \tag{8-16a}$$

$$S_2 = \frac{橡胶直径}{橡胶层总厚度} \tag{8-16b}$$

S_1 主要与竖向刚度和转动刚度有关，S_2 主要与屈曲荷载和水平刚度有关。对于圆形支座，S_1、S_2 可分别按式（8-17a）、式（8-17b）计算。在计算约束面积和自由表面积时，还要考虑是否有中心孔。

$$S_1 = \frac{\pi D^2/4}{\pi D t_R} = \frac{D}{4 t_R} \tag{8-17a}$$

$$S_2 = \frac{D}{n t_R} \tag{8-17b}$$

天然橡胶隔震支座（NRB）的阻尼较小，仅能提供一定的水平刚度。为了增加隔震支座的阻尼耗能，进一步提高隔震效果，常见的做法是在橡胶支座中插入铅棒，即铅芯橡胶隔震支座（LRB），如图 8-13 所示；或对橡胶材料进行特殊调配，提高其阻尼特性，即高阻尼橡胶隔震支座（HRB）。

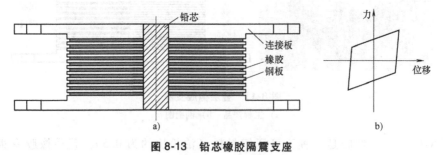

图 8-13　铅芯橡胶隔震支座
a）示意图　b）滞回特性

铅芯橡胶隔震支座将铅棒插入叠层橡胶支座增加阻尼，其制作的关键点是使铅棒与钢板紧密接触、协同工作。通常的做法是将体积稍大于孔的铅芯强行压入孔中。由于铅的再结晶

化特点，阻尼器在受力停止后可恢复原来的受力特性，对于阻尼耗能十分重要。

2. 摩擦摆隔震支座

如图 8-14 所示，摩擦摆隔震支座利用滑动产生的摩擦力作为阻尼。摩擦可以耗散能量并限制位移，通过用曲面代替平面作为摩擦面，使支座可以自动对中，具有自复位能力。通过设计性能稳定且耐久性好的摩擦面，可以使摩擦摆隔震支座按照需要得到良好的性能，增强对结构反应的控制。

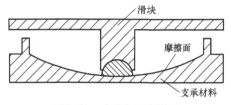

图 8-14 摩擦摆隔震支座

摩擦摆隔震支座的另一突出优点是周期与上部质量无关，仅决定于凹面的曲率半径。以常见的单摆支座为例，周期为

$$T = 2\pi\sqrt{\frac{R}{g}} \tag{8-18}$$

式中，R 为摩擦面的曲率半径。

由于隔震结构的隔震效果与隔震结构的特征周期密切相关，可以通过设计摩擦面的曲率半径来对结构周期进行调整，而基本不需要考虑上部结构。这为结构设计提供了更大的自由度。

摩擦摆隔震支座的水平变形能力与支座长度密切相关。为了在有限的支座范围内提供更大的水平变形能力，设计人员研发出了复摆和三摆摩擦摆隔震支座，如图 8-15 所示。

3. 摩擦滑移隔震支座

利用水平推力超过摩擦面的摩擦力之后，产生较大变形而耗能的装置称为摩擦滑移隔震支座。早期实践中尝试过使

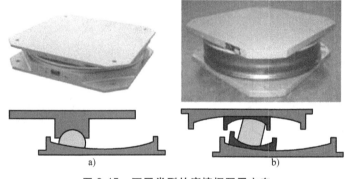

图 8-15 不同类型的摩擦摆隔震支座
a）单摆 b）三摆

用云母、砂、石墨等材料作为隔震层，现在多采用聚四氟乙烯、不锈钢、陶瓷等，以保证动摩擦因数的稳定。

这类材料最大的特点在于没有明确的周期，对不同周期特性的地震均可起到隔震作用。其最大缺点是缺乏自复位功能，需要额外的复位装置；容易造成位移过大，不利于震后建筑功能的恢复。

由于摩擦滑移隔震支座基本不具有恢复力性能，多数要与叠层橡胶支座共用。通过改变摩擦面滑动材料的性质，并尝试不同的滑动材料与滑动面的组合，可以制作出不同的滑动特性，在使用时需要进行充分的性能评估。

图 8-16 是一种得到实际应用的摩擦滑移隔震支座的模型。这种支座通过设计静摩擦力上限，在小震时仅叠层橡胶隔震支座发生水平变形；当大震发生时，叠层橡胶隔震支座除自身发生水平变形外，还可以在滑移支座上发生滑动，进一步提高隔震效果。

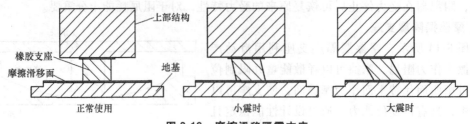

图 8-16　摩擦滑移隔震支座

4. 滚动隔震支座

滚动隔震支座主要可分为滚轴隔震和滚珠隔震两种。图 8-17 给出了滚轴隔震支座的构造示意图。由于滚动摩擦（摩擦因数约为 1/1000）远小于滑动摩擦，上部结构受到的水平力非常小，不会产生变形。其缺点主要是水平位移无法控制，没有复位能力，因此需要与橡胶隔震支座联合使用，目前实际工程应用较少。

5. 弹簧隔震支座

以上介绍的几种隔震支座，由于竖向刚度很大，对竖向震动没有隔震效果。弹簧隔震支座利用竖向弹簧减小上部结构在竖向地震下的动力响应，从而起到隔震效果，如图 8-18 所示。为了耗散竖向地震能量，往往还需要设置竖向阻尼器。

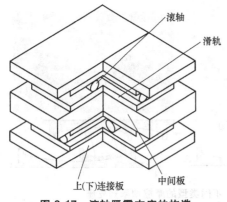

图 8-17　滚轴隔震支座的构造

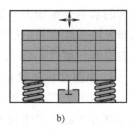

a)   b)

图 8-18　弹簧隔震支座

a）工程产品　b）原理

8.2.3　隔震结构设计基本要求

隔震结构通过设置隔震层吸收大部分地震能量，在设计时应注意与"非抗震"结构的区别，特别要考虑处理隔震层可能产生的较大位移。除了结构设计，还应充分考虑设备规划、施工规划等相关内容。

如何设计隔震层的性能是设计的重点，特别是隔震支座和阻尼器的布置最为重要。在设计时应明确需要达到的性能目标，以维持结构功能为目标或以确保生命安全为目标，将对隔震层提出不同的目标性能，需要根据这些性能目标来决定隔震层所必需的刚度、阻尼等特性。

隔震层的动力特性对隔震结构的地震反应起主导作用，在假设的地震动输入下，必须使隔震装置在水平、竖直方向的应力、应变和变形控制在相对安全的范围内。由于实际设计中存在着诸多不确定因素，应充分了解隔震装置的破坏极限性能，把握其安全界限。另外，应考虑地震的不确定性，当超出了隔震装置的最大变形量、隔震支座发生破坏时，隔震层也要能支承上部结构的荷载。

为了预测地震时结构的响应，需要输入地震动进行分析，有时还应对其他振动形式（如交通振动、风振）等进行分析。为使分析得到的结构响应与要求的性能目标吻合，需要针对具体力作用进行设计。因此，除了设计规范外，设计还应对以下几点加以综合考虑：分析状态与实际状态的差异；物理性能的偏差；不确定因素的影响。

8.2.4 隔震结构方案设计

隔震结构方案设计包括隔震体系的布置和安装构造，取决于场地限制、结构类型、施工和其他相关因素。在进行方案设计时应至少对以下几点进行充分考量。

1. 隔震层竖向布置

图 8-19 给出了一些典型隔震层竖向布置位置及一些优缺点。一般来说，确定一个合适的布置方案应考虑：能在最大预计水平位移内自由移动；隔震层处服务设施（如楼梯和电梯）的连续性；隔震层以下结构的细部构造等。

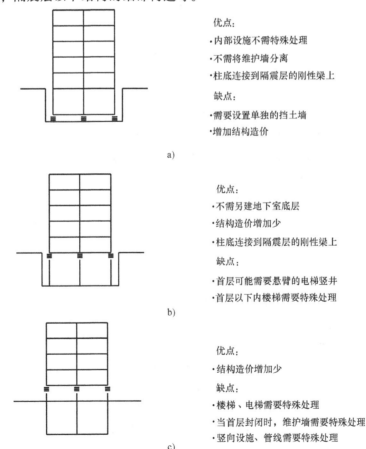

图 8-19 隔震层设置位置

a) 位于地下室底部 b) 位于地下室柱顶 c) 位于首层柱顶

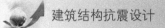

2. 隔震层平面布置

隔震层的功能部件一般包括隔震支座、阻尼装置与抗风装置。隔震支座主要承担竖向荷载和隔震水平地震作用；阻尼装置主要防止隔震层产生位移并吸收地震能量；当初始刚度不足时，还应设置抗风装置，以抵抗风荷载引起的结构振动。

为了尽量减少扭转效应对结构的影响，在进行隔震装置平面布置时，应尽量使隔震层刚度中心与上部结构质量中心重合。阻尼器和抗风装置宜对称、分散地布置于建筑物周边。

隔震支座的平面布置宜与上部结构和下部结构中竖向受力构件的平面位置相对应。对于框架结构，采用每个柱下设置一个支座的方案是最为合理有效的。当需在同一支撑处布置多个支座时，应留有充足的安装、更换支座所需的空间。

在隔震支座选型时，应尽量减少选用的隔震支座的规格类型。当选用多种规格的隔震支座时，应充分发挥每个支座的承载能力与变形能力。

3. 构造措施

隔震结构在地震作用下，上部结构与下部结构之间会产生数十厘米的相对位移。为了不阻碍相对位移，充分发挥隔震效果，并避免位移造成的损失，必须保证上部结构与地基相连的部分有充足的间隔，电梯、楼梯同样应做相应处理，发生相对位移处的扶手、栅栏等，必须采用柔性连接。各种水电暖通管线，在上部结构和下部结构两部分之间，必须设置具有足够变形能力的软接头，保证管线等在最大位移下不被破坏。

采用上述措施确定隔震层具体的间隔时，必须考虑地震时扭转反应的影响，尽可能减小隔震层的偏心率。

4. 建筑考虑

设置隔震装置时，必须考虑如何保证隔震装置长期发挥其功能，如避免橡胶在日光和紫外线下的加速老化、减少钢材锈蚀。对于摩擦阻尼器，应采取保护措施使滑动面不沾染沙尘。

隔震装置周围必须留有充足的间隔，以保证其变形不会受到建筑物或设备管线的阻碍。在设计时需要预留检查、修补和更换的空间。

由于橡胶是可燃物，需要考虑耐火性。当隔震装置设置在最下层楼板以下时，几乎不会暴露在火中，无须特别考虑；但是，当设置在其他位置时，应当采取防火措施，如在隔震装置周围遮盖耐火板，或把隔震层设置在防火区中。

8.2.5 隔震结构的设计计算方法

对隔震结构的动力分析，一般采用时程分析法。计算模型与一般结构区别不大，但需要考虑隔震结构的地震反应特点，简化分析，减少工作量。对于一般结构，可采用层剪切模型，隔震层按等效线性模型，考虑隔震层的有效刚度和有效阻尼比。对于复杂的结构，应采用考虑扭转的空间模型进行分析，并考虑隔震层的非线性特性。当需要考虑竖向地震或进行竖向变形分析、上部结构摆动等情况时，应另外增加自由度。

在选取隔震结构的计算简图时，应增加由隔震支座和顶部梁板组成的质点。当隔震层以上结构的质量中心与隔震层刚度中心不重合时，应计算扭转效应的影响。隔震层顶部的梁板结构应作为上部结构的一部分进行计算和设计。

叠层橡胶隔震支座和阻尼器的刚度、阻尼比等性能在不同地震作用下会有所区别，在计算时应根据具体情况选取相应的参数。当采用时程分析时，应以试验得到的滞回曲线为依

据。隔震层的水平等效刚度和等效阻尼比可按试验结果按下式进行计算

$$K_{\mathrm{h}} = \sum K_j \tag{8-19a}$$

$$\xi_{\mathrm{eq}} = \sum K_j \xi_j / K_{\mathrm{h}} \tag{8-19b}$$

式中，K_{h} 为隔震层的水平等效刚度；ξ_{eq} 为隔震层的等效阻尼比；K_j 为第 j 个隔震支座（含阻尼器）由试验确定的水平等效刚度；ξ_j 为第 j 个隔震支座由试验确定的等效阻尼比，当设置阻尼器时，应包含相应阻尼比。

进行时程分析时，应合理选择地震波。对于采用多条地震波进行时程分析的结果，宜取其包络值。当隔震结构距主断裂带较近时，尚应考虑地震近场效应。

隔震层的验算主要包括隔震支座的受压承载力验算，罕遇地震下隔震支座水平位移验算，抗风装置和隔震支座弹性水平恢复力验算，隔震层抗倾覆验算，罕遇地震下拉应力验算等。除隔震支座外，尚应对隔震支座连接件和支座附近的梁、板进行刚度和承载力验算。

当计算得到隔震结构的水平减震系数后，将水平地震影响系数进行折减，并据此采用时程分析法或其他方法，计算隔震结构的地震作用，并以此进行上部结构的截面设计计算。相应的抗震措施可适当降低。

下部结构和地基基础的设计与一般进行的承载力验算类似，但应注意的是，采用的内力为罕遇地震下各隔震支座底部向下传递的内力。这就要求，上部结构与支座的连接件、支座与基础的连接件应能传递上部结构的最大剪力。

对于砌体结构和基本周期与其相当、高宽比小于4、建筑场地较好且风荷载作用不大的结构，《建筑抗震设计规范》（GB 50011—2010，下同）基于反应谱提出了简化计算方法。这些结构的上部结构刚度较大，基本自振周期较短，隔震后变形主要集中在隔震层，因此可将隔震结构体系简化为单质点体系，并将隔震层的刚度和阻尼作为整个结构的刚度和阻尼。

其基本思路是先计算隔震后结构的基本周期和水平减震系数，采用底部剪力法计算上部结构的总水平地震作用并进行分配，以此设计上部结构。求得隔震层在罕遇地震下的水平剪力和位移，并进行相关验算。最后进行连接件和下部结构的设计，并完善构造措施。

《叠层橡胶支座隔震技术规程》（CECS 126—2001，下同）针对层数较少、高度较低和刚度分布比较均匀的房屋，按单自由度计算模型、结构反应谱法建立了等效侧力法，可以得到较为可靠的计算结果。其基本思路与简化计算方法类似，最大的区别在于上部结构总水平地震作用标准值的计算。《建筑抗震设计规范》的简化计算方法是在计算非隔震结构总水平地震作用的基础上，通过乘以折减系数得到隔震结构的总水平地震作用；而《叠层橡胶支座隔震技术规程》中的等效侧力法则直接利用隔震结构的基本自振周期、阻尼比等参数得到隔震结构的水平地震影响系数，然后计算总水平地震作用。

8.2.6 隔震结构的设计实例

1. 结构概况

某办公楼为地上10层，地下一层，上部结构形式为钢筋混凝土框架结构，如图8-20所示。抗震设计按丙类建筑设防。地震作用按7度抗震设防考虑，设计基本地震加速度值为 $0.10g$。设计地震分组为第二组，建筑场地类别为Ⅲ类，特征周期 $T_{\mathrm{g}} = 0.55\mathrm{s}$，设防地震下，$\alpha_{\max} = 0.08$，罕遇地震下，$\alpha_{\max} = 0.5$。

该办公楼平面均较为规则，且结构高宽比小于4；建筑场地类别为Ⅲ类，且地基基础稳定性较好；经计算，风荷载标准值产生的水平力不超过结构总重力的10%。以上各项均满足《建筑抗震设计规范》的相关要求。

本工程选用 LRB-G4 S2＝5 系列铅芯橡胶隔震支座中的 LRB700、LRB800 型隔震支座，其相关产品参数见表8-1。

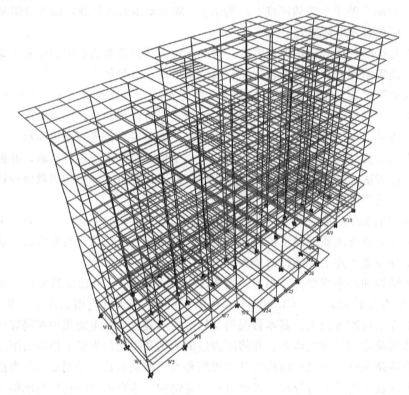

图 8-20　结构单元划分

表 8-1　隔震支座参数

性能指标		单位	LRB700	LRB800
隔震垫总高度		mm	344.3	364.6
形状尺寸	产品外径	mm	1000	1100
	橡胶外径	mm	700	800
	铅芯直径	mm	110	140
	第二形状系数	—	5.1	5.1
铅直性能	基准面压	MPa	15	15
橡胶发生100%剪切变形时的水平性能	设计荷载	kN	5758	7540
	铅直性能 K_v	kN/mm	3509	3973
	水平等效刚度 K_{eq}	kN/mm	1.661	2.044

（续）

性能指标		单位	LRB700	LRB800
界限性能	等效阻尼比 H_{eq}	%	20.4	23.1
	屈服后刚度 K_d	kN/mm	1.105	1.206
	屈服力 Q_d	kN	76	123
	界限变形	%	400	400

隔震层设在首层之下，地下一层柱顶。隔震支座顶部统一标高，共采用 11 个 LRB800 支座和 29 个 LRB700 支座。隔震支座平面布置方案如图 8-21 所示。

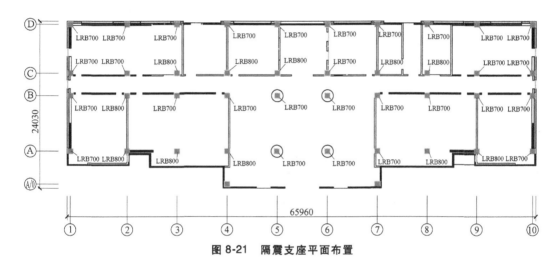

图 8-21 隔震支座平面布置

下部结构主要包括地下结构一层。要求在地下一层柱顶设置拉梁，增加隔震层下部结构的整体性。

2. 结构模型

本工程采用通用结构分析软件 ETABS NonlinearC 作为动力分析软件。ETABS 软件具有方便且较灵活的建模功能和强大的线性和非线性动力分析功能。其中的非线性 LINK（Rubber Isolator）单元可用于准确模拟隔震支座的力学行为。

本结构采用模型 1 和模型 2 两个有限元计算模型，如图 8-22 所示。模型 1 用来模拟隔震前的办公楼结构，模型 2 用于模拟隔震后的办公楼结构。在两个模型中，框架梁柱均采用三维 Frame 单元模拟。在模型 2 中，隔震支座采用非线性 LINK（Rubber Isolator）模拟。

分别采用 PKPM 和 ETABS 计算办公楼结构周期和层剪力，二者计算结果接近，表明建立的模型是合理的，计算结果可靠，见表 8-2。

3. 输入地震动评价

按照《建筑抗震设计规范》要求，地震波输入选择符合场地的两条天然波和一条人工波。中震水平地震波加速度幅值被调至 100cm/s^2，大震水平地震波加速度幅值被调至 220cm/s^2。图 8-23 和图 8-24 分别给出了在设防（中震）和罕遇地震（大震）水准下三条地震波时程曲线。

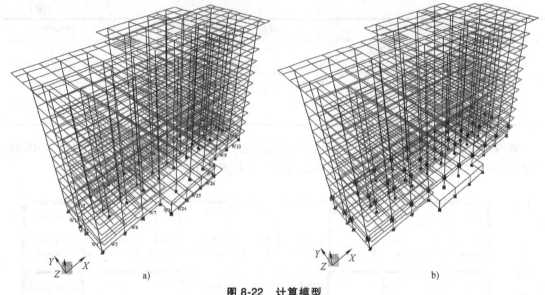

图 8-22　计算模型

a）模型 1　b）模型 2

表 8-2　周期对比（前三阶）

振型	周期/s	
	PKPM	ETABS
1	1.851	1.853
2	1.670	1.613
3	1.629	1.605

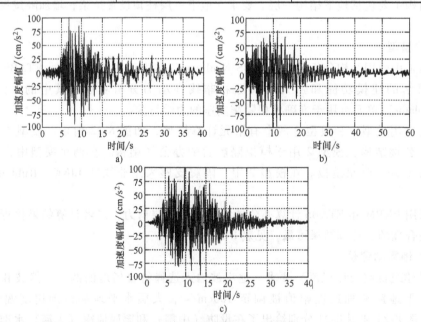

图 8-23　地震波时程（中震）

a）USA02625 波加速度时程　b）USA02363 波加速度时程　c）人工波加速度时程

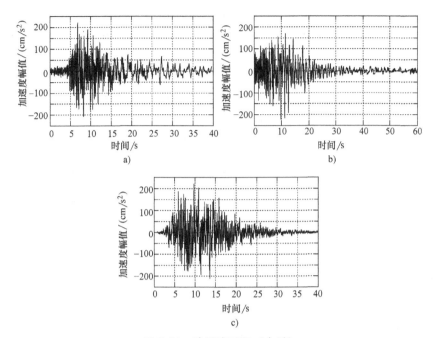

图 8-24 地震波时程（大震）

a）USA02625 波加速度时程 b）USA02363 波加速度时程 c）人工波加速度时程

对办公楼地上部分采取隔震措施前后在设防地震下的层剪力比进行了计算，见表 8-3。计算结构表明：在设防地震下，结构最大层剪力比为 0.600，说明采取隔震措施后，结构层剪力有大幅降低。按规范，水平向减震系数可以取 0.600，隔震后的水平地震影响系数可以取为隔震前的 0.75 倍。

表 8-3 设防地震下最大层剪力比最大值

方向	隔震后层剪力比最大值			最大值
	USA02363	USA02625	人工	
X 向	0.600	0.532	0.542	0.600
Y 向	0.584	0.489	0.583	0.584

采用模型 2 计算罕遇地震下隔震层最大水平位移，并考虑扭转效应，见表 8-4。罕遇地震下隔震层最大水平位移为 188mm，均小于 0.55 倍橡胶支座直径（700mm×0.55 = 385mm）和 3 倍橡胶厚度（136.3mm×3 = 408.9mm）。

表 8-4 罕遇地震下隔震层最大水平位移 （单位：mm）

方向	隔震后层剪力比最大值			最大值
	USA02363	USA02625	人工	
X 向	188	77	41	188
Y 向	185	87	40	185

为验算隔震层的受压承载力，根据 SATWE 计算结果的标准值进行组合（恒载+0.5 活载）后计算柱底轴力，并验算隔震支座平均面压。计算结果表明，所有隔震支座面压均小

于《建筑抗震设计规范》针对丙类建筑规定的 15MPa 限值，符合《建筑抗震设计规范》要求。另外，罕遇地震下隔震支座均未出现拉力，可以保证隔震支座不会出现受拉破坏。

为保证隔震层在风荷载作用下不屈服，防止产生较大位移影响房屋的适用性，需对隔震支座水平屈服荷载进行验算。经计算，在 X 和 Y 两个方向上，隔震支座水平屈服剪力设计值（3557kN）均大于 1.4 倍风荷载作用下隔震层的水平剪力标准值。

4. 设计流程概述

隔震设计的流程可以参考图 8-25。其基本思路是：首先确定拟建建筑的设防标准和水平减震系数；对上部结构进行平立面布置，并初步进行隔震装置选型与布置；选择合适的分析方法对隔震结构和非隔震结构在设防地震下进行验算；若计算得到的水平减震系数与假定相差较大，应重新进行上部结构布置或重新设计隔震层布置；若与假定值相符，在罕遇地震下进行水平

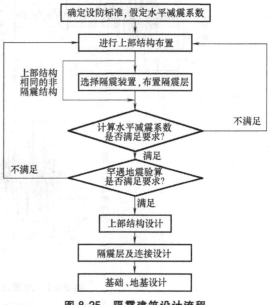

图 8-25　隔震建筑设计流程

位移等验算，若不满足要求应调整上部结构或隔震层；验算通过后，进行上部结构、隔震层及连接和基础、地基的进一步设计。

■ 8.3　消能减震结构设计

8.3.1　消能减震原理

1. 基本概念

抗震结构利用结构自身的承载力和塑性变形能力来抵御地震作用。当地震作用超过结构的承载力极限时，结构抗震能力将主要取决于其塑性变形能力和在往复地震作用下的滞回耗能能力，用振动能量方法分析，即利用结构的塑性变形耗能和累积滞回耗能来耗散地震输入到结构中的能量。然而这一能量耗散过程势必会导致结构损伤，以致产生破坏。

消能减震结构是通过在结构（称为主体结构）中设置的消能装置（称为阻尼器）来耗散地震输入能量，从而减小主体结构的地震反应，实现抗震设防目标。消能减震结构将结构的承载能力和耗能能力的功能区分开来，地震输入能量主要由专门设置的消能装置耗散，从而减轻主体结构的损伤和破坏程度，是一种积极主动的结构抗震设计理念。

结构的自身阻尼也会耗散地震输入能量，在结构中设置的消能装置相当于在主体结构中增加了附加阻尼，因此消能装置通常也称为阻尼器。

下面以单自由度体系为例，进一步从振动能量方程来说明消能减震结构的基本原理。图 8-26 为抗震结构的单自由度体系分析模型，其在地震

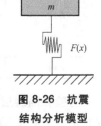

图 8-26　抗震结构分析模型

作用下的振动方程为

$$m\ddot{x} + c\dot{x} + F(x) = -m\ddot{x}_0 \tag{8-20}$$

式中，m 为质点的质量；x、$\dot{x}$、$\ddot{x}$ 分别为质点相对于地面的位移、速度和加速度；$F(x)$ 为结构的恢复力。

将上式左右两边乘以 $\dot{x}\mathrm{d}t$，并积分得

$$\int_0^t m\ddot{x}\dot{x}\mathrm{d}t + \int_0^t c\dot{x}^2\mathrm{d}t + \int_0^t F(x)\dot{x}\mathrm{d}t = \int_0^t (-m\ddot{x}_0)\dot{x}\mathrm{d}t \tag{8-21a}$$

$$E_K + E_D + E_S = E_{EQ} \tag{8-21b}$$

式中，$E_K = \int_0^t m\ddot{x}\dot{x}\mathrm{d}t = \dfrac{1}{2}m\dot{x}^2$，为结构的动能；$E_D = \int_0^t c\dot{x}^2\mathrm{d}t$，为结构的阻尼耗能；$E_S = \int_0^t F(x)\dot{x}\mathrm{d}t$，为结构的变形能，$E_S$ 由结构的弹性变形能 E_E、塑性变形能 E_P 和滞回耗能 E_H 三部分组成，即 $E_S = E_E + E_P + E_H$；$E_{EQ} = \int_0^t (-m\ddot{x}_0)\dot{x}\mathrm{d}t$，为地震作用输入到结构的能量。

式（8-21）即为地震作用下的结构振动能量方程。地震结束后，质点的速度为 0，结构的弹性变形恢复，故动能 E_K 和弹性应变能 E_E 等于 0，因此能量方程（8-21b）成为

$$E_D + E_P + E_H = E_{EQ} \tag{8-22}$$

上式表明，地震作用输入到结构中的能量 E_{EQ} 最终由结构的阻尼耗能 E_D、塑性变形能 E_P 和滞回耗能 E_H 所耗散。因此，从能量观点来看，只要结构在地震作用下振动过程中的阻尼耗能、塑性变形耗能和滞回耗能的能力大于地震输入能量 E_{EQ}，结构即可有效抵抗地震作用，不产生倒塌。但一般抗震结构的阻尼耗能能力不大，当地震作用超过结构的承载力时，将主要依靠结构自身的塑性变形能和滞回耗能能力来耗散地震输入能量，从而导致结构的损伤和破坏，当损伤过大时将引起结构的倒塌。

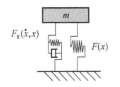

图 8-27　消能减震结构分析模型

单自由度体系的消能减震结构分析模型如图 8-27 所示，结构中设置了消能减震阻尼器，其所提供的恢复力为 $F_s(\dot{x}, x)$，在地震作用下的振动方程为

$$m\ddot{x} + c\dot{x} + F(x) + F_s(\dot{x}, x) = -m\ddot{x} \tag{8-23}$$

采用上述同样的方法，地震结束时的能量平衡方程为

$$E_D + E_P + E_H + E_S = E_{EQ} \tag{8-24}$$

式中，E_S 为消能减震装置的耗能。

根据分析，在同样地震作用下，附加阻尼器对结构的地震输入能量 E_{EQ} 基本没有影响。与式（8-22）相比，上式结构的耗能能力增加了 E_S，从而使得原主体结构的塑性变形耗能和滞回耗能的需求减少，减轻了其损伤程度，甚至无损伤。

2. 消能减震结构的发展与应用

实际上，许多能够保留至今的古建筑就是消能减震结构，如我国的木结构中大量采用的"斗拱"就是一种耗能性能十分优越的消能节点。"斗拱"的多道"榫接"在承受很大的节点变形过程中反复摩擦可以消耗大量的地震输入能量，大大减小了结构的地震响应，使得结构免遭严重破坏。最典型的是山西应县木塔，历经近千年，遭遇多次强烈地震，迄今巍然屹立，是我国古建筑史上的奇迹。图 8-28 为某 21 层采用消能支撑的钢框架高层建筑结构，在

El Centro（1940 NS）地震作用下时程分析得到的层间位移角分布。可见采用消能减震后，层间位移角显著减小。与抗震结构相比，消能减震结构的地震反应一般可减小 20%～40%，有的甚至可达到 70%。

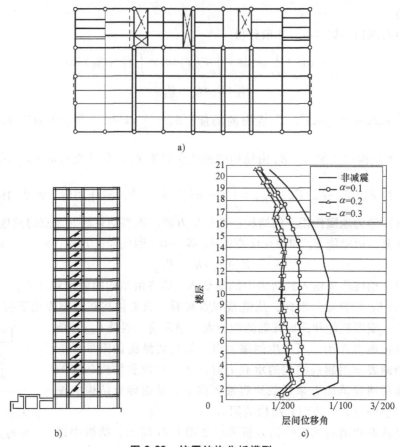

图 8-28　抗震结构分析模型

a）结构平面布置　b）结构剖面布置　c）层间变形对比

现代消能减震技术的发展是从 20 世纪 70 年代开始，经过多年的研究，目前已有多种技术成熟的消能减震阻尼器可供实际工程应用，设计计算方法也基本完善，并在国内外已有很多应用。

《建筑抗震设计规范》增加了消能减震结构的内容，2013 年发布了《建筑消能减震技术规程》（JGJ 297—2013）。此外，还发行了建筑工业行业标准《建筑消能阻尼器》（JG/T 209—2012）及国家建筑标准设计图集《建筑结构消能减震（振）设计》（09SG610-2）。

3. 消能减震装置与部件力学原理

消能减震结构中的附加耗能减震元件或装置一般统称为阻尼器。根据附加阻尼器耗能机理的不同，可分为速度相关型阻尼器和位移相关型阻尼器两大类。速度相关型阻尼器通常由黏滞材料制成，故也称为黏滞型阻尼器。位移相关型阻尼器通常由塑性变形性能好的材料制成，利用其在反复地震作用下良好的塑性滞回耗能能力来耗散地震能量，故也称为滞迟型阻尼器。

根据阻尼器的类型，式（8-23）中的阻尼器恢复力模型 $F_s(\dot{x}, x)$ 有以下几种形式：

黏滞型 $$F_s(\dot{x}, x) = C\dot{x}^\alpha \tag{8-25}$$

滞迟型 $$F_s(\dot{x}, x) = f_s(x) \tag{8-26}$$

复合型
$$F_s(\dot{x}, x) = C\dot{x}^\alpha + f(x) \tag{8-27}$$

式中，C 为黏滞型阻尼器的阻尼系数；α 为黏滞型阻尼器系数，当 $\alpha = 1$ 时称为线性阻尼器，当 $\alpha \neq 1$ 时称为非线性阻尼器。对于非线性阻尼，为便于分析计算，可根据耗能等价原则将其等效为线性阻尼模型。

图 8-29 为各种阻尼器的恢复力-位移关系曲线：图 8-29a 为黏滞型阻尼器，图 8-29b 为滞迟型阻尼器；图 8-29c 为黏弹性阻尼器，是由黏滞型阻尼器与线弹性弹簧（线性力-位移关系）组合而成；图 8-29d 为摩擦型阻尼器，可认为是弹塑性滞迟型阻尼器的弹性刚度趋于无穷时的情况。根据所选用的材料，阻尼器又可进一步按图 8-30 细分。下面介绍几种典型的阻尼器及其主要性能。

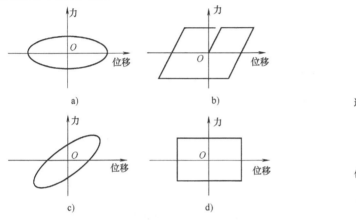

图 8-29　阻尼器的恢复力-位移关系曲线

a）黏滞型阻尼器　b）滞迟型阻尼器　c）黏弹性阻尼器　d）摩擦型阻尼器

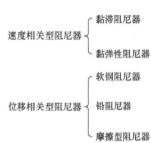

图 8-30　阻尼器分类

8.3.2　速度相关型阻尼器

速度相关型阻尼器包括黏滞阻尼器和黏弹性阻尼器。这类阻尼器的优点是阻尼器从小振幅到大振幅都可以产生阻尼耗能作用。但这种阻尼器一般采用黏性或黏弹性材料制作，阻尼力往往与温度有关。此外，这种阻尼器的制作需要精密加工，使用时需要进行必要的维护，一般价格较高。

1. 黏滞阻尼器

黏滞阻尼器是利用高黏性的液体（如硅油）中活塞或者平板的运动来耗能。这种阻尼器在较大的频率范围内都呈现比较稳定的阻尼特性，但黏性流体的动力黏度与环境温度有关，使得黏滞阻尼系数随温度变化。已经研制的黏滞阻尼器主要有筒式流体阻尼器、黏滞阻尼墙、油动式阻尼器等。

图 8-31a 所示为油动式阻尼器的构造原理，它是利用活塞前后压力差使油流过阻尼孔

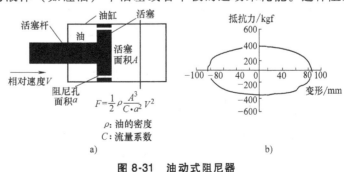

图 8-31　油动式阻尼器

a）构造原理　b）恢复力曲线

注：1kgf = 9.8N

产生阻尼力，其恢复力特性如图 8-31b 所示，形状近似椭圆。

图 8-32 所示为黏滞阻尼墙，固定于楼层底部的钢板槽内填充黏滞液体，插入槽内的内部钢板固定于上部楼层，当楼层间产生相对运动时，内部钢板在槽内黏滞液体中来回运动，产生阻尼力。这种阻尼墙板提供的阻尼作用很大，目前日本已在 30 多栋高层建筑中采用，我国也有少量应用，但价格较贵。

图 8-32　黏滞阻尼墙
a）构造原理　b）变形示意图

2. 黏弹性阻尼器

黏弹性阻尼器是利用异分子共聚物或玻璃质物质等黏弹性材料的剪切滞回耗能特性制成的，如图 8-33 所示。它构造简单、性能优越、造价低廉、耐久性好，在低水平激励下就可以工作，并在多种地震水平下都显示出良好的耗能性能；但它提供的阻尼力有限。

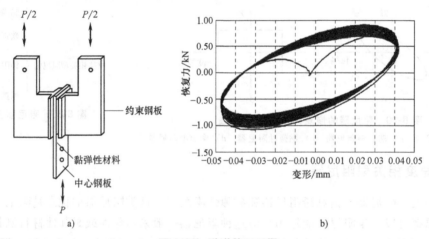

图 8-33　黏弹性阻尼器
a）构造原理　b）滞回特性

黏弹性阻尼器在结构抗震工程中应用较晚，其原因主要有以下两个方面：一是黏弹性材料性能随温度和荷载频率的变化较大，而地震波的频段较宽，结构所处的环境温度差异大，导致黏弹性阻尼器的设计参数难以确定；二是黏弹性阻尼器的黏弹性材料多为薄层状，剪切变形能力有限，不适合用于大变形的抗震工程中。开发适用于大变形、力学性能稳定的黏弹性阻尼器，是其在工程抗震中得到应用的关键。

8.3.3　位移相关型阻尼器

位移相关型阻尼器包括金属屈服型阻尼器和摩擦型阻尼器，属于滞迟型阻尼器。金属屈服型阻尼器一般采用低碳钢、铅等材料制成。

1. 软钢阻尼器

低碳钢屈服强度低，故也称为软钢阻尼器，与主体结构相比，一般软钢阻尼器可较早地进入屈服，并利用屈服后的塑性变形和滞回耗能来耗散地震能量，且耗能性能受外界环境影响小，长期性质稳定，更换方便，价格便宜。常见的软钢阻尼器主要有钢棒阻尼器、低屈服点钢阻尼器、加劲阻尼器、锥形钢阻尼器等。图 8-34 所示为几种典型的钢材阻尼器及设置形式，其中图 8-34d 所示的蜂窝型钢阻尼器，其几何形状是根据阻尼器中钢板上下端产生相对位移时的弯矩图而变化的，这可使得有更多体积的钢材进入屈服，增大阻尼器的耗能能力。

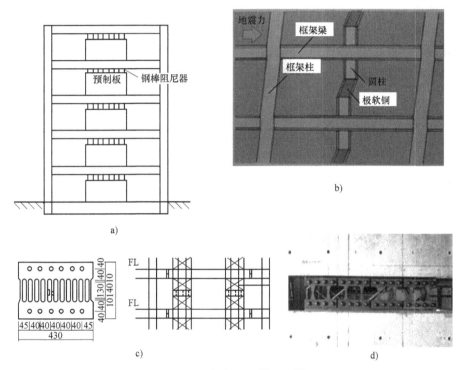

图 8-34　钢材阻尼器及设置

a）钢棒阻尼器及设置　b）软件阻尼器及设置　c）钢棚阻尼器及设置　d）蜂窝型钢阻尼器及设置

　　由于是利用钢材屈服后的塑性变形和滞回耗能发挥耗能作用的，在屈服以前，软钢阻尼器只给结构增加附加刚度，不能发挥耗能作用。软钢阻尼器的刚度和屈服荷载是设计中需要确定的主要性能指标。

2. 铅阻尼器

　　铅具有较高的延展性，储藏变形能的能力很大，同时有较强的变形跟踪能力，能通过动态回复和再结晶过程恢复到变形前的状态，适用于大变形情况。此外，铅比钢材屈服早，所以在小变形时就能发挥耗能作用。铅阻尼器主要有挤压铅阻尼器、剪切铅阻尼器、铅节点阻尼器、异形铅阻尼器等。典型的几种铅阻尼器及其滞回特性如图 8-35 所示，可见铅阻尼器的滞回曲线近似矩形，有很好的耗能性能。

3. 摩擦型阻尼器

　　摩擦型阻尼器通过有预紧力的金属固体部件之间的相对滑动摩擦耗能，界面金属一般用钢与钢、黄铜与钢等。这种阻尼器耗能明显，可提供较大的附加阻尼，而且构造简单、取材方便、制作容易。

摩擦耗能作用需在摩擦面间产生相对滑动后才能发挥，且摩擦力与振幅大小和振动频率无关，在多次反复荷载下可以发挥稳定的耗能性能。通过调整摩擦面上的面压，可以调整起摩力。不过，与软钢阻尼器相同，在滑动发生以前，摩擦阻尼器不能发挥作用。

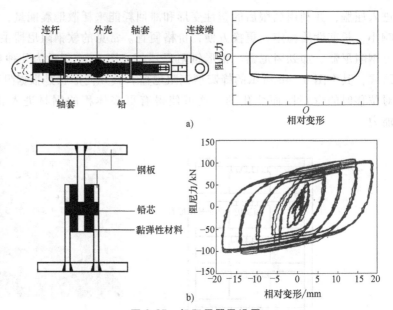

图 8-35　铅阻尼器及设置

a）挤压铅阻尼器及其滞回特性　b）剪切铅阻尼器及其滞回特性

图 8-36 所示为 Pall 型摩擦阻尼器，是加拿大学者 A. S. Pall 发明的。该摩擦耗能装置为一正方形连杆机构，与 X 形支撑相连（见图 8-36c），当一个方向的支撑受拉时，通过连杆机构自动使另一个方向的摩擦装置也发挥作用，一方面增强了摩擦耗能能力，另一方面也避免了另一个方向支撑受压而产生的压曲问题。

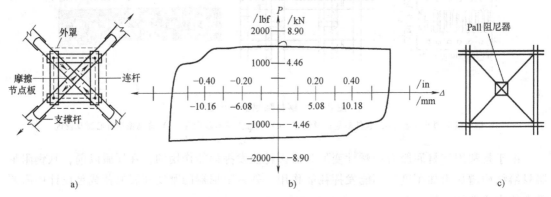

图 8-36　Pall 型摩擦阻尼器

a）构造原理　b）滞回特性　c）设置形式

注：1lbf=4.448N。

8.3.4　消能减震结构的设防水准及方案设计

1. 消能减震结构的设防水准

消能减震结构设计时，应根据多遇地震下的预期减震要求及罕遇地震下的预期结构位移控制要求，设置适当的抗震性能目标。一般情况下可参照以下目标确定结构的抗震性能目标：

1）在小震作用下，主体结构处于弹性工作状态，阻尼器工作性能良好，无损坏；震后主体结构和阻尼器均无须检修，结构可继续使用。

2）在中震作用下，主体结构处于弹性工作状态，位移型阻尼器进入塑性阶段，但损伤不严重；黏滞型阻尼器应基本完好，震后需对阻尼器进行必要的检查，经检修或必要时进行更换，经确认后可继续使用。

3）在大震作用下，主体结构中的部分次要构件进入弹塑性阶段，产生有限程度的损伤，且结构整体性能保持完好，经过基本维修和检查阻尼器状况的可靠性后可使用；若位移型阻尼器塑性变形较大，产生较大程度损伤，则需更换；黏滞型阻尼器应基本完好，但震后需进行必要的检修或必要时更换后才可继续使用。

2. 消能减震结构方案

消能减震结构体系分为主体结构部分和阻尼器部分。主体结构是结构的主要承重骨架，按一般结构要求进行结构方案设计，应具有足够的承载力、适当的刚度和延性能力，能够独立可靠地承受结构的主要使用荷载，在消能减震部件失效后主体结构的稳定性不受影响。阻尼器是对主体结构抗震能力的补充，并控制结构在地震作用下的变形。在主体结构方案确定后，消能减震结构的设计工作主要是确定消能减震器的选型以及在结构中的分布，包括设置位置和设置数量。消能减震器布置的位置还应考虑易于修复和更换。

为充分发挥阻尼器的耗能效率，阻尼器一般应设置在结构相对位移和相对速度较大的部位，如层间变形较大位置、节点和连接缝等部位。参照剪力墙的布置要求，一般可沿结构的两个主轴方向分别设置。在设置阻尼器的抗侧结构平面内将产生附加阻尼力和附加侧移刚度（位移型阻尼器），因此要求在结构平面中对称布置阻尼器，并使结构平面保持刚度均衡，避免结构产生扭转。此外，阻尼器的布置应尽量不影响建筑的使用空间。

阻尼器沿结构竖向的设置和分布，一般可根据各层层间变形的比例先初步设定各层阻尼器参数的比例，再根据分析结果进行适当调整，以使得各楼层的减震效果基本一致。

阻尼器的设置数量应根据罕遇地震下的预期位移控制目标确定，这是消能减震结构设计的主要内容。位移控制目标可由设计人员与业主共同商议后确定，也可参照《建筑抗震设计规范》对非消能减震结构"大震不倒"的位移限值要求，或采用更严格的控制要求。

此外，为保证消能减震结构的设计计算，分析可靠性，对所采用阻尼器的性能和所需的性能数据应有充分了解。阻尼器的性能主要用恢复力模型表示，一般需要通过试验确定。

8.3.5　消能减震结构的设计计算方法

由于消能减震结构附加了阻尼器，而且阻尼器的种类繁多，并具有非线性受力特征，其结构计算分析方法比一般抗震结构复杂，精确分析需要根据阻尼器的设置和恢复力模型建立相应的结构模型，采用非线性时程分析方法进行。但阻尼器在整体结构中为附属部件，当主体结构基本处于弹性工作阶段时，其对主体结构的整体变形特征影响不大，因此可根据能量等效原则，将阻尼器的耗能近似等效为一般线性阻尼耗能来考虑，确定相应的附加阻尼比，并与原结构阻尼比叠加后得到总阻尼比，然后根据设计反应谱，取高阻尼比的地震影响系数，采用底部剪力法或振型分解反应谱法计算地震作用。在计算中，应考虑阻尼器的附加刚度，即整体结构的总刚度等于主体结构刚度与阻尼器的有效刚度之和。

1. 底部剪力法

根据动力学原理，有阻尼单自由度体系在往复振动一个循环中的阻尼耗能 W_c 与体系最大变形能 W_s 之比有如下关系

$$4\pi\xi = \frac{W_c}{W_s} \tag{8-28}$$

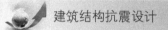

式中，ξ 为体系的阻尼比。根据以上关系式，消能减震结构的附加阻尼比可按下式确定

$$\xi_{a} = \frac{1}{4\pi} \cdot \frac{W_c}{W_s} \tag{8-29}$$

主体结构的总变形能 W_s 按下式计算

$$W_s = \frac{1}{2} \sum F_i u_i \tag{8-30}$$

式中，F_i 为在设防目标地震下（注意此时主体结构基本处于弹性）质点 i 的水平地震作用力；u_i 为在相应设防目标地震下质点 i 的预期位移。

对于速度线性相关型阻尼器，其 W_c 可按下式计算

$$W_c = \frac{2\pi^2}{T_1} \sum C_i \cos^2 \theta_i \Delta u_i^2 \tag{8-31}$$

式中，T_1 为消能减震结构的基本周期；C_i 为第 i 个阻尼器的线性阻尼系数，一般通过试验确定；θ_i 为第 i 个阻尼器的消能方向与水平面的夹角；Δu_i 为第 i 个阻尼器两端的相对水平位移。

对于位移相关型、速度非线性相关型和其他类型阻尼器，其 W_c 可按下式计算

$$W_c = \sum A_j \tag{8-32}$$

式中，A_j 为第 j 个阻尼器的恢复力滞回环在相对水平位移 Δu_i 时的面积，此时，阻尼器的刚度可取恢复力滞回环在相对水平位移 Δu_i 时的割线刚度。

整体结构的总阻尼比 ξ 为由式（8-29）计算的附加阻尼比 ξ_a 与主体结构自身阻尼比 ξ_s 之和，根据总阻尼比 ξ 计算地震影响系数，并按底部剪力法确定结构的地震作用，然后进行主体结构的受力分析，再与其他荷载组合后进行抗震设计。

2. 振型分解反应谱法

对于采用速度线性相关型阻尼器的消能减震结构，根据其布置和各阻尼器的阻尼系数，可以直接给出消能减震器的附加阻尼矩阵 C_c，因此整体结构的阻尼矩阵等于主体结构自身阻尼矩阵 C_s 与消能减震器的附加阻尼矩阵 C_c 之和，即

$$C = C_s + C_c \tag{8-33}$$

通常上述阻尼矩阵不满足振型分解的正交条件，因此无法从理论上直接采用振型分解反应谱法来计算地震作用。但研究分析表明，当阻尼器设置合理，附加阻尼矩阵 C_c 的元素基本集中于矩阵主对角附近，此时可采用强行解耦方法，即忽略附加阻尼矩阵 C_c 的非正交项，由此得到以下对应各振型的阻尼比。

$$\xi_j = \xi_{sj} + \xi_{cj} \tag{8-34}$$

$$\xi_{cj} = \frac{T_j}{4\pi M_j} \Phi_j^{\mathrm{T}} C_c \Phi_j \tag{8-35}$$

式中，ξ_j、ξ_{sj}、ξ_{cj} 分别为消能减震结构的 j 振型阻尼比、主体结构的 j 振型阻尼比和阻尼器附加的 j 振型阻尼比；T_j、Φ_j、M_j 分别为消能减震结构的第 j 自振周期、振型和广义质量。

按上述方法确定各振型阻尼比后，即可根据各振型的总阻尼比 ξ_j 计算各振型的地震影响系数，并按振型组合方法确定结构的地震作用效应，再与其他荷载组合后进行抗震设计。

3. 能量法

根据《建筑抗震设计规范》，消能器附加给结构的有效阻尼比可以按照下式计算

$$\xi_{\mathrm{a}} = \frac{\sum_{j=1}^{n} W_{cj}}{4\pi W_{\mathrm{s}}} \tag{8-36}$$

式中，ξ_{a} 为消能减震结构的附加有效阻尼比；W_{cj} 为第 j 个消能器在结构预期层间位移 Δu_j 下往复循环一周所消耗的能量；$\sum_{j=1}^{n} W_{cj}$ 为结构上所有消能器耗散能量之和；W_{s} 为设置消能部件的结构在预期位移下的总应变能。

此方法为基于能量的计算方法，计算中假定结构按照某一特定振型振动。因此，该方法对于受单一振型控制的结构精度较高。结构中消能器均匀布置，也可以采用强行解耦阻尼矩阵的方法计算结构阻尼比。对于扭转影响较小的剪切型建筑，消能减震结构在水平地震作用下的弹性能可以按照下式估计

$$W_{\mathrm{s}} = \frac{1}{2}\sum F_i u_i \tag{8-37}$$

式中，F_i 为质点 i 的水平地震作用标准值；u_i 为质点 i 对应于水平地震作用标准值的位移。

对于位移相关型消能器，包括 UBB、软钢剪切消能器等，其阻尼耗能为滞回曲线包络的面积。一般将其等效为双线性模型，计算其在最大层间位移下的面积，如图 8-37 所示。

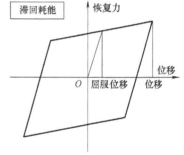

图 8-37　位移相关型消能器耗能计算

对于速度相关型消能器，其一个周期下的阻尼耗能可以根据阻尼力积分得到。速度相关型消能器的阻尼力可以按照下式计算

$$F = C\dot{u}^{\alpha} \tag{8-38}$$

式中，C 为消能器阻尼系数；$\dot{u}$ 为消能器变形速率；α 为消能器阻尼指数。

若假定结构简谐振动，其位移和速度分别为

$$u = u_0\sin(\omega_1 t)\,,\ \dot{u} = u_0\omega_1\cos(\omega_1 t) \tag{8-39}$$

式中，u_0 为简谐运动位移幅值；ω_1 为结构第一周期。消能器一个周期内的耗能为

$$W_{\mathrm{c}} = \int_0^T F\mathrm{d}u = \int_0^T F\dot{u}\mathrm{d}t \tag{8-40}$$

将式（8-40）代入式（8-39）得

$$\begin{aligned}
W_{\mathrm{c}} &= 4\int_0^{\pi/2\omega_1} C\left[u_0\omega_1\cos(\omega_1 t)\right]^{\alpha} u_0\omega_1\cos(\omega_1 t)\mathrm{d}t \\
&= 4\int_0^{\pi/2\omega_1} C\left[u_0\omega_1\cos(\omega_1 t)\right]^{\alpha} u_0\cos(\omega_1 t)\mathrm{d}\omega_1 t \\
&= 4Cu_0^{\alpha+1}\omega_1^{\alpha}\int_0^{\pi/2} \cos^{\alpha+1}(t)\mathrm{d}t
\end{aligned} \tag{8-41}$$

当 $\alpha = 1$ 时，$W_{\mathrm{c}} = \left(\dfrac{2\pi^2}{T_1}\right)C\Delta u_0^2$，与《建筑抗震设计规范》中式（12.3.4-3）一致。当 α

$\ne 1$ 时，可采用数值积分方法计算。

《建筑消能减震技术规程》中给出了 $\alpha = 0.25$、0.5、0.75、1 情况下的简化计算公式

$$W_c = \lambda F_{d\max} u_0 \tag{8-42}$$

式中，λ 为按表 8-5 建议取值；$F_{d\max}$ 为消能器在相应地震作用下的最大阻尼力。

表 8-5　非线性黏滞消能器参考值

阻尼指数 α	λ 值
0.25	3.7
0.5	3.5
0.75	3.3
1	3.1

根据 $F_{d\max} = C\omega_1^\alpha u_0^\alpha$，对比《建筑消能减震技术规程》的简化公式与本书中推导的式 (8-41) 可以发现

$$\lambda = 4 \int_0^{\pi/2} \cos^{\alpha+1}(t)\,\mathrm{d}t \tag{8-43}$$

可以根据式 (8-43) 计算任意非线性黏滞消能器的参考值。若结构中安装多个消能器时，计算所有消能器的耗能总和，即可得到结构的阻尼比。

8.3.6　消能减震结构设计实例

1. 项目背景

汶川地震后，四川省大部分地区设防烈度均有不同程度的提高。一些在震后虽无明显损伤的建筑，仍有可能不满足设防烈度调整后的抗震要求。对于钢筋混凝土框架结构，常规的加固方案一般采用加大梁柱截面，或增设剪力墙等方法提高结构的抗震能力。这种方法在很多情况下是有效的，但也存在以下主要问题：

1）建筑内部空间减小。

2）结构刚度增加，导致地震作用增大，经济性欠佳。

3）结构损伤模式仍然难以控制。

4）加固施工复杂，抗震构造措施有时难以满足要求。

采用消能减震加固方案，除可保证结构在地震作用下获得更高可靠度之外，比传统加固方案还有以下优点：

1）仅需对部分竖向构件（柱）进行加固，无须增设抗震墙，减少加固工程量。

2）湿作业工作量少，施工时间短，节约施工成本，对原结构影响小。

3）阻尼器占用空间少，布置灵活，对建筑的使用功能限制少，日后可根据需要改变布置位置。

4）在地震作用下，结构加速度及速度响应较常规结构小，可提高建筑的舒适度，保护内部设备。

本节以绵阳市某钢筋混凝土框架结构为例，介绍了以使用黏滞型阻尼器为主的消能减震加固实用化分析和设计方法。

2. 结构概况

该混凝土框架结构建于 1988 年,为 13 层混凝土框架结构,高 45.3m,标准层高 3.1m,无地下室,顶部有一层小塔楼,标准层建筑平面如图 8-38 所示。该工程原设计抗震设防烈度为 6 度第 2 组,设计基本地震加速度值为 0.05g,多遇地震下 $\alpha_{max}=0.04$。汶川地震后,绵阳市的抗震设防烈度调整为 7 度第 2 组,设计基本地震加速度值为 0.10g,多遇地震下 $\alpha_{max}=0.08$,罕遇地震下 $\alpha_{max}=0.50$。抗震设计按乙类建筑设防。

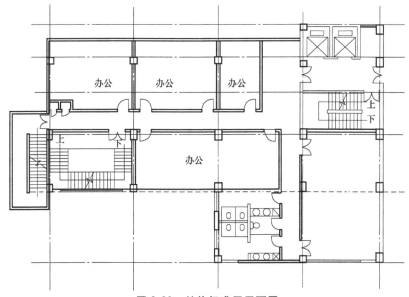

图 8-38 结构标准层平面图

根据该建筑的结构布置和建筑使用功能,在结构中布置 76 个黏滞型阻尼器,各层阻尼器布置如图 8-39 所示。本例中采用的阻尼器的阻尼指数均为 0.4,阻尼系数的取值为 200~800kN·s/m,均为速度非线性相关型阻尼器。

3. 结构模型

为了考察该结构采用增设阻尼器加固前后的抗震性能,并进行相应的消能减震分析和设计,建立了以下两个模型(见图 8-40):

1)对于加固前的结构,用 ETABS/SAP2000 建立的无阻尼器三维有限元结构模型,称为"无阻尼器模型"。

2)在 ETABS/SAP2000 无阻尼器模型的基础上增设阻尼器,模拟消能减震加固后的结构,称为"有阻尼器模型"。

两个模型的结构各阶振型阻尼比均取 5%。此外,用 PKPM 软件建立了 5%振型阻尼比及 20%振型阻尼比的结构模型,分别用来与 ETABS/SAP2000 建立的"无阻尼器模型"(原结构)和"有阻尼器模型"(消能减震结构)进行对比并进行结构设计。

"无阻尼器模型"的结构,梁柱均采用程序内置的 Frame 单元,梁柱两端均设置美国 ATC40 默认的塑性铰。模型中的塑性铰仅在进行大震下动力时程分析时才发挥作用。"有阻尼器模型"是在"无阻尼器模型"的基础上,按照阻尼器的实际布置情况附加了非线性 LINK(Damper)单元。非线性 LINK(Damper)包括三个属性,分别是刚度 K、阻尼系数 C 和阻尼指数 α,用以模拟阻尼器的力学行为。在设计中忽略黏滞阻尼器的附加质量和对结构

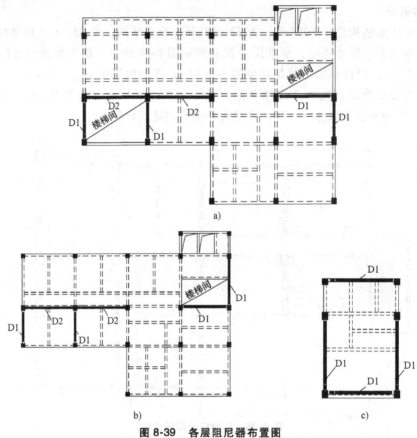

图 8-39　各层阻尼器布置图

a）第 1～3 层　b）第 4～12 层　c）第 13 层

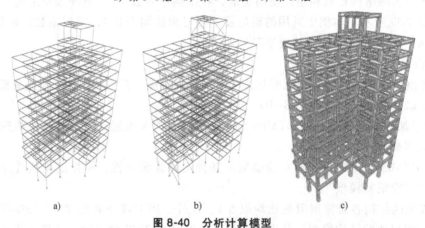

图 8-40　分析计算模型

a）ETABS/SAP2000 无阻尼器模型　b）ETABS/SAP2000 有阻尼器模型　c）PKPM 模型

静刚度的贡献，因此有阻尼器模型的振型及质量参与系数和无阻尼器的模型完全相同。

　　PKPM 系列软件和 ETABS/SAP2000 系列软件均可采用反应谱法进行弹性地震力计算。为验证 PKPM 模型和 ETABS/SAP2000 模型的相似性，从而确保计算结果的准确性，对两套软件计算得到的层剪力进行了比较，结果见表 8-6。由表可见，除顶层外，各层剪力比值差异均小于 2%，顶层剪力差异也小于 5%，此外，两个软件计算得到的前 20 阶周期相差也不超过 5%，振型基本相同。因此，PKPM 模型和 ETABS/SAP2000 模型具有很好的一致性。最终设计的层剪力取 ETABS/SAP2000 软件的分析结果。

表 8-6　PKPM 模型和 ETABS/SAP2000 模型的层剪力比

楼层	13	12	11	10	9	8	7
SAP/PKPM	0.95	0.98	0.99	0.99	0.99	0.99	0.99
楼层	6	5	4	3	2	1	
SAP/PKPM	0.98	0.98	0.98	0.98	0.98	0.98	

4. 输入地震动评价

根据 8.3.4 节所述，设置阻尼器后的结构在大震作用下可控制在准弹性范围，因此可近似采用弹性时程分析方法来分析设置阻尼器加固后结构的抗震性能。

《建筑抗震设计规范》规定：采用时程分析法时，应按建筑场地类别和设计地震分组选用实际强震记录和人工模拟的加速度时程曲线，其中实际强震记录的数量不应少于总数的 2/3，多组时程曲线的平均地震影响系数曲线应与振型分解反应谱法所采用的地震影响系数曲线在统计意义上相符。弹性时程分析时，每条时程曲线计算所得结构底部剪力不应小于振型分解反应谱法计算结果的 65%，多条时程曲线计算所得结构底部剪力的平均值不应小于振型分解反应谱法计算结果的 80%。因此，采用三条适用于二类场地的地震波：1940 年 Imperial Valley 地震时 El Centro 记录的 NS 分量、1994 年洛杉矶地震波和一条人工地震波进行时程分析。多遇地震及罕遇地震加速度峰值按《建筑抗震设计规范》7 度（0.1g）设防要求分别调至 35cm/s² 及 220cm/s²。三条地震波大震加速度时程曲线如图 8-41a~c 所示，大震反应谱与规范谱的比较如图 8-41d 所示。

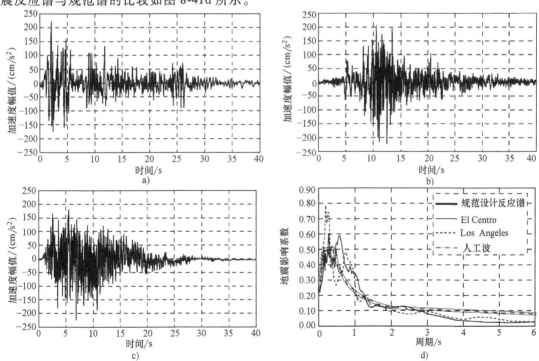

图 8-41　三条地震波大震加速度时程曲线及反应谱

a）El Centro 波　b）Los Angeles 波　c）人工波　d）加速度反应谱及比较

弹性时程分析得到的小震下"无阻尼器模型"基底剪力，及 PKPM 的 5%阻尼模型振型分解反应谱法计算的基底剪力见表 8-7。可见，每条地震波输入下弹性时程分析得到的结构底部剪力不小于振型分解反应谱法计算结果的 65%，三条地震波输入下时程分析所得结构底部剪力的平均值不小于振型分解反应谱法计算结果的 80%，满足《建筑抗震设计规范》中的要求。

表 8-7 时程分析与振型分解反应谱法小震基底剪力 （单位：kN）

X 向地震输入			
地震波	时程分析法	反应谱法	比值
El Centro	1463		0.900
Los Angeles	1454	1625	0.895
人工波	1374		0.846
平均值	1430		0.880
Y 向地震输入			
地震波	时程分析法	反应谱法	比值
El Centro	1274		0.737
Los Angeles	1628	1729	0.942
人工波	1420		0.821
平均值	1441		0.833

5. 分析流程概述

消能减震结构的分析流程如图 8-42 所示。

上述流程中，减震方案效果评价通常基于非线性时程分析法，根据时程分析的结果直接评价阻尼器方案的减震效果。但由于时程分析法比较复杂，耗时较多，对于一般体型规则，层数不多的多、高层建筑结构，也可采用能量法评价阻尼器布置方案的减震效果。

8.3.7 基于时程分析法的减震效果评价

为进一步确认设置阻尼器后结构的减震效果，利用快速非线性分析方法（FNA）对设置阻尼器的消能减震结构进行 7 度多遇地震下（35cm/s^2）的地震响应分析。快速非线性分析方

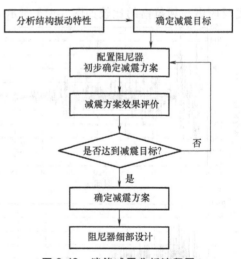

图 8-42 消能减震分析流程图

法由 Edward L. Wilson 博士提出，根据结构中非线性单元的刚度构造等效弹性刚度矩阵，以减少迭代步数从而加速方程收敛，适合对配置有限数量非线性单元的结构进行非线性动力时程分析。在结构中配置消能部件，实质是对结构附加阻尼，使结构的等效阻尼比增加，从而使结构的地震响应降低。非线性时程分析法可以直接考虑此效果。以下分别对比设置阻尼器前后的层剪力、层间位移角和楼层加速度，并给出结构耗能时程，对上述消能减震结构的抗震性能进行评价。

1. 设置阻尼器前后层剪力对比

设置阻尼器后，结构主体楼层剪力约减少 35%，顶层小塔楼层剪力减小 70%。设置阻尼器前后层剪力比较如图 8-43 所示。

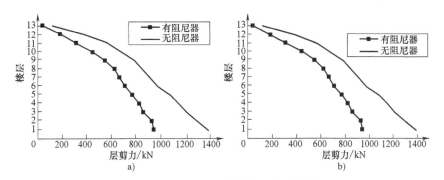

图 8-43　设置阻尼器前后层剪力比较

a）X 向　b）Y 向

2. 设置阻尼器前后层间位移角对比

与层剪力类似，设置阻尼器后，结构主体层间位移角约减少 35%，顶层小塔楼层间位移角减小 60%。设置阻尼器前后层间位移角比较如图 8-44 所示。

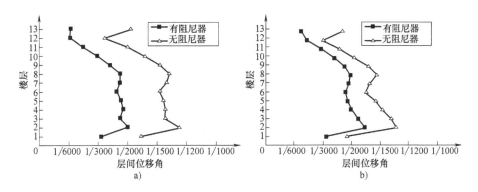

图 8-44　设置阻尼器前后层间位移角比较

a）X 向　b）Y 向

3. 设置阻尼器前后楼层加速度对比

设置阻尼器前后楼层加速度比较如图 8-45 所示。设置阻尼器后，结构主体楼层加速度均有不同程度削减，幅度为 15%～40%。设置阻尼器后，结构顶层鞭梢效应得到有效控制，结构顶层加速度降至无阻尼器的 50% 以下。

4. 结构能量时程

图 8-46 给出了 El Centro 波下结构能量时程，从图中可以看出，阻尼器耗能占输入总能量的很大一部分。其他两条地震波下结构能量时程与 El Centro 波类似，不再赘述。

5. 减震结构附加阻尼比分析

在结构中设置阻尼器能够增加结构的阻尼，从而减小结构的地震响应，在实际设计中通常用附加阻尼比来考虑减震效果。表 8-8 给出了结构在 7 度多遇地震作用下，"有阻尼器模

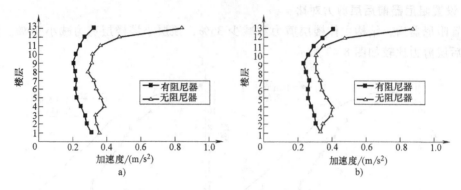

图 8-45 设置阻尼器前后楼层加速度比较

a) X 向 b) Y 向

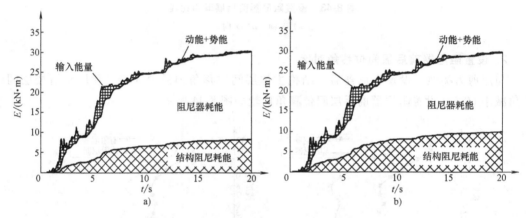

图 8-46 El Centro 波输入下结构能量时程

a) X 向 b) Y 向

型"和 PKPM 的 20%阻尼模型在 X 向和 Y 向的最大地震剪力对比。图 8-47 给出了具体剪力值。在 7 度多遇地震作用下，设置阻尼器的消能结构楼层最大地震剪力均小于原结构 20%阻尼比时楼层最大地震剪力。所以，在实际设计中可认为按照所配置的阻尼器方案，能够给原结构附加 15%的阻尼比，此结果和能量法计算得到的结果基本一致。

表 8-8 ETABS/SAP2000 有阻尼器模型和 PKPM 的 20%阻尼模型的楼层地震剪力比较

楼层	13	12	11	10	9	8	7
SAP/PKPM(X 向)	0.554	0.679	0.712	0.761	0.779	0.784	0.757
楼层	6	5	4	3	2	1	
SAP/PKPM(X 向)	0.736	0.736	0.729	0.716	0.713	0.672	
楼层	13	12	11	10	9	8	7
SAP/PKPM(Y 向)	0.733	0.864	0.844	0.873	0.877	0.856	0.814
楼层	6	5	4	3	2	1	
SAP/PKPM(Y 向)	0.788	0.784	0.775	0.754	0.758	0.727	

注："有阻尼器模型"层剪力取三条地震波时程分析的平均值；PKPM 的 20%阻尼模型层剪力为振型分解反应谱法计算结果。

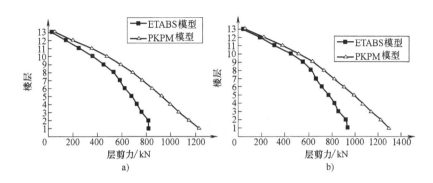

图 8-47 多遇地震下楼层最大地震剪力对比

a) X 向 b) Y 向

6. 罕遇地震作用下减震结构的弹塑性时程分析

"有阻尼器模型"在罕遇地震下楼层最大层间位移角列于表 8-9。由表可见，"有阻尼器模型"在 7 度罕遇地震作用下两个方向的最大层间位移角均小于 1/150，满足我国《建筑抗震设计规范》罕遇地震弹塑性层间位移角不大于 1/50 的要求，减震结构具有较好的抗震性能。此外，罕遇地震下阻尼器最大行程为 20.9mm。

表 8-9 ETABS/SAP2000 有阻尼器模型罕遇地震下楼层最大层间位移角

楼层	13	12	11	10	9	8	7
X 向	1/810	1/873	1/587	1/441	1/364	1/314	1/291
楼层	6	5	4	3	2	1	
X 向	1/273	1/241	1/219	1/209	1/205	1/355	
楼层	13	12	11	10	9	8	7
Y 向	1/965	1/1029	1/734	1/571	1/482	1/433	1/425
楼层	6	5	4	3	2	1	
Y 向	1/422	1/390	1/341	1/273	1/206	1/197	

注：表中结果为 3 条地震波的平均值。

习题及思考题

1. 隔震的基本原理是什么？

2. 什么叫隔震支座？有哪些类型？各有什么特点？

3. 消能减震结构与抗震结构有什么差别？试简述消能减震的基本原理。

4. 消能减震阻尼器有哪些类型？各种阻尼器的耗能原理是什么？

5. 在进行消能减震结构的方案设计时，如何进行阻尼器的布置？

6. 消能减震结构的地震作用计算与抗震结构有何异同之处？

第9章

结构弹塑性地震反应分析

■ 9.1 概述

9.1.1 弹塑性地震反应分析的必要性

前面章节介绍的振型分解反应谱法是以反应谱理论和振型分解法为基础的地震作用计算方法，该法以叠加原理为基础，因此只适用于线弹性地震反应分析，不能进行几何非线性和结构弹塑性地震反应分析；只能近似计算出地震反应的最大值，且不能反映地震反应的发展过程。现在对上述不足说明如下：

1）抗震设计原则为"小震不坏、大震不倒"。这一原则普遍为国际同行接受并被广泛采纳。因此，结构及构件在地震作用下不能保证永远处于弹性阶段。叠加原理不能使用，反应谱法也不能准确反映非弹性振动过程中所消耗的地震能量。

2）地震作用是一个时间持续过程。由于构件开裂、屈服引起非弹性变形，造成结构、构件间的内力重分配时刻都在发生，所以结构最大地震反应与变形积累或变形过程有关。反应谱法无法正确判断结构薄弱层或结构部位，此外，结构地震反应最大值及达到最大值的时刻也是结构设计所关心的问题。

3）科学研究和震害调查表明，结构在地震中是否发生破坏或倒塌，与最大变形能力、结构耗能能力有直接关系。如果不能计算出结构的最大变形或实际耗能，将无法保证"大震不倒"原则的实现。另外，近年来，结构隔震和消能减震技术的应用，均需要准确计算隔震装置（如叠层橡胶支座）、减震装置（如阻尼器）的非弹性变形，确定其变形能力，它们是采用隔、减震技术进行结构设计的关键内容。

4）用统计方法建立的设计反应谱，即便是给出了地震反应的概率或标准差，也不能很好地符合具体的工程地质条件，不能反映场地各土层动力特性的影响，不能计算地基与结构之间的动力相互作用。遇到场地特殊情况，也不能正确估计地震反应的变化。

因此，有必要进行结构非弹性地震反应分析。结构非弹性地震反应分析的目的，是通过认识结构从弹性到弹塑性，从开裂到屈服、损坏直至倒塌的全过程，研究结构内力分配、内力重分配的机理，研究防止破坏的条件和防止倒塌的措施，实现结构设计兼顾安全性和经济性的原则。

9.1.2　弹塑性地震反应分析的方法

《建筑抗震设计规范》中规定对符合某些条件的建筑结构应进行罕遇地震作用下的弹塑性变形分析。根据结构特点及设计需求可分别采用弹塑性时程分析方法或静力弹塑性分析方法。

1. 弹塑性时程分析方法

时程分析方法是对结构的运动微分方程直接用逐步数值积分求解的方法，可以获得任意时刻结构地震反应，也叫作直接动力法，在数学上称作逐步积分方法。该法以实际的或人工合成的地震波时程为输入，将建筑结构作为弹塑性振动系统，用非线性函数描述结构的恢复力模型，直接计算地震每一时刻结构的位移、速度和加速度时程反应，因此，可有效模拟结构从弹性到非弹性的工作过程，计算出结构和构件开裂、屈服、破坏的荷载代表值、位移代表值及达到这些反应值的过程，可为结构设计提供必要的技术依据，但计算工作量比较大。《建筑抗震设计规范》中规定以下结构应采用弹塑性时程分析方法进行罕遇地震作用下的变形验算：

1）8 度 III、IV 类场地和 9 度时，高大的单层钢筋混凝土柱厂房的横向排架。

2）7~9 度时楼层屈服强度系数小于 0.5 的钢筋混凝土框架结构和框排架结构。

3）高度大于 150m 的结构。

4）甲类建筑和 9 度时乙类建筑中的钢筋混凝土结构和钢结构。

5）采用隔震和消能减震设计的结构。

2. 结构静力弹塑性分析方法

结构静力弹塑性分析方法也称推覆分析法（Push-Over 方法），将结构非线性静力分析与地震反应谱理论相结合对结构的抗震性能进行评估，是近年来发展起来的建筑结构抗震变形验算基本方法。

《建筑抗震设计规范》中第 5.5.3 小节第 2 条中规定静力弹塑性分析方法是结构在罕遇地震作用下薄弱层（部位）弹塑性变形计算方法之一。

该法基本原理是：在结构上施加竖向的荷载作用并保持不变，同时在结构分析模型上按某种方式逐级施加既定的水平荷载，模拟地震水平惯性力对结构的作用，随着荷载的增加，按顺序计算并记录结构位移、开裂、屈服等地震反应过程，获得结构荷载-位移曲线，该曲线代表了该结构的承载能力和变形能力。再结合《建筑抗震设计规范》规定的地震需求（即结构需要达到的位移值、加速度值），判断结构的抗震性能和抗震能力，具体的实施步骤将在后文详细介绍。

静力弹塑性分析的优点是：较弹塑性时程分析法工作量相对减小，花费较少的分析时间；较底部剪力法和振型分解反应谱法它考虑了结构的弹塑性特性，具有较高的精度，而且评估过程中所依据的抗震需求和结构设计所应达到的抗震水准可以方便调整、相互适应，体现了基于性能的结构抗震设计思想（performance-based seismic design）。

9.2　结构恢复力模型

1. 结构恢复力特性

结构或构件在地震、风及简谐荷载等反复荷载作用下，结构的恢复内力和变形关系表现出滞回现象，恢复力和变形之间的关系曲线称为恢复力特性曲线（或滞回曲线），这里的恢复力可为力、弯矩或扭矩等，变形可为位移、转角等。图9-1为典型钢筋混凝土结构构件和钢结构构件的恢复力特性曲线。

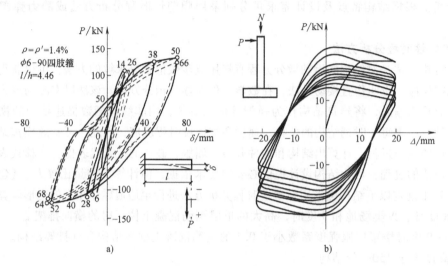

图9-1　典型钢筋混凝土结构构件和钢结构构件的恢复力特性曲线

a）钢筋混凝土结构构件　b）钢结构构件

从图9-1可见，弹塑性恢复力特性曲线包括两大要素，即骨架曲线和滞回环线。在正反交替的反复荷载作用下，恢复力特性曲线形成很多滞回环线。把各滞回环线的顶点连起来，即形成骨架曲线，骨架曲线即为滞回环的外包线。恢复力特性曲线反映了结构或构件在反复荷载作用下的能量耗散、强度、延性及刚度退化的力学特征，如滞回环包括的面积的大小可衡量结构和构件吸收能量的能力。恢复力特性曲线具有如下特点：

1）恢复力特性曲线的骨架曲线与其单调荷载-位移曲线相近。

2）从加载终点开始卸载时，卸载曲线坡度与初始加载时相比有所下降，下降程度随卸载点位移的增大而增加。完全卸载时存在残余变形。

3）卸载至零点再反向加载时，构件的反向再加载刚度显著降低，反向加载的最大位移越大，刚度退化越显著。

4）随加载循环次数增多，结构逐渐损坏，同一变形量对应的荷载值逐渐减小；在严重破坏情况下，荷载降低时位移继续加大，使荷载值不能趋于稳定，骨架曲线出现负刚度，此时构件已丧失了承载能力，接近毁坏。

2. 结构恢复力模型类型

结构或构件的恢复力特性曲线非常复杂，为便于应用，通常用简化的数学模型描述，这种描述结构或构件恢复力-变形滞回关系的简化数学模型叫作恢复力模型。恢复力模型可分为曲线型模型和折线型模型，曲线型模型能够很好地描述刚度的连续变化，计算精度高，但描述模型所需的数学公式非常复杂，图9-2a、b给出了两种常用的曲线型模型。折线型由一系列具有一定规则的折线组成，刚度变化不连续，存在拐点或突变点。但由于刚度计算较简单，故在工程实际中得到广泛的应用。折线型模型有双线型、三线型、退化双线型、退化三线型、滑移型等，如图9-2c～h所示。对混凝土结构通常采用双线型模型和退化三线型模型，钢结构通常采用双线型模型、剪切滑移模型、理想刚塑性模型等。

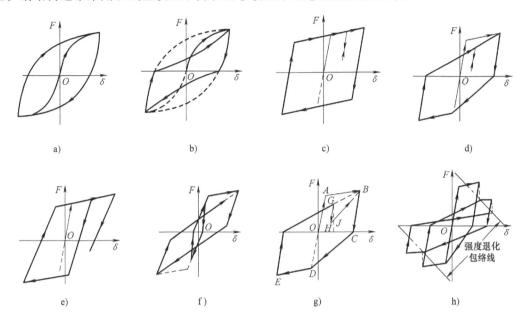

图 9-2 曲线型模型和折线型模型

a) Ramberg 模型 b) Celebi 模型 c) 应变强化模型 d) 修正 Clough 模型

e) 双线型刚度退化模型 f) 三线型刚度退化模型 g) Clough 模型 h) Takayanagi 模型

3. 结构恢复力模型的建立方法

恢复力模型由骨架曲线和滞回关系两部分构成。可通过伪静力加载试验、反复静力加载试验、周期循环动荷载试验及振动台试验等方法建立恢复力模型。通过系统试验，建立骨架线和典型滞回环的技术参数（如开裂荷载、屈服荷载及相对应的加载速度、卸载刚度），研究刚度退化和强度退化性能，确定滞回规则。最后，将拟定的恢复力模型用于结构的理论计算并与试验结果对比，再经多次参数修改，直至理论计算结果和试验结果符合为止，恢复力模型才得以建立和识别。

■ 9.3 结构计算模型

9.3.1 层间模型

层间模型是以建筑楼层为基本单元，质量集中在楼层上，设在地震作用下结构的水平位移如图 9-3 所示。显然，结构第 j 层层间剪力 V_i 可表示为

$$V_i = k_i(x_i - x_{i-1}) \quad (i = 1, \cdots, n) \quad (9-1)$$

式中，k_i 为第 i 层层间剪切刚度。

取第 i 层作为隔离体，由平衡条件可得结

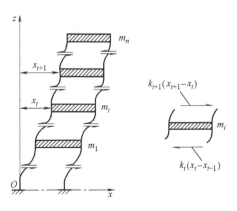

图 9-3 结构侧向位移

构第 i 层处的恢复力 f_{si} 为

$$f_{si} = V_i - V_{i+1} \quad (j = 1, \cdots, n) \tag{9-2}$$

将式（9-1）代入式（9-2），整理后有

$$\boldsymbol{F}_s = \boldsymbol{K}\boldsymbol{x} \tag{9-3}$$

式中，$\boldsymbol{F}_s = (f_{s1} \, f_{s2} \cdots f_{sn})^{\mathrm{T}}$，为楼层处恢复力向量；$\boldsymbol{x} = (x_1 \, x_2 \cdots x_n)^{\mathrm{T}}$，为结构侧向位移向量。

而结构的总体刚度矩阵 $\boldsymbol{K}$ 可表示为

$$\boldsymbol{K} = \begin{pmatrix} k_1 + k_2 & -k_2 & & & \\ -k_2 & k_2 + k_3 & -k_3 & & \\ & -k_3 & k_3 + k_4 & -k_4 & \\ & & -k_{n-1} & k_{n-1} + k_n & -k_n \\ & & & -k_n & k_n \end{pmatrix} \tag{9-4}$$

当结构处于弹性阶段时，第 i 层的层间剪切刚度 k_i 等于该楼层各柱侧移刚度之和，即各柱"D 值"之和

$$k_i = \sum_{j=1}^{m} D_{ij} = \sum_{j=1}^{m} \alpha_{ij} \frac{12 E I_{ij}}{(1 + \gamma_{ij}) h_i^3} \tag{9-5}$$

式中，m、D_{ij}、I_{ij} 分别为第 i 层柱子总数量、第 j 层柱的侧移刚度、第 j 柱的截面惯性矩；γ_{ij} 为杆件剪切影响系数，$\gamma_{ij} = \dfrac{12 v E I_{ij}}{G A_{ij} h_i^2}$，其中 v 为剪应力不均匀系数，$G A_{ij}$ 为杆件抗剪刚度；E 为弹性模量；h_i 为第 i 层层高；α_{ij} 为第 i 层、第 j 层的节点转动影响系数。

如果不考虑节点转动对层间剪切刚度的影响，式（9-5）中 $\alpha_{ij} = 1$，相当于梁刚度无限大的情况。

在弹性阶段，层间剪力与层间位移成正比，即 $V_i = k_i \delta_i$。当构件开裂或屈服之后，层间剪力与层间位移将呈现非线性关系，如按图 9-4 所示将此关系简化为三线段表达式，则需要确定开裂层间剪力 $V_{i,\mathrm{cr}}$ 及对应的层间位移 $\delta_{i,\mathrm{cr}}$，屈服层间剪力 $V_{i,\mathrm{y}}$ 及对应的层间位移 $\delta_{i,\mathrm{y}}$。

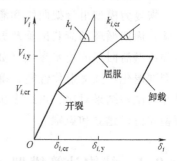

图 9-4　层间剪力-位移关系

开裂层间剪力 $V_{i,\mathrm{cr}}$、屈服层间位移 $V_{i,\mathrm{y}}$ 可根据各柱上下端弯矩 M^{t}、M^{b} 按平衡条件确定。具体可能有下列 3 种情况：

1）对于图 9-5a 所示的强梁弱柱型屈服机制，$V_{i,\mathrm{cr}}$、$V_{i,\mathrm{y}}$ 可按下列两式计算

$$V_{i,\mathrm{cr}} = \sum_{j=1}^{m} V_{\mathrm{cr},j} = \sum_{j=1}^{m} \frac{M^{\mathrm{t}}_{\mathrm{cr},j} + M^{\mathrm{b}}_{\mathrm{cr},j}}{h_i} \tag{9-6}$$

$$V_{i,\mathrm{y}} = \sum_{j=1}^{m} V_{\mathrm{y},j} = \sum_{j=1}^{m} \frac{M^{\mathrm{t}}_{\mathrm{y},j} + M^{\mathrm{b}}_{\mathrm{y},j}}{h_i} \tag{9-7}$$

式中，h_i 为第 i 楼层高度；$M_{\mathrm{cr},j}$，$M_{\mathrm{y},j}$ 如图 9-5a 所示，其值可参见钢筋混凝土结构或钢结构教程。

2）对于图 9-5b 所示的强柱弱梁型屈服机制，先根据节点处上下柱端线刚度比例和节点

平衡条件，求出梁开裂、屈服后柱端弯矩对应值，再用式（9-6）和式（9-7）计算出该楼层开裂剪力和屈服剪力。

3）对于图 9-5c 所示的混合型（同时存在梁端和柱端屈服）屈服机制，可同样运用节点平衡条件和节点弯矩分配原理求出柱子两端的对应弯矩，再根据式（9-6）和式（9-7）计算出该楼层开裂剪力和屈服剪力。

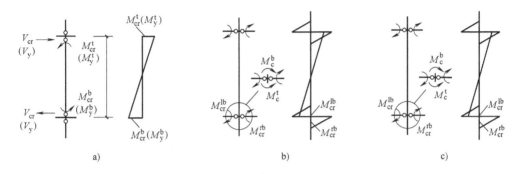

图 9-5　根据框架破坏机制计算开裂、屈服剪力

a）强梁弱柱型　b）强柱弱梁型　c）混合型

开裂后的层间位移 $\delta_{i,cr}$ 和屈服后的层间位移 $\delta_{i,y}$ 需要考虑构件的截面配筋、节点的构造，通过对构件进行试验研究确定。

层间模型的计算量小，但不能确定结构各杆件的内力和变形，工程实际中层间模型主要用于验算结构在罕遇地震作用下的薄弱层位置和层间位移，并校核层间剪力是否超过结构的层极限承载能力。《建筑抗震设计规范》第 5.5.3 节第 3 条规定，规则结构可以采用层间模型。

9.3.2　杆系模型

杆系模型以梁、柱等单根构件为基本单元，将楼层质量分别集中于结构各结点处，基于杆系模型的结构弹塑性地震反应分析方法可分为分布塑性法和集中塑性法两大类。分布塑性法是以应力、应变作为截面弹塑性状态的判断依据，能较准确地模拟塑性沿截面和杆长的发展，一般认为是精确的方法，但其工作量大，在实际工程中较少应用。集中塑性法是一种简化算法，假定塑性集中在杆端，以内力作为截面弹塑性状态的判断依据，根据内力点与屈服面之间的关系判断杆端是否屈服，由于该法计算量较小，在实际工程中得到广泛应用。塑性铰法是常用的杆件集中塑性模型，用位于杆端的零长度弹塑性转动弹簧模拟弹塑性铰。为便于学习，以钢筋混凝土平面梁单元为例，推导具有杆端塑性铰的梁单元刚度矩阵。

具有杆端塑性铰梁单元的杆端位移和杆端力如图 9-6 所示，杆端 i、j 的杆端力矩产生的杆端转角分别为 θ_i 和 θ_j，在距离杆端无穷小位置的转角分别为 θ_i' 和 θ_j'。杆端弹塑性铰的弯矩-转角（M-θ）关系用图 9-7 所示的两折线表示，当杆端弯矩 $M_{i(j)}<M_{cr}$（开裂弯矩）时，弹塑性弹簧的转动刚度 $k_{\theta i(j)}$ 为无穷大；当 $M_{i(j)}>M_{cr}$ 时，弹簧开始转动，转动刚度 $k_{\theta i(j)}$ 为 $k_{\theta i(j)}^0$；当 $M_{i(j)}>M_{yi(j)}$（截面的屈服弯矩）时，弹簧的转动刚度 $k_{\theta i(j)}$ 为零，杆端成为理想铰。

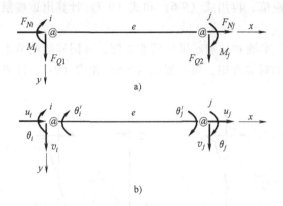

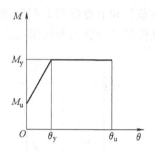

图 9-6　具有杆端塑性铰梁单元的杆端位移和杆端力

**图 9-7　杆端弹塑性铰的
弯矩-转角（M-θ）关系**

由结构力学已知单元杆端力与内部杆端位移的增量关系式为

$$
\begin{pmatrix}
\Delta F_{Ni} \\
\Delta F_{Qi} \\
\Delta M_i \\
\Delta F_{Nj} \\
\Delta F_{Qj} \\
\Delta M_j
\end{pmatrix}
=
\begin{pmatrix}
\dfrac{EA}{L} & 0 & 0 & -\dfrac{EA}{L} & 0 & 0 \\
0 & \dfrac{12EI}{L^3} & \dfrac{6EI}{L^2} & 0 & \dfrac{-12EI}{L^3} & \dfrac{6EI}{L^2} \\
0 & \dfrac{6EI}{L^2} & \dfrac{4EI}{L} & 0 & \dfrac{-6EI}{L^2} & \dfrac{2EI}{L} \\
\dfrac{-EA}{L} & 0 & 0 & \dfrac{EA}{L} & 0 & 0 \\
0 & \dfrac{-12EI}{L^3} & \dfrac{-6EI}{L^2} & 0 & \dfrac{12EI}{L^3} & \dfrac{-6EI}{L^2} \\
0 & \dfrac{6EI}{L^2} & \dfrac{2EI}{L} & 0 & \dfrac{-6EI}{L^2} & \dfrac{4EI}{L}
\end{pmatrix}
\begin{pmatrix}
\Delta u_i \\
\Delta v_i \\
\Delta \theta'_i \\
\Delta u_j \\
\Delta v_j \\
\Delta \theta'_j
\end{pmatrix}
= \boldsymbol{k}^e
\begin{pmatrix}
\Delta u_i \\
\Delta v_i \\
\Delta \theta'_i \\
\Delta u_j \\
\Delta v_j \\
\Delta \theta'_j
\end{pmatrix}
\tag{9-8}
$$

式中，$\boldsymbol{k}^e$ 为杆件的弹性刚度矩阵。

杆端 i、j 的转角增量 $\Delta\theta_i$ 和 $\Delta\theta_j$ 与杆端内部节点 i' 和 j' 的转角增量 $\Delta\theta'_i$ 和 $\Delta\theta'_j$ 之间存在如下关系

$$
\Delta\theta'_i = \Delta\theta_i - \frac{\Delta M_i}{k_{\theta i}}, \quad \Delta\theta'_j = \Delta\theta_j - \frac{\Delta M_j}{k_{\theta j}}
\tag{9-9}
$$

把式（9-9）代入式（9-8），经过整理得

$$
\begin{pmatrix}
\Delta F_{Ni} \\
\Delta F_{Qi} \\
\Delta M_i \\
\Delta F_{Nj} \\
\Delta F_{Qj} \\
\Delta M_j
\end{pmatrix}
=
\begin{pmatrix}
k_{11} & & & & & \\
0 & k_{22} & & \text{对} & & \\
0 & k_{32} & k_{33} & & \text{称} & \\
k_{41} & 0 & 0 & k_{44} & & \\
0 & k_{52} & k_{53} & 0 & k_{55} & \\
0 & k_{62} & k_{63} & 0 & k_{65} & k_{66}
\end{pmatrix}
\begin{pmatrix}
\Delta u_i \\
\Delta v_i \\
\Delta \theta_i \\
\Delta u_j \\
\Delta v_j \\
\Delta \theta_j
\end{pmatrix}
= \boldsymbol{k}^{ep}
\begin{pmatrix}
\Delta u_i \\
\Delta v_i \\
\Delta \theta_i \\
\Delta u_j \\
\Delta v_j \\
\Delta \theta_j
\end{pmatrix}
\tag{9-10}
$$

式中，k^{ep}为杆件的弹塑性刚度矩阵。

$k_{11} = k_{44} = -k_{41} = EA/L$；$k_{22} = k_{55} = -k_{52} = (\alpha_{ii} + 2\alpha_{ij} + \alpha_{jj})i/L^2$

$k_{32} = -k_{53} = (\alpha_{ii} + \alpha_{jj})i/L$；$k_{33} = \alpha_{ii}i$

$k_{62} = -k_{65} = (\alpha_{ij} + \alpha_{jj})i/L$；$k_{66} = \alpha_{jj}i$

$\alpha_{ii} = (4 + 12\mu_j)/R$；$\alpha_{jj} = (4 + 12\mu_i)/R$；$\alpha_{ij} = 2/R$

$R = 1 + 4\mu_i + 4\mu_j + 12\mu_i\mu_j$；$\mu_i = i/k_{\theta i}$；$\mu_j = i/k_{\theta j}$；$i = EI/L$

如果杆端塑性铰的 $M\text{-}\theta$ 关系用图 9-8 所示的刚塑性模型，则杆端塑性铰的刚度只有两种情况，当 $M_{i(j)} < M_{yi(j)}$ 时，$k_{\theta i(j)} = \infty$，即 $\mu_{i(j)} = 0$；当 $M_{i(j)} \geqslant M_{yi(j)}$，$k_{\theta i(j)} = 0$，即 $\mu_{i(j)} = \infty$。

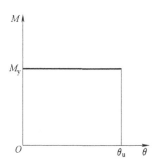

图 9-8　$M\text{-}\theta$ 关系的刚塑性模型

这时杆件可以处于以下四种状态：

1）当 $M_i < M_{yi}$，同时 $M_j < M_{yj}$，此时，$\mu_i = \mu_j = 0$，即 i、j 端皆固接，则

$$k^{\mathrm{ep}} = k^{\mathrm{e}}$$

2）当 $M_i < M_{yi}$，同时 $M_j \geqslant M_{yj}$，此时 $\mu_i = 0$，$\mu_j = \infty$，即 i 端固接，j 端铰接，由式（9-10）得

$$k^{\mathrm{ep}} = \begin{pmatrix} \dfrac{EA}{L} & 0 & 0 & \dfrac{-EA}{L} & 0 & 0 \\[2mm] 0 & \dfrac{3EI}{L^3} & \dfrac{3EI}{L^2} & 0 & \dfrac{-3EI}{L^3} & 0 \\[2mm] 0 & \dfrac{3EI}{L^2} & \dfrac{3EI}{L} & 0 & 0 & 0 \\[2mm] \dfrac{-EA}{L} & 0 & 0 & \dfrac{EA}{L} & 0 & 0 \\[2mm] 0 & \dfrac{-3EI}{L^3} & 0 & 0 & \dfrac{3EI}{L^3} & 0 \\[2mm] 0 & 0 & 0 & 0 & 0 & 0 \end{pmatrix}$$

3）当 $M_i \geqslant M_{yi}$，同时 $M_j < M_{yj}$，此时 $\mu_i = \infty$，$\mu_j = 0$，即 i 端铰接，j 端固接，由式（9-10）得

$$k^{\mathrm{ep}} = \begin{pmatrix} \dfrac{EA}{L} & 0 & 0 & \dfrac{-EA}{L} & 0 & 0 \\[2mm] 0 & \dfrac{3EI}{L^3} & 0 & 0 & \dfrac{-3EI}{L^3} & \dfrac{3EI}{L^2} \\[2mm] 0 & 0 & 0 & 0 & 0 & 0 \\[2mm] \dfrac{-EA}{L} & 0 & 0 & \dfrac{EA}{L} & 0 & 0 \\[2mm] 0 & \dfrac{-3EI}{L^3} & 0 & 0 & \dfrac{3EI}{L^3} & \dfrac{-3EI}{L^2} \\[2mm] 0 & \dfrac{3EI}{L^2} & 0 & 0 & \dfrac{-3EI}{L^2} & \dfrac{3EI}{L} \end{pmatrix}$$

建筑结构抗震设计

4）当 $M_i \geqslant M_{yi}$，且 $M_j \geqslant M_{yj}$ 时，$\mu_i = \infty$，$\mu_j = \infty$，即 i，j 端皆铰接，由式（9-10）得

$$k^{\mathrm{ep}} = \begin{pmatrix} \dfrac{EA}{L} & 0 & 0 & \dfrac{-EA}{L} & 0 & 0 \\ 0 & 0 & 0 & 0 & 0 & 0 \\ 0 & 0 & 0 & 0 & 0 & 0 \\ \dfrac{-EA}{L} & 0 & 0 & \dfrac{EA}{L} & 0 & 0 \\ 0 & 0 & 0 & 0 & 0 & 0 \\ 0 & 0 & 0 & 0 & 0 & 0 \end{pmatrix}$$

当每根杆件的单元刚度矩阵确定后，可以应用有限元的方法集成总体刚度矩阵，将其代入运动方程并利用非线性时程分析方法进行求解，就可以得到结构的地震响应。

9.4 时程分析法

9.4.1 时程分析法的概念

振型分解法或振型分解反应谱法仅限于结构的弹性地震反应计算。如果有构件开裂或屈服，则结构进入非弹性阶段，其总刚度矩阵不再保持为常量，结构的最大反应将与加载历史有关，以叠加原理为基础的振型分解法就不适用了。这时，可以将时间增量 Δt 划分较细，假定在 Δt 范围内结构阻尼、刚度保持为常量，将结构的动力方程在地震加速度输入下直接积分，求得动力反应（位移、速度、加速度），获得动力反应与时间的关系（即称动力反应时程）。由此可见，时程分析方法适合于计算弹性、弹塑性、非弹性问题。对于每条地震输入，都可用这一方法计算出结构计算模型的地震反应时间历程。因此，《建筑抗震设计规范》第5.1.2节第3条规定，对特别不规则的建筑、甲类建筑和表5.1.2-1所列高度范围的高层建筑，应采用时程分析法进行多遇地震下的补充计算。同时，时程分析法也是规范推荐的一种弹塑性地震反应分析法。

下面以单自由度振动体系说明时程分析法的主要步骤。

图 9-9 表示单质点振动体系在地面加速度 $\ddot{u}_g(t)$ 输入下的振动位移。此时，单自由度体

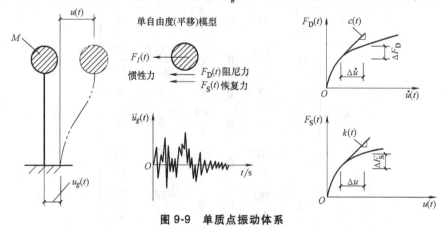

图 9-9 单质点振动体系

系的动力方程为

$$m\ddot{u}(t)+F_D(t)+F_S(t)=-m\ddot{u}_g(t) \tag{9-11}$$

式中，$F_D(t)$ 为瞬时阻尼力；$F_S(t)$ 为瞬时恢复力。

将整个输入地震波的持续时间 T 等距地划分为许多小时段 Δt，假定 $t_i=i\Delta t$ 时刻的质点地震响应已知，而 $t_{i+1}(t_{i+1}=t_i+\Delta t)$ 时刻的地震响应为待求的量，由于时间间隔 Δt 比较小，设在此时段内阻尼系数 c_i、结构侧移刚度 k_i 保持为常量（见图9-10），则在此时间间隔内可写出增量形式

$$m\Delta\ddot{u}+c_i\Delta\dot{u}+k_i\Delta u=-m\Delta\ddot{u}_g \tag{9-12}$$

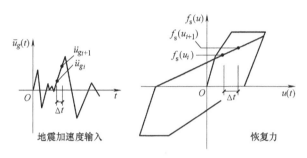

图9-10 地震加速度输入和恢复力

根据不同的数值积分方法，可将式（9-12）中 $\Delta\dot{u}$、$\Delta\ddot{u}$ 用 Δu 表示，把方程（9-12）化为拟静力方程

$$K_i^*\Delta u=\Delta P_i^* \tag{9-13}$$

求出 Δu 后，与第 i 时刻结构反应累加，便可得到第 $i+1$ 时刻的位移、速度和加速度及其他结构动力反应。将此作为下一步的初始值，根据情况调整下一加载步长内的结构阻尼、刚度参数，继续按照式（9-13）的方法进行计算。如此反复计算，便可计算出结构在地震输入下的全部地震反应历程。

上述数值积分计算通常可以使用线性加速度方法、Newmark β 方法、Wilson-θ 方法等。下面以线性加速度方法和 Newmark β 方法为例说明时程分析法的基本过程。

1. 线性加速度方法

该法假定质点加速度在 Δt 内按线性规律变化，且结构的刚度、阻尼、地面加速度均无变化。因此，在 Δt 内的加速度可以写成

$$\ddot{u}(t)=\ddot{u}_i+\frac{\ddot{u}_{i+1}-\ddot{u}_i}{\Delta t}(t-t_i) \tag{9-14}$$

对式（9-14）积分可以得到速度和位移响应

$$\dot{u}(t)=\dot{u}_i+\ddot{u}_i(t-t_i)+\frac{1}{2}\frac{\ddot{u}_{i+1}-\ddot{u}_i}{\Delta t}(t-t_i)^2 \tag{9-15}$$

$$u(t)=u_i+\dot{u}_i(t-t_i)+\frac{1}{2}\ddot{u}_i(t-t_i)^2+\frac{1}{6}\frac{\ddot{u}_{i+1}-\ddot{u}_i}{\Delta t}(t-t_i)^3 \tag{9-16}$$

根据式（9-14）~式（9-16），地震响应的增量为

$$\Delta u(t) = \dot{u}_i \Delta t + \frac{1}{2} \ddot{u}_i \Delta t^2 + \frac{1}{6} \Delta \dddot{u} \Delta t^3 \qquad (9\text{-}17)$$

$$\Delta \dot{u}(t) = \ddot{u}_i \Delta t + \frac{1}{2} \Delta \dddot{u} \Delta t^2 \qquad (9\text{-}18)$$

$$\Delta \ddot{u}(t) = -\frac{C}{M} \Delta \dot{u} - \frac{K}{M} \Delta u - \Delta \ddot{u}_g \qquad (9\text{-}19)$$

从上述三个联立方程可以得到加速度、速度和位移增量的计算公式。为了方便计算，通常先根据式（9-17）和式（9-18）将速度和加速度增量用位移增量的形式表示，即

$$\Delta \dot{u}(t) = \frac{3}{\Delta t} \Delta u - \dot{u}_i - \frac{\Delta t}{2} \ddot{u}_i \qquad (9\text{-}20)$$

$$\Delta \ddot{u}(t) = \frac{6}{\Delta t^2} \Delta u - \frac{6}{\Delta t} \dot{u}_i - 3 \ddot{u}_i \qquad (9\text{-}21)$$

然后代入式（9-19），得到与静力计算相类似的线性方程式（9-13），式中

$$K_i^* = k_i + \frac{3}{\Delta t} c_i + \frac{6}{\Delta t^2} m \qquad (9\text{-}22)$$

$$\Delta P_i^* = m \left(-\Delta \ddot{u}_g + \frac{6}{\Delta t} \dot{u}_i + 3 \Delta \ddot{u}_i \right) + c \left(3 \dot{u}_i + \frac{\Delta t}{2} \ddot{u}_i \right) \qquad (9\text{-}23)$$

从式（9-13）解出 Δu 之后，再将它代入式（9-20）、式（9-21）便可以得到速度增量 $\Delta \dot{u}$ 和加速度增量 $\Delta \ddot{u}$，则 t_{i+1} 时刻的结构地震响应计算公式为

$$u_{i+1} = u_i + \Delta u \qquad (9\text{-}24)$$

$$\dot{u}_{i+1} = \dot{u}_i + \Delta \dot{u} \qquad (9\text{-}25)$$

$$\ddot{u}_{i+1} = \ddot{u}_i + \Delta \ddot{u} \qquad (9\text{-}26)$$

2. Newmark β 方法

Newmark β 方法属于广义线性加速度算法，故其基本假设与线性加速度方法相同。

由式（9-15）和式（9-16）可得

$$\dot{u}_{i+1} = \dot{u}_i + \frac{1}{2} (\ddot{u}_{i+1} + \ddot{u}_i) \Delta t \qquad (9\text{-}27)$$

$$u_{i+1} = u_i + \dot{u}_i \Delta t + \frac{1}{2} \ddot{u}_i \Delta t^2 + \frac{1}{6} \ddot{u}_{i+1} \Delta t^2 - \frac{1}{6} \ddot{u}_i \Delta t^2 \qquad (9\text{-}28)$$

用 β 代替式（9-28）中的 $\frac{1}{6}$，则有

$$u_{i+1} = u_i + \dot{u}_i \Delta t + \left(\frac{1}{2} - \beta \right) \ddot{u}_i \Delta t^2 + \beta \ddot{u}_{i+1} \Delta t^2 \qquad (9\text{-}29)$$

β 取不同值，可得时间增量内不同的加速度变化形式。$\beta = \frac{1}{6}$ 为线性加速度；$\beta = \frac{1}{4}$ 为平均加速度；$\beta = 0$ 为冲击加速度。

类似线性加速度方法的推导，可得 Newmark β 法的拟静力方程式（9-13），式中

$$K_i^* = k_i + \frac{1}{2\beta \Delta t} c_i + \frac{1}{\beta \Delta t^2} m \qquad (9\text{-}30)$$

$$\Delta P_i^* = -m\Delta \ddot{u}_g + m\left(\frac{1}{\beta\Delta t}\dot{u}_i + \frac{1}{2\beta}\ddot{u}_i\right) + c_i\left[\frac{1}{2\beta}\dot{u}_i + \left(\frac{1}{4\beta}-1\right)\ddot{u}_i\Delta t\right] \tag{9-31}$$

由式（9-13）可以得到结构的位移增量 Δu，进一步算出结构的速度和加速度的增量 $\Delta\dot{u}$、$\Delta\ddot{u}$，t_{i+1} 时刻的结构地震响应由式（9-24）~式（9-26）计算。

Newmark β 法的稳定性条件如下：

1）当 $\beta \geqslant \dfrac{1}{4}$ 时，无条件稳定。

2）当 $0 \leqslant \beta \leqslant \dfrac{1}{4}$ 时，若 $\dfrac{\Delta t}{T} \leqslant \dfrac{1}{\pi\sqrt{1-4\beta}}$，满足稳定。

9.4.2 地震波的选取与调整

1. 地震波的选取

地震波具有强烈随机性。观测结果表明，即使是同次地震，在同一场地上得到的地震记录也不尽相同。而结构的弹塑性时程分析表明，结构的地震反应随输入的地震波的不同而差距巨大，相差高达几倍甚至十几倍之多。故要保证时程分析结果的合理性，必须合理选择输入地震波。

一般而言，可供结构时程分析使用的地震波有以下三种：拟建场地的实际地震波记录，典型的过去地震记录，人工地震波。显然，较理想的情况是选择第一种地震波，但鉴于拟建场地常无实际强震记录可供使用，故难以进行。此外，即使拟建场地存在实际的强震记录，考虑到地震的强烈随机性，此实际记录也不能完全反映未来地震情况。

典型的已有强震记录是指类似于拟建场地状况的场地上的实际强震记录。如Ⅰ类场地上的松潘、滦河地震记录，Ⅱ类场地上的 El Centro、Taft 地震记录，Ⅲ、Ⅳ类场地上的宁河地震记录等。鉴于国内已收集了较多强震记录，故目前实际工程中应用较多的是第二种地震波。

人工地震波是根据拟建场地的具体情况，按概率方法人工产生的一种符合某些指定条件（如地面运动加速度峰值、频谱特性、振动持续时间，地震能量等）的随机地震波。显然，这是获取时程分析所用地震波的一种较合理途径。但鉴于目前在人工地震波的产生方面的研究尚不充分，故工程中仅将其作为第二种地震波的补充，即要求在所选择的用于时程分析的 3~5 条地震波中应有一条人工地震波。

考虑到不同地震波对结构产生影响差异很大，故选择使用典型的强震记录时应保证一定数量并应充分考虑地震动三要素（振幅、频谱特性与持时）。其具体做法是：

（1）振幅选择 要求所选地震记录的加速度峰值与设防烈度要求的多遇地震与罕遇地震的加速度峰值相同，否则应对所选地震记录的加速度峰值进行调整。

（2）频谱特性 频谱特性包括谱形状、峰值、卓越周期等因素。研究表明，震中距不同，则加速度反应谱不同。且强震时，场地地面运动卓越周期与场地土的自振周期相近。故合理的地震波选择应从下述两个方面着手：

1）所选地震波的卓越周期应尽可能与拟建场地的特征周期一致。

2）所选地震波的震中距应尽可能与拟建场地的震中距一致。

（3）地震动持续时间 地震动持续时间不同，地震能量损耗不同，结构地震反应也不

同。工程实践中确定持续时间的原则是:

1）地震记录最强烈部分应包含在所选持续时间内。

2）若仅对结构进行弹性最大地震反应分析，持续时间可取短些；若对结构进行弹塑性最大地震反应分析或耗能过程分析，持续时间可取长些。

3）一般可考虑持续时间为基本周期的 5~10 倍。

（4）输入地震波数量　输入地震波数量太少，不足以保证时程分析结果的合理性。输入地震波数量太大，则工作量巨大。研究表明，在充分考虑地震动三要素情况下，采用 3~7 条地震波可基本保证时程分析结果的合理性。《建筑抗震设计规范》第 5.1.2 节第 3 条中规定，应按建筑场地类别和设计地震分组选用实际强震记录和人工模拟的加速度时程曲线，其中实际强震记录的数量不应少于总数的 2/3。

2. 地震波的调整

实际的地震波需要通过调整幅值、频谱特性和持续时间才能作为结构时程分析使用。具体做法如下:

首先选择一条地质条件、地震动参数（烈度、震中距、场地特征周期等）与抗震设计所需条件接近的真实地震加速度数字记录 $a(t)$，再按下式调整地震加速度幅值

$$a_0(t_i) = \frac{a_{0,\max}}{a_m} a(t_i) \tag{9-32}$$

式中，$a_{0,\max}$ 为设计所需最大加速度，查表 9-1；a_m 为所选地震记录的最大加速度；t_i 为实际地震加速度时间坐标点，$i = 1, \cdots, n, n$ 为记录点数。

表 9-1　时程分析性所用地震加速度时程的最大值　　　　　　（单位：$\mathrm{cm/s^2}$）

地震影响	6 度	7 度	8 度	9 度
多遇地震	18	35(55)	70(110)	140
罕遇地震	125	220(310)	400(510)	620

注：括号内数值分别用于设计基本地震加速度为 0.15g 和 0.30g 的地区。

为使地震波的频谱特性与所处工程场地的频谱特性相近，还需对地震波的时间间隔按下式进行调整

$$\Delta t_{0,i} = \frac{T_g}{T} \Delta t_i \tag{9-33}$$

式中，T_g 为工程场地特征周期值；T 为所选地震记录的特征周期，可通过对地震记录做傅里叶变换得到；$\Delta t_{0,i}$ 为调整后的加速度时间间隔；Δt_i 为调整前的加速度时间间隔。

为保证结构的非线性工作过程得以充分展开，要求输入地震加速度的持续时间 $T_{l,0}$ 一般不短于结构基本周期的 5~10 倍。按照式（9-32）、式（9-33）调整后，加速度的持续时间并不一定大于 $T_{l,0}$，这时需对地震波的持续时间进行调整。可通过截断尾部数据的办法实现：在选择地震动记录 $a(t)$ 时，选择持续时间较长者，将其调整后，保留持续时间 $T_{l,0}$ 内的数据，切除掉尾部幅值较小的地震记录，这对特征周期和地震作用不会造成较大影响。

9.4.3 根据时程分析结果对结构抗震性能进行评估

根据结构弹性、非弹性时程分析结果，对照结构动力设计准则，可对结构的抗震性能进行评估。《建筑抗震设计规范》第5.5节规定了结构抗震变形验算的要求，其中包括楼层最大弹性层间位移角限值 $[\theta_e]$（见规范表5.5.1）、结构弹塑性层间位移角限值 $[\theta_p]$（见规范表5.5.5）。

将时程分析结果与位移角限值相比较，满足规范要求者为合格，否则，应查找原因，修改结构设计参数，重新计算，直至满足要求为止。在进行分析比较时，还要注意核实由时程分析得到的楼层层间剪力是否符合规范规定的楼层最小地震剪力的规定。不符合者应先对地震作用效应进行调整。有些国家的设计标准还规定了构件或节点的延性系数允许值，这些参数均可与时程分析结果比较，对判断结构的抗震性能有重要作用。

然而，这一分析和判断方法存在许多不确定性，会对评估结果造成一定影响。不确定性内容包括：结构计算模型、阻尼计算的不确定性；结构构件的实际变形能力的不确定性；地震动参数的不确定性。结构计算模型的不确定性主要来自计算模型的合理性、结构恢复力模型的基本假定。构件实际变形能力的不确定性主要来自设计构造、施工质量等多种因素及规范限定值所依据的试验研究结果的不确定性。地震动参数的合理性更为复杂，是至今尚未完全解决的问题。因此，需结合工程经验对评估结果做出综合判断。

■ 9.5 静力弹塑性分析

为了解结构在强地震作用下的内力及变形，探明结构的薄弱环节，一般需采用非线性动力时程分析方法，但时程分析法计算量大。为了避免这个问题，研究者又提出了静力弹塑性分析方法。

静力弹塑性分析方法（Push-Over法）作为地震作用反应分析的一种简化计算法，能近似反映结构在地震作用下的弹塑性性能。静力弹塑性分析方法可较全面地描述结构的内力、承载力、变形特征和能量耗散及相互关系、塑性铰出现的顺序和位置、结构的薄弱环节及可能的破坏机制。这些对结构抗震设计和验算十分重要。因而，近年来在基于性能抗震设计研究的背景下，静力弹塑性分析方法受到了广泛关注。

9.5.1 静力弹塑性分析方法的基本原理

1. 基本假定

静力弹塑性分析方法的基本思路是用一个单自由度体系（SDOF）来等效实际结构，即与之对应的多自由度体系（MDOF），通过研究等效单自由度体系的地震弹塑性反应，来预测实际结构的地震弹塑性反映全貌。就其自身而言，没有特别严密的理论基础，而此方法基于以下两个基本假定：

1）假设实际结构（一般为多自由度体系）的地震反应与该结构的等效单自由度体系的反应相关，这表明结构的地震反应仅由结构的第一振型控制。

2）假设可用形状矢量 ϕ 表示结构沿高度的变形，且在整个地震作用过程中，不管结构的变形大小，形状矢量 ϕ 保持不变。

严格来讲，这两个假定在理论上是不完全准确的，如当结构屈服之后，这个假设只能近似地预测结构的地震反应。但是研究分析表明，对于刚度和质量沿高度分布较均匀、地震反应由第一振型控制的结构，静力弹塑性分析方法能够较好地预测结构的地震反应，为合理评估提供依据。

2. 等效单自由度体系的建立

　　根据静力弹塑性分析方法的第 2）条假定，结构地震反应的变形形状矢量为 ϕ，一般可以取结构的第一振型。将实际结构的多自由度体系转化为等效单自由度体系的过程如下：

　　在地震作用下，多自由度体系的动力微分方程为

$$M\ddot{x} + C\dot{x} + Kx = -MI\ddot{x}_g \tag{9-34}$$

式中，M、C、K 为多自由度体系的质量矩阵、阻尼矩阵及刚度矩阵；$\ddot{x}$、$\dot{x}$、x 为多自由度体系的相对加速度矢量、速度矢量及位移矢量；I 为单位矢量；$\ddot{x}_g$ 为地面运动加速度时程。

　　若取多自由度体系的恢复力矢量为 Q，则 $Q = Kx$。

　　假设结构的变形形状矢量为 ϕ，多自由度体系的顶点位移为 x_t，则结构的相对位移矢量 x 可表示为

$$x = \phi x_t \tag{9-35}$$

　　将式（9-35）代入式（9-34）可写成如下形式

$$M\phi\ddot{x}_t + C\phi\dot{x}_t + Q = -MI\ddot{x}_g \tag{9-36}$$

　　定义等效单自由度体系的参考位移 x^{τ} 为

$$x^{\tau} = \frac{\phi^{T}M\phi}{\phi^{T}MI}x_t \tag{9-37}$$

　　将 ϕ^{T} 左乘到式（9-36）中，并用 x^{τ} 代替式（9-37）中的 x_t，得到如下形式

$$\phi^{T}MI\ddot{x}^{\tau} + \phi^{T}C\phi\frac{\phi^{T}MI}{\phi^{T}M\phi}\dot{x}^{\tau} + \phi^{T}Q = -\phi^{T}MI\ddot{x}_g \tag{9-38}$$

　　令

$$M^{\tau} = \phi^{T}MI, \quad C^{\tau} = \phi^{T}C\phi\frac{\phi^{T}MI}{\phi^{T}M\phi}, \quad Q^{\tau} = \phi^{T}Q \tag{9-39}$$

式中，M^{τ}、C^{τ}、Q^{τ} 分别为等效单自由度体系的质量、阻尼及恢复力。

　　将三者的表达式代入式（9-38），可将多自由度体系在地面运动下的动力平衡方程转化为等效单自由度体系的动力平衡方程，即

$$M^{\tau}\ddot{x}^{\tau} + C^{\tau}\dot{x}^{\tau} + Q^{\tau} = -M^{\tau}\ddot{x}_g \tag{9-40}$$

　　由此可见，结构的形状向量 ϕ（振型矢量）成为联系多自由度体系和等效单自由度体系的关键。多自由度体系的基底剪力可按式（9-41）计算，此体系的力-位移（V-x_t）关系曲线可以简化为双线形，如图 9-11 所示，V_y 和 $x_{t,y}$ 分别为多自由度体系屈服时的基底剪力及顶点位移。根据式（9-37）和式（9-39），可得到式（9-42），并做出等效单自由度体系的力-位移关系曲线，如图 9-12 所示。

$$V = I^{T}Q \tag{9-41}$$

$$\begin{cases} x'_y = \dfrac{\boldsymbol{\phi}^T \boldsymbol{M} \boldsymbol{\phi}}{\boldsymbol{\phi}^T \boldsymbol{M} \boldsymbol{I}} x_{t,y} \\ Q'_y = \boldsymbol{\phi}^T \boldsymbol{Q}_y \end{cases} \tag{9-42}$$

式中，$\boldsymbol{Q}_y$ 为多自由度体系屈服时的楼层剪力矢量，且有 $V_y = \boldsymbol{I}^T \boldsymbol{Q}_y$。

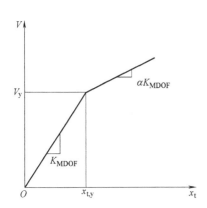

图 9-11 多自由度体系的力-位移关系曲线

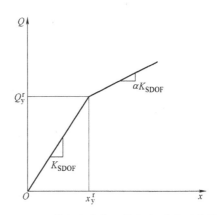

图 9-12 单自由度体系的力-位移关系曲线

同时得到等效单自由度体系的初始周期 T_{eq} 为

$$T_{eq} = 2\pi \sqrt{\frac{M^r}{K_{SDOF}}} = 2\pi \sqrt{\frac{x_y^r M^r}{Q_y^r}} \tag{9-43}$$

这样，计算等效单自由度体系弹塑性反应所需的各种参数都已具备，屈服后刚度与有效侧向刚度的比值 α 可以直接采用原结构中的值，并假设其延性需求与多自由度体系相同。接下来就可以用建立的等效单自由度体系估算原结构的目标位移，进行抗震性能评估。

3. 实施过程

这里将静力弹塑性分析方法的实施过程总结为以下几个步骤：

1）准备工作，即建立结构的模型（包括几何尺寸、物理常数和恢复力模型的确定）、计算荷载和承载力等。

2）计算结构在竖向荷载作用下的内力（用于和水平荷载作用下的内力叠加，并判断此时构件是否开裂或屈服），以及结构的自振周期、振型。

3）在结构每一层的质心处，施加沿高度分布逐步递增的某种水平荷载。施加水平力的大小按以下原则确定：水平力产生的内力与第2）步所计算的内力叠加后，刚好使一个或一批构件开裂或屈服。

4）对在第3）步进入屈服的构件，改变其状态。如用塑性铰或塑性区来考虑构件进入塑性的性能。这样，相当于形成了一个新的结构，再施加一定量的水平荷载，又使一个或一批构件恰好进入屈服。

5）不断重复第4）步，直到结构的侧向位移达到预定的目标位移，或由于塑性铰过多而形成机构。记录每一次有新的塑性铰出现后结构的周期，并累计每一次施加的荷载。

6）对结构性能进行评价。具体方法如下：先将每一个不同的结构自振周期及其对应的水平力总量（基底剪力）与竖向荷载（重力荷载代表值）的比值（地震影响系数）绘成结构反应曲线，再把相应场地的多条反应谱曲线绘在一起，如图 9-13 所示。如果结构反应曲线能够穿过某条反应谱曲线，则说明结构能够抵抗那条反应谱曲线所对应的地震烈度。

4. 水平加载模式

在静力弹塑性分析过程中，施加于结构上的水平侧向力是沿结构高度按某种模式分布，并逐级增加的，这种侧向力的分布模式称为水平加载模式（侧向力分布形式）。在地震过程中，结构层惯性力的分布随地震强度的不同及结构进入弹塑性程度的不同而改变，显然合理的水平加载模式应与结构在地震作用下层惯性力的分布一致。为了更真实地模拟地震作用下结构的反应，迄今为

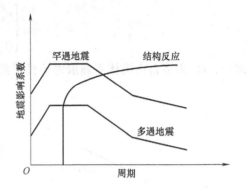

图 9-13　结构反应曲线

止研究者们已提出了多种不同的水平加载模式，根据是否考虑地震过程中层惯性力的重分布可分为两类：一类是固定模式，指在整个加载过程中侧向力的分布形式保持不变，不考虑地震过程中层惯性力的改变；另一类是自适应模式，指在整个加载过程中，随着结构动力特性改变而不断调整侧向力分布形式。

（1）常见的固定水平加载模式

1）均匀分布加载模式（图 9-14a）假定结构在地震荷载作用下每层的加速度均相同，而且每层的质量相同，因此每层的地震荷载均相等，即

$$F_i = \frac{V}{n} \tag{9-44}$$

式中，n 为楼层总数；V 为底部剪力；F_i 为层剪力。

此模式适用于刚度与质量沿高度分布较均匀的结构。相对于上部楼层，该荷载模式更重视结构下部楼层的地震反应需求；相对于倾覆弯矩，该荷载模式更重视楼层剪力在结构地震破坏中所起的作用。

2）倒三角分布加载模式（图9-14b）。水平侧向力沿结构高度分布，与层质量和高度成正比（即底部剪力法模式）。这是目前国内外大多数抗震规范中采用的侧向力分布形式，每一楼层水平侧向力可按下式计算

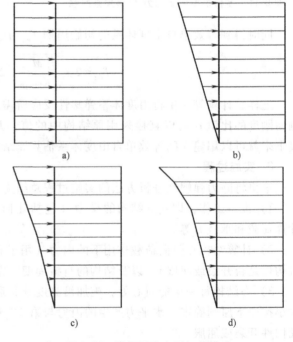

图 9-14　常见固定水平加载模式

a）均匀分布加载模式　b）倒三角形分布加载模式
c）抛物线分布水平加载模式　d）分层分布加载模式

$$F_i = \frac{w_i h_i}{\sum_{j=1}^{n} w_j h_j} V_{\mathrm{Ek}} \tag{9-45}$$

式中，n 为层数；h_i、h_j 为第 i、j 层的计算高度；w_i、w_j 为第 i、j 层的重力荷载代表值；V_{Ek} 为基底总剪力。

倒三角分布水平加载模式不考虑地震过程中惯性力的重分布。它适用于高度不大于 40m，以剪切变形为主且质量、刚度沿高度分布较均匀且梁出现塑性铰的结构。这种方式倾覆弯矩对下部楼层的影响相对较强。

3）抛物线分布水平加载模式（图 9-14c）。水平侧向力沿结构高度呈抛物线形分布。为了反映地震作用下不同楼层加速度的变化，需要考虑变形的不同模态及振动时高阶振型的影响，可按下式进行计算

$$F_i = \frac{w_i h_i^k}{\sum\limits_{j=1}^{n} w_j h_j^k} \tag{9-46}$$

$$k = \begin{cases} 1.0 \,(T \leqslant 0.5) \\ 0.5T + 0.75 \,(0.5 < T < 2.5) \\ 2.0 \,(T \geqslant 2.5) \end{cases} \tag{9-47}$$

式中，T 为结构的基本自振周期；w_i 为第 i 层的重力荷载代表值；h_i 为第 i 层的计算高度；n 为结构的总层数；k 为高振型影响系数，根据结构基本自振周期 T 的不同按式（9-47）取值。

抛物线分布水平加载模式可较好地反映结构在地震作用下高阶振型的影响。它不考虑地震过程中层惯性力的重分布。由式（9-47）可知，若 $T < 0.5$s，则抛物线分布可转化为倒三角形分布。

4）分层分布加载模式（图 9-14d）。已有学者指出，幂级数分布弥补了倒三角分布在建筑顶部偏小的缺陷，在这些部位导致三角分布增加 20%~40% 的侧向力数量符合我国抗震规范的要求，但它在底部的侧向力过小显然缺乏依据；同时指出较为合理的水平荷载加载模式应当是在建筑底部采用倒三角形加载模式，而在建筑顶部选幂级数加载模式，即选取如下的水平加载模式：

$$F_i = \begin{cases} \dfrac{w_i h_i^k}{\sum\limits_{j=1}^{n} w_j h_j^k} V_b & i = m+1, \cdots, n \\[4ex] \dfrac{w_i h_i}{\sum\limits_{j=1}^{m} w_j h_j} \left(1 - \dfrac{\sum\limits_{j=m+1}^{n} w_j h_j^k}{\sum\limits_{j=1}^{n} w_j h_j^k} V_b \right) & i = 1, 2, \cdots, m \end{cases} \tag{9-48}$$

式中，m 为楼层序号，可取 $m = \text{int}(n/2)$；h_i、h_j 为结构 i、j 层楼面距地面的高度；w_i、w_j 为结构 i、j 层的重力荷载代表值，V_b 为基底剪力。

（2）自适应水平加载模式

1）考虑多个振型的加载模式。在每一步加载之前，先求出结构的周期和振型，根据振型分解反应谱法中的平方和开平方（SRSS）计算结构各楼层的层间剪力，由楼层的层间剪力反算出各层水平荷载，将其作为下一步的侧向荷载分布形式。每一楼层的水平荷载按以下步骤计算

$$F_{ij} = \alpha_j \Gamma_j X_{ij} W_i \quad (i=1,2,\cdots,n;\ j=1,2,\cdots,N) \tag{9-49}$$

$$Q_{ij} = \sum_{k=1}^{n} F_{kj} \tag{9-50}$$

$$Q_i = \sqrt{\sum_{k=1}^{N} Q_{ik}^2} \tag{9-51}$$

$$P_i = Q_i - Q_{i+1} \tag{9-52}$$

式中，F_{ij}、Q_{ij} 为前一步加载时第 j 振型第 i 层的楼层剪力及楼层总剪力；Q_i 为考虑所有振型时第 i 层的楼层总剪力；P_i 为第 i 层的等价水平荷载；n、N 为结构的总层数及所考虑的振型总数；α_j 前一步加载时第 j 振型的自振周期所对应的地震影响系数，可由抗震设计规范中的罕遇地震影响系数曲线来确定；Γ_j 为前一步加载时第 j 振型的参与系数；X_{ij} 为前一步加载时第 j 振型第 i 层的水平相对位移。

2）多振型楼层惯性力 SRSS 分布

$$F_i = \sqrt{\sum_{j=1}^{N} (\Gamma_j X_{ij} S_{aj} w_i)^2} \tag{9-53}$$

式中，S_{aj} 为对应于第 j 振型（自振周期）的反应谱（伪）加速度。

3）等价基本振型质量振型分布。在这种分布中，楼层侧向荷载按楼层质量与等价楼层振型积的比例分配，即

$$F_i = \frac{w_i X_{ie}}{\sum\limits_{k=1}^{n} w_k X_{ke}} V_b \tag{9-54}$$

式中，X_{ie} 为第 i 层等效基本振型，计算公式如下

$$X_{ie} = \sqrt{\sum_{j=1}^{N} (\Gamma_j X_{ij})^2} \tag{9-55}$$

4）适应性侧向荷载分布

$$\Delta F_i^{j+1} = V^j \left(\frac{F_i^j}{V^j} - \frac{F_i^j}{V^{j-1}} \right) + \Delta P^{j+1} \left(\frac{F_i^j}{V^j} \right) \tag{9-56}$$

上述荷载分布模式，虽然其参数不同，区别也较大，但都属于自适应加载模式。许多学者进行了相关的研究工作，提出了很多种自适应的水平加载模式，究竟用何种分布形式较好，目前还没有定论。但从理论上来看，自适应加载模式考虑了结构的瞬时动力特性，因此它比固定的加载模式更为合理，对于提高静力弹塑性分析的可靠性更有意义。

5. 结构目标位移

结构目标位移是指结构在一次地震动输入下可能达到的最大位移，一般指顶点位移。静力弹塑性分析方法确定结构目标位移时，都要将多自由度体系等效为单自由度体系。

静力弹塑性分析方法分析实质上是一种静力分析过程，相对于动力时程分析，它仅需要结构的骨架曲线，而不需要滞回曲线，也就没有拐点处理等，所以分析过程较简单，但同样可以得到塑性铰出现的先后顺序，塑性铰的分布，结构的屈服、开裂及薄弱层等信息。相对于一般的增量静力分析，它并不是与外激励（即地震动输入）完全无关，目标位移就体现了地震动输入的影响。静力弹塑性分析方法对抗震性能的评估结果是否准确很大程度上取决

于目标位移的估计精度。因而，目前在静力弹塑性分析方法的研究中，提高目标位移的估计精度是广大学者致力于解决的问题之一。

目前，目标位移的计算方法有两种。一种方法是：假定结构沿高度的变形矢量（一般取第一振型），利用静力弹塑性分析方法得到结构的底部剪力-顶点位移曲线，将结构等效为单自由度体系，然后用弹塑性时程分析方法或弹塑性位移谱法求出等效单自由度体系的最大位移，从而计算出结构的目标位移。另外一种方法更为简化：目标位移通过弹性加速度反应谱和由结构弹性参数等效的单自由度体系求出，这种方法能够较好地估计结构的目标位移。在结构周期较短的情况下，结构的弹塑性位移可能远大于弹性位移；在结构周期较长的情况下，结构弹塑性位移与弹性位移之比大致等于 1.0。与动力时程分析得到的结果比较，静力弹塑性分析方法设定的目标位移大于设计地震动下动力时程分析得到的结构最大位移时，两种方法获得的层间位移和柱子的损伤较吻合。主要原因在于，动力时程分析输入的加速度值有正有负，而静力弹塑性分析方法采取单调加载，即仅模拟了单向左（或右）地震作用。

用动力弹塑性分析方法求目标位移的方法，要得到合理的结构目标位移，必须解决好输入地震波的问题。关于输入地震波的确定，应能反映场地的近、中、远地震环境和场地的主要特征。这些问题对动力弹塑性分析方法来讲一直是难以掌握的，地震波输入合适与否，直接影响到结果的可靠性，所以用此种方法求得的目标位移的准确度就值得商榷。如果要得到可靠性较高的结果，对于地震波的选取等因素务必要慎重考虑，费工、费时，违背了静力弹塑性分析方法简单、计算容易的特点。

9.5.2 几种静力弹塑性分析方法

目前主要的静力弹塑性分析方法有以下三种：美国应用技术协会编制的《混凝土建筑抗震评估和修复》（ATC-40）中所列的能力谱方法（Capacity Spectrum Method，CSM）；美国联邦应急管理署出版的《房屋抗震加固指南》 （FEMA—273/274）中所列的等效位移系数法（Equal Displacement Coefficient Method，EDCM）；斯洛文尼亚卢布尔雅那大学 Peter Fajfar 等人提出的 N2 方法等。上述几种方法之间的差别主要在于，对地震作用下结构目标位移的确定及对结构抗震性能评估采用的方式。下面简单介绍上述三种具有代表性的静力弹塑性分析方法。

1. 能力谱方法

能力谱方法最早是在 1975 年由 Freeman 提出的，后经发展被美国 ATC-40 等推荐使用，1999 年 Chopra 等人对 ATC-40 方法的不足提出了改进能力谱法。能力谱法有图形表示及数值计算两种方式。在图形表示方式中，通过在一张图上叠加结构的能力谱与需求谱，把结构的抗震能力与地震需求综合起来考虑。该图以位移为横坐标，加速度为纵坐标，称为 ADRS（Acceleration Displacement Response Spectrum）格式。由于通常意义上的"谱"是以周期为横坐标的，所以准确地讲，能力谱和需求谱应该分别称为能力曲线和需求曲线。建立能力曲线和需求曲线是能力谱方法的关键。

（1）能力曲线　在结构上施加静力荷载，进行 Push-Over 分析，直至倒塌或整体刚度矩阵 $\det \boldsymbol{k} < 0$ 可以得到图 9-15a 所示的基底剪力-顶点位移（$V_b - u_n$）曲线。假设结构的反应以第一振型为主，且在整个地震反应过程中，结构沿高度的变形都可以采用一个不变的形状矢量 $\boldsymbol{\phi}$ 表示，这样就可以将原结构等效成一个单自由度体系，而基底剪力-顶点位移（$V_b - u_n$）曲线也相应地换成等效单自由度体系的基底剪力-顶点位移（$V_b^* - u_n^*$）曲线。并且可将上述

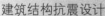

曲线转换为谱加速度-谱位移曲线（S_a-S_d），即能力曲线，如图 9-15b 所示。通常为了简化计算，会把能力曲线进一步理想化为双折线形，折点所对应的剪力和位移就是等效单自由度体系的屈服剪力和屈服位移。上述转换可按下述公式进行

$$S_a = \frac{V_b}{M_1^*}$$

$$S_d = \frac{u_n}{\Gamma_1 \phi_{n1}} \tag{9-57}$$

式中，Γ_1、M_1^* 为结构第一振型的参与系数和模态质量；V_b 为基底剪力；u_n 为结构顶点位移；ϕ_{n1} 为振型 1 中顶点质点的振幅。

其中：

$$\Gamma_1 = \frac{\sum_{i=1}^{n} m_i \phi_{i1}}{\sum_{i=1}^{n} m_i \phi_{i1}^2}, M_1^* = \frac{\left(\sum_{i=1}^{n} m_i \phi_{i1} \right)^2}{\sum_{i=1}^{n} m_i \phi_{i1}^2} \tag{9-58}$$

式中，m_i 为第 i 层质点的质量；ϕ_{i1} 为振型 1 中质点 i 的振幅。

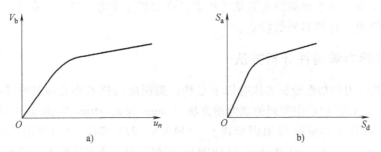

图 9-15 Push-Over 曲线和能力谱之间的转换

a）Push-Over 曲线 b）能力谱

（2）需求曲线 需求曲线分为弹性和弹塑性两种需求谱。弹性需求谱是将典型（阻尼比 5%）加速度（S_q）反应谱与位移（S_d）反应谱绘在同一坐标系上，如图 9-16a 所示。根据弹性单自由度体系在地震作用下的运动方程可知，S_a 和 S_d 之间存在着下述关系

$$S_d = \frac{T^2}{4\pi^2} S_a \tag{9-59}$$

这样，就可以得到 S_a 和 S_d 之间的关系曲线，即 A-D 形式的需求谱图，如图 9-16b 所示。

对弹塑性结构，A-D 形式需求谱的求法，一般是在典型弹性需求谱的基础上，通过考虑等效阻尼比 ξ_e 或延性比 μ 两种方法得到折减的弹性需求谱或弹塑性需求谱。ATC-40 采用的是考虑等效阻尼比 ξ_e 的方法。

在图 9-17 中，d_p 为等效单自由度体系的最大位移，ATC-40 中等效阻尼比 ξ_e 由最大位移反映一个周期内的滞回耗能来确定，可按下式计算

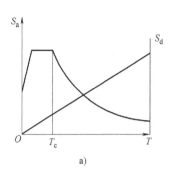
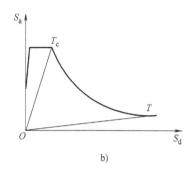

图 9-16　典型弹性加速度谱和位移谱

a）传统形式　b）A-D 形式

$$\xi_e = \frac{E_d}{4\pi E_s} \tag{9-60}$$

式中，E_d 为滞回阻尼耗能，等于滞回环包围的面积，即平行四边形的面积；E_s 为最大的应变能，等于阴影斜线部分的三角形面积，即 $a_p d_p / 2$。

为确定 ξ_e，需要先假定 a_p、d_p，确定 ξ_e 后，通过对弹性需求谱的折减，即可得到弹塑性需求谱，如图 9-17 所示。

（3）性能点的确定　将能力谱曲线和某一水准地震的需求谱绘在同一坐标系中，两曲线的交点称为性能点，如图 9-18 所示。性能点所对应的位移即为等效单自由度体系在该地震作用下的谱位移，将谱位移按式（9-57）转换为原结构的顶点位移，根据该位移在原结构 $V_b - u_n$ 曲线的位置，即可确定结构在该地震作用下的塑性铰分布、杆端截面的曲率、总侧移及层间侧移等，综合检验结构的抗震能力。

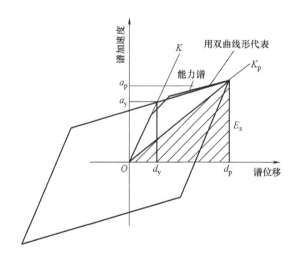
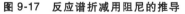

图 9-17　反应谱折减用阻尼的推导

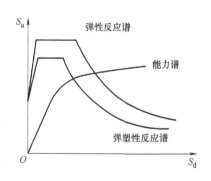

图 9-18　性能点的确定

若两曲线没有交点，则说明结构的抗震能力不足，需要重新进行设计。

因为弹塑性需求谱、性能点及 ξ_e 之间的相互依赖，所以确定性能点是一个迭代过程。只要已知参数输入正确，性能点、ξ_e 及需求谱等可由程序自动算出。

在输入已知条件时，需要注意的是，程序中的地震反应谱参数与《建筑抗震设计规范》地震反应谱的表达方式略有不同，需经过等效后换成程序中的系数，程序中的反应谱曲线如图9-19所示。

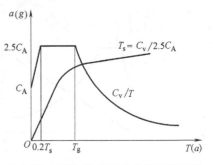

图9-19 ATC-40程序中的反应谱曲线

2. 等效位移系数法

（1）等效位移系数法的步骤

1）建立结构构件的弹塑性模型，其中包括所有对结构质量、承载力和刚度影响不可忽略的构件及所有对满足抗震设防水准影响显著的构件。在对结构施加水平荷载之前，先在结构上施加竖向荷载。

2）对结构施加某种形式沿竖向分布的水平荷载，在结构的每一个主要受力方向至少采用两种不同分布方式的水平荷载进行分析。

3）水平荷载增量的大小以使最薄弱的构件达到屈服变形（构件刚度发生显著变化）为标准，并将屈服后的构件刚度加以修正，修正后的结构继续承受不断增加的水平荷载或水平位移，水平荷载或位移的分布方式保持不变。构件屈服后的变形行为可按下述方法修改：

① 将弯曲受力构件达到受弯承载力的部分加上塑性铰，如梁、柱构件的端部及剪力墙的底部。

② 将达到受剪屈服承载力的剪力墙单元的受剪刚度去掉。

③ 当轴向受力构件屈曲之后且屈曲后轴向刚度迅速下降时，将该构件去掉。

④ 若构件刚度降低后仍可进一步承受荷载，则将构件的刚度矩阵应作相应的修改。

4）重复上述步骤，使得越来越多的构件屈服。在每一步加载过程中，计算所有结构构件的内力以及弹性和弹塑性变形等。

5）将每一步得到的构件内力和变形累加起来，得到结构构件在每一步时的总内力和变形结果。

6）当结构成为机构（可变体系）或位移超过限值时，停止施加水平荷载。

7）得到控制点位移和底部剪力的关系曲线并作为结构非线性反应的代表，该曲线的斜率下滑代表了结构构件的逐步屈服。控制点位移一般取结构的顶点位移。

8）通过控制点位移和底部剪力的关系曲线来估算结构的目标位移。当结构的目标位移对简化控制点位移和底部剪力的关系曲线中屈服承载力和屈服刚度变化敏感时，需要迭代计算来确定结构的目标位移。

9）当目标位移确定之后，结构构件在该位移水平时的总内力和变形就可以用以估计构件的性能。如果承载力或变形要求超过了允许值，则认为结构构件或单元达不到规定的要求。

（2）目标位移的计算 用等效位移系数法时，其目标位移可按下式计算

$$\delta_t = C_0 C_1 C_2 C_3 S_a \frac{T_e^2}{4\pi^2} \qquad (9\text{-}61)$$

式中，S_a 为谱加速度，在给定了设计地震水平、结构周期和阻尼比后，即可按规范的相关章节求得；T_e 为结构的等效自振周期；C_0 为多自由度体系（MDOF）和单自由度体系（SDOF）实际结构的顶点位移（弹性）之间的修正系数；C_1 为线弹性反应的最大位移和最大弹

塑性位移的希望值之间的修正系数；C_2 为最大位移反应形状的修正系数；C_3 为考虑 P-Δ 效应的修正系数。

1）C_0 的取值。按下述方法之一选取：

① 由控制点处的第一振型参与系数来确定，即

$$C_0 = \Gamma_{1,r} = \phi_{1,r} \frac{\phi_1^T M I}{\phi_1^T M \phi_1} = \phi_{1,r} \Gamma_1 \tag{9-62}$$

式中，M 为结构质量矩阵；ϕ_1 为结构第一振型；Γ_1 为结构第一振型参与系数；$\phi_{1,r}$ 为第一振型在顶点处的分量。

② 当结构达到目标位移时由对应变形形状向量得到的控制点处振型参与系数来确定。

③ 根据表 9-2 取值（其余情况按线性内插法取值）。

表 9-2 调整系数 C_0 取值

层数	调整系数 C_0	层数	调整系数 C_0
1	1.0	4	1.4
2	1.2	5	1.5
3	1.3		

2）C_1 的取值。C_1 的计算公式如下

$$C_1 = \begin{cases} 1.0 & (T_e \leqslant T_g) \\ \dfrac{[1.0 + (R-1)T_0/T_g]}{R} & (T_e < T_g) \end{cases} \tag{9-63}$$

但 C_1 的值不得超过 1.5，也不得小于 1.0，式 (9-63) 中的 R 按弹性强度要求与屈服强度的比值，按下式计算

$$R = \frac{S_a}{V_y/W} \frac{1}{C_0} \tag{9-64}$$

式中，V_y 为由 Push-Over 分析得到的屈服剪力值，如图 9-20 所示；W 为重力荷载代表值。

3）C_2 按结构形式和建筑物重要性的不同取值，对位移限制要求高的结构其值越小，按表 9-3 取值。

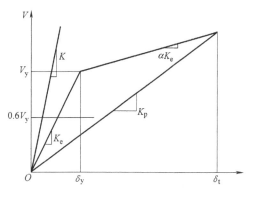

图 9-20 屈服剪力

表 9-3 修正系数 C_2 的取值

周期	$T=0.1$		$T>T_0$	
结构抗震目标	结构形式 1	结构形式 2	结构形式 1	结构形式 2
不坏	1.0	1.0	1.0	1.0
可修	1.3	1.0	1.1	1.0
不倒	1.5	1.0	1.2	1.0

注：1. 结构形式 1，结构中任何楼层剪力的 30% 以上由地震作用下可能产生塑性变形的构件承担，这些构件包括框架梁、框架柱、斜撑、填充墙及剪力墙。
2. 结构形式 2 是指结构形式 1 以外的所有结构。

4）C_3 的取值。对于屈服后刚度为正的结构，其值取 1.0。对于屈服后刚度为负的结构，其值按下式计算

$$C_3 = 1.0 + \frac{|\alpha|(R-1)^{3/2}}{T_e} \tag{9-65}$$

式中，α 为结构屈服刚度与有效侧向刚度的比值。

（3）有效基本周期的计算　有效基本周期是在得到了 Push-Over 曲线之后，根据底部剪力和顶点位移的简化关系曲线来计算，即

$$T_e = T_n \sqrt{\frac{K_i}{K_e}} \tag{9-66}$$

式中，T_n 为原结构的基本自振周期；K_i 为结构弹性范围内的侧向刚度；K_e 为结构的有效侧向刚度，可按屈服强度 60% 处底部剪力与顶点位移的比值取值，如图 9-20 所示。

3. N2 方法

N2 方法最初是受 Q 模型的启发并在此后逐步完善的基础上提出的，同时吸收了能力谱方法用图形表示的优点，并且克服了能力谱方法中用高阻尼比弹性反应谱作为需求谱的不足之处，根据结构设计的延性要求用弹塑性反应谱来构造需求谱，所以该方法实际上就是以弹塑性反应谱为基础的改进能力谱方法。

N2 方法的步骤如下：

1）将标准的弹性加速度-周期（S_{ae}-T_n）反应谱转换成为加速度-位移（S_{ae}-S_{de}）反应谱并将其作为需求谱（Demand Spectrum），其转换公式为

$$S_{de} = \frac{T^2}{4\pi^2} S_{ae} \tag{9-67}$$

2）根据不同的结构延性要求绘制弹塑性反应谱，如图 9-21 所示，公式如下

$$S_a = \frac{S_{ae}}{R_\mu} \tag{9-68}$$

$$S_d = \frac{\mu}{R_\mu} S_{de} \tag{9-69}$$

式中，μ 为结构的延性系数，为结构最大弹塑性位移与结构弹性极限位移的比值；R_μ 为与结构延性系数有关的折减系数。如图 9-22 所示，R_μ 按下式取值

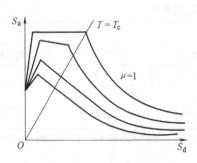

图 9-21　弹塑性反应谱示意图

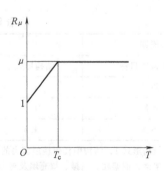

图 9-22　折减系数的取值

$$R_\mu = \begin{cases} (\mu-1)\dfrac{T}{T_c}+1 & (T < T_c) \\[3mm] \mu & (T \geqslant T_c) \end{cases} \tag{9-70}$$

3）对结构施加侧向荷载进行 Push-Over 分析，得到底部剪力 V 与顶点位移 D_t 之间的关系曲线。在分析之前假定侧向变形形状矢量 $\boldsymbol{\phi}$，其侧向荷载的分布形式与楼层质量和侧向变形形状矢量相关，即

$$\boldsymbol{P} = \boldsymbol{M}\boldsymbol{\phi}, P_i = m_i \phi_i \tag{9-71}$$

4）建立与原结构等效的单自由度体系（SDOF）。

① 按下式计算转换质量 m^*

$$m^* = \sum_{i=1}^{n} m_i \phi_i \tag{9-72}$$

式中，n 为结构层数，取 $\boldsymbol{\phi}_n = 1$。

② 将静力弹塑性分析得到的能力谱曲线中的量转换成单自由度体系下的量，即

$$D^* = \frac{u_n}{\Gamma}, F^* = \frac{V_b}{\Gamma}, \Gamma = \frac{\displaystyle\sum_{i=1}^{n} m_i \phi_i}{\displaystyle\sum_{i=1}^{n} m_i \phi_i^2} \tag{9-73}$$

③ 经过上述变换可得到等效单自由度体系的能力谱曲线。

④ 将能力谱曲线简化为双线形，确定弹性极限强度 F_y^*、位移 D_y^* 及刚度 K_y^*，并计算等效周期 T^*，如图 9-23 所示。

$$T^* = 2\pi \sqrt{\frac{m^*}{K^*}} = 2\pi \sqrt{\frac{D_y^* m^*}{F_y^*}} \tag{9-74}$$

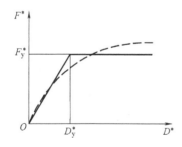
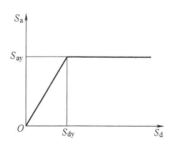

图 9-23　将能力谱曲线简化为双曲线

5）由等效单自由度体系得到结构的能力谱曲线（S_a-S_d），其中 $S_a = F^*/m^*$。

6）将结构能力谱曲线与弹塑性反应谱曲线叠加，求出相应的位移需求，也就是结构的目标位移。

① 计算屈服强度折减系数 R_μ

$$R_\mu = \frac{S_{ae}}{S_{ay}} \tag{9-75}$$

式中，S_{ae}为周期T^*对应的弹性谱加速度。

② 计算目标位移S_d

$$S_d = \begin{cases} \dfrac{S_{de}}{R_\mu}\left[1+(R_\mu-1)\right]\dfrac{T_c}{T^*} & T^* < T_c \\[3mm] S_{de} & T^* \geqslant T_c \end{cases} \tag{9-76}$$

式中，S_{de}为周期T^*对应的弹性谱位移，如图9-24所示。

7）取$\phi_n=1$，利用式（9-77）将等效单自由度体系的目标位移S_d转换为原结构顶点位移u_n，并根据第3）步中结构静力弹塑性分析的结果，可得到顶点位移达到u_n时原结构及构件的变形和内力。

$$u_n = \varGamma\phi_n S_d = \varGamma S_d \tag{9-77}$$

8）将结构构件的变形和内力与允许值相比，对结构性能进行评估。

从上述分析过程可以看到，N2方法可完全按没有图形表达的方式进行。

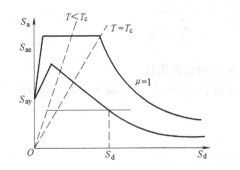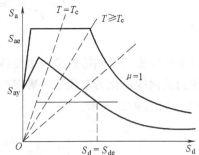

图9-24　目标位移计算示意图

9.5.3　计算实例

以6层RC框架结构为分析对象（见图9-25），利用静力弹塑性分析方法（Push-Over方法）计算罕遇地震作用下结构的顶点位移。建筑物位于《建筑抗震设计规范》中的9度区Ⅱ类场地上，场地特征周期T_g为0.4s，2%-in-50years的弹性加速度反应谱如图9-26所示，框架的配筋根据《建筑抗震设计规范》进行设计，考虑了自重与地震作用的组合。表9-4给出了框架的各层自重以及一阶振型和周期。采用倒三角形加载模式对该6层RC框架进行了静力非线性Push-Over分析，顶点位移u_n与底层剪力V_b的关系如图9-27所示，图中还给出了它们的理想双线性模型。利用式（9-57）把V_b-u_n曲线转化为等效单自由度体系的S_a-S_d曲线，与2%-in-50years对应的弹性S_a-S_d曲线绘制在同一张图上（图9-28），采用能力谱法、等效位移系数法和N2法计算罕遇地震作用下结构的顶点位移。

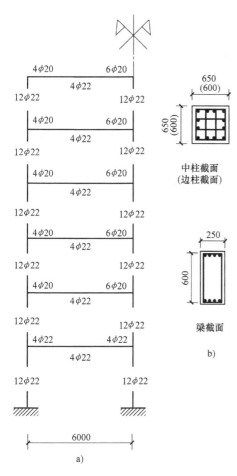

图 9-25　6 层 RC 框架结构配筋图

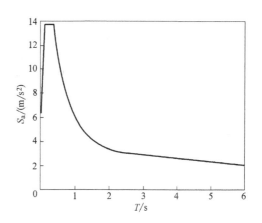

图 9-26　弹性加速度反应谱

表 9-4　6 层框架第一振型特性

层号	层高/m	楼层质量/t	第一周期和振型
6	3.6	61.05	
5	3.6	73.42	
4	3.6	73.42	
3	3.6	73.42	
2	3.6	73.42	
1	3.6	73.42	

（1）能力谱法　由于能力谱法需迭代计算，不便于手算，在此略。

（2）等效位移系数法　等效位移系数法利用式（9-61）计算地震作用下结构的顶点位移，关键是确定系数 $C_0 \sim C_3$、S_a，下面分别计算这些系数：

由式（9-62）得

$$C_0 = \Gamma_{1,r} = \phi_{1,r} \frac{\boldsymbol{\phi}_1^{\mathrm{T}} \boldsymbol{M} \boldsymbol{I}}{\boldsymbol{\phi}_1^{\mathrm{T}} \boldsymbol{M} \boldsymbol{\phi}_1} = \phi_{1,r}, \Gamma_1 = 1.29$$

由于结构的 $T_e = 0.76\mathrm{s} > T_g = 0.4\mathrm{s}$，由式（9-63）得

$$C_1 = 1.0$$

C_2 的取值见表 9-3，若结构为结构形式 2，则 $C_2 = 1.0$

由于结构的屈服后刚度为正，则 $C_3 = 1.0$

由抗震规范，建筑结构的阻尼比取 0.05，衰减指数 γ 为 0.9，地震影响系数曲线的阻尼调整系数 η_2 按 1.0 采用，9 度罕遇地震的水平地震影响系数的最大值为 1.4，则

$$S_{ae} = \left(\frac{T_g}{T_e}\right)^{\gamma} \eta_2 \alpha_{max} g = \left(\frac{0.4}{0.76}\right)^{0.9} \times 1.4 \times 9.8\mathrm{m/s^2} = 7.85\mathrm{m/s^2}$$

把以上各参数代入式（9-61）得

$$u_n = C_0 C_1 C_2 C_3 S_a \frac{T_e^2}{4\pi^2} = 1.29 \times 1.0 \times 1.0 \times 1.0 \times 7.85 \times \frac{0.76^2}{4\pi^2} = 0.148\mathrm{m}$$

（3）N2 法　利用表 9-4 中的数据，以及式（9-72）~式（9-75）得

$$m^* = \sum_{i=1}^{n} m_i \phi_i = 281.68\mathrm{t}, \Gamma = \frac{\boldsymbol{\phi}_1^{\mathrm{T}} \boldsymbol{M} \boldsymbol{I}}{\boldsymbol{\phi}_1^{\mathrm{T}} \boldsymbol{M} \boldsymbol{\phi}_1} = 1.29, D_y^* = \frac{u_{n,y}}{\Gamma} = \frac{0.043}{1.29} = 0.033$$

$$F_y^* = \frac{V_{b,y}}{\Gamma} = \frac{824}{1.29} = 638.76\mathrm{kN}, T^* = 2\pi \sqrt{\frac{D_y^* m^*}{F_y^*}} = 2\pi \sqrt{\frac{0.033 \times 281.68 \times 10^3}{638.76 \times 10^3}} = 0.76\mathrm{s}$$

$$S_{ay} = \frac{F_y^*}{m^*} = \frac{638.76}{281.68} = 2.27\mathrm{m/s^2}, S_{ae} = \left(\frac{T_g}{T^*}\right)^{0.9} \eta_2 \alpha_{max} g = \left(\frac{0.4}{0.76}\right)^{0.9} \times 1.4 \times 9.8\mathrm{m/s^2} = 7.85\mathrm{m/s^2}$$

$$R_{\mu} = \frac{S_{ae}}{S_{ay}} = \frac{7.85}{2.27} = 3.46$$

由于结构的 $T^* = 0.76\mathrm{s} > T_g = 0.4\mathrm{s}$，由式（9-76）得

$$S_d = S_{de} = \frac{T^{*2}}{4\pi^2} S_{ae} = \frac{0.76^2}{4\pi^2} \times 7.85\mathrm{m} = 0.115\mathrm{m}$$

由式（9-77）得结构的顶点位移

$$u_n = \Gamma S_d = 1.29 \times 0.115\mathrm{m} = 0.148\mathrm{m}$$

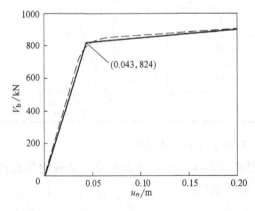

图 9-27　RC 框架结构的 Push-Over 曲线

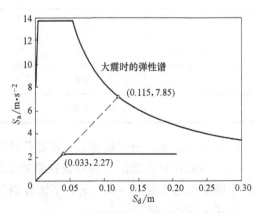

图 9-28　RC 框架结构的 S_a-S_d 曲线

习题及思考题

1. 使用层间剪切模型、杆件模型要确定哪些参数？如何确定？

2. 什么是线性加速度方法？查阅有关文献，简述 Newmark 方法和 Wilson-θ 方法与线性加速度方法相比有何特点？

3. 地震波的选用应主要考虑哪些因素？如何对地震波进行调整？

4. 如何理解在时程分析时选用的地震波要与结构设计反应谱在统计意义上相符？

5. 如何在结构恢复力模型上体现刚度退化性能、强度退化性能？

6. 什么是推覆分析法？其主要的基本原理及步骤是什么？

7. 如何根据结构荷载-位移曲线计算承载力谱？

8. 如何根据规范规定的设计反应谱计算地震需求谱？

9. 有哪几种常用的静力弹塑性分析方法？这几种方法之间主要的差别是什么？

第 10 章

基于性能的抗震设计方法简介

10.1 概述

10.1.1 抗震设防的经验教训及对工程建设的最新需求

传统的建筑抗震设防目标"小震不坏、中震可修、大震不倒"在过去十几年里曾得到世界各国的广泛认同，在建设工程防灾减灾上发挥了巨大作用。但是，近十多年的地震灾害表明，按照传统抗震设计准则设计的建筑物，基本上能保证生命安全，但是财产损失远远超过了社会承受能力。如旧金山陆玛地震和北岭地震，两次地震震级高且地处人口稠密中心，人员损失少于 100 人，但直接财产损失分别达到 70 亿和 150 亿美元；神户地震财产损失更高达 1000 亿美元，且死伤人数多为次生灾害造成。更有甚者，有些医院因设施损坏无法实施抢救，有些消防车因车库震坏开不出来，无法发挥救灾任务。这些事例提醒我们，仅以减少人员伤亡作为建筑抗震设防的目标是不够的，还应考察地震次生灾害所带来的经济损失，以及因建筑或设施的功能中断给社会活动带来的损失。

然而，传统的抗震设计方法过度挖掘结构延性，在保证中等地震下建筑功能可靠性，减小地震造成的财产损失及灾后加固费用，实现重要建筑及设施在大震下的正常运转功能上很难发挥真正作用。这表明传统的建筑抗震设计准则及方法遇到了严峻的挑战，迫切需要设防目标灵活，且能保证建筑及设施的安全性和可靠性的抗震设计方法。同时，这一方法还应当允许工程的业主或委托人、设计人员能够在选择设防目标及决定投资规模上共同参与决策。

工程设计投资、地震后修复损伤需要资金，日常的性能维护也需要资金。那么，如何充分利用有限的资金，使其在建筑物的整个寿命周期内发挥最大功效是一个重要问题。因此，建筑抗震设计需要专业技术人员全方位考虑建筑功能的可靠性需求和资金投放，使其在建筑功能性、经济性和安全可靠性等方面达到最佳组合，使所建工程成为综合考虑这些因素的最优方案。

10.1.2 基于性能的抗震设计方法的背景及发展现状

基于性能的抗震设计方法的基本思想是在保证结构安全的同时，在所预测的地震作用下实现预定的功能目标，使结构寿命周期范围内的总费用降至最低并能让业主或使用者参与决策。使用基于性能的抗震设计方法还有望推动技术革新，同时将在结构的安全、损坏、性能等方面增进业主与结构工程师的沟通与交流，减少不必要的误解和法律纠纷。

基于性能的结构设计方法于 20 世纪 90 年代由美国学者提出，引起了广泛关注和深入研究。1995 年加州结构工程师协会启动了 VISION2000 行动计划，加紧研制基于性能的地震工程技术框架。在设计地震动量化、建筑形态水平量化、抗震概念设计具体化、结构设计与设计方法、结构抗震性能评价方法、结构控制减震技术、设计方法的经济性等多方面都进行了大量的研究。于 1997 年在世界上率先出台了以基于性能的抗震设计理论为平台的《房屋抗震加固指南》（FEMA 273/274）用于抗震加固。日本于 1998 年吸纳了基于性能的设计思想，对建筑标准法进行了修订。2000 年 11 月，美国发布了准规范《建筑抗震修复标准及说明》（FEMA 356）。加拿大、新西兰、澳大利亚、欧盟等也相继开展基于性能的结构抗震理论研究。

我国基于性能的抗震设计理论研究始于 20 世纪 90 年代，并于 2004 年出版了中国工程建设标准化协会标准《建筑工程抗震性态设计通则（试用）》（CECS 160—2004）。

目前，世界各国在基于性能的抗震设计方法的研究和标准制定方面取得了不小的成就。然而，在设计目标及设计准则的量化等方面，基于性能的抗震设计还有一个逐渐成熟和发展的过程。尽管如此，这一方法具有广阔的发展前景。

■ 10.2 结构性能抗震设计的理论框架

基于结构性能的抗震设计的基本思想是，根据所设计和建造的工程结构的使用性质和重要性，分别规定不同的抗震设防目标和水准，使结构在可能遇到的不同强度地震作用下的反应性能和破坏程度均在设计预期的目标内，不仅能保证生命安全，还能尽量使经济损失最小。在结构性能抗震设计理论的基本框架中包括以下几个重要内容。

10.2.1 地震设防水准的确定

基于性能的抗震设计是要求建筑物寿命期间内在设定的设防地震水准作用下达到某种性能目标。地震设防水准是指未来可能作用于建筑场地的地震作用的大小。因此，设防地震水准直接关系到建筑物的抗震安全性和遭受地震破坏的危险性程度，表 10-1 和表 10-2 分别给出了我国抗震规范采用的地震设防水准和美国联邦应急管理署（FEMA）、加州结构工程师协会（SEAOC）建议的地震设防水准，包括近场地震的影响。我国抗震规范规定，对处于地震断裂带两侧 10km 以内的结构，应计入近场影响。

表 10-1 我国抗震规范采用的地震设防水准

地震设防水准	50 年超越概率(%)	重现期/年
多遇地震(小震)	63.2	50
设防地震(中震)	10	475
罕遇地震(大震)	2~3	1600~2400

表 10-2 美国地震设防水准

地震作用水平	FEMA 方案		SEAOC 方案	
	50 年超越概率(%)	重现期/年	n 年超越概率(%)	重现期/年
常遇地震	50	72	30 年 50	43

（续）

地震作用水平	FEMA 方案		SEAOC 方案	
	50 年超越概率（%）	重现期/年	n 年超越概率（%）	重现期/年
偶遇地震	20	225	50 年 50	72
稀遇地震	10	475	50 年 10	475
罕遇地震	2	2475	100 年 10	970

10.2.2　性能水准的划分

性能水准是用来描述结构或非结构构件在一定地面运动作用下的损伤程度，是结构性能、非结构性能和体系性能的组合。对于不同的结构体系、类型及非结构构件的性能，应该采用不同的性能水准量化标准。

1. 结构性能水准

《建筑抗震设计规范》将建筑物的破坏程度（性能水准）划分为五级，并给出了相应的破坏描述、继续使用的可能性及层间位移参考值，见表 10-3。表 10-3 中，"个别"指 5% 以下，"部分"指 30% 以下，"多数"指 50% 以上；$[\Delta u_e]$ 为《建筑抗震设计规范》规定的弹性层间位移限值；$[\Delta u_p]$ 为弹塑性层间位移限值。

表 10-3　建筑结构的性能水准及变形参考值

破坏程度 （性能水准）	破坏描述	继续使用的可能性	变形参考值
基本完好 （含完好）	承重构件完好；个别非承重构件轻微损坏；附属构件有不同程度破坏	一般不需要修理，即可继续使用	$<[\Delta u_e]$
轻微损坏	个别承重构件轻微裂缝；个别非承重构件明显破坏；附属构件有不同程度的破坏	不需修理或需稍加修理，仍可继续使用	$(1.5\sim2)[\Delta u_e]$
中等破坏	多数承重构件轻微裂缝，部分明显裂缝；个别非承重构件严重破坏	需一般修理，采取安全措施后可适当使用	$(3\sim4)[\Delta u_e]$
严重破坏	多数承重构件严重破坏或部分倒塌	应排险大修，局部拆除	$<0.9[\Delta u_p]$
倒塌	多数承重构件倒塌	需拆除	$>[\Delta u_p]$

2. 非结构构件性能水准

非结构构件包括建筑装饰性构件、隔墙、外包层、天花板、医疗和电器构件、采暖通风系统、管道体系、消防系统及照明系统等。FEMA 356 对建筑物中的非结构构件性能水准进行了划分，具体如下：

（1）功能完好（N-A）　震后非结构构件能够保持功能。建筑物正常使用所需要的绝大多数非结构构件如照明、管道、计算机系统可以继续使用，可能稍许要进行修理。实现这一水准的前提是非结构构件要正确的安装，并且经过严格的测试确保在地震后的工作性能。

（2）可继续居住（N-B）　在建筑结构性能水准满足要求的前提下，非结构部分出现有限的损伤，但是基本的使用和人身安全功能不会丧失。尽管非结构构件使用功能会受到一定的影响，但建筑物中的人身安全有保障，建筑物中的医疗器械和电气设备应能够继续使用。

而一些不正确安装或内部受损的构件可能会无法继续使用。日常运作需要的供水、供电、天然气、通信路线可能会受到一定损害。

（3）生命安全（N-C） 震后发生较严重或造成较大经济损失的非结构损伤，但非结构部分不会倒塌或者掉落以至于威胁到建筑物内外人员的生命安全。建筑物内部出入通道不会被严重堵塞，但可能会受到掉落物体的影响。采暖通风系统、管道体系及消防系统可能受损，导致局部漏水并失去作用。人身安全可能受到伤害，但是不至于危及生命。该种情况下各种非结构构件受损且修复较为困难。

（4）风险降低（N-D） 建筑物非结构部分严重受损，但是较大、较重的构件如低墙、嵌板、重石膏天花板等不至于掉落对多人造成生命威胁。容易造成建筑物内部或者外部大量人员伤亡的非结构构件损坏应当避免，但是物体掉落可能会造成个别人员的严重伤害。较轻、较小或者接近地面的非结构构件可能掉落，但不应当造成严重的人员伤亡；较大的非结构构件，如果离人群较远也允许出现掉落。该水平下各种非结构构件受损严重且无法修复。

10.2.3 结构性能目标的确定

结构的性能目标是指在一定超越概率的地震发生时，结构期望的最大破坏程度，它是地震设防水准与结构性能水准的组合。

《建筑抗震设计规范》规定了非性能设计的抗震设防目标（即性能目标），一般情况下可简单地概括为"小震不坏，中震可修，大震不倒"；同时，也提出了性能设计的性能目标，根据建筑物的重要性，可分为四类性能目标，见表10-4。

表10-4 我国抗震规范的性能目标

地震设防水准	性能 1	性能 2	性能 3	性能 4
多遇地震	完好	完好	完好	完好
设防地震	完好，正常使用	基本完好，检修后继续使用	轻微损坏，简单修理后继续使用	轻微至中等损坏，变形小于 $3[\Delta u_e]$
罕遇地震	基本完好，检修后继续使用	轻微至中等破坏，修复后继续使用	其破坏需加固后继续使用	接近严重破坏，大修后继续使用

由表10-4可见，《建筑抗震设计规范》建议的性能目标可直观概括如下：

性能1：结构构件在预期的大震（罕遇地震）作用下基本处于弹性状态。

性能2：结构构件在中震（设防地震）作用下基本完好，在预期的大震（罕遇地震）作用下可能屈服。

性能3：结构构件在中震（设防地震）作用下已有轻微塑性变形，在预期的大震（罕遇地震）作用下有明显的塑性变形。

性能4：结构构件在中震（设防地震）作用下可能屈服，在预期的大震（罕遇地震）作用下接近严重破坏。结构的总体承载力略高于非性能设计的情况。

10.2.4 基于性能的抗震设计方法

基于性能的抗震设计方法有基于位移的设计方法、基于能量的设计方法及基于投资-效益准则的设计方法。由于表征结构抗震性能的主要参数有强度、刚度和延性，这三个参数均

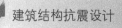

与结构的变形有关，所以，基于性能的抗震设计大多数以变形（位移）作为设计参数，即基于变形（位移）的抗震设计，该法成为最常用的基于性能的抗震设计方法。

下面将给出这种方法的具体步骤。此外，《建筑抗震设计规范》也给出了抗震性能设计的参考方法，下面将一并介绍。

■ 10.3 直接基于位移的抗震设计方法

直接基于位移的抗震设计方法与基于力的设计方法的主要区别是，用与最大位移处的割线刚度等效的单自由度结构代替原结构计算地震反应，而不是用初始弹性刚度。其基本原理是：对于给定的地震设防水准，设计结构使其达到预期的性能极限状态。

10.3.1 基本思路及步骤

1. 基本思路

直接基于位移的设计首先用"代替结构"将原结构表示为一等效单自由度振子，刚度用最大位移时的割线刚度，阻尼比用非弹性反应时与滞回耗能相等的黏滞阻尼比 ξ_{eff} 来表征；然后用预先确定的设计位移 u_{d}（通常由规范位移限值控制）和预期的延性需求来估计阻尼比，应用位移反应谱确定有效周期 T_{eff}。最大位移时的等效刚度 K_{eff} 可由单自由度的自振周期计算公式求得，最大位移反应时的设计基底剪力为 $V_{\mathrm{b}} = K_{\mathrm{eff}} u_{\mathrm{eff}}$，从而可由基底剪力计算原结构的水平地震作用及其效应。由此可见，该方法的概念比较清楚，复杂性仅与"代替结构"的特征、设计位移的确定及设计位移谱的建立有关。

2. 计算步骤

1）建立位移反应谱。由地震加速度时程建立不同阻尼比 ξ 的设计位移反应谱，如图 10-1d 所示。

根据地震加速度时程，可按下式建立具有不同阻尼比的位移反应谱

$$S_{\mathrm{d}} = \frac{T}{2\pi}\left[\int_0^t \ddot{x}_g(\tau)\,\mathrm{e}^{-\frac{2\pi}{T}\xi(t-\tau)}\sin\frac{2\pi}{T}(t-\tau)\,\mathrm{d}\tau\right] \tag{10-1}$$

当无适合的反应位移谱时，也可按下式将加速度反应谱 S_{a} 转换为位移反应谱 S_{d}：

$$S_{\mathrm{d}} = \left(\frac{T}{2\pi}\right)^2 S_{\mathrm{a}} \tag{10-2}$$

式中，T 为结构自振周期。

根据式（10-2）可将《建筑抗震设计规范》的加速度反应谱转换为位移反应谱，对框架结构进行基于位移的抗震设计。

2）确定目标位移。根据地震设防水准、建筑物的重要性及预期的性能极限状态限值等，确定结构各层的目标位移 u_i，从而得到目标位移曲线。

3）计算等效单自由度体系的目标位移 u_{d}。根据第 2）步确定的目标位移曲线，由式（10-3）计算等效单自由度体系的等效位移，即目标位移 u_{d}。

$$u_{\mathrm{d}} = u_{\mathrm{eff}} = \frac{\displaystyle\sum_{i=1}^n m_i u_i^2}{\displaystyle\sum_{i=1}^n m_i u_i} \tag{10-3}$$

式中，m_i 和 u_i 分别为结构第 i 层的质量和在某一水准地震作用下第 i 层的目标位移。

4）计算等效单自由度体系的等效质量

$$M_{\text{eff}} = \frac{\sum\limits_{i=1}^{n} m_i u_i}{u_d} \qquad (10-4)$$

5）计算结构的等效阻尼比 ξ_{eff}。由位移延性需求和结构类别确定等效阻尼比 ξ_{eff}，如图 10-1c 所示。

6）确定等效周期 T_{eff}。根据地震设防水准、等效阻尼比 ξ_{eff}、目标位移 u_d，由位移反应谱确定等效周期 T_{eff}，如图 10-1d 所示。

7）计算等效单自由度体系的等效刚度 K_{eff}。根据等效周期 T_{eff} 和等效质量 M_{eff}，由单自由度的自振周期计算公式得等效刚度 K_{eff}（见图 10-1b），即

$$K_{\text{eff}} = \frac{4\pi^2}{T_{\text{eff}}^2} M_{\text{eff}} \qquad (10-5)$$

8）计算设计基底剪力和水平地震力。等效单自由度体系的目标位移 u_d 和等效刚度 K_{eff} 确定后，等效单自由度体系的地震作用 F_d（见图 10-1a），即原结构的设计基底剪力 V_b 为

$$V_b = K_{\text{eff}} u_d \qquad (10-6)$$

水平地震力沿原结构高度的分布（见图 10-1a）可以用下式计算

$$F_i = \frac{m_i u_i}{\sum\limits_{j=1}^{n} m_j u_j} V_b \qquad (10-7)$$

9）对结构进行刚度设计和承载力设计。首先，计算水平地震作用效应及相应的重力荷载效应，当计算水平地震力 F_i 作用下的效应时，应采用结构顶点位移达到 u_d 时的杆件刚度；然后，将各作用效应进行组合，并按组合的内力设计值进行截面设计。

10）对初步设计的结构进行推覆分析（Push-Over Analysis），校核结构的侧移形状与预先假定的是否一致，评价结构的变形承载力是否满足要求。

11）如果结构的侧移形状与预先假定的不一致，或者结构的变形及承载力不满足要求，那么，应修改刚度和承载力。

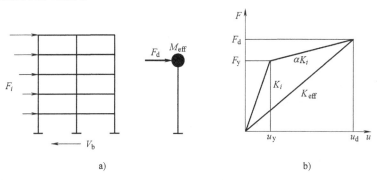

a)   b)

图 10-1　直接基于位移的抗震设计基本思路

a）体系的等效　b）等效刚度

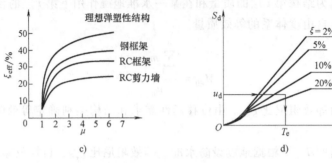

图 10-1　直接基于位移的抗震设计基本思路（续）

c）等效阻尼与延性　d）位移反应谱

10.3.2　几点补充说明

1. 关于目标位移

目前，确定目标位移曲线的方法主要有以下两种：

1）假定结构各层的位移均达到目标位移，这是一种理想结构。例如，Med-hekar 等假定钢框架结构各层均达到屈服位移限值，由此得到目标位移曲线。

2）假定结构薄弱层的侧移达到目标位移，其余各层的侧移小于目标位移。例如，对于钢筋混凝土框架结构，假定底部的侧移达到目标位移，据此得到各楼层楼面处的侧移。

设混凝土框架结构为等截面剪切悬臂杆，并取水平地震作用为倒三角形分布，则在任意截面处 $\xi(\xi=z/H)$ 的位移 $u(\xi)$ 可表示为

$$u(\xi)=\frac{1}{2}(3\xi-\xi^3)u_r \tag{10-8}$$

式中，u_r 为等截面剪切悬臂杆在倒三角水平分布荷载作用下的顶点位移。

假定框架结构底层达到某一极限状态的层间位移角限值，则 $u_1=\theta_d h_1$（θ_d 可根据《建筑抗震设计规范》查得），$\xi_1=h_1/H$，代入式（10-8）得

$$u_r=\frac{2u_1}{3\xi_1-\xi_1^3} \tag{10-9}$$

将所得 u_r 值代入式（10-8），可得到相应极限状态下的目标位移曲线。

$$u_r=\frac{(3\xi-\xi^3)u_1}{3\xi_1-\xi_1^3} \tag{10-10}$$

2. 直接基于位移的抗震设计方法的特点

由上述分析可见，直接基于位移的抗震设计方法具有以下特点：

1）设计一开始即以位移作为设计变量。

2）根据在一定水准地震作用下预期的位移计算地震作用，进行结构设计，以便使构件达到预期的变形、结构达到预期的位移。

3）设计者可以控制结构的破坏状况。

4）该方法实际上仅考虑了结构的第一阶振型，因而适用于中低层建筑结构的抗震设计，而对于高阶振型影响较大的高层及复杂结构则会产生较大的误差。

10.4 框架结构直接基于位移的抗震设计

上节介绍的直接基于位移的抗震设计方法可用于框架结构的抗震设计。本节介绍这种方法在框架结构中的具体应用。

10.4.1 基于损伤控制极限状态的设计

等效单自由度体系的设计位移 u_d、等效质量 M_{eff} 分别按式（10-3）和式（10-4）计算，等效高度按下式计算

$$H_{eff} = \frac{\sum_{i=1}^{n} m_i u_i H_i}{\sum_{i=1}^{n} m_i u_i} \tag{10-11}$$

假定框架结构的屈服位移沿房屋高度为直线分布，则等效结构的屈服位移 u_y 为

$$u_y = \theta_y H_{eff} \tag{10-12}$$

式中，θ_y 为屈服位移角，如为钢筋混凝土梁铰破坏机构，则

$$\theta_y = \frac{0.5\varepsilon_y l_b}{h_b} \tag{10-13}$$

式中，ε_y 为纵向受力钢筋的屈服应变；h_b 为梁截面高度；l_b 为梁计算跨度，取相邻柱轴线之间的距离。

设计位移延性系数 μ 为

$$\mu = \frac{\mu_d}{u_y} \tag{10-14}$$

等效黏滞阻尼比为

$$\xi_{eff} = 0.05 + 0.565\left(\frac{\mu-1}{\mu\pi}\right) \tag{10-15}$$

根据设计位移 u_d、等效黏滞阻尼比 ξ_{eff}，由位移反应谱确定等效周期 T_{eff}。然后分别由式（10-5）、式（10-6）和式（10-7）计算等效刚度、基底剪力和各质点处的水平地震作用。

该法的特点是假定框架结构薄弱层的位移达到损伤控制极限状态，其他层的层间位移小于薄弱层的层间位移，比较符合实际情况。另外，上述方法没有考虑高阶振型的影响，为此，建议采用下述措施考虑高阶振型影响。

将式（10-7）（水平地震作用沿高度的分布）修正为

$$F_i = \frac{m_i u_{i\omega}}{\sum_{j=1}^{n} m_j u_{j\omega}}(0.9V_b) \tag{10-16}$$

除顶层质点外，其余各质点的水平地震作用均按式（10-16）计算，顶层质点的水平地震作用 F_n 按下式计算

$$F_n = 0.1V_b + \frac{m_n u_{n\omega}}{\sum_{j=1}^{n} m_j u_{j\omega}}(0.9V_b) \qquad (10\text{-}17)$$

以上所述是针对损伤控制极限状态的，对于其他极限状态（如基本完好、中等破坏等），式（10-14）中的 u_d 取相应极限状态的参考值，其余计算过程相同。

10.4.2　多性能目标控制设计

1. 设防目标

将框架结构的性能划分为三个水平，即使用良好、人身安全和防止倒塌。对"使用良好"性能水平，层间位移角限值 $[\theta]$ 取 $1/500$；对于"人身安全"性能水平，层间位移角限值 $[\theta]$ 取 $1/200$；对于"防止倒塌"性能水平，层间位移角限值 $[\theta]$ 取 $1/50$。

2. 设计侧移曲线

位于地震区的钢筋混凝土框架结构，其层数不多，高度不大，在水平地震作用下主要表现为层间构件的相互错动和楼盖的平动，故其位移曲线是总体剪切型，与上端自由、下端固端的等截面剪切悬臂杆的变形曲线相似。如假定水平地震作用为倒三角形分布，则等截面剪切悬臂杆（见图 10-2）的设计位移曲线由式（10-10）计算，式中 $u_1 = [\theta]h_1$，$[\theta]$ 可根据结构的性能水平分别取 $1/500$、$1/200$ 或 $1/50$。

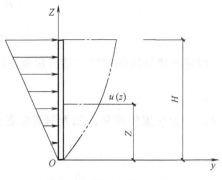

图 10-2　等截面剪切悬臂杆简图

3. 设计基底剪力及各质点水平地震作用的计算

根据设计的位移曲线 [按式（10-10）计算，此时 $[\theta] = \dfrac{1}{500}$，对应"使用良好"性能水平]，求得各楼层处的位移 u_i 和各质点质量 m_i 后，可按式（10-3）～式（10-7）分别确定等效单自由度体系的等效位移 u_{eff}、等效质量 M_{eff}、等效刚度 K_{eff}、设计基底剪力 V_b 和各质点水平地震作用 F_i。由于多遇地震下结构处于弹性，所以 μ 取为 1，ξ_{eff} 取为 0.05。将上述计算所得的地震作用效应与相应的重力荷载效应进行组合，得结构截面内力设计值，进行结构截面设计，并采用必要的构造措施。

4. 对"人身安全"和"防止倒塌"性能水平的验算

如果要求结构在多遇地震作用下"使用良好"，除按 10.4.2 节方法设计外，尚应对"人身安全"和"防止倒塌"的性能水平进行验证。

这两个性能水平分别对应于结构经受基本地震和罕遇地震时的性能。在基本地震或罕遇地震作用下，可假定框架结构下部某一楼层的层间位移角达到相应的位移角限值 $[\theta]$，按式（10-8）确定相应的目标位移曲线，并要求 $\theta_i \le [\theta]$，然后按式（10-3）和式（10-6）求出相应的位移 u 和基底剪力 V_b。将多遇地震、基本地震和罕遇地震下结构的基底剪力和位移绘于 $V\text{-}u$ 坐标系中，如图 10-3 中的 A、B 和 C 点。曲线 $OABC$ 即为结构满足"使用良好""人身安全"和"防止倒塌"性能目标要求的 $V\text{-}u$ 曲线，简称需求曲线。

对已设计好的结构进行推覆分析，将推覆曲线与需求曲线放在同一坐标系中（见图

10-3）。根据需求曲线与推覆曲线的关系，按下述方法对设计结构进行适当调整。

1）推覆曲线与需求曲线基本重合或位于上方（见图 10-4a），说明所设计的结构满足性能目标要求。

2）推覆曲线位于需求曲线的下方（见图 10-4b），说明所设计的结构不满足性能目标要求，应重新进行设计。

3）需求曲线 AB 段的斜率为负值（见图 10-4c），说明中震时的抗震需求偏低，应适当提高其抗震需求。

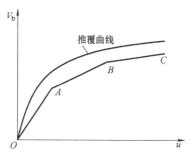

图 10-3 需求曲线与推覆曲线

4）需求曲线中 AB 段的斜率过大（见图 10-4d），说明所设计的结构可能存在两方面问题：一是结构的初始刚度偏小，应适当调整构件截面尺寸使其刚度位于适当的范围内；二是用户对中震情况下结构的功能要求偏高，可适当降低要求。

根据在基本地震和罕遇地震下结构的位移需求，可在推覆曲线上找出相应的位置，由此可得到结构在这两种情况下的损伤情况及塑性铰分布等信息，并可据此对结构进行局部配筋调整等。

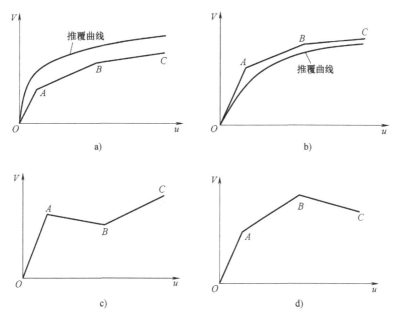

图 10-4 推覆曲线与需求曲线的几种情况

5. 算例及其分析

某 8 层钢筋混凝土框架结构如图 10-5 所示。柱截面尺寸如下：底层 700mm×700mm；2~4 层为 600mm×600mm；5~8 层为 550mm×550mm。梁截面尺寸如下：底层边跨横梁为 350mm×500mm，中跨走道梁为 350mm×400mm；2~8 层边跨横梁为 300mm×500mm，中跨走道梁为 300mm×400mm。底层梁、柱和板均采用 C35 混凝土，2~8 层采用 C30 混凝土。结构总高度 H 为 28.2m，抗震设防烈度为 7 度，Ⅳ类场地，设计地震分组为第一组，$T_g = 0.65s$。重力荷载代表值为：1 层，$G_1 = 1121.5kN$，$m_1 = 114.44t$；2~8 层，$G_{2~8} = 951.3kN$，

$m_{2\sim 8} = 97.07t$。

（1）按性能水平为"使用良好"设计

1）建立位移反应谱。根据《建筑抗震设计规范》中的加速度反应谱，由式（10-2）弹性谱位移和谱加速度之间的关系，可得

$$T^2[0.45+10(\eta_2-0.45)T] = \frac{4\pi^2}{\alpha_{max}g}S_d, T \leqslant 0.1s$$

$$T = 2\pi\sqrt{\frac{S_d}{\eta_2\alpha_{max}g}}, 0.1s \leqslant T \leqslant T_g$$

$$T = \left(\frac{4\pi^2 S_d}{T_g^\gamma \eta_2 \alpha_{max}g}\right)^{\frac{1}{2-\gamma}}, T_g \leqslant T \leqslant 5T_g$$

$$T^2[0.2^\gamma \eta_2 - \eta_1(T-5T_g)] = \frac{4\pi^2}{\alpha_{max}g}S_d, 5T_g \leqslant T \leqslant 6.0s$$

2）确认目标位移。取层间位移角限值为 $[\theta]=1/500$，假定结构第一层达到弹性位移极限，则 $u_1=[\theta]h=10.2mm$。将 $\xi_1=5.1/28.2$ 及 u_1 代入式（10-9），得 $u_r=38.014mm$。再将 u_r 代入式（10-8），可得框架结构各层的位移 u_i，见表10-5。这就是满足该性能水平的框架结构初始位移形状。

表 10-5　"使用良好"性能水平地震力层间位移角

层数	$\xi=z/H$	u_i/mm	m_i/t	F_i/kN	V_i/kN	u_i-u_{i-1}	θ
8	1.000	38.014	97.07	32.985	32.985	0.750	1/4398
7	0.883	37.264	97.07	32.334	65.320	2.129	1/1550
6	0.766	35.135	97.07	30.487	95.807	3.326	1/992
5	0.649	31.809	97.07	27.601	123.408	4.339	1/761
4	0.532	27.470	97.07	23.836	147.244	5.170	1/638
3	0.415	22.300	97.07	19.350	166.594	5.818	1/567
2	0.298	16.483	97.07	14.302	180.896	6.283	1/525
1	0.181	10.2	114.44	10.434	191.331	10.2	1/500
Σ				191.329			

3）计算等效单自由度体系的目标位移。由式（10-3）计算可得等效位移 $u_{eff}=30.504mm$

4）计算等效单自由度体系的等效质量。由式（10-4）得等效单自由度体系的等效质量 $M_{eff}=701.7672t=0.7017kN\cdot s^2/mm$。

5）计算等效阻尼比。对应于此状态，取 $\mu=1.0$，$\xi_0=0.05$，则得等效阻尼比 $\xi_{eff}=0.05$。

6）计算等效周期。对于"使用良好"性能水平，$\alpha_{max}=0.08$，$T_g=0.65s$，$\gamma=0.9$，$\eta_2=1.0$，$S_d=u_{eff}=30.504mm$，可求出相应的等效周期 $T_{eff}=2.1015s$。

7）计算等效刚度。将 T_{eff}、M_{eff} 代入式（10-5），可得等效刚度 $K_{eff}=6.272kN/mm$。

8）计算设计基底剪力和水平地震力。由式（10-6）、式（10-7）计算结构底部总剪力 V_b 及各质点的水平地震作用 F_i，计算结果见表10-5。

9）对结构进行刚度设计和承载力设计。将上述计算所得的地震作用效应与相应的重力荷载效应进行组合，得结构截面内力设计值，进行结构截面设计，并采用必要的构造措施。

10）对结构进行 Push-Over 分析。采用 SAP2000 程序对结构进行静力弹塑性分析，得到结构的塑性铰分布及出铰次序和基底剪力-顶点位移曲线（推覆曲线），分别如图 10-5 和图 10-6 所示。

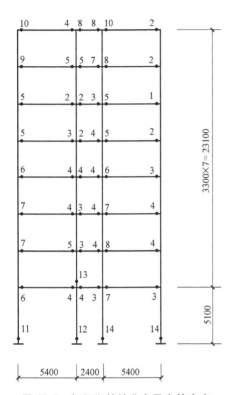

图 10-5 框架塑性铰分布及出铰次序

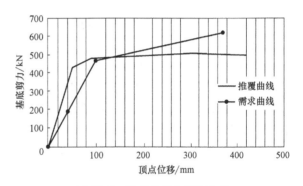

图 10-6 需求曲线与推覆曲线

（2）对"人身安全"和"防止倒塌"性能水平的验证 这两个性能水平分别对应于结构经受基本地震和罕遇地震时的性能，其层间位移角分别满足 $\theta \leqslant 1/200$ 和 $\theta \leqslant 1/50$。为了简化计算，仍采用图 10-2 所示等截面剪切悬臂杆件的位移模式作为结构的位移曲线，按与（1）相同的方法计算，可得与其相对应的基底剪力 V_b，见表 10-6。

表 10-6 不同性能水平时结构的基底剪力

$[\theta]$	α_{max}	u_t/mm	u_{eff}/mm	M_{eff}/（N·s²/mm）	μ	ξ_{eff}	T_{eff}/s	K_{eff}/（kN/mm）	V_b/kN
1/500	0.08	38.01	30.50	701.67	1.0	0.05	2.102	6.272	191.34
1/200	0.23	95.04	76.26	701.67	1.5	0.086	2.118	6.176	470.96
1/50	0.50	380.04	305.04	701.67	3.0	0.135	3.669	2.058	627.82

按照图 10-3 的方法在同一坐标系中绘制结构的推覆曲线和满足"使用良好""人身安全"和"防止倒塌"性能目标要求的需求曲线，如图 10-6 所示。由图 10-6 可见，推覆曲线不能全部位于需求曲线的上方，说明存在以下三种可能：一是采用的位移曲线与实际结构的位移曲线有较大的差异，导致需求曲线有较大误差，应对位移曲线进行修正；二是基本地震和罕遇地震下结构的抗震性能需求偏高；三是所设计的结构抗震能力偏低，不能满足其性能目标的要求。以下分别按三种情况进行分析与调整。

表 10-7 列出了推覆分析过程中，结构最大层间位移角达到或接近 1/500、1/200 和 1/50 时所对应的楼层位移。将最大层间位移角达到 1/500 时结构的位移曲线与初始位移曲线绘制于同一坐标系中，如图 10-7 所示。

表 10-7　推覆分析的楼层位移

[θ]	荷载步数	基底剪力/kN	楼层位移 u_i/mm							
			1	2	3	4	5	6	7	8
1/500	7	352.83	5.01	10.85	17.20	23.26	28.84	33.93	36.70	38.86
1/200	16	490.32	9.80	22.42	37.57	53.75	70.37	85.34	96.33	103.05
1/50	66	510.30	23.12	55.76	100.31	152.73	211.01	271.27	328.90	382.35

（3）对位移曲线的修正　由图 10-7 可见，推覆至"使用良好"性能水平时，结构的位移曲线与初始假定的位移曲线总体上比较符合，但还存在一定差异。其原因是结构的位移刚度沿高度分布不均匀，不是理想的等截面悬臂杆。由表 10-7 可以看出，对应于不同的性能水平，结构的最大层间位移角均不是如同初始假定的那样在底层到达；在基本地震时，结构第 5 层的层间位移角达到 1/200；罕遇地震时，结构第 6 层首先达到极限位移角 1/50。因

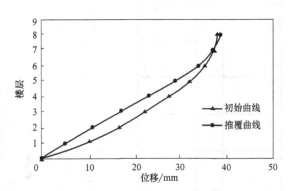

图 10-7　"使用良好"性能水平楼层位移比较图

此，按式（10-10）确定的位移曲线与该结构实际情况不完全符合，应对位移曲线进行修正。

1）对于"使用良好"性能水平，采用表 10-7 中推覆至第 7 步时结构的位移曲线作为修正后的位移曲线，按上述相同的方法，可得相应的基底剪力 V_b，见表 10-8。

2）对于"人身安全"和"防止倒塌"性能水平，分别采用表 10-7 中推覆至第 16 步和第 66 步时的位移曲线作为修正后的位移曲线，按上述相同的方法，可得相应的基底剪力 V_b，见表 10-8。

表 10-8　修正后对应不同性能水平时结构的基底剪力

[θ]	α_{max}	u_r/mm	u_{eff}/mm	M_{eff}/(N·s²/mm)	μ	ξ_{eff}	T_{eff}/s	K_{eff}/(kN/mm)	V_b/kN
1/500	0.08	38.856	29.679	637.819	1.0	0.05	2.050	5.993	177.877
1/200	0.23	103.052	77.127	604.610	1.5	0.0867	2.139	5.217	402.363
1/50	0.50	382.153	267.724	554.512	3.0	0.1345	3.415	1.877	502.626

按照上述相同的方法在同一坐标系中绘制结构的推覆曲线和满足"使用良好""人身安全"和"防止倒塌"性能目标要求的需求曲线，如图 10-8 所示。

比较表 10-6 与表 10-8 可知，采用推覆分析所得的位移曲线进行修正后，与各性能水平相应的基底剪力均有所下降，多遇地震时的变化不太明显，而基本地震和罕遇地震时的基底剪力降低较大。这是由于结构下部刚度相对较大，在强烈地震作用下，结构上部楼层先进入屈服，薄弱层出现在结构上部，使结构上部产生了较大的层间位移，从而减小了等效单自由

度体系的等效质量，降低了结构的等效
刚度，使得结构的地震反应减小。由图
10-8 可以看出，修正后的需求曲线全部
位于推覆曲线的下方，说明所设计的结
构满足各性能目标的要求。

（4）调整结构的抗震需求　在图
10-8 中，若修正后的需求曲线仍然不能
全部位于推覆曲线下方，说明基本地震
和罕遇地震时结构的抗震性能需求偏
高，应采取一定的方式进行调整。通过
提高结构在基本地震或罕遇地震时的位

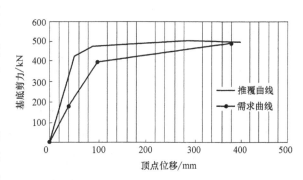

图 10-8　修正后的需求曲线与推覆曲线

移延性，可以减小基底剪力，降低其性能需求。表 10-9 列出了将基本地震时的位移延性提
高到 2、罕遇地震时的位移延性提高到 4 时所对应的基底剪力。图 10-9 为提高位移延性后的
需求曲线与推覆曲线。

表 10-9　提高位移延性后对应不同性能水平时结构的基底剪力

$[\theta]$	α_{max}	u_r/mm	u_{eff}/mm	M_{eff}/(N·s²/mm)	μ	ξ_{eff}	T_{eff}/s	K_{eff}/(kN/mm)	V_b/kN
1/500	0.08	38.856	29.679	637.819	1.0	0.05	2.050	5.993	177.877
1/200	0.23	103.052	77.127	604.610	2.0	0.109	2.251	4,711	363.353
1/50	0.50	382.153	267.724	554.512	4.0	0.15	3.550	1.737	465.104

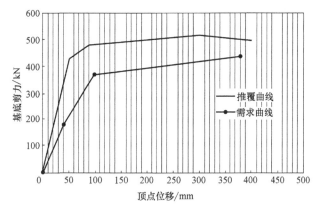

图 10-9　提高位移延性后的需求曲线与推覆曲线

（5）提高结构的抗震能力　若按上述方法调整后，仍不能满足大震时的性能目标要求，
说明所设计的结构的抗震能力偏低，应提高结构的抗震能力。其具体方法是：从图 10-5 所
示塑性铰分布图中，找出出现塑性铰较早的构件，对其进行加强，尤其是应加强柱脚出现塑
性铰的部位，增加构件的局部配筋或调整截面尺寸，进行重新设计，直到满足性能目标
要求。

综上分析可见：

1）用推覆分析结果中的相应位移曲线代替初始目标位移曲线进行计算，不仅收敛快，

而且反映了结构的实际情况。

2）本方法不仅能对结构在多遇地震和罕遇地震情况下的性能进行控制，而且也能控制结构在基本地震时的性能。通过 8 层钢筋混凝土框架结构的算例分析表明，这种方法简单实用，便于操作，而且能够控制结构在不同强度水准地震作用下的性能。

3）在本算例中，对应于"人身安全"和"防止倒塌"性能水平，结构的基底剪力比"使用良好"时相应的基底剪力大很多，说明结构的初始刚度偏低，导致小震时结构的抗震需求偏低。因此，按"使用良好"性能水平设计的结构应当有较大的富余，才能满足"人身安全"和"防止倒塌"性能水平时结构的抗震需求。

4）增大结构在"人身安全"和"防止倒塌"性能水平时的位移延性，可以有效地减小基底剪力。也就是说，提高位移延性可以很有效地降低结构的地震反应，但应采取相应的措施保证其位移延性。因此，通过位移控制可以有效地控制结构在基本地震和罕遇地震作用下的行为，这是传统的基于力的抗震设计方法无法办到的，但正好与基于位移的抗震设计思想是统一的。

习题及思考题

1. 基于结构性能的抗震设计方法与基于力的抗震设计方法有哪些主要不同？
2. 试对比我国抗震规范采用的地震设防水准与美国规范采用的地震设防水准。
3. 性能水准与性能目标是什么关系？
4. 试简述基于位移的抗震设计方法的基本原理和基本步骤。
5. 直接基于位移的抗震设计方法有哪些特点？

附　录

结构的重力荷载代表值等于结构和构配件自重标准值 G_k 加上各可变荷载组合值，即

$$G = G_k + \sum_{i=1}^{n} \psi_{Qi} Q_{ik}$$

式中　Q_{ik}——第 i 个可变荷载标准值；

　　　ψ_{Qi}——第 i 个可变荷载的组合值系数，见下表。

附表　组合值系数

可变荷载种类		组合值系数
雪荷载		0.5
屋面积灰荷载		0.5
屋面活荷载		不计入
按实际情况计算的楼面活荷载		1.0
按等效均布荷载计算的楼面活荷载	藏书库、档案库	0.8
	其他民用建筑	0.5
起重机悬吊物重力	硬钩吊车	0.3
	软钩吊车	不计入

注：硬钩吊车的吊重较大时，组合值系数应按实际情况采用。

参 考 文 献

[1] 李国强，李杰，苏小卒. 建筑结构抗震设计 [M]. 3 版. 北京：中国建筑工业出版社，2009.

[2] 刘伯权，吴涛，等. 建筑结构抗震设计 [M]. 北京：机械工业出版社，2011.

[3] 郭继武. 建筑抗震设计 [M]. 3 版. 北京：中国建筑工业出版社，2011.

[4] 胡聿贤. 地震工程学 [M]. 2 版. 北京：地震出版社，2006.

[5] 黄世敏，杨沈，等. 建筑震害与设计对策 [M]. 北京：中国计划出版社，2009.

[6] 中国建筑科学研究院. 建筑抗震设计规范：GB 50011—2010 [S]. 北京：中国建筑工业出版社，2010.

[7] 沈聚敏，周锡元，高小旺，等. 抗震工程学 [M]. 2 版. 北京：中国建筑工业出版社，2015.

[8] 龚思礼. 建筑抗震设计手册 [M]. 2 版. 北京：中国建筑工业出版社，2002.

[9] Anil，K. Chopra. 结构动力学理论及其在地震工程中的应用 [M]. 4 版. 谢礼立，吕大刚，等译. 北京：高等教育出版社，2016.

[10] 潘鹏，张耀庭. 建筑结构抗震设计理论与方法 [M]. 北京：中国科技出版传媒股份有限公司，2017.

[11] 李国强，李杰，陈素文，等. 建筑结构抗震设计 [M]. 4 版. 北京：中国建筑工业出版社，2014.

[12] 钱稼茹，赵作周，叶列平. 高层建筑结构设计 [M]. 2 版. 北京：中国建筑工业出版社，2012.

[13] 薛素铎，赵钧，高向宇. 建筑抗震设计 [M]. 3 版. 北京：中国科技出版传媒股份有限公司，2012.

[14] 中国建筑科学研究院. 建筑工程抗震设防分类标准：GB 50223—2008 [S]. 北京：中国建筑工业出版社，2008.

[15] 中国地震地球物理研究所，等. 中国地震动参数区划图：GB 18306—2015 [S]. 北京：中国标准出版社，2016.

[16] 李宏男，陈国兴. 地震工程学 [M]. 北京：机械工业出版社，2013.

[17] 高小旺，龚思礼，苏经宇，等. 建筑抗震设计规范理解与应用 [M]. 北京：中国建筑工业出版社，2002.

[18] 《钢结构设计手册》编辑委员会. 钢结构设计手册：上、下 [M]. 3 版. 北京：中国建筑工业出版社，2004.